AF346500

TRAITÉ PRATIQUE

DE

CONSTRUCTIONS CIVILES

DEUXIÈME VOLUME

LA PIERRE ET LA BRIQUE

par

Germano Wanderley

Professeur à l'École Industrielle Gouvernementale de Brünn

TRADUIT DE L'ALLEMAND

par

A. BIEBER

Ingénieur Civil, ancien Élève de l'École Centrale

PARIS

E. Bernard et C¹ᵉ, Libraires-Éditeurs

4, Rue de Thorigny, 4

1883

E. BERNARD ET Cⁱᵉ, IMPRIMEURS-ÉDITEURS

LES
TRAMWAYS

ET LES

CHEMINS DE FER SUR ROUTES

PAR

F. SÉRAFON

Ingénieur civil, ancien directeur des Tramways de Lille
Ancien Ingénieur en chef
d'une Société de Chemins de fer sur routes, etc.

L'ensemble de l'ouvrage comprend un volume
in-8° couronne de 384 pages avec 176 figures
intercalées dans le texte.

Prix, cartonné à l'anglaise : **7** *fr.* **50**

TRAITÉ PRATIQUE

DE

CONSTRUCTIONS CIVILES

Paris. — Imp. E. Bernard & Cⁱᵉ, 75 et 77, rue Lacondamine.

TRAITÉ PRATIQUE

DE

CONSTRUCTIONS CIVILES

DEUXIÈME VOLUME

LA PIERRE ET LA BRIQUE

par

Germano Wanderley

Professeur à l'École Industrielle Gouvernementale de Brünn

TRADUIT DE L'ALLEMAND

par

A. BIEBER

Ingénieur Civil, ancien Élève de l'École Centrale

PARIS

E. Bernard et Cie, Libraires-Éditeurs

4, rue de Thorigny, 4

—

1883

Deuxième Partie.

Maçonneries.

On désigne sous le nom de maçonnerie toute construction formée de matériaux pierreux, naturels ou artificiels. Les pierres de construction naturelles comprennent le granit, la syénite et les calcaires et grès de toute espèce.[1] Elles se trouvent quelquefois sous forme de blocs erratiques, mais le plus communément sous forme de gisements réguliers exploités en carrières. Les pierres artificielles comprennent principalement les briques de tous genres, en argile cuite ou crue.

Le travail et la mise en œuvre de ces différents matériaux exige des connaissances spéciales qui constituent l'art du maçon. D'une manière générale on distingue

1° le maçon proprement dit,

et 2° le maçon appareilleur.[2]

Tandis que ce dernier s'occupe exclusivement de la taille des pierres et de leur mise en place quand la pierre d'appareil

---

[1] Les pierres naturelles le plus employées en France sont: les granits, trachytes, basaltes et laves; les grès, silex, cailloux et meulières; enfin les différentes espèces de calcaire.

[2] Les ouvriers d'un chantier de maçonneries reçoivent des noms différents selon leurs attributions; on distingue de la sorte

1° le manœuvre ou garçon-maçon;

2° le maître-garçon;

3° le maçon;

entre en grand nombre dans la construction et que ses dimensions sont grandes, le maçon proprement dit ne fait que la pose, et cela plus particulièrement de la brique et du moellon. Dans les contrées où l'on se sert surtout de pierre de taille, les ouvriers chargés de dégrossir la pierre et de lui donner sa première façon forment une classe distincte, celle des tailleurs de pierre.

On peut diviser les maçonneries en quatre classes différentes suivant le but qu'elles ont à remplir. Elles peuvent être destinées:

4⁰ le maçon à plâtre ou plâtrier;
5⁰ le tailleur de pierre;
enfin 6⁰ le poseur et le contre-poseur.

Le manœuvre ou garçon-maçon est chargé d'apporter l'eau, de fabriquer le mortier, de porter les matériaux au maçon, etc. Lorsqu'il sert dans une équipe de poseur de pierre, il prend le nom de bardeur et est alors plus particulièrement chargé du transport de la pierre sur le chantier.

Le maître-garçon est celui des garçons-maçons qui a déjà acquis assez d'expérience pour remplacer le chef d'atelier dans diverses circonstances. Il est chargé de veiller à la sortie et à la rentrée des outils, à la distribution des petits matériaux, tels que lattes bardeaux, clous, etc. C'est lui qui sert le chef d'atelier pendant son travail.

Le maçon, appelé aussi limousin à Paris et dans ses environs, a toujours commencé par être garçon-maçon et maître-garçon. Il ne passe maçon que lorsqu'il peut faire la grosse maçonnerie en matériaux bruts et qu'il peut élever des murs au mortier ou au plâtre. Un bon maçon peut même poser la pierre quoique cette opération rentre plus particulièrement dans les attributions du poseur de pierre.

Le maçon à plâtre ou plâtrier n'exécute que ce qu'en appelle dans le Bâtiment „legers ouvrages"; tels sont les lattis et hourdis de pans de bois et de cloisons; les aires et augets pour plafonds, les ravalements extérieurs et intérieurs, etc.

Le tailleur de pierre est l'ouvrier qui taille la pierre conformément au tracé indiqué par l'appareilleur.

Enfin le poseur de pierre a pour fonction de mettre les pierres en place sans les écorner et de les disposer de manière à compenser les défauts de taille que peuvent présenter les parements et les lits. L'ouvrier maçon qui l'aide dans ce travail prend le nom de contre-poseur.

Le chef d'atelier est désigné sous le nom de maître-compagnon.

1° à clore ou à supporter les autres parties de la construction;

2° à recouvrir les parties supportantes;

3° à couronner ou à terminer l'ensemble de la construction;

enfin 4° à remplir simultanément plusieurs des buts précédents.

A la première catégorie appartiennent les murs, piliers et colonnes;

à la deuxième, les arcs et les voûtes;

à la troisième les entablements et corniches;

enfin à la quatrième, les portes, fenêtres et tous ouvrages secondaires.

En réalité, on devrait aussi ranger ici les escaliers, couvertures et planchers en matériaux pierreux, mais ils ont déjà été décrits dans le premier volume de cet ouvrage; nous n'y reviendrons donc pas.

CHAPITRE Ier

I. Parties de construction servant à clore ou à supporter.

(MURS ET PILIERS.)

Ce sont les parties les plus importantes d'un bâtiment. Elles servent non-seulement à protéger l'intérieur de la construction des intempéries, mais aussi à supporter les planchers et la couverture. Il faut donc leur donner des épaisseurs en rapport avec la nature des matériaux dont elles se composent et avec la grandeur des étages, c'est-à-dire avec la charge dûe à l'empoutrement des planchers et du comble.

Les murs se font ordinairement en briques, en moellons ou en pierre de taille.[1]) Nous allons étudier successivement ces trois espèces de maçonneries.

A. Murs en briques cuites.

Afin de faciliter la pose de la brique, on lui donne une forme paraléllipipédique telle, que ses côtés soient, à peu de chose près, dans les rapports suivants entre eux:

---

[1]) Outre ces trois espèces, les maçonneries les plus employées en France sont:

la maçonnerie de meulières, particulièrement pour fondations;

la maçonnerie de béton;

la maçonnerie de pierraille et ciment;

la maçonnerie de pisé, et enfin

la maçonnerie en pierres sèches.

| Epaisseur | Largeur | Longueur |
| 1 | :   2 | :   4 |

Depuis l'introduction du système métrique en Allemagne (en 1870) et en Autriche (en 1876), on a donné aux briques dans ces deux pays des dimensions métriques, mais sans parvenir à n'avoir qu'un seul et même modèle.

Si l'on appelle (s) l'épaisseur du joint vertical entre deux briques, les dimensions de la brique devront satisfaire aux relations suivantes:

$$\text{la longueur } l = 2\,b + s$$

$$\text{la largeur } b = \frac{l - s}{2}$$

$$\text{et l'épaisseur } d = \frac{l - 3\,s}{4}.$$

Au point de vue de la pose, l'épaisseur de la brique peut ordinairement être quelconque. Dans quelques cas cependant, comme celui représenté à la fig. 1, le mode de pose exige qu'elle soit dans un rapport déterminé avec la largeur de la

Fig. 1.

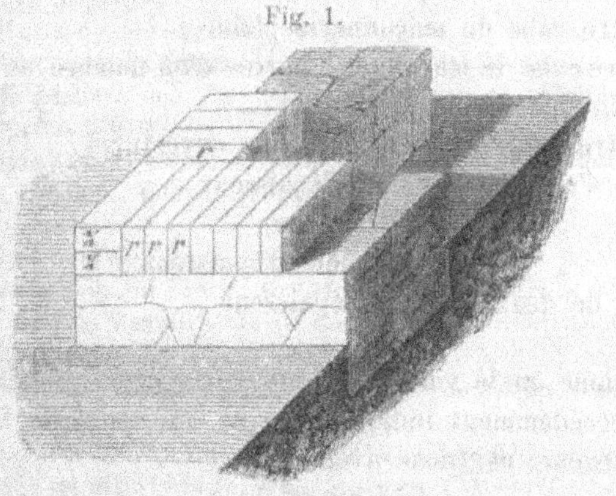

brique. Ainsi dans la fig. 1, l'épaisseur des deux briques (z, z) augmentée de celle du joint horizontal doit correspondre à la

largeur d'une brique, soit donc
$$2\,d + s = b.$$
Cette condition est remplie dans les briques employées en Autriche, mais elle ne l'est pas dans le modèle que les Sociétés d'Ingénieurs et d'Architectes et l'Administration ont adopté en Allemagne. Ce modèle a pour dimensions:

longueur $= 25$ cm, largeur $= 12$ cm et épaisseur $= 6,5$ cm.

Les joints horizontaux ayant environ 12 mm d'épaisseur et les joints verticaux 1 cm, il va juste 13 assises de briques allemandes par mètre de hauteur de maçonnerie.

Avec cette brique dés différentes épaisseurs de mur sont:

Mur d'une brique d'épaisseur 25 cm
„ „ „ et demie d'épaisseur 38 „
„ de deux briques d'épaisseur 51 „

et ainsi de suite, les épaisseurs successives jusqu'à cinq briques d'épaisseur étant

64, 77, 90, 103, 116, 129 centimètres.

Le cube d'une brique modèle allemand est de 1950 cm cubes. En admettant un déchet moyen de $3^0/_0$, il faut par mètre courant d'assise en briques de champ 13 à 14 briques

par mètre cube de maçonnerie pleine 400 „
par mètre cube de maçonnerie percée d'un nombre
  ordinaire de baies, environ 300 „
par mètre superficiel de mur sans ouvertures
  d'une demi-brique d'épaisseur 50 „
  „ brique d'épaisseur 100 „
  „ „ et demie d'épaisseur 150 „
  de deux briques d'épaisseur 200 „

Comme on le voit la brique allemande satisfait aux relations précédemment indiquées en ce qui concerne la longueur et la largeur, car nous avons
$$1 = 2\,b + 1$$
$$\text{ou } 1 = 2 \times 12 + 1 = 25.$$

Mais elle ne remplit pas la condition indiquée pour l'épaisseur et ne se prête, par conséquent, pas à la confection d'assises en briques de champ, car même en ne donnant au joint horizontal entre deux briques boutisses ou panneresses qu'un centimètre d'épaisseur, on aurait

$$2 \times 6,5 + 1 = 14\,\text{cm}$$

de hauteur totale, au lieu de 12 cm que présente la brique de champ.

En revanche, les dimensions normales de la brique allemande présentent l'avantage de permettre d'évaluer la maçonnerie au mètre superficiel, au lieu de le faire au mètre cube.

La Société des Ingénieurs et Architectes de Vienne résolut en 1874 de changer le modèle de brique jusqu'alors en usage en Autriche. Les anciennes dimensions étaient à peu près de $12 \times 6 \times 3$ pouces; on les remplaça par $29 \times 14 \times 6,5$ centimètres.[1] Les épaisseurs de joint sont encore 12 mm pour les

---

[1] Les briques les plus employées à Paris et dans ses environs sont:

La brique de Bourgogne.

Elle a pour dimensions $0,22 \times 0,11 \times 0,054$ et pèse 2500 kg le mille. Sa forme est régulière, ses arêtes sont vives et son prix est relativement élevé. On ne l'emploie que pour des travaux soignés. On peut compter qu'il en entre 630 dans un mètre cube de maçonnerie; 140 dans un mètre superficiel de mur de 0,22 d'épaisseur et 70 dans un mètre superficiel de cloison de 0,11 d'épaisseur.

La brique de Montereau ou de Salins.

Elle vient après la brique de Bourgogne comme qualité et ne diffère de cette dernière que par son épaisseur qui est réduite à 0,05 et même quelquefois à 0,048.

Les briques de pays, dites façon Bourgogne, fabriquées à Paris ou dans ses environs. Ce sont celles dont on se sert le plus couramment. Les principales sont:

La brique de Vaugirard, comprenant deux qualités dont les dimensions sont respectivement de $0,22 \times 0,11 \times 0,06$ et de $0,22 \times 0,11 \times 0,065$ à 0,07. Ce sont ces deux espèces qui sont plus particulièrement désignées comme „briques façon Bourgogne".

La brique de Pantin et d'Aubervilliers ayant les mêmes dimensions que la précédente.

La brique de Passy, mesurant $0,22 \times 0,11 \times 0,07$, et enfin

la brique de Montrouge, Châtillon et Villejuif.

En prenant pour dimensions moyennes de ces diverses briques $0,22 \times 0,11 \times 0,065$, on trouve qu'il en faut 560 par mètre cube de maçonnerie, 130 par mètre superficiel de mur de 0,22 m d'épaisseur et 65 par mètre superficiel de cloison de 0,11 m d'épaisseur.

joints horizontaux et 10 mm pour les joints verticaux, en sorte qu'une hauteur de maçonnerie d'un mètre se trouve juste formée de 13 assises de briques.

Le seul inconvénient du modèle autrichien est de rendre le calcul du cube de la maçonnerie plus incommode; en revanche ses dimensions sont bien dans le rapport voulu par la pose, car on a, en effet,

$$l = 2\,b + 1 = 29 \text{ cm}$$

$$b = \frac{l-1}{2} = 14 \quad \text{„}$$

$$\text{et } d = \frac{l-3}{4} = 6,5 \text{ „}$$

Dans le cas de la brique autrichienne les épaisseurs de mur sont:

15 cm pour cloison d'une demi-brique d'épaisseur,

30 „   „   un mur d'une brique d'épaisseur,

45 „   „   „   „   „   „   et demie d'épaisseur,

60 „   „   „   „   de deux briques d'épaisseur.

- -

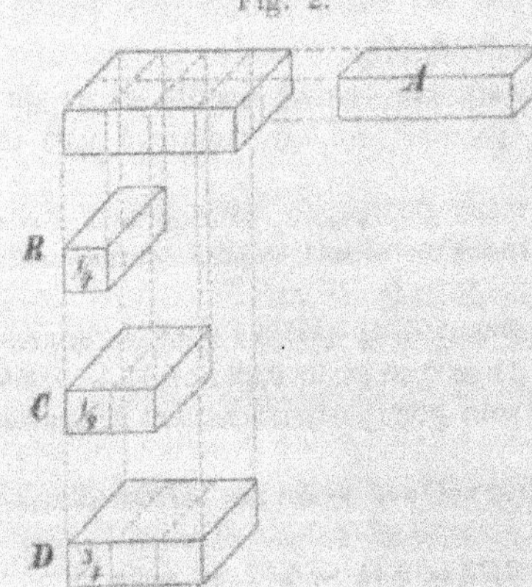

Ces épaisseurs ne comprennent pas l'enduit des parements; les joints y entrent pour 0,5 ou 1 centimètre. Lorsqu'on veut tenir compte des enduits, il faut ajouter en moyenne 2 cm par parement de mur.

La brique autrichienne a un volume de 2639 cm cubes. Le mètre cube de maçonnerie contient donc de 295 à 300 briques, en ajoutant 3 % pour le déchet.

Dans la construction d'un mur de longueur et d'épaisseur déterminées, on est obligé de faire usage de parties de brique aussi bien que de briques entières. Ces parties sont: la demi-brique, dans le sens de la longueur (fig. 2, A); nous l'appellerons demi-brique longue pour la distinguer de celle obtenue en tranchant la brique transversalement; le quart, les deux-quarts et les trois-quarts de brique dans le sens de la largeur (fig. 2, B—D).

Nous allons étudier successivement la construction des parties pleines, des angles et des baies d'un mur en briques, en distinguant dans ces dernières les baies avec ou sans ébrasement.

1. Parties courantes des murs en briques.

Dans toute maçonnerie de briques, les différentes assises sont composées de briques tantôt parallèles et tantôt perpendiculaires au parement du mur (fig. 3). Dans le premier cas, la brique se voit en longueur dans l'élévation et elle s'appelle alors brique panneresse (l); dans le second cas, on ne voit la brique qu'en largeur et elle s'appelle alors

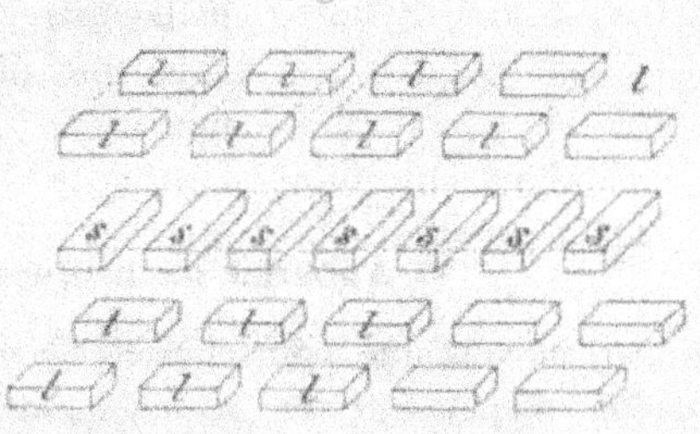

Fig. 3.

brique boutisse (s). L'épaisseur d'un mur en briques sera donc toujours un multiple de la largeur d'une brique.

Les règles générales à observer dans la pose sont:

1° Éviter d'une manière absolue qu'il y ait continuité des joints montants dans deux assises consécutives, tant à l'intérieur que sur les parements du mur.

2° Disposer le plus grand nombre possible de briques boutisses à l'intérieur du mur et leur donner un recouvrement égal à la demi-largeur ou demi-longueur d'une brique.

3° Employer le plus possible de briques entières.

4° Dans une même assise, disposer en ligne continue les joints montants des briques situées dans la même section transversale.

5° Faire alterner en élévation les assises en briques boutisses avec celles en briques panneresses. L'assise ou tas prendra sa dénomination de la rangée de briques qui se trouve placée du côté extérieur du mur.

6° Rendre l'interruption des joints montants de la maçonnerie aussi complète que possible. L'appareil qui répond le mieux à cette condition est le „kruisverband" ou appareil en losange.

Selon la disposition les joints montants, on distingue:

l'appareil en briques panneresses,
     „   „   „   boutisses,
     „   anglais,
     „   en losange,
     „   polonais ou flamand,
     „   hollandais,
     „   avec files diagonales,
     „   figuré.

a) Appareil en briques panneresses.

Il ne sert que pour cloisons ou murs de cheminée d'un demi-brique d'épaisseur et se compose exclusivement de briques panneresses. Dans les parties interrompues cette maçonnerie forme soit une ligne verticale en crémaillère, soit une ligne brisée inclinée, composée d'une série de gradins d'une demi-brique de saillie. Les cloisons d'une demi-brique d'épaisseur sont d'un fréquent usage à l'intérieur des constructions pour les murs de séparation qui ne

Fig. 4.

portent pas de charges. Nous reviendrons sur ce genre d'appareil en parlant de la construction des cheminées.

b) Appareil en briques boutisses.

Ce mode de pose est assez usuel en Autriche pour les murs d'une brique d'épaisseur; il fournit une maçonnerie exclusivement formée de briques boutisses, se recouvrant l'une l'autre d'une demi-largeur, fig. 5, A; en élévation, on ne voit donc que

Fig. 5 A—B.

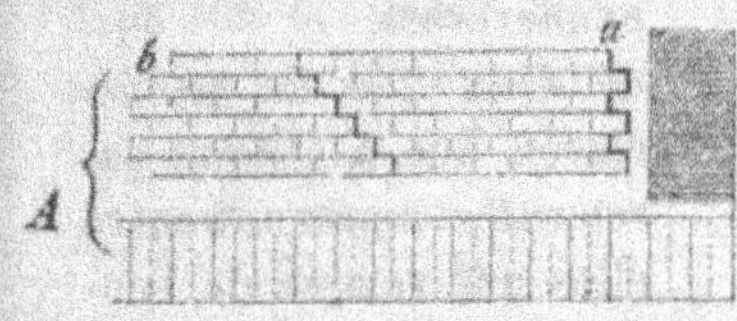 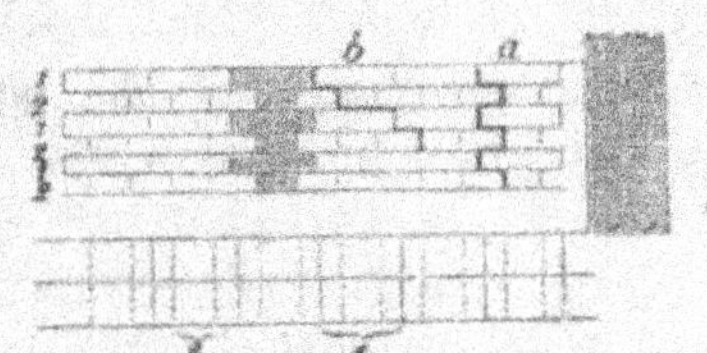

des têtes de brique. Cet appareil ne satisfait pas à la cinquième condition des règles générales; il manque de liaison dans le sens longitudinal et n'est pas à recommander. Il faudra toujours lui préférer une disposition telle que celle de la fig. 5, B. En Allemagne, il n'est que très rarement adopté.

c) Appareil anglais.

C'est la disposition la plus usitée bien qu'elle ne vaille pas l'appareil en losange. Dans cette disposition, les tas sont alternativement formés de boutisses et de panneresses et tous les joints montants des assises de rang impair correspondent entre eux, ainsi que tous ceux des assises de rang pair. En élévation le mur présente une série de croix contiguës ou superposées comme le montre la fig. 6. Les redans aux points d'interruption peuvent se disposer verticalement ou

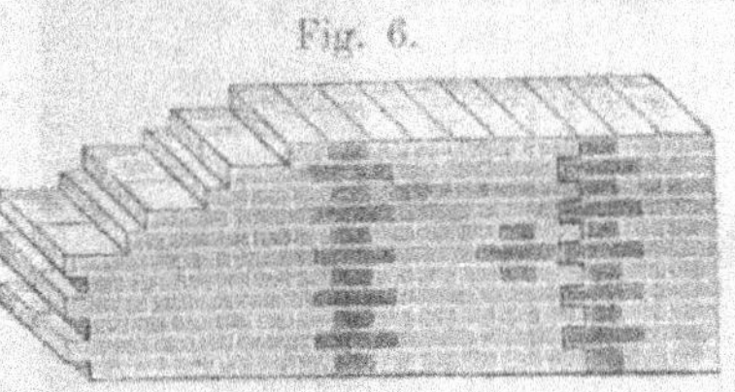

Fig. 6.

obliquement, comme en (a) et (b) de la fig. 5, B. Dans ce dernier cas les gradins ont alternativement un quart et trois-quarts de brique de saillie.

Les principes qui doivent guider dans l'appareil anglais sont:

1° Faire alterner les assises en briques boutisses avec celles en briques panneresses.

2° Quand l'épaisseur du mur est un multiple de la longueur d'une brique:

Former l'assise des boutisses d'autant de boutisses que le mur a de briques d'épaisseur, et celle des panneresses:

dans le cas d'un mur d'une brique d'ép. de deux files contiguës de panneresses;

„   „   „   „   „ de 2 briques „ de deux files de panneresses, une à chaque parement, comprenant entre elles une rangée de boutisses;

„   „   „   „   „   „ 3   „   „ de deux rangées de boutisses entre les deux files de panneresses des parements.

Fig. 7 A.—D.

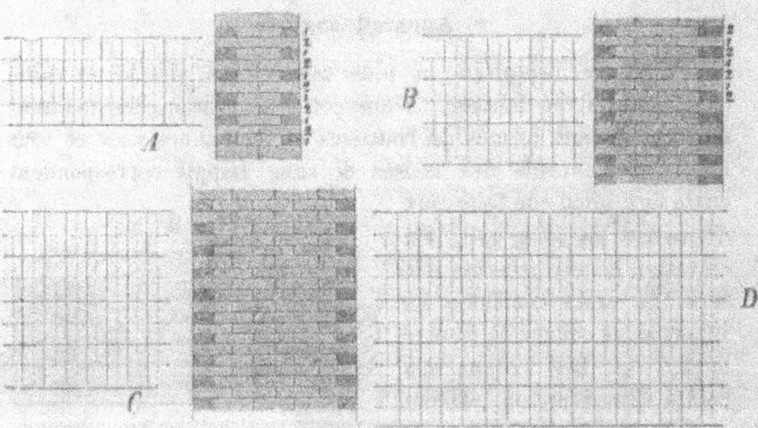

Soit donc, d'une manière générale: quand l'épaisseur du mur est de n briques, l'assise des panneresses se composera de deux files extérieures de panneresses, comprenant entre elles n — 1 files de boutisses.

C'est ce que représentent les fig. 5, B et 7, A — D.

3° Quand l'épaisseur du mur est un multiple de la largeur d'une brique:

Former l'assise des panneresses d'une file de panneresses, placée sur le devant du mur, puis disposer derrière elle autant de files de boutisses que le mur compendra de briques entières dans son épaisseur, soit:

pour un mur de $1^1/_2$ briques d'épaisseur, 1 file de panneresses sur le devant et 1 file de boutisses sur le derrière, fig. 8, A;

"   "   "   " $2^1/_2$ "   "   1 file de panneresses et 2 files de boutisses, fig. 8, B;

"   "   "   " $3^1/_2$ "   "   1 file de panneresses et 3 files de boutisses, fig. 8, C.

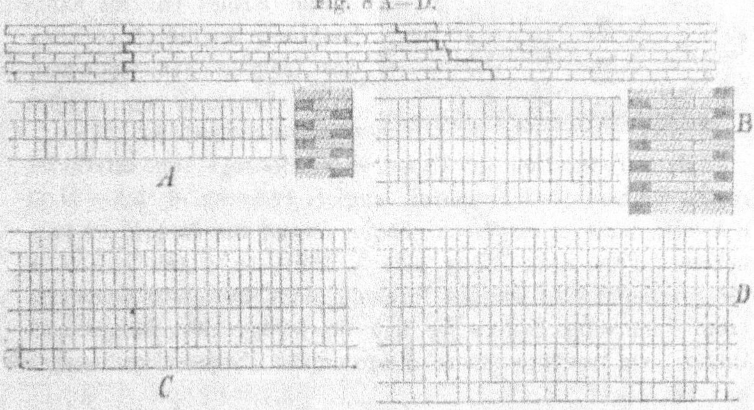

Fig. 8 A—D.

L'assise des boutisses se forme de la même manière, sauf que la file de panneresses se trouve alors sur le parement postérieur

au lieu de se trouver sur le devant du mur. Ces dispositions
sont représentées à la fig. 8. A—D; dans la coupe transversale
les panneresses sont indiquées par des hachures plus serrées.

d) Appareil en losange.

Il donne lieu à un croisement plus parfait des joints
montants de la maçonnerie, par suite de l'alternance de leur
position dans les assises successives en panneresses. Ils
sont disposés de façon à correspondre toujours au milieu
des panneresses de l'assise précédente ou suivante. Il en
résulte que les joints forment une suite régulière de gradins
d'un quart de brique de saillie. Dans les parties interrompues suivant la verticale, chaque redan de crémaillère est
composé de deux gradins d'un quart de brique chacun.

Les indices caractéristiques de l'appareil en losange sont:

1° les croix formées en diagonale par suite du déplacement
des briques dans chaque seconde assise de panneresses, fig. 9.

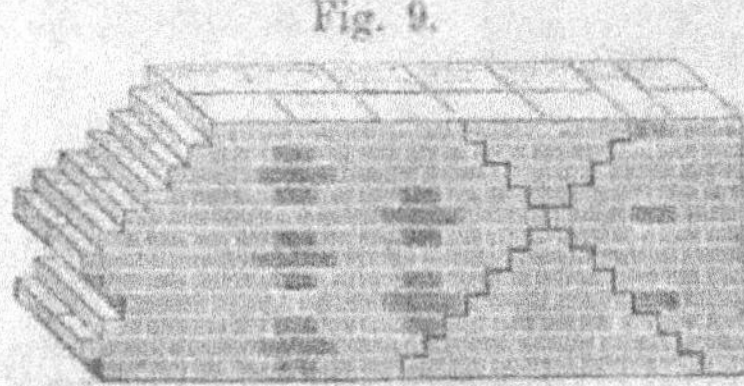

Fig. 9.

2° la suite régulière de gradins d'un quart de brique de
saillie formés par les joints
montants des différentes assises (cela a lieu également
dans l'appareil en briques
boutisses, fig. 5. A).

Dans l'éxécution de l'appareil en losange, on suivra les
règles données pour l'appareil anglais (voir fig. 6, 7 A—D et
8 A—D), mais on disposera chaque second tas de briques panneresses d'une demi-brique plus à droite ou à gauche que le
tas précédent; les briques forment alors des croix s'enchevê-
trant l'une dans l'autre au lieu de former des chaines continues. On trouvera encore des exemples d'appareil en losange
aux fig. 18 et 19.

La coupe de ce genre de maçonnerie ne diffère en rien
de celles données aux fig. 5 B, 7 et 8.

e) Appareil polonais ou flamand.

Ce qui le distingue des appareils précédents, c'est que les joints montants d'un même tas ne forment pas, à l'intérieur de la maçonnerie, des lignes continues dans le sens longitudinal. Cela résulte de ce qu'on fait alterner les boutisses avec les panneresses dans une même assise, fig. 10. Cet appareil ne conduit pas à une liaison aussi bonne que les précédents et a de plus l'inconvénient d'obliger à faire usage d'un grand nombre de trois-quarts de brique lorsqu'il s'agit de murs de $1\frac{1}{2}$, $2\frac{1}{2}$ etc. briques d'épaisseur. Aussi ne s'en

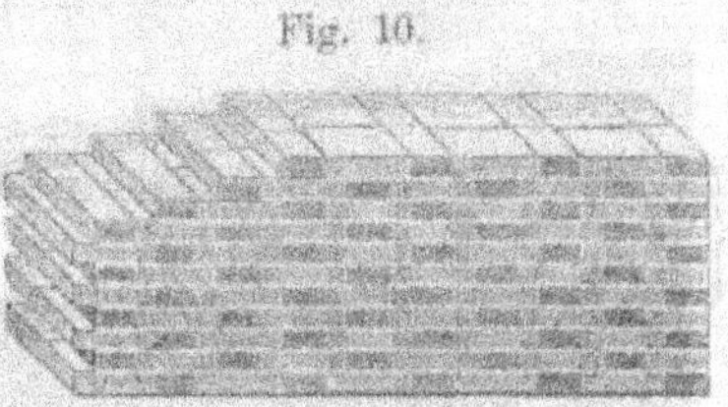

Fig. 10.

sert on que rarement et cela quand on désire relever l'aspect de la façade au moyen de briques de tons différents. La disposition régulière de l'ensemble produit alors un effet très-satisfaisant. Nous reviendrons sur ce sujet à l'occasion des maçonneries mixtes, en briques et moellons ou pierre d'appareil.

f) Appareil hollandais.

Cette disposition ne s'emploie aussi que rarement. Elle se compose d'assises formées de briques boutisses comme dans l'appareil anglais, alternant avec des assises mixtes de panneresses et de boutisses comme dans l'appareil précédent, fig. 11. C'est donc en réalité une combinaison de ces deux appareils.

Fig. 11.

g) Appareil avec files diagonales.

Il convient surtout aux travaux de fortification et fournit l'entrecroisement le plus complet que l'on puisse donner aux joints montants des différentes assises. En élévation, le mur présente la disposition de l'appareil anglais ou de l'appareil en losange, mais intérieurement il se compose de séries successives de six assises formées chacune comme l'indique la fig. 12, de

Fig. 12.

A en G. Dans quatre de ces assises, les briques sont disposées diagonalement aux parements du mur et, dans les deux autres, suivant l'appareil anglais ou en losange.

h) Appareil figuré.

Il n'est qu'une forme particulière de l'un quelconque des appareils précédents et s'emploie pour la décoration de grands

Fig. 13 A—F.

pans de mur. A cet effet, on a recours à l'adjonction de briques de teintes diverses, mates ou vernissées, pour former des dessins plus ou moins variés. Quelquefois on se contente de les disposer par bandes parallèles, mais le plus souvent elles sont grou-
pées suivant des dessins géomé-
triques. Les fig. 13, A—F don-
nent des exemples variés de maçonneries de ce genre. En A et D, ce mode de décoration est appliqué à l'appareil en losange; en F, dans la partie supérieure, à l'appareil anglais et dans la partie inférieure, à l'appareil en losange; en E, à l'appareil en

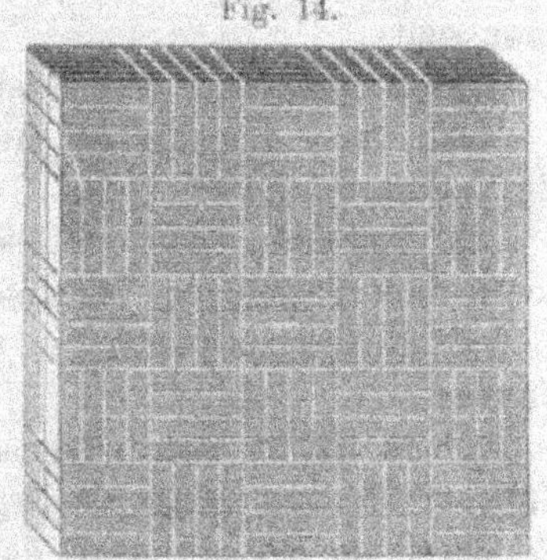

Fig. 14.

boutisses, etc. La fig. 14 fournit un exemple d'appareil réticulaire.

2. Têtes des murs en briques.

Aux extrémités d'un mur la disposition des briques devient spéciale et varie selon la nature de l'appareil. L'arrêt du mur suivant la verticale peut prendre l'une des formes indiquées en
coupe à la fig. 15, A—C. Ainsi, l'appareil en panne-
resses donne lieu à des sail-
lies d'une demi-brique, comme en A; l'appareil anglais ou hollandais, à des saillies d'un quart de brique, comme en B, et enfin l'appareil en losange, à des saillies formant double redans d'un quart de

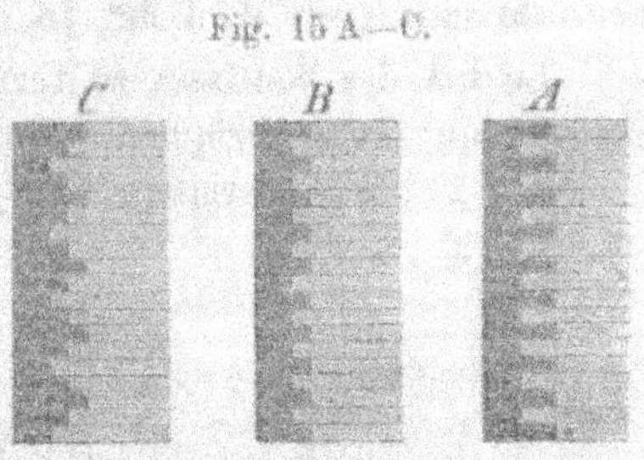

brique chacun. Pour former l'about du mur, il faut donc com-
bler ces vides et chercher à disposer les briques de manière à ne pas nuire à la régularité de l'appareil, et à éviter toute continuité des joints montants d'une assise à l'autre. On

fait usage dans ce travail de parties de briques comme nous l'avons déjà dit dans le principe (voir fig. 2), principalement du trois-quarts de brique et de la demi-brique longue.

Les règles à suivre dans la construction d'une tête de mur sont:

1° Éviter autant que possible les petites parties de brique.

2° Placer toujours les trois-quarts de brique dans l'assise des panneresses.

3° Faire en sorte que les demi-briques longues soient toujours dans l'assise des boutisses, et

4° Ne jamais placer ces demi-briques à l'angle même de l'assise.

Nous allons successivement étudier la construction de l'about: 1° dans le cas de l'appareil anglais; 2° dans le cas de l'appareil en losange et 3° dans le cas où l'about constitue le montant d'une baie de porte ou de fenêtre.

a) Abouts de mur dans l'appareil anglais

α) en se servant de trois-quarts de brique.

L'assise des panneresses se termine par autant de trois-quarts de brique qu'il y a de largeurs de brique dans l'épaisseur du mur (voir d, d fig. 16, A).

Le tas des boutisses se termine comme suit:
pour un mur d'une brique d'épaisseur, par 1 brique entière;

„ „ „ de 1½ briques   „   „ 2 briques trois-quarts;

„ „ „ „ 2   „   „   „ 2 briques trois-quarts,
à l'angle des parements,
plus 1 brique panneresse;
par 2 briques trois-quarts,

„ „ „ „ 2½   „   „   à l'angle des parements,
plus 2 panneresses.

. . . .

Les fig. 16, A—F représentent ces différentes dispositions. On voit

Fig. 16 A—F.

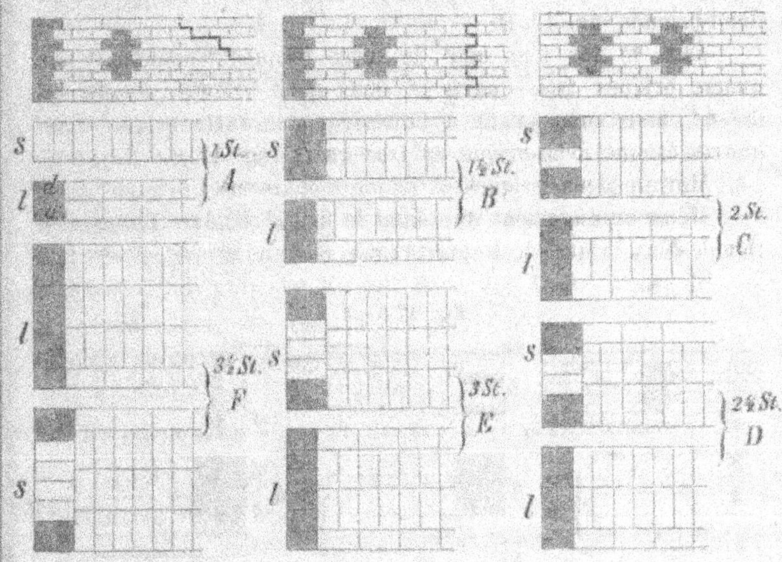

en A l'about d'un mur d'une brique d'épaisseur

  „ B   „   „   „ de $1^{1}/_{2}$ briques „

  „ C   „   „   „ „ 2   „   „

  „ D   „   „   „ „ $2^{1}/_{2}$ „   „

  „ E   „   „   „ „ 3   „   „

  „ F   „   „   „ „ $3^{1}/_{2}$ „

Les panneresses sont désignées par la lettre (l) et les boutisses par la lettre (s).

β) en se servant de demi-briques longues.

L'assise des panneresses est terminée par autant de briques entières qu'il y a de largeurs de brique dans l'épaisseur du mur fig. 17, A—F.

L'extrémité de l'assise des boutisses est formée:

dans le cas d'un mur d'une brique d'épaisseur, par une boutisse d'angle suivie d'une demi-brique k, fig. 17, A;

2*

dans le cas d'un mur d'une brique et demie d'épaisseur,
par quatre briques trois-quarts, comprenant entre elles deux
demi-briques, fig. 17, B;

dans le cas d'un mur de deux briques d'épaisseur par
quatre briques trois-quarts et deux demi-briques, comme ci-
dessus, mais comprenant à l'intérieur une autre brique trois-
quarts et une demi-brique en travers (z) fig. 17, C.

Mur de deux briques et demie d'épaisseur.

Même arrangement que dans la fig. 17, B, avec l'intercala-
tion de deux briques trois-quarts (q, q) et d'une brique entière (g).

Fig. 17 A—F.

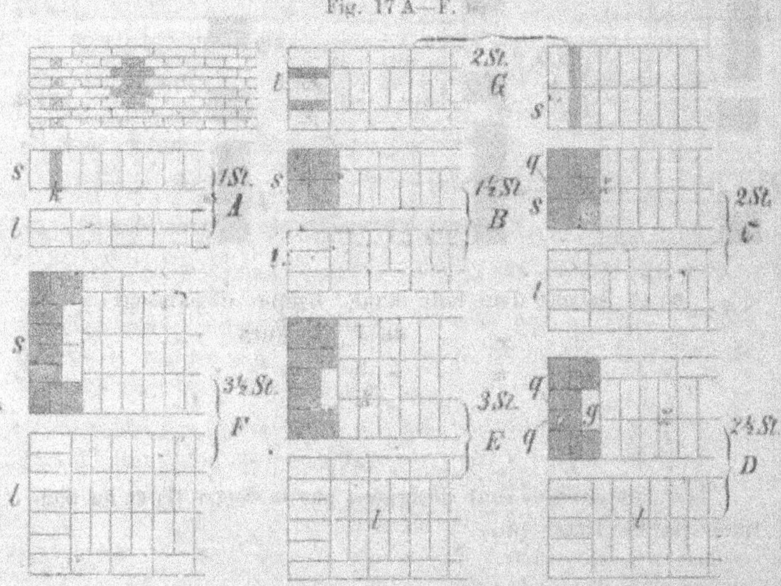

Toutes ces dispositions satisfont à une même règle générale; cependant dans le cas d'un mur de deux briques d'épaisseur,
il vaudra mieux remplacer la disposition précédente par celle
représentée à la fig. 17, G. On évite alors les trois-quarts de
brique, tant dans l'assise en panneresses que dans celle en boutisses, et il n'entre plus dans l'appareil que des demi-briques

longues; cet arrangement réduit aussi le nombre des briques fractionaires.

b) Abouts de mur dans l'appareil en losange.

Nous avons vu que l'appareil en losange ne diffère de l'appareil anglais que par la disposition de chaque seconde assise de panneresses. Dans les murs de 1, 2, 3 etc. briques d'épaisseur, la disposition en croix se produit dans une même assise sur les parements; dans ceux de $1\frac{1}{2}$, $2\frac{1}{2}$, $3\frac{1}{2}$ etc. briques d'épaisseur, elle produit dans des assises contiguës.

L'alternance de position des joints montants dans chaque seconde assise de panneresses s'obtient:

α) Quand on se sert de trois-quarts de brique.

Dans le cas d'un mur ayant pour épaisseur un multiple de la longueur d'une brique;

en faisant suivre, dans chaque seconde assise de panneresses, les trois-quarts de brique des deux parements par une demi-brique en travers; si cependant le mur n'avait qu'une seule brique d'épaisseur, on remplacerait les deux demi-briques par une brique entière.

Dans le cas d'un mur ayant pour épaisseur un multiple de la largeur d'une brique;

en faisant suivre les briques trois-quarts formant l'angle de la troisième assise sur le parement antérieur et l'angle de la quatrième assise sur le parement postérieur par des demi-briques en travers.

On a représenté l'arrangement des briques de la quatrième assise à la fig. 18.

en A pour un mur d'une brique d'épaisseur.

„ B „ „ „ „ „ et demie d'épaisseur,

„ C „ „ „ de deux briques d'épaisseur.

La troisième assise des murs de $1\frac{1}{2}$, $2\frac{1}{2}$ etc. briques d'épaisseur, dans lesquels le parement postérieur doit aussi présenter l'appareil en losange, s'obtient en faisant suivre la dernière boutisse d'une demi-brique en travers.

Fig. 18 A—F.

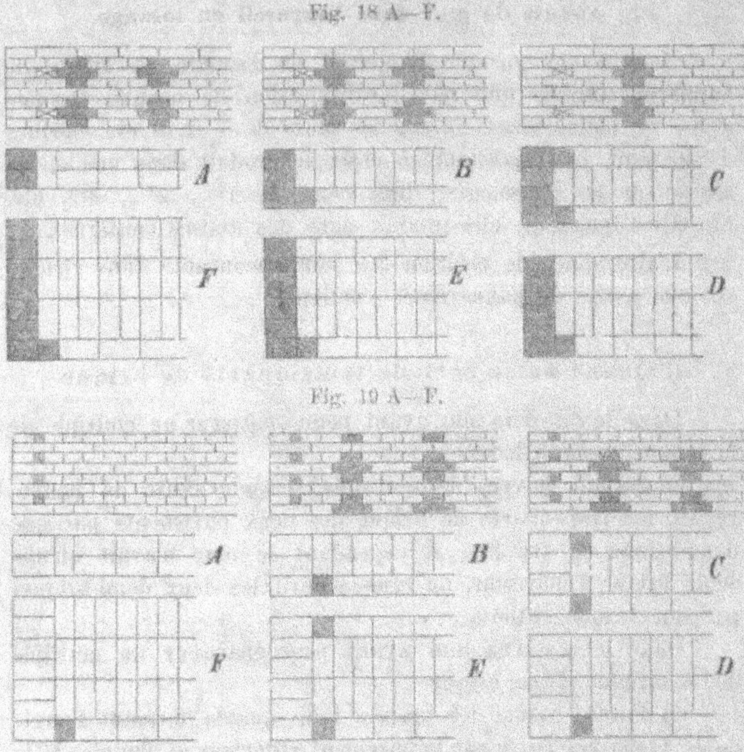

Fig. 19 A—F.

β) Quand on se sert de demi-briques longues.

En terminant l'assise des panneresses, comme dans la fig. 17, par une brique entière, au lieu de la terminer par une brique trois-quarts et en conservant pour le reste de l'appareil les dispositions du cas précédent.

La fig. 19 représente la quatrième assise

en A d'un mur d'une brique d'épaisseur

„ B „ „ „ „ et demie d'épaisseur

en C d'un mur de deux briques d'épaisseur
" D "   "   "   "   "   et demie d'épaisseur.

. . . .

En ce qui concerne les abouts de murs de $1^1/_2$, $2^1/_2$ etc.
briques d'épaisseur dans lesquels les deux parements doivent
présenter l'appareil en losange, ils s'éxécutent comme indiqués
ci-dessus en (a).

Fig. 20 A—H.

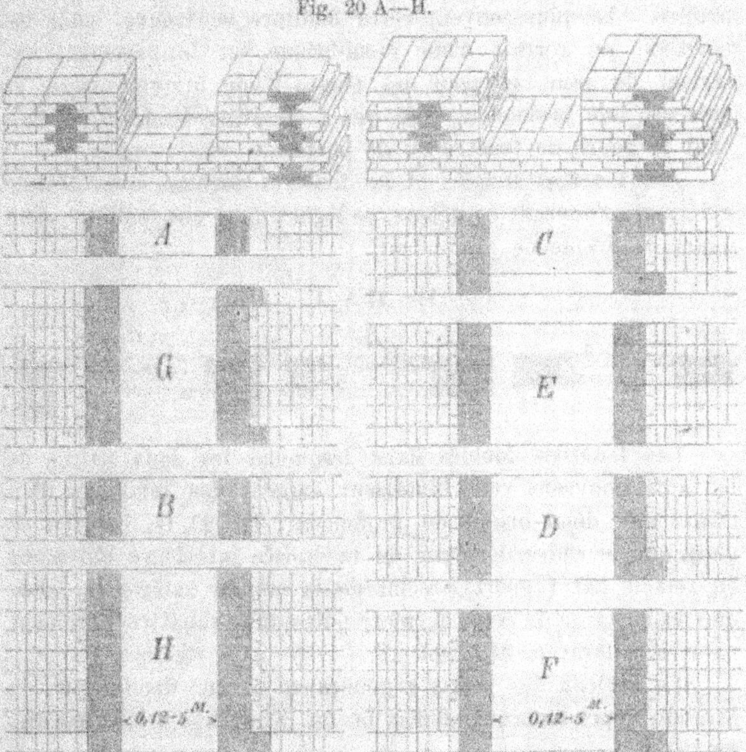

La construction des pieds-droits d'une baie de porte ou de
fenêtre et celle des piliers de forme carrée ou rectangulaire
rentre dans celle des abouts de mur. C'est ce qui ressort de la
fig. 20, A—H d'une part, et des fig. 59 et suivantes, d'autre part.

c) Pieds-droits des baies avec feuillure.

Les côtés d'une baie de porte ou de fenêtre ne sont géné-ralement ni plans, ni normaux aux parements du mur, tels que les représente la fig. 20. Cela n'a lieu que dans les construc-tions économiques, dans les constructions agricoles, par exemple. D'ordinaire, on ménage une feuillure dans l'épaisseur du pied-droit pour y loger l'huisserie de la porte ou le dormant de la fenêtre. Le plus souvent cette feuillure se trouve, pour les fenêtres, en retrait d'une demi-brique sur le parement ex-térieur du mur, et pour les portes d'une brique entière, et présente une profondeur d'un quart ou d'une demi-brique, sui-vant le genre de fenêtre ou de porte.

Les fenêtres simples et les fenêtres doubles, avec croisée extérieure s'ouvrant en dehors, se logent dans une feuillure d'un quart de brique de profondeur.

Fig. 21 A—C.

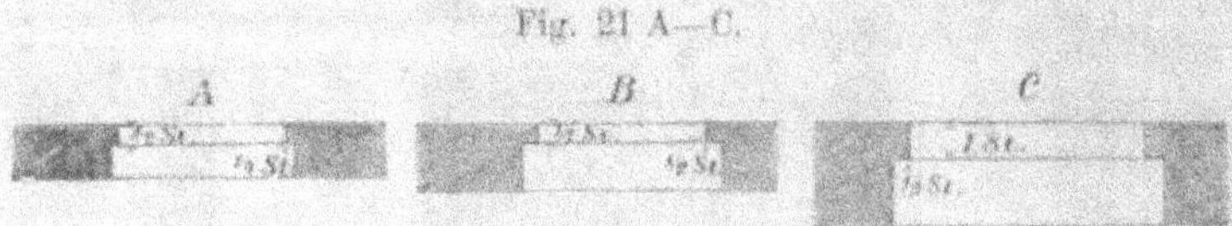

Les fenêtres doubles dans lesquelles les deux paires de battants s'ouvrent vers l'intérieur exigent des feuillures d'au moins une demi-brique de profondeur, fig. 21, B; car il faut alors que le cadre dormant de la croisée intérieure soit assez en retrait par rapport à celui de la croisée extérieure, pour que les battants de cette dernière puissent se rabattre librement en arrière (voir p. 387, vol. I).

Le tableau des portes a généralement une demi-brique de largeur, cependant quelquefois on lui donne une brique entière, fig. 21, C.

Nous allons passer en revue les différentes dispositions qui peuvent se présenter pour la feuillure.

a) Baie de fenêtre avec feuillure d'un quart de brique de profondeur et tableau d'une demi-brique de largeur.

Comme le tableau n'est en réalité qu'un about de mur légèrement modifié, les règles précédentes conviennent aussi au cas présent, en y faisant les changements suivants :

Fig. 22 A—H.

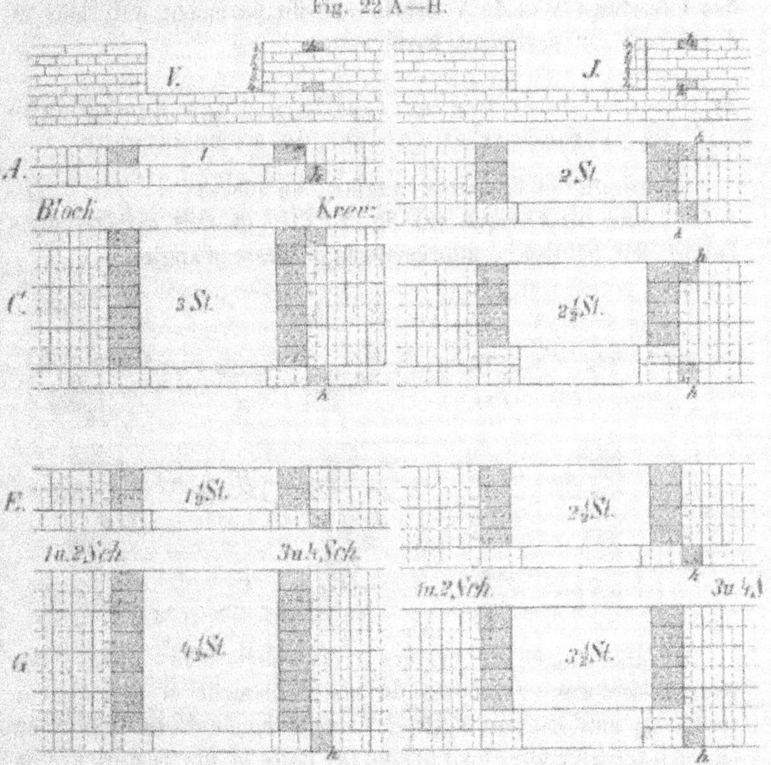

1° placer dans l'assise des boutisses un quart de brique auprès de la dernière boutisse, et

2° substituer dans l'assise des panneresses une brique entière à la brique trois-quarts formant l'angle du tableau.

Les fig. 22, A—H montrent la disposition des briques dans le cas de murs de 1 à $3\frac{1}{2}$ briques d'épaisseur. En D et H, le tableau a une brique de largeur.

Dans toutes ces figures, il est représenté à gauche l'appareil anglais et à droite, l'appareil en losange. Les lignes pointillées indiquent, dans ce dernier cas, la disposition de la troisième assise et les lignes pleines, celle de la quatrième.

Le changement dans l'arrangement des briques ressort aussi des élévations V et J; V est la vue du parement antérieur et J est celle du parement postérieur.

β) Baie de fenêtre avec feuillure d'une demi-brique de profondeur et tableau de même largeur.

S'il s'agit de l'appareil anglais, on place:

1° une demi-brique (z) fig. 23 (1ère et 3ème assises) dans l'assise des boutisses, auprès de la boutisse d'angle.

Fig. 23 A—C.

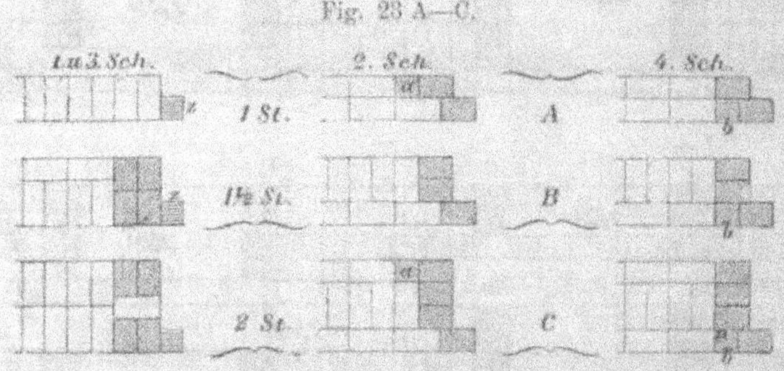

2° une rangée de briques trois-quarts dans l'assise des panneresses aux extrémités du tas, seulement si la longueur totale du mur est un multiple d'une brique entière, il faut en outre intercaler une demi-brique (a) dans la file postérieure de panneresses.

Dans le cas de l'appareil en losange, les dispositions précédentes ne sont à modifier que dans la quatrième assise, c'est-à-dire dans la seconde assise des panneresses. On place alors une demi-brique (b), derrière la brique trois-quarts formant la feuillure, fig. 23 (4ème assise).

Fig. 24 A—B.

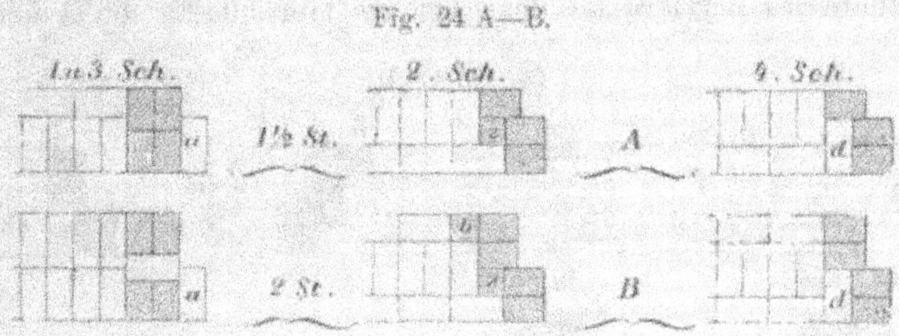

La disposition des quatre assises consécutives pour des murs de 1, $1^1/_2$ et 2 briques d'épaisseur est indiquée à la fig. 23, A—C.

γ) **Baie de porte avec feuillure d'une demi-brique de profondeur et tableau d'une brique de largeur.**

Lorsqu'il s'agit de l'appareil anglais, on place dans l'une des assises, contre les briques trois-quarts formant les côtés de la baie, une brique entière en boutisse (a), fig. 24 et dans l'assise suivante, une demi-brique (z) derrière la deuxième brique trois-quarts quand l'épaisseur du mur est un multiple de la largeur d'une brique, et deux demi-briques (z) et (b) derrière la première et la troisième brique trois-quarts quand le mur a pour épaisseur un multiple de la longueur d'une brique, fig. 24, B.

Dans l'appareil en losange, la troisième assise reste semblable à la première, et la quatrième ne diffère de la seconde que par la substitution d'une brique entière (d) aux deux demi-briques (z) et (b) immédiatement derrière les deux briques trois-quarts formant la feuillure.

Ces dispositions sont représentées aux fig. 24, A—B. Les exemples de la fig. 25 sont établis d'après les mêmes règles.

δ) **Baie de porte avec feuillure et tableau d'une brique de largeur.**

La feuillure se forme dans la première et la troisième assise par deux briques entières (g. g), placées en boutisses

contre les briques trois-quarts des côtés de la baie, et dans
la deuxième assise, par deux briques entières (g' g'), placées en
panneresses derrière les deux briques trois-quarts de la feuil-

Fig. 25 A—D.

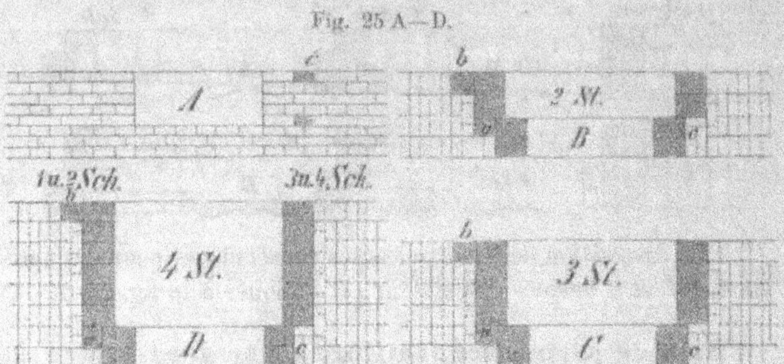

lure; enfin, dans le cas de l'appareil en losange, dans la quatrième assise par une brique entière en boutisse (s), derrière
les briques trois-quarts des pieds-droits de la baie et par une
ou deux demi-briques (a) et (b) selon que l'épaisseur du mur
est un multiple de la largeur ou de la longueur d'une brique.

Fig. 26 A—C.

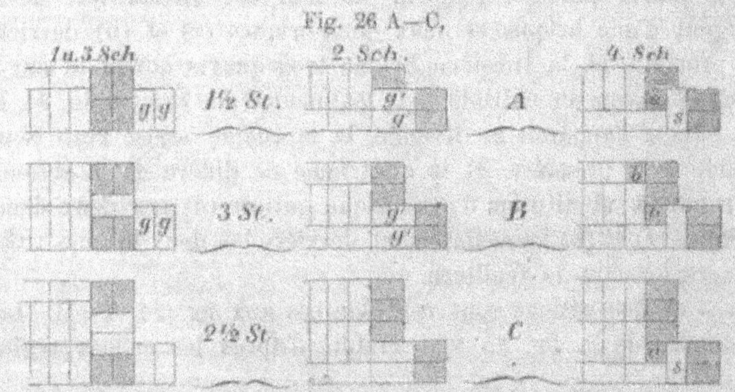

Les fig. 26, A—C donnent l'application de ces principes et
les fig. 27 et 28, des exemples de baies avec feuillures d'une
brique et d'une brique et demie de profondeur et des tableaux
d'une brique et demie de largeur.

Fig. 27.

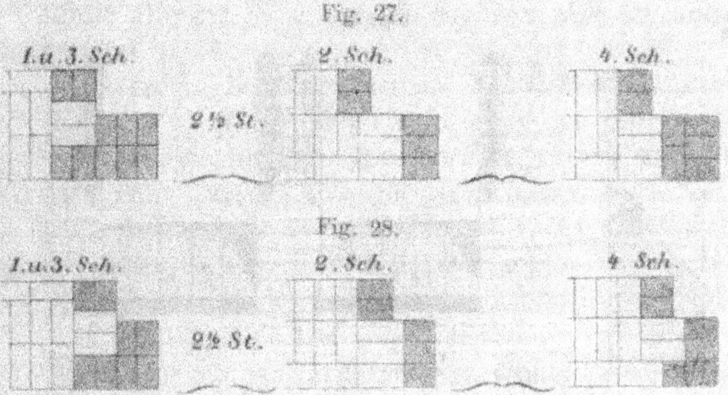

Fig. 28.

d) Baies avec embrasure évasée.

Souvent on donne aux embrasures de fenêtre et aux tableaux de porte une forme évasée dans le but soit de faciliter le rabattement des vantaux, soit de mieux laisser pénétrer la lumière. Il n'en résulte aucune difficulté particulière pour l'arrangement des briques; celles-ci se disposent comme s'il s'agissait d'un about ordinaire, d'équerre sur la face du mur. Ce n'est qu'après coup qu'on fait l'ébrasement, en taillant les briques suivant l'angle donné, fig. 29.

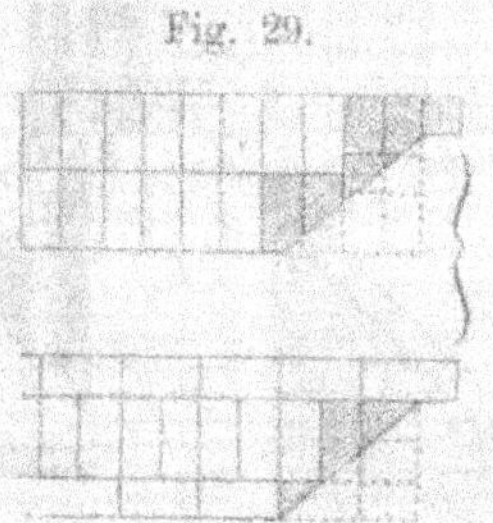

Fig. 29.

e) Encadrements moulurés de portes et fenêtres.

Ces encadrements sont très-usuels dans les constructions en briques du nord de l'Allemagne. Dans leur éxécution une partie des briques parallèlipipédiques ordinaires se trouve remplacée par des briques de forme spéciale. Les dispositions indiquées précédemment pour l'appareil ne sont modifiées qu'autant que l'exige la forme spéciale des briques. Nous donnons aux fig. 30 et 31 A—C, en plan, coupe et élévation deux exemples de constructions de ce genre.

Fig. 30.

Fig. 31.

3. Angles des murs en briques.

Les angles sont la partie la plus importante des murs.
Ils peuvent être droits, aigus ou obtus.

Les règles à observer dans leur construction sont:

1° Faire alterner les assises de boutisses avec les assises de panneresses.

2° Disposer de la même manière les assises correspondantes des murs de même direction, en sorte que l'on ait aux angles une assise de boutisses dans un sens, et une assise de panneresses dans l'autre. L'application rigoureuse de cette règle facilite beaucoup le travail, d'autant mieux que les maçons commencent toujours le mur par ses angles.

3° Faire traverser les assises de panneresses et arrêter contre elles les assises de boutisses.

L'application des ces principes est donnée à la fig. 32, A—F. En A, on a représenté un espace rectangulaire circonscrit par quatre murs; (l) désigne les assises de panneresses et (s) celles des boutisses. Ces assises se continuent sans changement d'un bout à l'autre de chaque mur. Les mêmes principes régissent l'arrangement des briques lorsque l'angle est ouvert ou fermé au lieu d'être droit. C'est ce que montre la fig. 32. Seulement quand l'enceinte est circonscrite par un nombre impair de murs, il se rencontre à l'un des angles, ordinairement à l'un des angles obtus ou aigus, deux assises de même espèce, fig. 32.

Fig. 32 A—F.

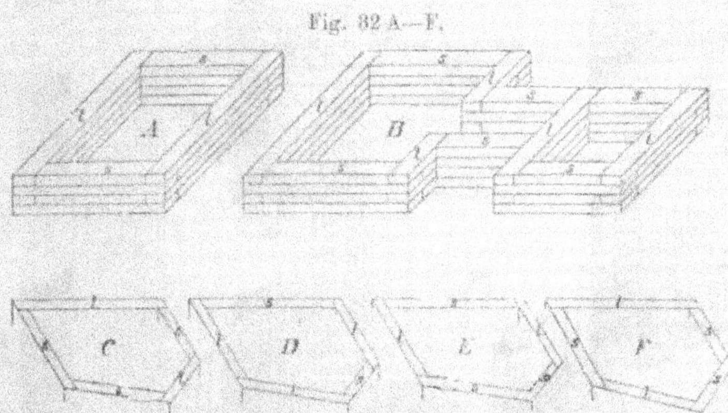

Nous faisons suivre aux fig. 33 et 34 un exemple donnant le plan de l'ensemble d'une construction en briques. Quelques

Fig. 33.

Fig. 34.

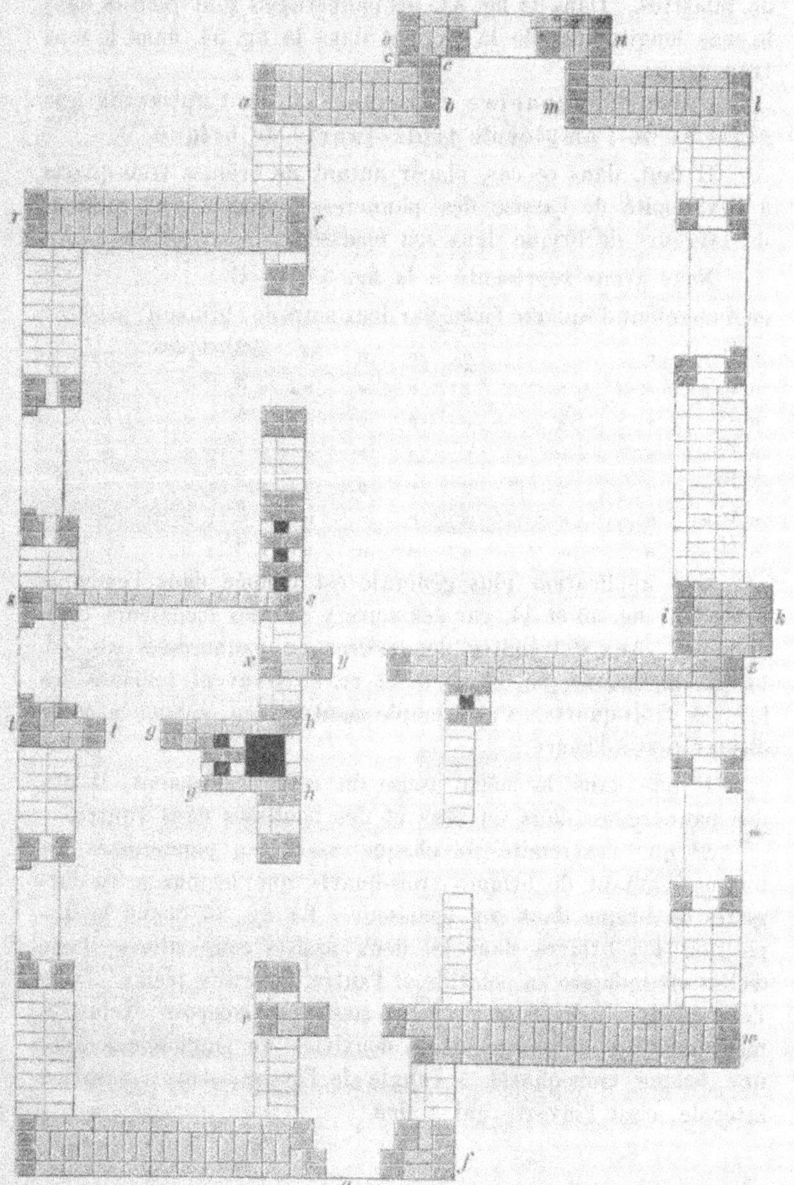

uns de ces murs sont traversés par des cheminées et renforcés de pilastres. Dans la fig. 33, les panneresses sont placées dans le sens longitudinal de la page et dans la fig. 34, dans le sens transversal.

Retours d'équerre dans le cas de l'appareil anglais et de l'emploi de trois-quarts de brique.

Il faut, dans ce cas, placer autant de briques trois-quarts à l'extrémité de l'assise des panneresses que le mur contient de largeurs de brique dans son épaisseur.

Nous avons représenté à la fig. 35, A—H

en A un retour d'équerre formé par deux murs de 1 brique d'épaisseur

„ B „ „ „ „ „ „ „ „ 2 briques „
„ C „ „ „ „ „ „ „ „ 3 „ „
„ D „ „ „ „ „ „ „ „ 4 „ „
„ E „ „ „ „ „ „ „ „ $1^1/_2$ „ „
„ F „ „ „ „ „ „ „ „ $2^1/_2$ „ „
„ G „ „ „ „ „ „ „ „ $3^1/_2$ „ „
„ H „ „ „ „ „ „ „ „ $4^1/_2$ „ „

Une application plus générale est donnée dans l'exemple précédent fig. 33 et 34, car les murs y ont des épaisseurs très-diverses. Aux extrémités des assises en panneresses ab, cd, ef, gh, ik, lm, no, pq, et en ss et rr, se trouvent toujours des briques trois-quarts. Cet exemple montre bien, comme nous le disions tout-à-l'heure:

1° que dans la même assise du retour d'équerre, il y a des panneresses dans un sens et des boutisses dans l'autre.

2° que l'extrémité de chaque assise en panneresses est formée d'autant de briques trois-quarts que le mur a de largeurs de brique dans son épaisseur. La fig. 35 donne la disposition des briques dans les deux assises consécutives; l'une d'elles est indiquée en pointillé et l'autre, en traits pleins. Dans l'élévation principale la première assise se compose exclusivement de têtes de brique et la deuxième de panneresses avec une brique trois-quarts à l'angle de l'assise; dans l'élévation latérale, c'est l'inverse qui a lieu.

Retours d'équerre dans le cas de l'appareil anglais et de l'emploi de demi-briques longues.

Fig. 35 A—H.

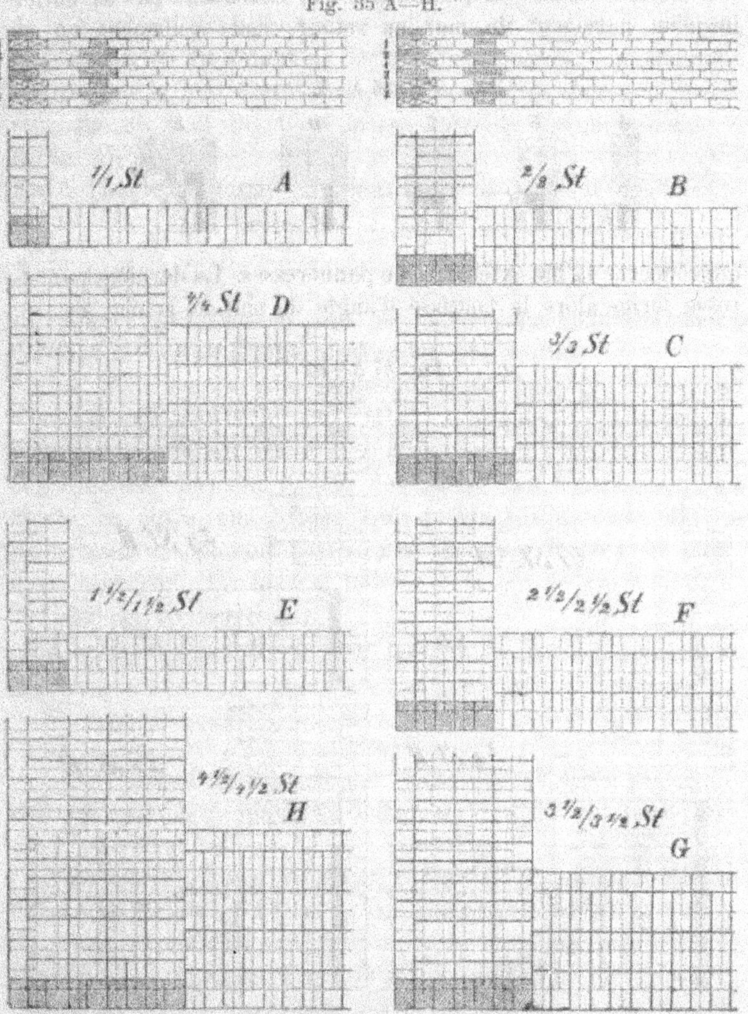

Quand on fait usage de demi-briques longues, il faut, comme il a déjà été dit plus haut, les placer dans l'assise des boutisses

3*

immédiatement derrière la boutisse d'angle. Il en résulte alors
que les règles précédentes doivent être modifiées comme suit:

1° Les assises de panneresses ne s'étendent pas en entier
jusqu'au parement du mur en retour, mais seulement en ce

Fig. 36 A—E.

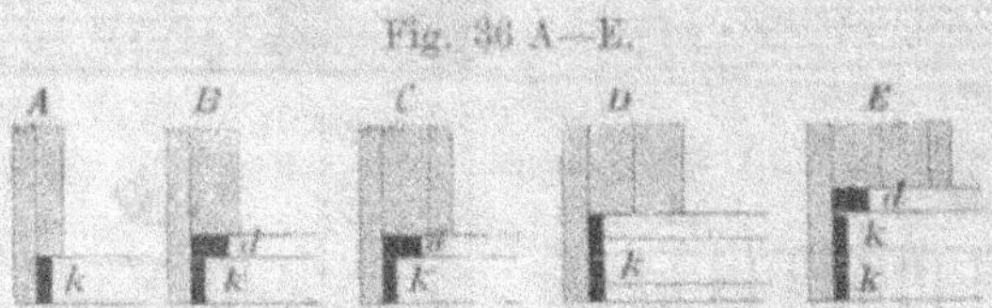

qui concerne la file extérieure de panneresses. La dernière panneresse forme alors la boutisse d'angle du mur en retour, fig. 36.

Fig. 37 A—D.

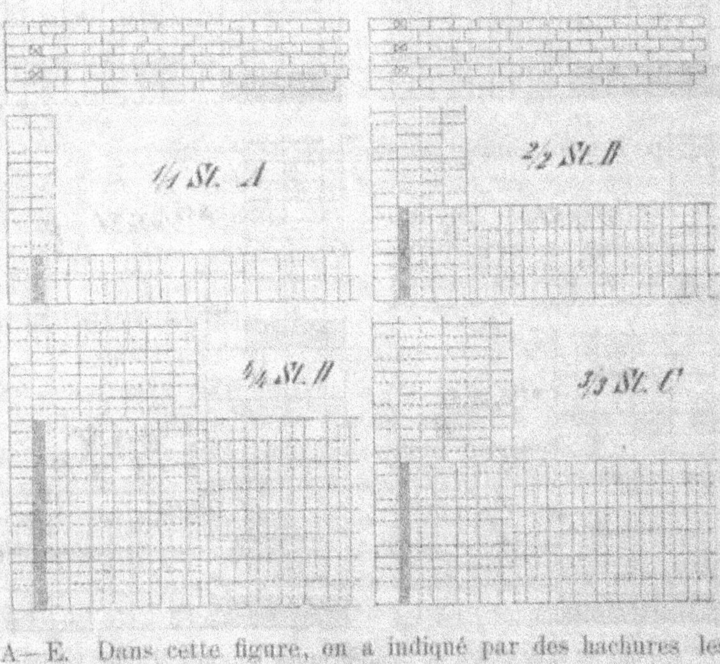

A—E. Dans cette figure, on a indiqué par des hachures les
assises supposées en panneresses et l'on a laissé en blanc, celles

supposées en boutisses. Les demi-briques (k) se placent de manière à ce que

2° dans le cas d'un mur ayant pour épaisseur un multiple de la longueur d'une brique, c'est-à-dire ayant 1, 2, 3. . . . briques d'épaisseur, on ait autant de demi-briques longues, l'une derrière l'autre, que le mur contient de briques entières dans son épaisseur, fig. 36, A et D. C'est le cas aussi de l'exemple donné à la fig. 37, A—D.

En A l'angle est formé par deux murs de 1 brique d'épaisseur
„ B „ „ „ „ „ „ „ 2 briques „
„ C „ „ „ „ „ „ „ 3 „ „
„ D „ „ „ „ „ „ „ 4 „ „

Dans l'élévation on voit la demi-brique immédiatement derrière la brique d'angle de l'assise des boutisses

3° Si le mur a pour épaisseur le multiple de la largeur d'une brique, soit $1^1/_2$, $2^1/_2$, $3^1/_2$ . . . briques d'épaisseur, on place comme précédemment 1, 2, 3 . . . demi-briques (k) derrière la panneresse formant l'angle de l'assise des boutisses et l'on ajoute en outre une brique trois-quarts (d) dans la file de panneresses complétant l'assise des boutisses du côté du parement intérieur. Ce cas est indiqué à la fig. 36 en B, C et E.

La fig. 38 représente
en A le retour d'équerre de deux murs de $1^1/_2$ briques d'épaisseur
„ B „ „ „ „ „ „ $2^1/_2$ „ „
„ C „ „ „ „ „ „ $3^1/_2$ „ „
„ D „ „ „ „ „ „ $4^1/_2$ „ „

Les dispositions à adopter dans le cas de murs ayant d'autres épaisseurs que celles indiquées se déduiront sans peine des règles données.

Retours d'équerre dans le cas de l'appareil en losange et de l'emploi de trois-quarts de brique.

Nous avons déjà fait remarquer à plusieurs reprises que l'appareil en losange n'est qu'une modification de l'appareil anglais et que la disposition des briques n'est changée qu'à la 4ᵐᵉ assise où toutes les panneresses sont déplacées longitudinalement d'une demi-brique par rapport à celles de l'assise précédente, en sorte que la similarité dans la disposition des joints montants ne se reproduit qu'à la 5ème, 9ème, 13ème, ... assise. Les règles applicables à l'appareil anglais sont donc à

Fig. 38 A—D.

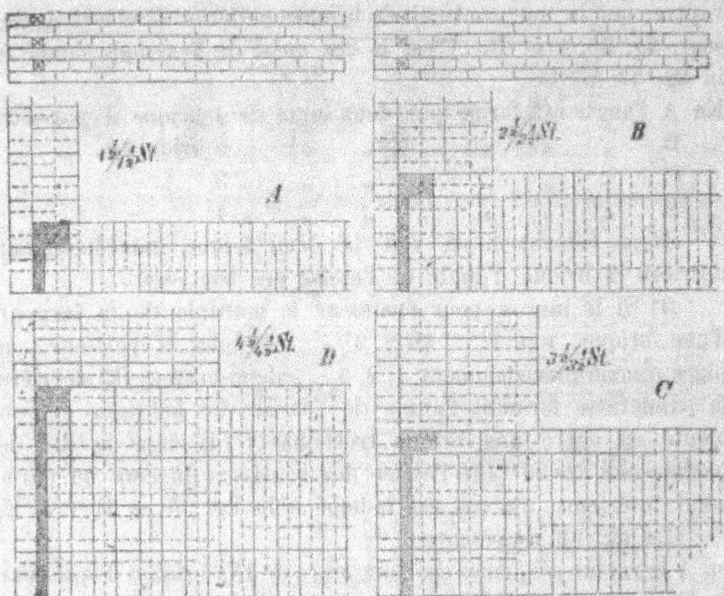

modifier comme suit pour les 3ème et 4ème assises, l'appareil restant identique pour les deux premières.

1° Si le mur a 1, 2, 3 . . . . . briques d'épaisseur, on place autant de briques entières après les trois-quarts formant l'angle de l'assise des panneresses, que le mur contient de longueurs de brique dans son épaisseur.

2° Si le mur a $1\frac{1}{2}$, $2\frac{1}{2}$, $3\frac{1}{2}$ . . . . briques d'épaisseur, on place en outre une demi-brique (g) auprès de la première brique trois-quarts de l'assise des panneresses et une autre à l'angle intérieur de l'assise des boutisses. Cette dernière demi-brique a pour but d'obtenir aussi la disposition en losange sur le

Fig. 39 A—H.

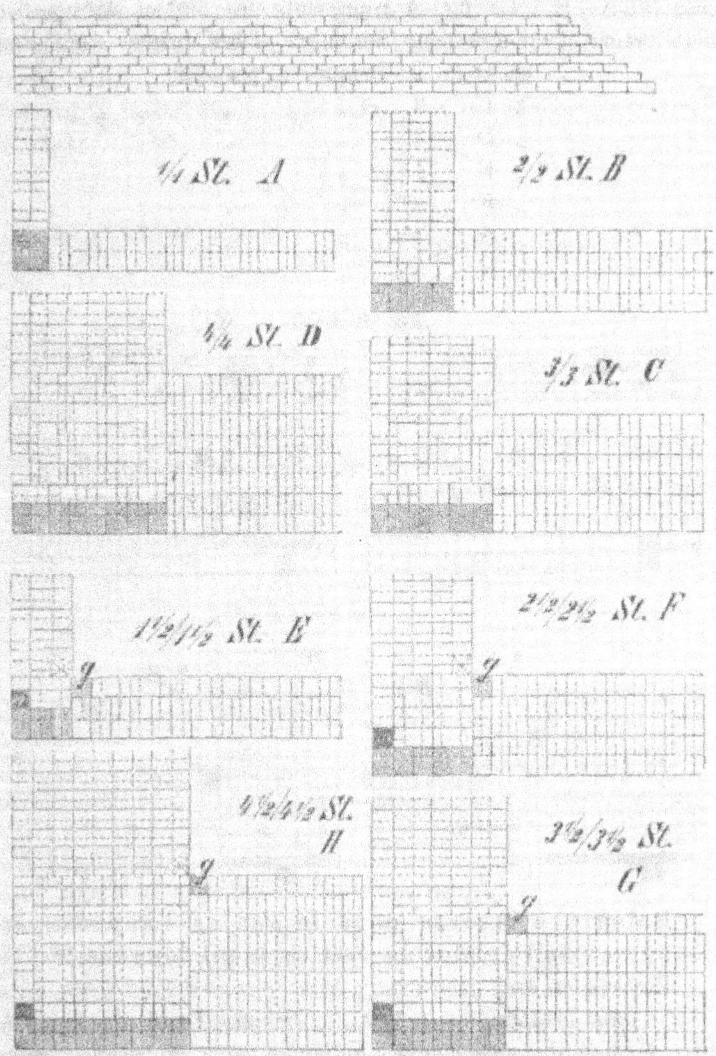

parement intérieur des murs; si l'on se contentait de l'appareil
anglais de ce côté, on la supprimerait.

L'application des règles précédentes est donnée aux exemples 39, A—H. La fig. A représente les 3ᵉᵐᵉ et 4ᵉᵐᵉ assises d'un retour d'équerre pour des murs d'une brique d'épaisseur

<pre>
en B de 2   briques d'épaisseur
 „ C „ 3   „   „
 „ D „ 4   „   „
 „ E „ 1½   „   „
 „ F „ 2½   „   „
 „ G „ 3½   „   „
 „ H „ 4½   „   „
</pre>

Fig. 40 A—D.

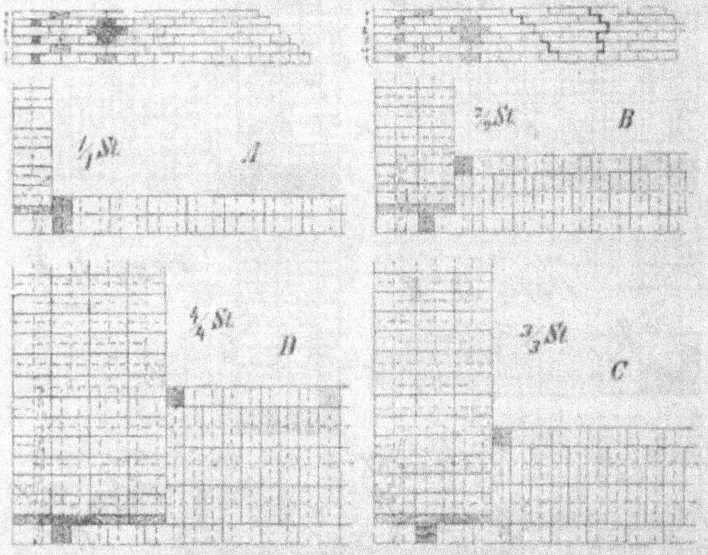

Retours d'équerre dans le cas de l'appareil en losange et de l'emploi de demi-briques longues.

Les règles sont alors:

1° dans les murs de 1, 2, 3, ... briques d'épaisseur, placer, outre les demi-briques longues indiquées pour le cas de l'appareil anglais, une demi-brique en travers, tant sur le devant de l'assise en panneresses, immédiatement après la panneresse d'angle, que sur le derrière à l'angle même des deux murs. Il en résulte que dans un mur d'une brique d'épaisseur les deux demi-briques viennent à se trouver l'une contre l'autre ce qui permet de les remplacer par une brique entière. C'est ce qui a été fait à la fig. 40, A. Les autres fig. B—D sont conformes à la règle.

Fig. 41 A—D.

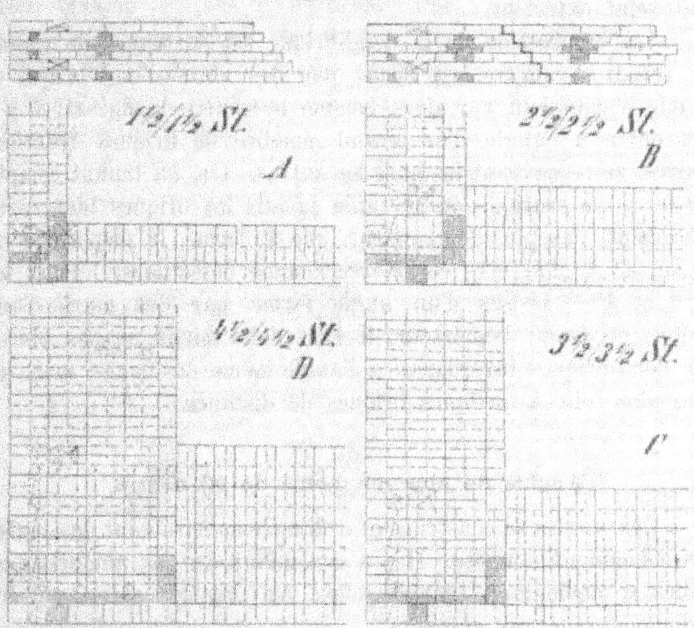

2^9 si le mur a pour épaisseur $1^1/_2$, $2^1/_2$, $3^1/_2$ .... briques, la disposition des demi-briques est un peu changée. On place alors la demi-brique intérieure, non plus à l'angle des deux murs, mais à côté de la brique trois-quarts qui devient nécessaire intérieurement pour compléter l'appareil. La demi-brique de la face reste à la même place que dans les murs de 1, 2, 3, ... briques d'épaisseur.

Cette disposition est représentée aux fig. 41, A—D.

En A pour des murs de $1\frac{1}{2}$ briques d'épaisseur
„ B „ „ „ „ $2\frac{1}{2}$ „ „
„ C „ „ „ „ $3\frac{1}{2}$ „ „
„ D „ „ „ „ $4\frac{1}{2}$ „ „

S'il n'était pas nécessaire d'avoir l'appareil en losange sur le parement intérieur des murs, on supprimerait les demi-briques intérieures sans changer en rien la disposition sur le parement extérieur.

La suppression de la demi-brique est surtout utile quand le retour d'équerre est formé par des murs d'une brique et demie d'epaisseur, car alors, comme le montre la fig. 41, il y a rencontre à l'angle d'un grand nombre de briques fractionnaires, se recouvrant les unes les autres. Or, en tenant compte de ce qu'en pratique, on ne taille jamais les briques bien régulièrement, pas plus de grandeur, que de forme, la disposition de la fig. 41 A, doit être considérée comme défectueuse. Pour les 3ème et 4ème assises d'un angle formé par des murs d'une brique et demie d'épaisseur, il vaut donc mieux ne pas placer les demi-briques intérieures à l'angle même des murs, mais un peu plus loin, à quelques briques de distance.

Angles de plus ou moins de 90 degrés.

Ces angles se construisent ordinairement suivant les régles précédemment données. Il y a cependant des cas nombreux où celles-ci deviennent inapplicables; on s'appuie alors sur les principes généraux suivants.

1° Il ne faut jamais placer de joint au sommet de l'angle.

2° Tous les joints montants doivent être perpendiculaires aux parements des murs.

3° Il faut toujours croiser les joints.

4° Employer aussi peu de briques taillées que possible.

5° Quand une assise de panneresses se relie à une assise de boutisses, faire toujours continuer jusqu'à l'angle la rangée extérieure de panneresses.

En dehors de ces principes généraux, il en est qui sont

particuliers aux angles aigus et aux angles obtus. Nous allons les indiquer en parlant d'abord des angles aigus.

Si une assise de panneresses se rencontre à l'angle avec une assise de boutisses, on fait commencer la file extérieure de panneresses par une brique coupée ayant pour longueur (l) la largeur oblique (q) plus $\frac{1}{4}$ de brique, soit $l = q + \frac{1}{4}$ de brique, fig. 42.

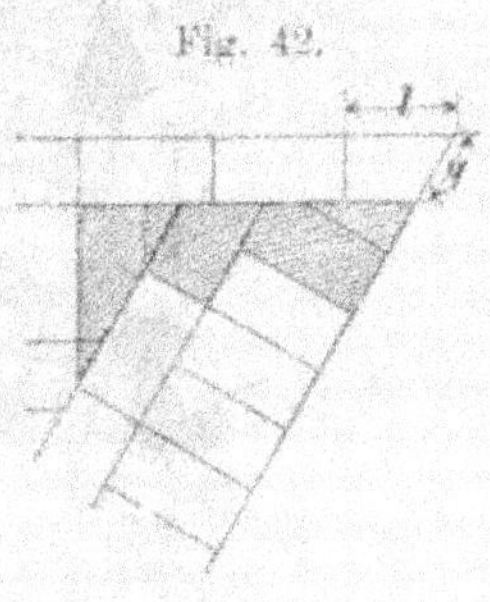

Fig. 42.

La fig. 43, A—F donne des exemples variés d'angles aigus formés par des murs de différentes épaisseurs.

Fig. 43 A—F.

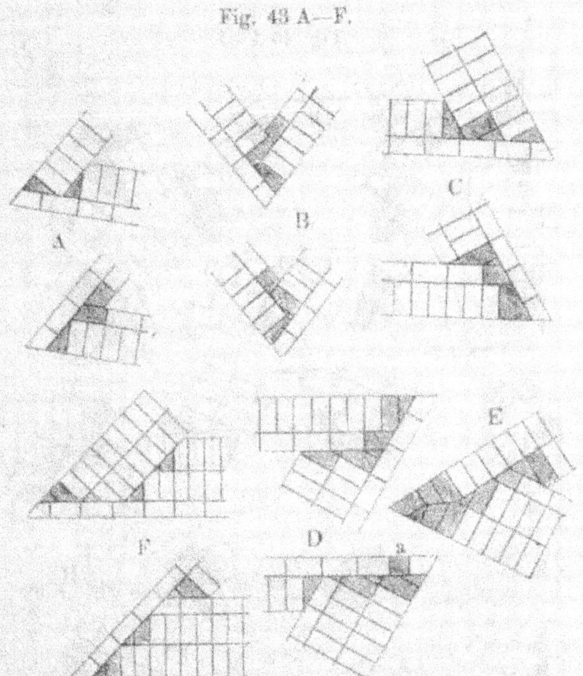

En A les murs ont 1 et $1\frac{1}{2}$ briques d'épaisseur,
„ B ils ont $1\frac{1}{2}$ et $1\frac{1}{2}$ „ „

Fig. 44 A—C.

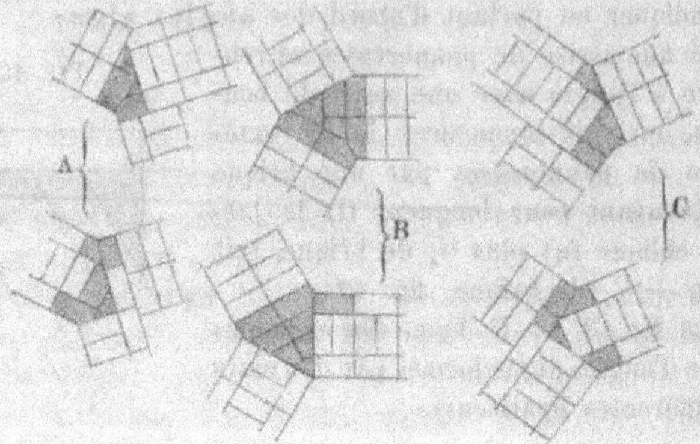

Fig. 45 A—J.

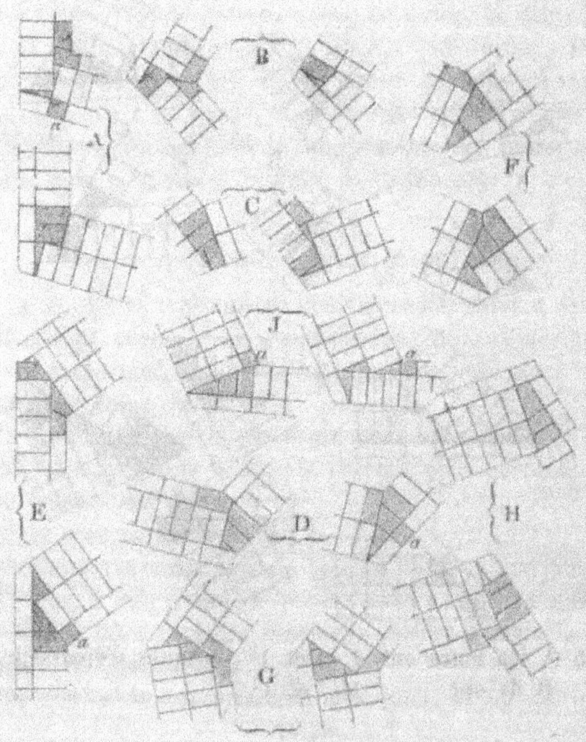

Fig. 46.

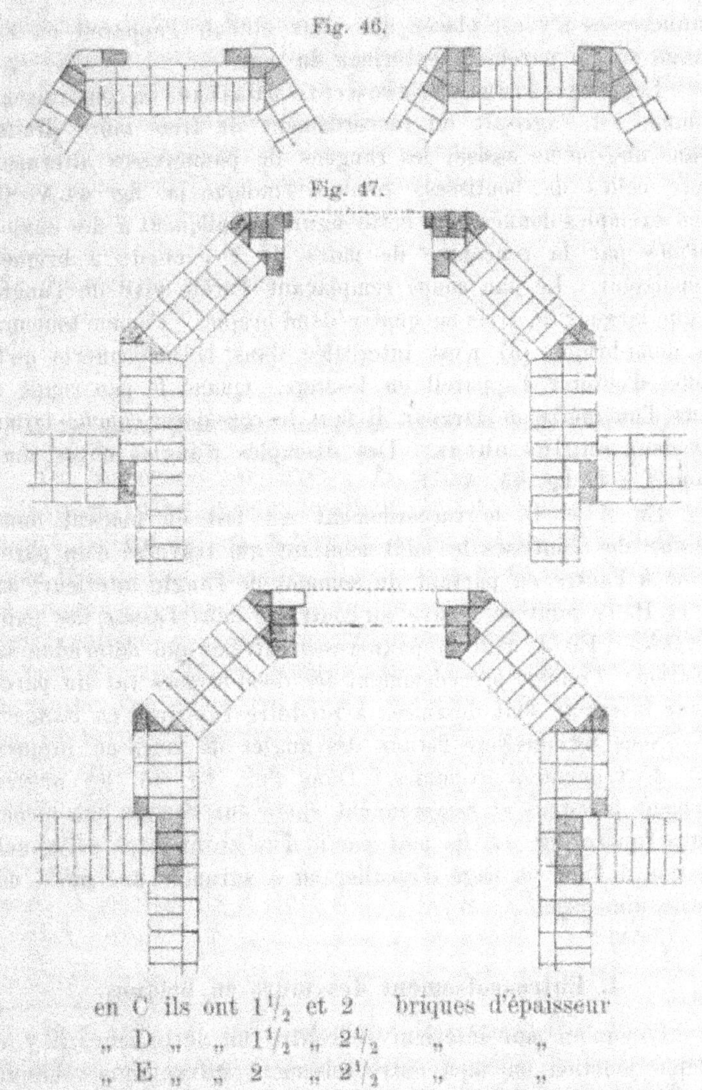

Fig. 47.

en C ils ont $1\frac{1}{2}$ et 2   briques d'épaisseur
„ D „ „ $1\frac{1}{2}$ „ $2\frac{1}{2}$ „ „
„ E „ „ 2 „ $2\frac{1}{2}$ „ „
„ F „ „ 2 „ $2\frac{1}{2}$ „ „

Ici, comme précédemment, la demi-brique en travers (a)
qui se trouve dans quelques unes des rangées extérieures de

panneresses n'y est placée que pour obtenir l'appareil en losange sur le parement extérieur du mur.

Les angles aigus, avec arête abattue, se construisent comme s'il s'agissait du raccordement de trois murs droits. Dans une même assise, les rangées de panneresses alternent avec celles de boutisses, comme l'indique la fig. 44 A—C. Les exemples donnés dans cette figure s'appliquent à des angles formés par la rencontre de murs de $1^1/_2$ et de 2 briques d'épaisseur. Le pan coupé remplaçant l'arête vive de l'angle a une largeur de trois ou quatre demi-briques. Comme toujours la demi-brique (a) n'est intercalée dans la maçonnerie qu'à l'effet d'obtenir l'appareil en losange. Quand le pan coupé a plus d'un mètre de largeur, il faut le considérer comme formé de deux angles obtus. Des exemples d'angles obtus sont donnés à la fig. 45, A—J.

En A et D, le raccordement est fait en plaçant dans l'assise des boutisses le joint montant qui traverse d'un parement à l'autre en partant du sommet de l'angle intérieur; en E et H, ce joint se trouve au contraire dans l'assise des panneresses. En J, c'est la panneresse extrême qui détermine sa position. Comme précédemment les demi-briques (a) du parement intérieur sont destinées à produire l'appareil en losange.

Nous terminerons l'étude des angles de murs en briques par deux derniers exemples. Dans l'un, fig. 46, les angles forment pilastres et comprennent entre eux comme une niche. Dans l'autre, fig. 47, ils font partie d'un avant-corps polygonal destiné à loger la cage d'escalier ou à agrandir une pièce de petite dimension.

4. Entrecroisement des murs en briques.

Lorsqu'un mur intérieur rencontre un autre mur, il y a simple jonction ou bien entrecroisement suivant que celui-ci est un mur extérieur ou intérieur. La rencontre peut se faire normalement ou obliquement. Les jonctions à angle droit sont de beaucoup les plus fréquentes, car même dans le cas d'un édifice de forme irrégulière, on donne aux pieces une forme rectangulaire partout où il est possible.

Les principes généraux de la disposition de l'appareil dans les jonctions et croisements sont:

1° Faire traverser l'assise des panneresses et arrêter de chaque côté contre elle, celle des boutisses.

2° Faire chevaucher les panneresses au point de raccordement d'un quart de brique sur les boutisses sous-jacentes, afin d'obtenir le croisement des joints.

Passons maintenant à l'examen des différents cas particuliers qui peuvent se présenter.

a) Jonction d'un mur intérieur avec un mur extérieur.

On commence par arrêter la disposition de l'assise des panneresses dans le mur intérieur, faisant traverser celle-ci jusqu'à la face du mur extérieur, où on la termine à la façon d'une tête de mur ordinaire. On place donc en ce point autant de briques trois-quarts, l'une contre l'autre, que le mur intérieur contient de largeurs de briques dans son épaisseur. Il faut d'une manière générale que l'assise des panneresses chevauche d'un quart de brique sur celle des boutisses pour que les briques panneresses se raccordent avec la rangée de briques trois-quarts, lesquelles paraissent former partie de l'assise des boutisses dans le parement du mur extérieur.

C'est ce que montrent les fig. 48, A—M dans lesquelles est représenté

en A, la jonction de 2 murs d'une brique d'épaisseur

„ B, „ „ „ 2 „ „ „ et de $1\,^{1}/_{2}$ briques d'ép.

„ C, „ „ „ 2 „ „ „ „ „ 2 „ „

. . . .

Bien qu'il soit usuel de placer les trois-quarts de brique de l'assise des panneresses à l'extrémité même de l'assise, sur le parement du mur, on les trouve quelquefois précédés d'une ou deux files de boutisses, comme l'indique la fig. 49. Cette disposition n'est pas à vrai dire fautive, mais comme elle déroge

Fig. 48.

A
1/1 St.
B
1/1½ St.
C
1/2 St.
D
1½/1 St.
E
1½/1½ St.
F
1½/2 St.
G
2/1 St.
H
2/1½ St.
J
2/2 St.
K
2½/1 St.
L
2½/1½ St.
M
2½/2 St.

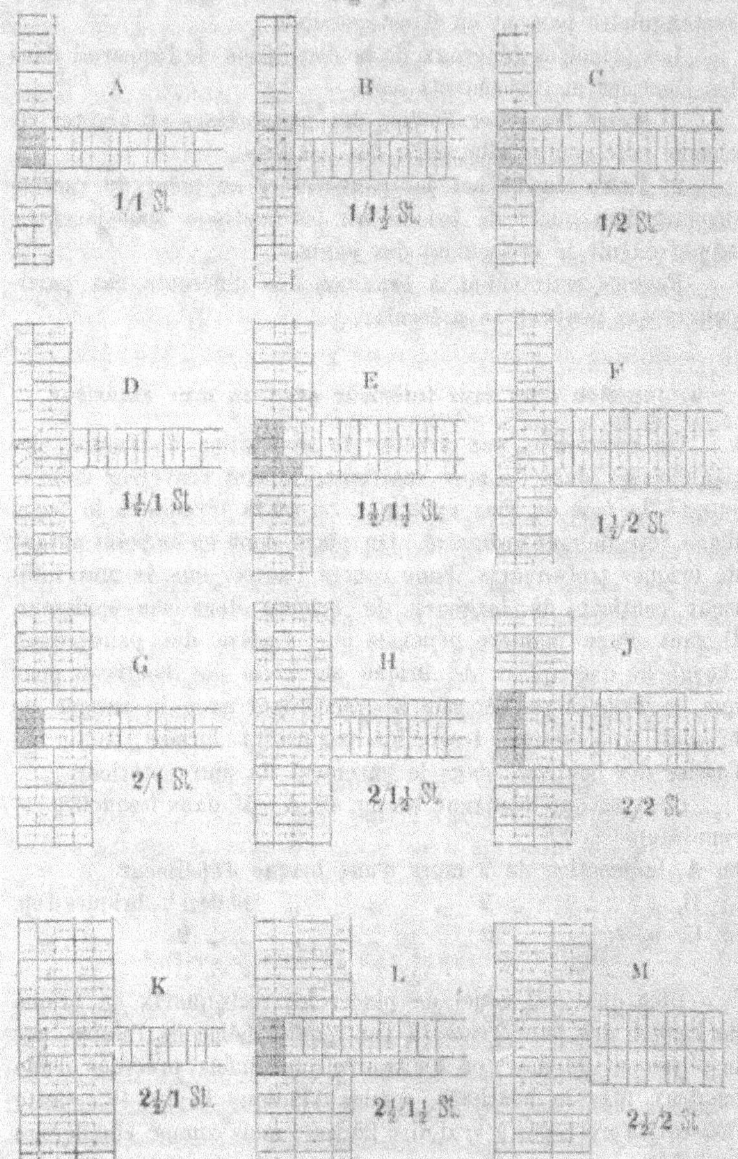

à la règle sans motif, il vaut mieux ne pas l'adopter; elle est du reste impossible quand le mur extérieur n'a qu'une brique d'épaisseur, les trois-quarts de brique devant alors forcément se placer à l'extérieur fig. 48, A.

Les exemples A—M de la fig. 48 (D et F exeptés) donnent la disposition des deux assises consécutives de l'appareil anglais. Si le mur de refend doit présenter l'appareil en losange, il faut, quand le mur a 1, 2, 3 .... briques d'épaisseur, placer immédiatement après les briques trois-quarts de la 4ème assise autant de briques entières que le mur a de longueurs de brique dans son épaisseur, comme le montre en pointillé la fig. 48, D et F. Quand l'épaisseur du mur est de $1^1/_2$, $2^1/_2$ ... briques, il faut ajouter une demi-brique en travers à la file des panneresses et cela immédiatement après la brique trois-quarts placée à son extrémité, fig. 48, E.

Lorsqu'on fait usage de demi-briques longues au lieu de briques trois-quarts, celles-ci se trouvent remplacées par des

Fig. 49.

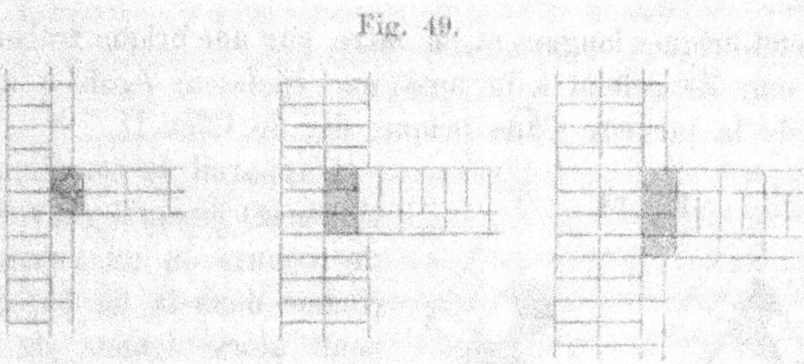

briques entières en boutisses. Alors pour faire chevaucher les joints montants d'une quantité égale à un quart de brique, on fait pénétrer, dans le cas d'un mur ayant pour épaisseur un multiple de la longueur d'un brique, l'assise des panneresses du mur de refend de trois-quarts de brique dans l'assise des boutisses du mur extérieur, et l'on comble le vide par autant de demi-briques l'une derrière l'autre, que le mur de refend a de longueurs de brique dans son épaisseur, fig. 50, B et E.

Si le mur extérieur a pour épaisseur $1^1/_2$, $2^1/_2$, $3^1/_2$...

briques l'assise en panneresses du mur de refend pénètre d'un quart de brique dans le mur extérieur et le vide est comblé par

Fig. 50 A—E.

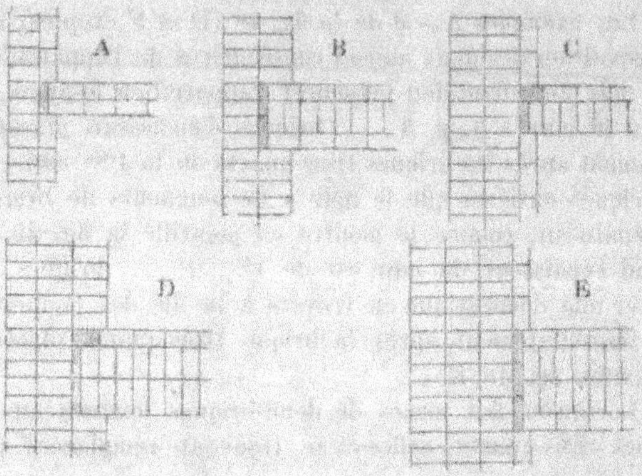

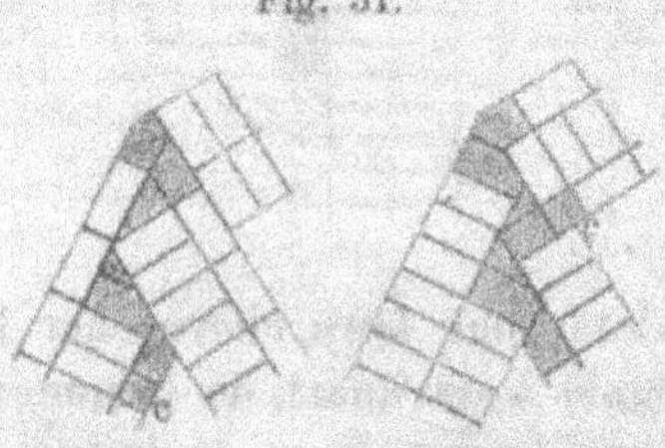

des demi-briques longues et, en outre, par une brique trois-quarts, si le mur de refend a lui aussi une épaisseur égale à un multiple de la largeur d'une brique, fig. 50, C et D.

Fig. 51.

L'appareil se complique sensiblement lorsqu'il y a rencontre de 3 murs en un même point, comme dans la fig. 51. On ne peut alors donner de règles spéciales; il faudra se laisser guider par les principes généraux précédemment indiqués. Ici encore, la demi-brique en travers (c) n'est intercalée que pour obtenir l'appareil en losange.

b) Croisements des murs intérieurs.

Dans l'entrecroisement de deux murs intérieurs la disposition de l'appareil est très-simple. On forme d'abord l'assise des panneresses de l'un des murs, puis celle des boutisses de l'autre en

Fig. 52 A—M.

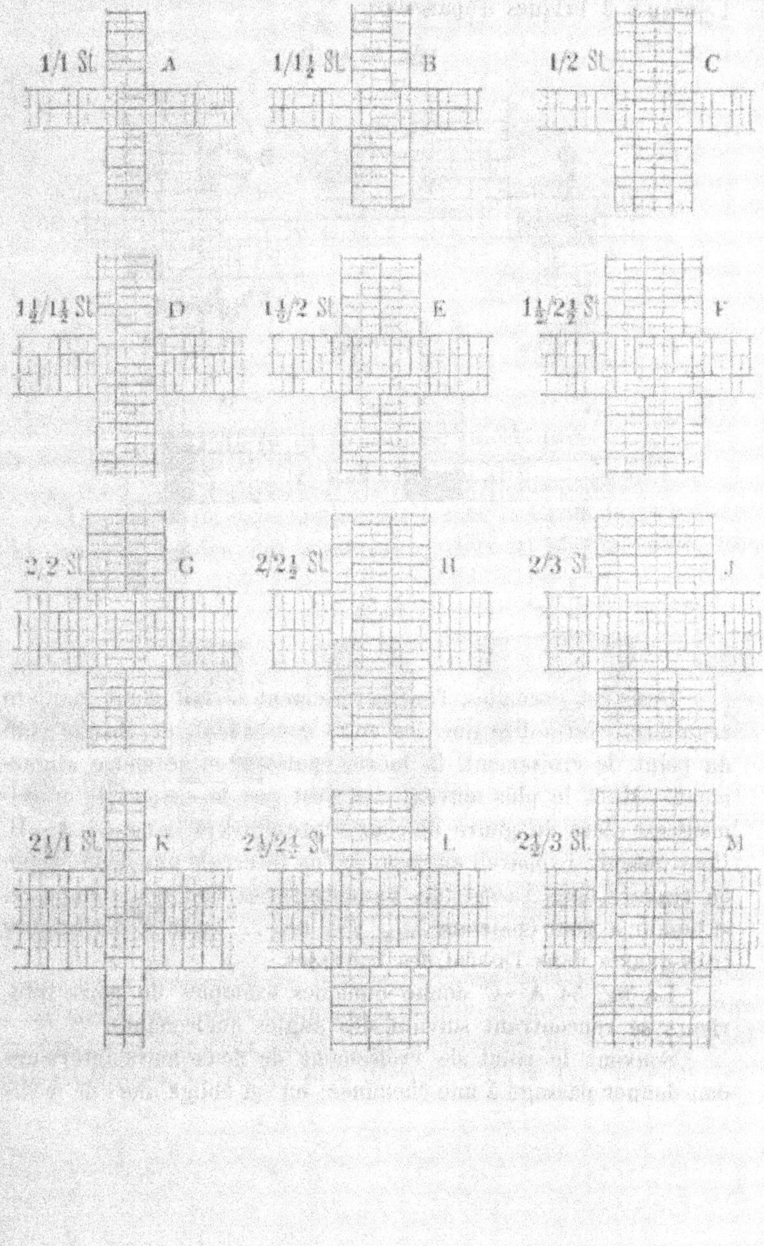

1/1 St. A
1/1½ St. B
1/2 St. C
1½/1½ St. D
1½/2 St. E
1½/2½ St. F
2/2 St. G
2/2½ St. H
2/3 St. J
2½/1 St. K
2½/2½ St. L
2½/3 St. M

croisant les joints d'un quart de brique, comme le montre la fig. 52, A—M. Elle représente les croisements de murs ayant de 1 jusqu'à 3 briques d'épaisseur.

Fig. 53 A—D.

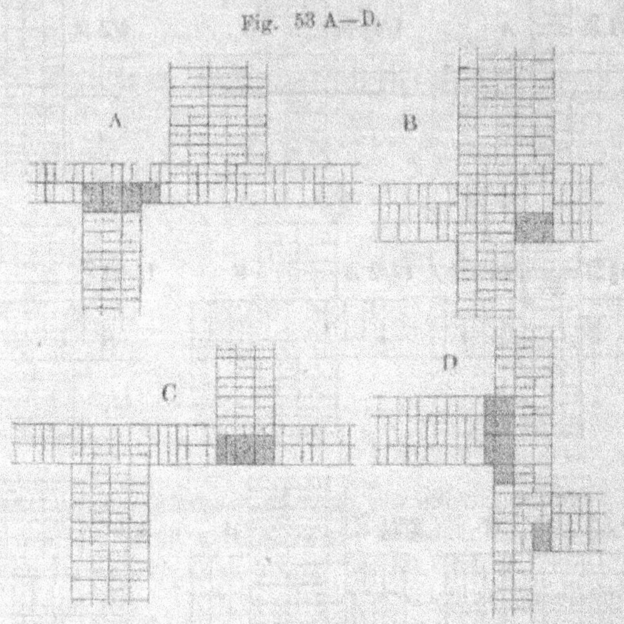

Dans ces exemples, l'entrecroisement se fait d'une manière régulière, c'est-à-dire que les murs conservent, de chaque côté du point de croisement, la même épaisseur et le même alignement. Mais, le plus souvent, tel n'est pas le cas, et le croisement est alors du genre de ceux représentés à la fig. 53, A—D. Pour obtenir l'appareil en losange, on intercale une demi-brique en travers dans l'assise des panneresses et l'on ajoute en outre, si le mur a pour épaisseur $1\frac{1}{2}$, $2\frac{1}{2}$, $3\frac{1}{2}$ ... briques, des briques trois-quarts dans l'assise des boutisses.

La fig. 54, A—C donne quelques exemples de murs intérieurs se rencontrant suivant des angles quelconques.

Souvent le point de croisement de deux murs intérieurs doit donner passage à une cheminée; on est obligé alors de modifier en partie l'appareil. Nous étudierons ce cas particulier en parlant de la construction des cheminées.

Fig. 54 A—C.

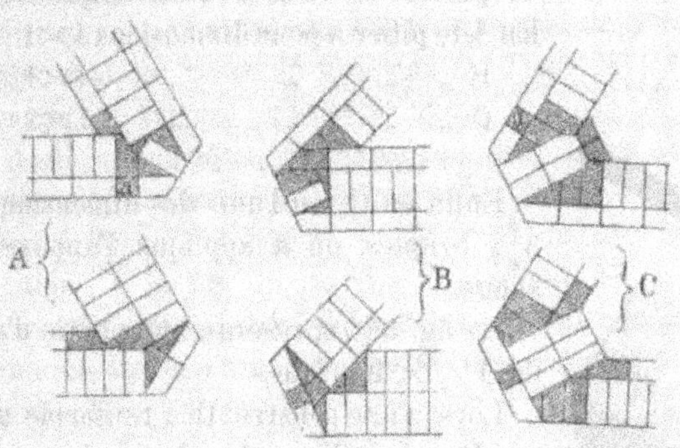

V. Piliers et Colonnes en briques.

a) Les piliers.

Leur mode de construction varie avec la forme de la section et avec la nature des matériaux; ceux-ci peuvent être des

Fig. 55 A—O.

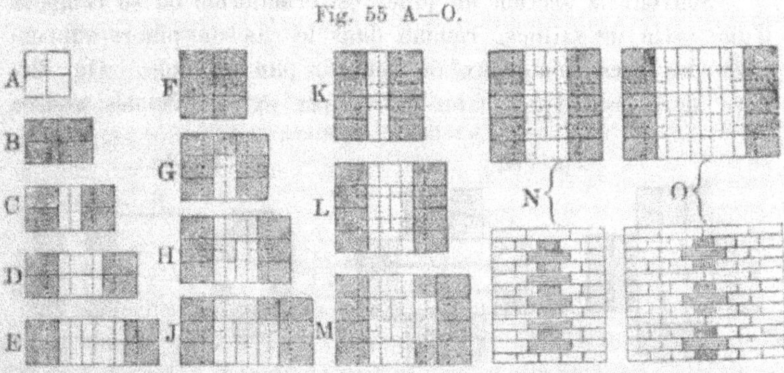

briques ordinaires ou des briques de forme spéciale. En général, on traite les piliers comme des abouts de murs et on les suppose formés de deux têtes très-rapprochées; ils se construiront donc d'après les règles déjà données. Ils se font presque toujours dans l'appareil anglais, l'appareil en losange n'étant possible qu'à partir de la largeur de 3 briques et demie.

La fig. 55, A—O donne divers exemples de piliers de section quadrangulaire.

En A le pilier a pour dimensions 1×1 brique
„ B „ „ „ „ „ 1×1½ briques
„ C „ „ „ „ „ 1×2 „

. . . .

Enfin en O, où l'une des dimensions est de 3½ briques, on a appliqué l'appareil en losange.

La fig. 56 représente une partie d'un pilier de 1½ × 2 briques.

Fig. 56.

Lorsqu'une construction renferme un grand nombre de piliers du genre de celui représenté ci-dessus, il y a presque toujours avantage a faire faire des briques spéciales ayant la forme de trois-quarts de brique. On évite ainsi le déchet qu'occasionne la taille des briques entières.

Souvent la section du pilier est cruciforme ou se compose d'une série de saillies, comme dans le cas de piliers supportant des arcs-doubleaux de voûtes, par exemple. On dispose alors les briques trois-quarts aux extrémités des assises

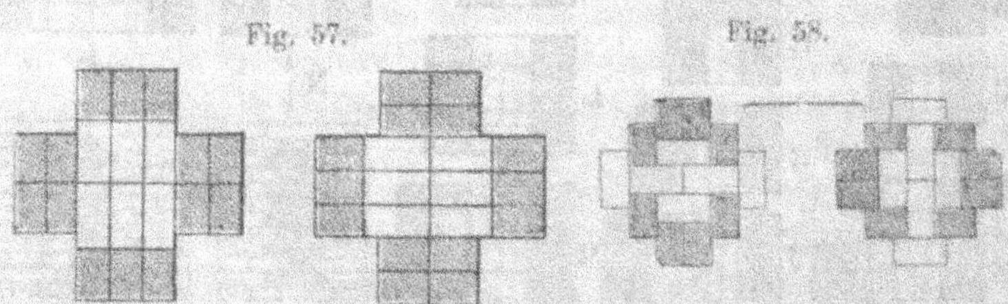

Fig. 57. Fig. 58.

en panneresses, et l'on compose le corps du pilier de briques entières, fig. 57 et 58.

On peut aussi faire usage de demi-briques longues, mais cette disposition ne vaut pas celle avec briques trois-quarts parce que la section se trouve alors subdivisée en bandes trop étroites. On emploiera donc de préférence l'appareil avec les briques trois-quarts.

Lorsque le pilier a une section polygonale son mode d'appareil variera avec la nature de ses parements; ceux-ci peuvent rester apparents ou recevoir un enduit. Dans le premier cas, on fait usage de briques spéciales; dans le second, on se contente de tailler la brique ordinaire; on peut alors sans inconvénient tourner la partie taillée vers l'extérieur. Ainsi, pour une section de forme octogonale, on pourrait disposer les briques comme indiqué à la fig. 59, A. Le croisement des joints montants des assises consécutives s'obtiendrait en faisant simplement tourner chaque assise d'un angle de 45° par rapport à la précédente, fig. 59, B.

Fig. 59 A u. B.   Fig. 60 A u. B.

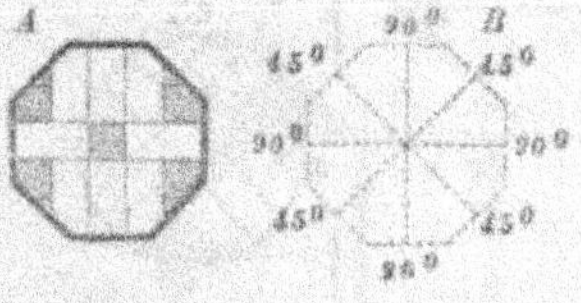

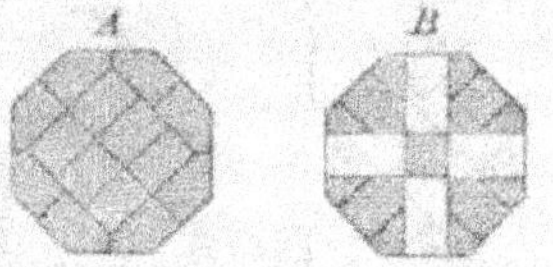

Dans le cas de parements apparents, il faut au contraire une disposition spéciale pour chacune des deux assises consécutives, laquelle se répète toutes les deux assises. Les parties de briques sont faites alors spécialement. L'éxécution du pilier devient très-facile dans ces conditions, quelle que soit la section, fig. 60. A—B.

b) Les colonnes.

En principe, elles ne diffèrent pas des piliers; l'arrangement des briques dépend comme chez ces derniers de la nature des parements. Lorsque ceux-ci sont recouverts d'un enduit, on arrête la disposition des briques pour l'une des assises, et l'on forme les autres en faisant tourner l'ensemble des briques d'un angle de 45 ou de 90° par rapport à cette assise, fig. 61 et 62, A—D. Ainsi, en A et B, le croisement des joints est

Fig. 61 A—E.   Fig. 62 A—E.

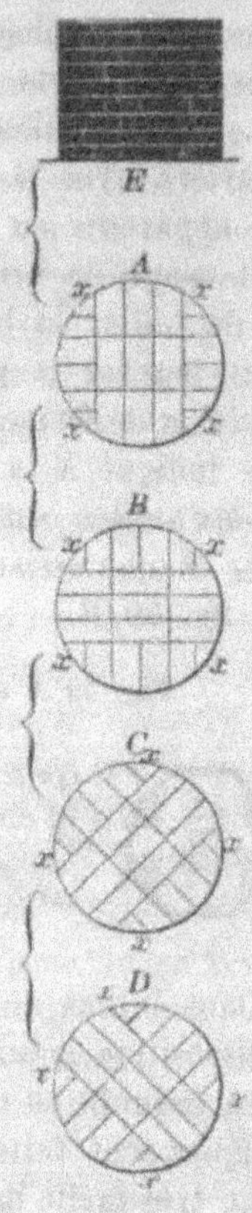

Fig. 63.

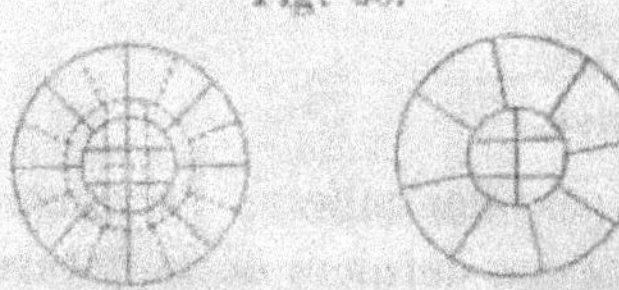

obtenu par un déplacement angulaire de 90°. En B et C, ce
déplacement n'est que de 45°;
enfin en C et D, il est de nouveau de 90°.

Lorsque les briques doivent
rester apparentes, on forme l'enveloppe extérieure de la colonne
de briques spéciales et le noyau intérieur de briques ordinaires,
disposées comme toujours à joints croisés, fig. 63. Les joints
des briques spéciales ont une direction radiale. Dans l'éxé-

cution de colonnes de ce genre, il faut avoir soin de bien faire
correspondre les joints montants sur toute la hauteur. A cet
effet on détermine la verticale par un fil à plomb que l'on fixe
haut et bas et qui sert de repère aux maçons pendant la pose.

Les faisceaux de colonnes dans lesquels les parements sont
recouverts d'un enduit se construisent en arrêtant l'arrangement des briques pour l'une quelconque des assises. On y fait
entrer autant de briques entières que possible, et on dispose
les autres assises de la même manière, mais en les déplaçant
d'un angle de 45 ou 90 degrés par rapport à la première.

Fig. 64.

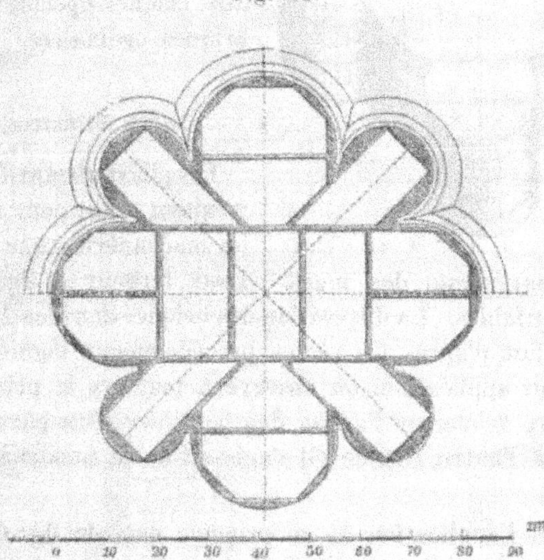

Nous donnons à la fig. 64 un exemple d'une construction
de ce genre. Il représente un faisceau de colonnes construit
en briques dures de l'église de Zion à Berlin. Les pans coupés
des arêtes principales ont été taillés après coup, afin de faciliter la pose des briques, et le croisement des joints des différentes assises a été obtenu par un déplacement angulaire
de 90 degrés. Quand la pose des briques se fait au mortier de
ciment, on obtient par ce mode de construction des colonnes

tout aussi résistantes que celles construites en pierre de taille. Cela tient surtout à ce que le ciment coulé entre les lits de pierre de taille ne produit pas une liaison aussi parfaite que la couche de mortier qui remplit les joints des assises de briques.

Nous donnons à la fig. 65 un dernier exemple de colonne en briques dans lequel on a employé concurremment des briques spéciales et des briques ordinaires.

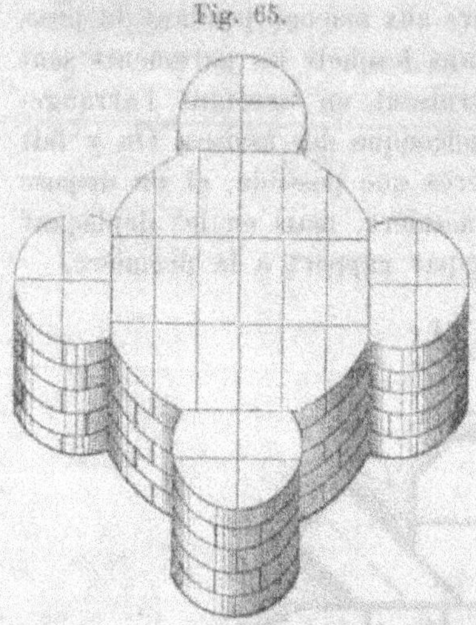

Fig. 65.

c) Pilastres.

Les pilastres sont d'un usage fréquent, tant pour renforcer les maçonneries, que pour décorer les parements des murs. Leur largeur et leur saillie sont très-variables. La disposition des briques dans les différentes assises se fait d'après les règles précédemment données; pour faciliter leur application, on observera toujours le principe suivant: Faire traverser l'assise des boutisses d'un parement du mur jusqu'à l'autre, comme s'il s'agissait de la construction d'un pilier isolé.

On voit l'application de ce principe dans la fig. 66, A—F.

Soit, par exemple, trois pilastres (x), (y), (z), en saillie d'une demi-brique sur le mur, et ayant respectivement pour largeur une brique et demie, deux briques et deux briques et demie. S'il s'agit de l'appareil anglais, les joints des assises seront disposés comme en B — a, c. e. Si, au contraire, il s'agit de l'appareil en losange, les troisième et quatrième assises seront formées comme en C — b, d, f. Dans ce dernier cas les caractères distinctifs de l'appareil ne sont apparents que dans les parties de mur comprises entre les pilastres, car ainsi qu'il

Fig. 66 A—F.

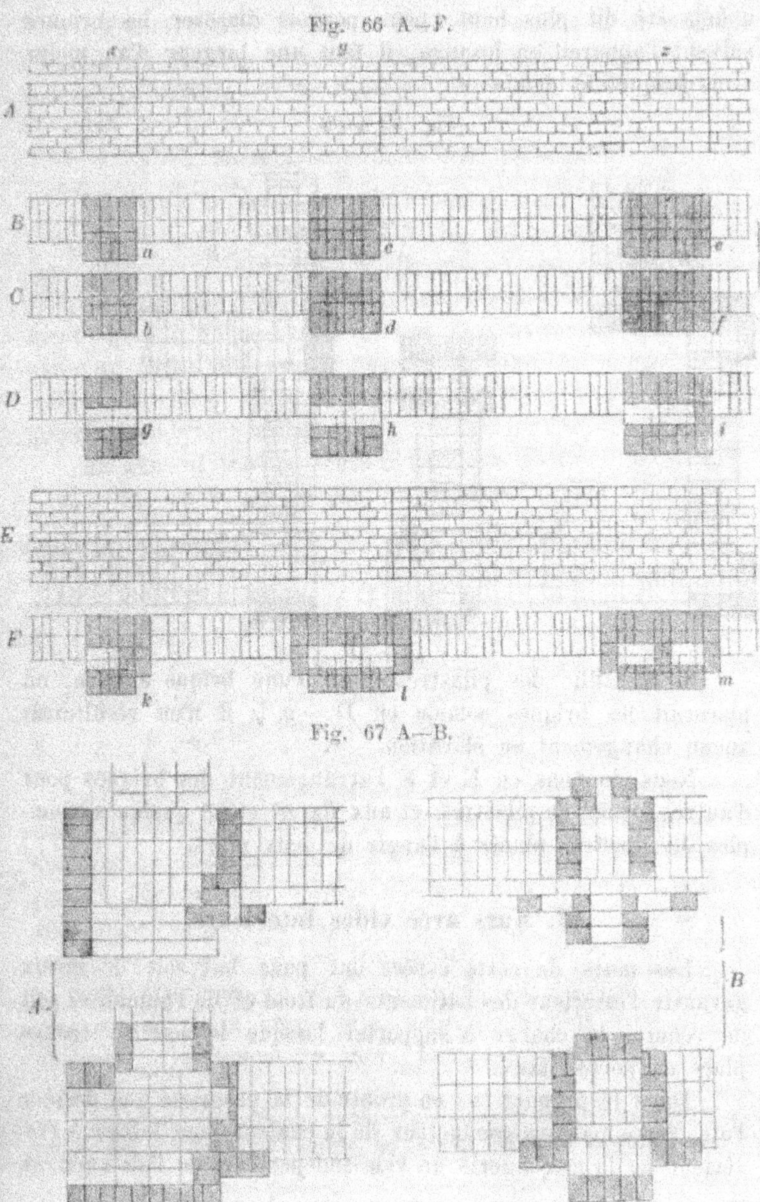

Fig. 67 A—B.

a déjà été dit plus haut, pour pouvoir disposer les briques suivant l'appareil en losange, il faut une largeur d'au moins trois briques et demie.

Fig. 68 A—B.

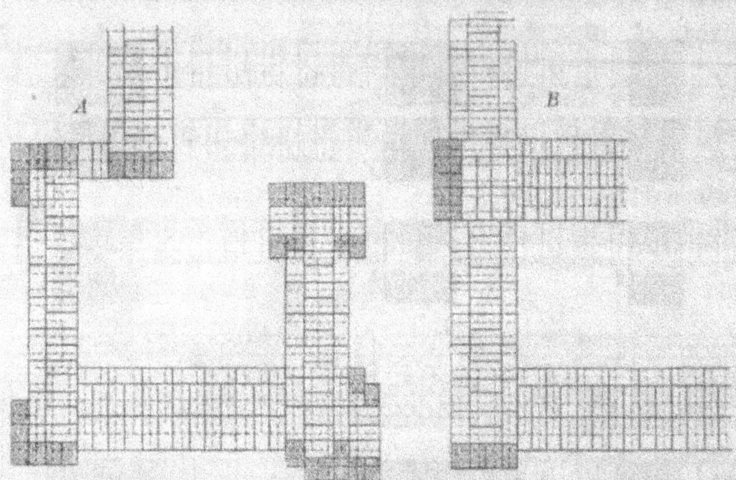

Si la saillie des pilastres était d'une brique entière, on placerait les briques comme en D — g, i; il n'en résulterait aucun changement en élévation.

Nous donnons en E et F l'arrangement des briques pour d'autres formes de pilastres, et aux fig. 67 et 68 quelques exemples de pilastres placés à l'angle de deux murs.

VI. Murs avec vides intérieurs.

Les murs de cette espèce ont pour but soit de mieux garantir l'intérieur des bâtiments du froid et de l'humidité, soit de réduire la charge à supporter lorsque le mur se trouve placé en porte-à-faux.

Dans le premier cas on profite de la propriété que possède l'air d'être mauvais conducteur de la chaleur pour laisser à l'intérieur de la maçonnerie un vide indépendant de l'air ambiant, formant donc couche isolante. Dans le second-cas, on diminue le poids du mur en le construisant en briques creuses ou en briques poreuses.

1. Murs avec couche d'air isolante.

Ils sont d'un fréquent usage dans le nord de l'Allemagne pour les bâtiments très-exposés à la pluie et au vent, et rendent alors de réels services.[1] Ils se composent de deux parois séparées par une couche d'air dont l'épaisseur est généralement égale à un quart de brique. La paroi extérieure doit avoir au moins une brique d'épaisseur, afin de ne pas laisser passer l'humidité; quant à la paroi intérieure, elle peut n'avoir qu'une demi-brique d'épaisseur.

En général les épaisseurs respectives des deux parois sont:
pour une épaisseur de maçonnerie d'une brique et demie

paroi extérieure 1 brique

„ intérieure $^{1}/_{2}$ „

pour une épaisseur de deux briques

paroi extérieure 1 brique

„ intérieure 1 „

pour une épaisseur de deux briques et demie

paroi extérieure $1^{1}/_{2}$ briques

„ intérieure 1 brique.

La couche d'air intermédiaire n'a jamais qu'un quart ou une demi-brique d'épaisseur et les deux parois sont reliées, de distance en distance, par des briques boutisses traversant de l'une à l'autre. Ces briques d'attache ont été préalablement recouvertes de goudron dans la partie qui pénètre dans la paroi intérieure, afin de ne pas transmettre à celle-ci l'humidité de la paroi extérieure. Cette préparation au goudron se fait le plus souvent à la briqueterie, mais quelquefois aussi, sur le chantier. On commence alors par bien chauffer le bout de

---

[1] Ils ont l'inconvénient de servir aisément de repaires aux rats et aux souris qui, une fois dans l'édifice, ne tardent pas à en envahir toutes les parties.

~~chauffer le bout de~~ brique qu'il s'agit d'enduire, puis on le trempe de 8 à 10 cm dans le goudron chaud.

Les vides intérieurs n'augmentent pas beaucoup le prix de revient du mur. S'il entre 16 briques d'attache dans un mètre superficiel de mur, il faut, en supposant une couche isolante d'un quart de brique d'épaisseur, 16 quarts soit 4 briques entières de plus que dans un mur plein ordinaire. Or, avec le modèle allemand, un mur d'une brique et demie d'épaisseur contient 150 briques par mètre carré. Au point de vue des matériaux l'augmentation de dépense est donc représentée par le rapport de $1 : 1,0266$.

Le prix de la main-d'œuvre reste le même, il n'y a donc à ajouter que la dépense supplémentaire du goudronnage des têtes de brique. On peut compter de ce fait $8^f.25$ par mille de brique, fournitures comprises. Si donc on admet que les briques toutes posées reviennent à 44^f le mille, l'augmentation de dépense s'établit comme suit: A 150 briques ordinaires formant un mètre superficiel de mur, correspondent 4 briques d'attache. Il faut donc par mille de briques ordinaires

$$\frac{1000}{150} \times 4 = 26,6 \text{ briques d'attache.}$$

Mais comme le mille de ces briques revient à

$$44^f + 8^f,25 = 52^f,25,$$

la dépense supplémentaire par mille de briques posées est de

$$\frac{52,25 \times 26,6}{1000} = 1^f,40.$$

La fente à l'intérieur du mur diminue dans une certaine mesure sa résistance; mais comme on ne peut guère donner aux murs de cette espèce moins d'une brique et quart d'épaisseur, il est rare qu'ils péchent par manque de résistance.

Ainsi, dans une maison de deux étages de hauteur, une épaisseur totale d'une brique trois-quarts, couche d'air comprise, serait parfaitement suffisante pour les murs extérieurs, du rez-de-chaussée jusqu'aux combles. On donnerait alors aux murs de cave une épaisseur de deux briques et on les ferait en maçonnerie pleine.

Dans la fig. 69, A—G, on a représenté en B et C la disposition des briques pour l'appareil anglais dans le cas d'un angle de deux murs d'une brique d'épaisseur. Chaque boutisse formant attache est alors suivie d'un quart de brique complétant l'épaisseur du mur. Comme nous l'avons déjà dit la partie de brique comprise dans la paroi intérieure doit avoir été préalablement trempée dans du goudron. Dans l'exemple ci-dessus, chaque panneresse est suivie d'une brique d'attache. Si le mur ne supporte que de faibles charges, on diminue le nombre des briques d'attache, comme, dans la fig. 70, A—D, par exemple.

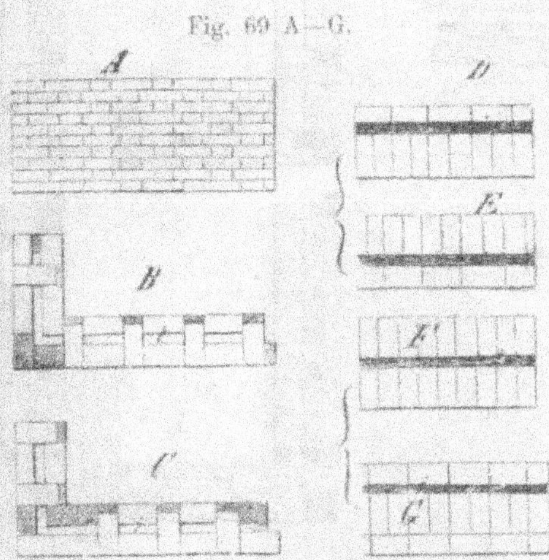

Fig. 69 A—G.

Dans le cas particulier l'angle de l'une des assises est formé d'une partie pleine; le mur présente l'appareil polonais en élévation. Il faut éviter de ne donner qu'une demi-brique d'épaisseur à la paroi extérieure des murs avec couche d'air isolante, car, ainsi qu'il a déjà été dit, cette paroi est alors exposée à laisser passer l'humidité. On peut remédier dans une certaine mesure à cet inconvénient en appliquant à l'extérieur un enduit de mortier de chaux ou de ciment.

Dans la fig. 69 D—G, les briques d'attache ont été supprimées dans la partie courante du mur, en sorte que les deux parois sont tout-à-fait indépendantes d'un bout jusqu'à l'autre du mur. Ce mode de construction n'est applicable que lorsque les murs ont peu de hauteur et que leur épaisseur est au moins égale à deux briques.

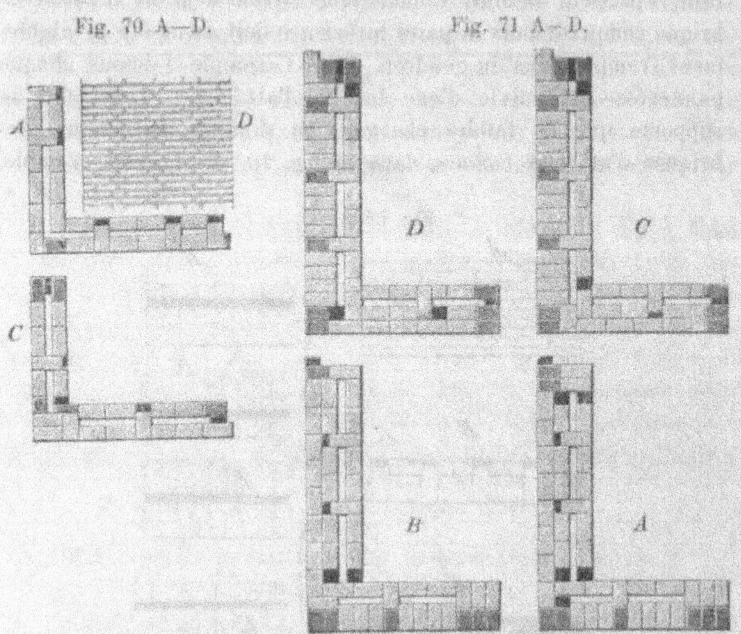

Fig. 70 A—D.   Fig. 71 A—D.

Une excellente disposition pour les murs d'une brique et demie d'épaisseur est indiquée à la fig. 71, A—D. — Les figures A et D s'appliquent à l'appareil anglais et les figures B et C à l'appareil en losange. On a représenté par des hachures plus foncées les quarts de brique et les demi-briques en travers, afin de mieux les distinguer des trois-quarts de brique.

Tandis qu'aux fig. 69 et 70 les quarts de brique sont placés dans la paroi intérieure du mur, dans la fig. 71 ils sont disposés dans la paroi extérieure, ce qui permet de mieux les encastrer dans l'épaisseur de la maçonnerie. Les briques d'attache se succèdent toutes les trois ou quatre boutisses et

sont placées derrière des briques trois-quarts faisant partie de
la rangée des boutisses.

Fig. 72 A—B.

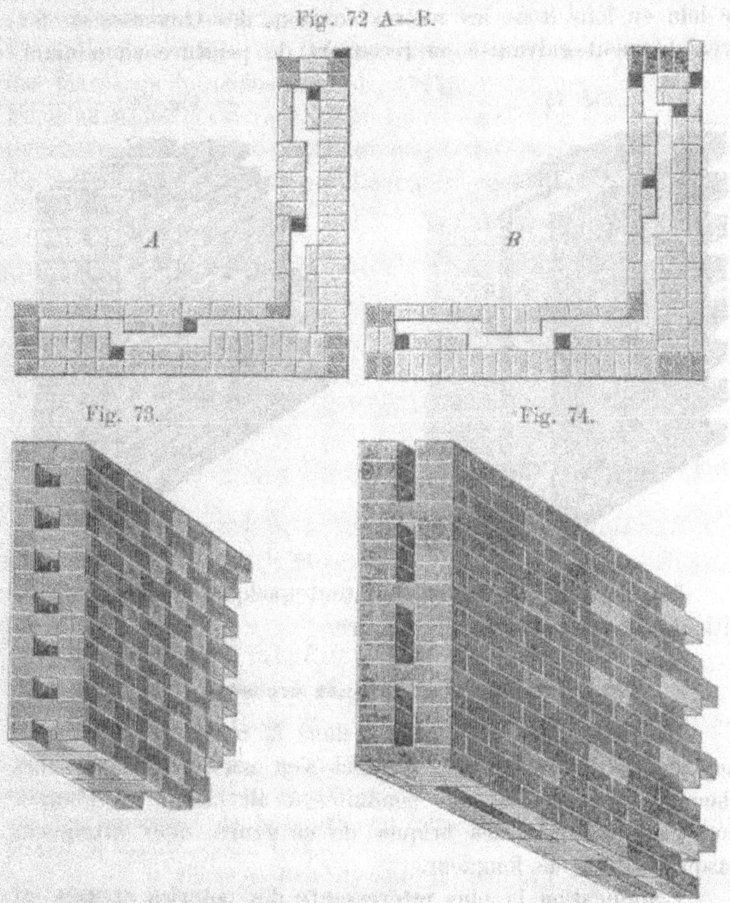

Fig. 73.

Fig. 74.

Dans les murs de moins de 4 m de hauteur et de plu
d'une demi-brique d'épaisseur, on donne quelquefois à la fente
intérieure une disposition en crémaillère, fig. 72, A—B. On
renforce alors l'épaisseur de la paroi intérieure d'une demi-brique,
tous les 1 mètre ou 1,50 m et l'on fait correspondre dans

la paroi extérieure une partie rentrante à la partie saillante
ainsi formée. Il en résulte qu'en plan la fente intérieure décrit
une ligne brisée. Pour bien rattacher les deux parois, on scelle
de loin en loin, tous les mètres environ, des traverses en fer
préalablement galvanisé ou recouvert de peinture au minium.

Fig. 75.   Fig. 76.

Les figures 73—76 représentent quelques unes des dispositions que nous venons de décrire.

2 Murs en briques creuses.

L'emploi de briques creuses dans la construction remonte
au temps des Romains. Ceux-ci s'en servaient dans leurs
thermes pour établir des conduites à air chaud. A Pompéi,
où l'on a retrouvé des briques de ce genre, elles atteignent
jusqu'à 0,40 m de longueur.

L'application la plus intéressante des poteries creuses est
toutefois fournie par quelques églises byzantines où l'on s'en
est servi pour la construction des voûtes. Le tombeau de
Sainte-Helène, mère de Constantin (306), est recouvert d'une
voûte dont les voussoires, de forme conique creuse, sont faits
en terre cuite et mesurent 60 cm de diamètre, sur 108 cm de

longueur. Le dôme de l'église San Vitale, à Ravenne, construite de 520 à 560, sous Théodoric, est en partie formé de voussoirs en poterie, de forme conoïde, rentrant l'un dans l'autre (voir plus loin l'historique de la construction des voûtes). On fit également usage de briques creuses dans la construction des planchers incombustibles de quelques fabriques établies à Paris au siècle dernier. On s'en servit aussi dans les bâtiments du Palais-Royal; elles y avaient une forme particulière, arrondie à l'un des bouts et parallélipipédique à l'autre, fig. 77 A.

Fig. 77 A—B.

Fig. 78.

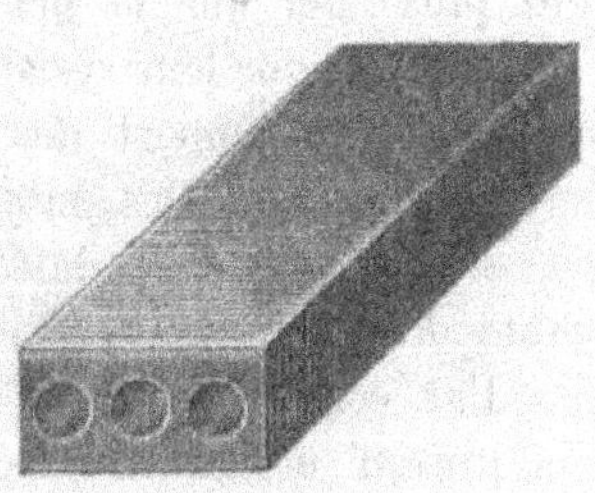

Les briques creuses, à trous cylindriques, paraissent être originaires de la Hongrie et se rencontrent encore fréquemment. Elles sont d'un bon usage, surtout celles qui renferment trois trous, fig. 78.[1]

Une forme fort originale de brique creuse, inventée par M. Roberts, architecte anglais, est représentée à la fig. 79. Elle fut appliquée pour la première fois à l'Exposition de

---

[1] Les briques creuses généralement en usage à Paris et dans ses environs sont percées de trous rectangulaires, au nombre de 2, 3, 4 ou 6 lorsque les dimensions de la brique sont celles du modèle ordinaire. Les briques de modèle spécial sont:

la brique de Paris de 0,045 sur 0,15 et 0,22

» » » » » 0,11 » 0,11 » 0,22

» » » » » 0,07 » 0,15 » 0,22

» » » » » 0,11 » 0,11 » 0,30

dont la plus commune est celle de 0,11 ✕ 0,11 ✕ 0,22 à 6 trous.

Ce fut M. Borie qui, en France, donna le premier la forme actuelle aux briques creuses; aussi sont-elles souvent désignées sous le nom de briques Borie.

Londres, en 1851, à la construction de maisons ouvrières modèles. La disposition indiquée à la fig. 79, a trait à un mur d'épais-

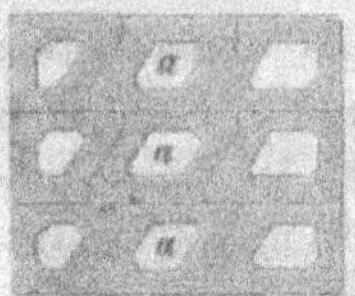

Fig. 79.

seur moyenne. Quand l'épaisseur du mur doit être faible, on supprime les briques intermédiaires (a).

Dans ces derniers temps, on est revenu un peu de la faveur dont jouissaient les briques creuses il y a une vingtaine d'années, et cela pour les raisons suivantes:

1° parce qu'elles coûtent environ 25 pour cent plus cher que la brique ordinaire.[1])

2° parce que leur résistance est moins élevée. Avec les formes ordinaires, le rapport des résistances est environ de 17 : 11.

3° parce qu'elles subissent plus de déchet.

4° parce que l'enduit ne s'attache pas aussi bien aux parements de la brique creuse qu'à ceux de la brique ordinaire.

Par contre elles ont des avantages qui rendent leur emploi presqu' obligatoire dans certains cas:

1° Elles favorisent la dessication des murs nouvellement construits.

Fig. 80 A—D.

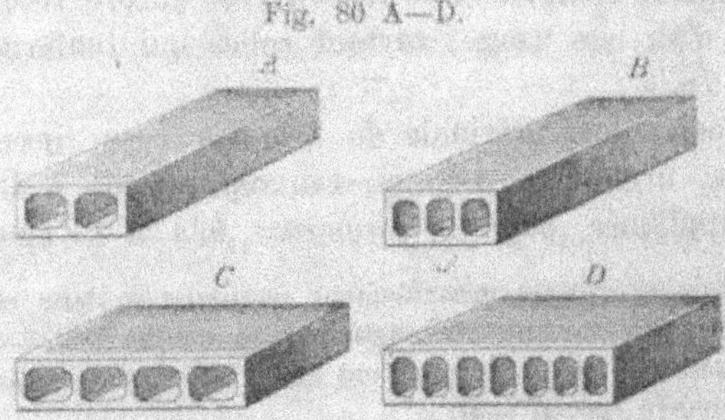

2° Elles interceptent le son dans une certaine mesure.

3° Elles empêchent le passage de l'humidité.

Aussi s'en sert-on pour la construction de parois isolantes,

----

[1]) Il n'en est pas ainsi à Paris. Quand le mille de briques ordinaires valait, par exemple 62 frs., celui de briques creuses, de mêmes dimensions, ne se vendait que 63 frs.

Ordinairement, elles ont la forme et les dimensions des briques ordinaires, afin de pouvoir s'employer concurremment avec celles-ci. Quand les trous dont elles sont percées ont la forme rectangulaire, ils sont adossés ou superposés l'un à l'autre, fig. 80 et 81. Ordinairement, ils sont disposés dans le sens longitudinal, fig. 81. Les briques avec trous dans le sens transversal sont désavantageuses, car elles se cassent plus facilement que les autres. L'expérience a montré que les différentes parois d'une brique creuse doivent avoir même épaisseur, afin que la dessication et le retrait se fassent uniformément en tous les points. Pour que ces briques conservent une résistance suffisante, il faut que leurs parois aient de 1,5 à 2,0 cm d'épaisseur. Les briques creuses ne conviennent bien qu'aux parties courantes de mur à raison des ouvertures de la tête. Aux angles des murs, dans les encadrements de portes et de fenêtres, dans les saillies en pilastre, etc. on est forcé de les remplacer par des briques ordinaires, ce qui n'a du reste aucun inconvénient.

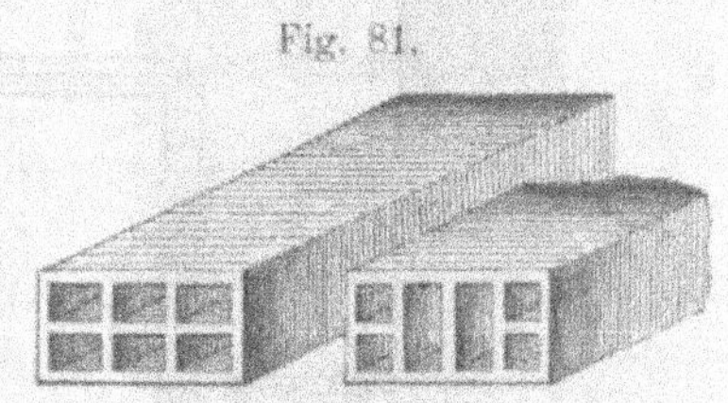

Fig. 81.

Fig. 82.

Lorsque les briques creuses sont destinées à former un revêtement protecteur à l'intérieur d'un mur, elles peuvent ou s'appliquer tout simplement contre le parement du mur, ou faire corps avec lui, c'est-à-dire, former partie intégrante de de l'appareil.

Dans le premier cas les briques sont posées de champ, à joints croisés, sur un bon lit de mortier. Il ne faut pas épargner ce dernier, car la paroi ne tient au reste du mur que par l'adhérence du mortier. C'est ce qui ressort de la fig. 82.

Fig. 83.

Les parois isolantes de ce genre ont principalement pour but d'empêcher le passage de l'humidité; elles s'emploient beaucoup dans les sous-sols habités et à l'intérieur des allèges de fenêtre, surtout quand celles-ci n'ont qu'une brique d'épaisseur. La fig. 83 donne un exemple de cette dernière application.

Lorsque le garnissage intérieur doit faire corps avec la maçonnerie, fig. 84, on commence ordinairement par exécuter toutes les parties en briques pleines, puis on complète après coup les parements intérieurs par la pose des briques creuses. Ce mode de construction a pour but de réduire la casse à laquelle les briques creuses sont exposées par la chute de débris de matériaux. On procède alors à l'achèvement de la maçonnerie en commençant par la partie supérieure des murs, et en descendant de proche en proche jusqu'à atteindre

le niveau du sol. Avec ce mode de pose les murs présentent
une épaisseur réduite, jusqu'au moment où le garnissage est
achevé; il faut donc que celle-ci soit suffisante pour résister aux
charges que les murs doivent supporter pendant la construction.

Il est clair qu'une maçonnerie de ce genre coûte relativement cher. Elle est cependant fort employée dans quelques villes d'Allemagne. Ainsi,
à Berlin, les murs de bon nombre des édifices publics sont construits de la sorte. Dans quelques exemples récents, on a fait
ces parois en briques creuses
de modèle spécial dont les dimensions correspondaient à celles du quart et du trois-quarts
de brique. Les boutisses avaient
alors trois-quarts de brique de
longueur et les panneresses un

Fig. 84.

quart de brique de largeur. Cette modification ne change en
rien l'appareil du mur. La pose du garnissage en briques
creuses doit toujours se faire au mortier de ciment.

3. Murs en briques poreuses.

Ces briques se fabriquent en mélangeant à l'argile avant
le malaxage des substances facilement combustibles, telles que
le poussier de charbon, la sciure de bois, le tan, l'écorce de
sapin pulvérisée, la tourbe, le chanvre, le lin, etc. Pendant la
cuisson ces matières se brûlent et laissent de petits interstices
à l'intérieur de la brique, lesquels diminuent notablement son
poids.[1]) Les briques poreuses sont très-propres à la construction

---

[1]) On fait aussi des briques légères en mélangeant une faible proportion d'argile à de la magnésite poreuse. Ces briques sont réfractaires,
très-résistantes et plus légères que l'eau.

des voûtes, particulièrement dans les étages supérieurs des édifices, où l'on ne peut guère donner beaucoup d'épaisseur aux murs. Elles conviennent bien également à la construction des murs en porte-à-faux et se lient bien au mortier, à raison de leur porosité. Malgré ces avantages, elles ne sont que peu employées à cause de leur prix élevé.

En parlant de la construction des voûtes, nous reviendrons sur les briques poreuses.

VII. Cheminées.

1. Généralités.

Les cheminées ne servent pas seulement à enlever les produits de la combustion dont les éléments, gaz et vapeurs, pourraient être nuisibles, s'ils se répandaient à peu de hauteur au-dessus des habitations, mais aussi à assurer l'arrivée régulière et facile de l'air sous le foyer de la combustion. Elles doivent conduire les gaz à une hauteur telle que, saisis par le vent, ils puissent se repandre dans l'atmosphère sans causer d'inconvénients. C'est pour cette raison qu'on leur donne souvent plus de hauteur que ne l'exigerait la simple considération du tirage.

Sans développer les différentes théories qui ont été établies pour le calcul de la section des cheminées, nous exposerons dans la suite les quelques principes généraux dont on a besoin, en pratique, pour déterminer leurs dimensions. Ces principes ne doivent pas être pris d'une manière absolue, car la détermination en question est influencée par des considérations qui echappent au calcul, telle, par exemple, la nature du combustible; mais ils peuvent servir à déterminer des limites qui prémunissent contre les erreurs graves.

Le tirage, c'est-à-dire, la vitesse avec laquelle l'air se ment à l'intérieur d'une cheminée dépend de la hauteur de cette dernière. Il est représenté par la différence de poids entre les deux colonnes d'air que sépare l'enveloppe de la cheminée.

L'une, celle qui est à l'intérieur, est plus légère puisqu'elle est formée d'air chaud, tandis que l'autre, à l'extérieur, est formée d'air à la température ambiante. Mais la vitesse d'écoulement, dûe à la force ascentionelle produite par la différence de densité, est affectée dans une certaine mesure par la rapidité avec laquelle se meuvent les couches d'air dans lesquelles se déversent les produits de la combustion, ainsi que par la direction, plus ou moins horizontale, de leur mouvement. A ce point de vue, on faciliterait l'écoulement des gaz chauds en évasant l'orifice de sortie de la cheminée, mais d'autres considérations font écarter cette disposition.

La différence de poids des deux colonnes d'air et, par conséquent, la rapidité d'écoulement de l'air chaud augmentent avec la hauteur de la cheminée. La vitesse est proportionelle à la puissance carrée de la hauteur, en sorte que, dans une cheminée deux fois plus élevée, la vitesse se trouve être quatre fois plus grande. Aussi l'accroissement de hauteur est-il le moyen le plus efficace pour augmenter le tirage d'une cheminée.

Soit, par exemple, une cheminée de 14 mètres de hauteur dans laquelle les gaz chauds auraient une densité moyenne égale à la moitié de celle de l'air ambiant. La colonne d'air chaud intérieure pèse alors moitié moins que la colonne extérieure de mêmes dimensions, et l'on peut dire que l'air entre à la base de la cheminée avec une force ascentionelle correspondant au poids d'une colonne d'air de 7 mètres de hauteur.

Il existe cependant pour le tirage une limite de hauteur qu'il ne convient pas de dépasser et qu'il faut considérer comme hauteur utile maxima. En effet, l'air chaud se réfroidit rapidement dans sa marche ascentionnelle et devient donc plus dense. Si la hauteur de la cheminée est suffisamment grande, il finit par reprendre la température et la densité de l'air ambiant. Jusqu'à ce point, l'augmentation de hauteur conserve un effet utile, mais, au delà, la colonne additionélle ne présentant pas de différence de densité avec l'air ambiant, elle n'ajoute en rien au tirage de la cheminée. Bien au contraire, elle lui est nuisible, car elle doit être soulevée par la colonne inférieure qui doit donc vaincre les frottements développés contre les parois de la cheminée, frottements qui consomment, en pure perte, une partie de la force ascentionnelle du tirage.

Avant de passer à l'étude des différentes espèces de cheminées, nous indiquerons l'ordonnance de police qui prescrit, pour Paris, le mode de construction des cheminées poêles, fourneaux et calorifères, et les dispositions à prendre pour éviter et éteindre les incendies. Cette ordonnance, qui date du 24 novembre 1843, est ainsi conçue:

Titre I.
Construction des cheminées, poêles, fourneaux et calorifères.

Art. 1. Toutes les cheminées doivent être construites de manière à éviter les dangers du feu, et à pouvoir être facilement ramonées.

Art. 2. Il est interdit d'adosser des foyers de cheminée, poêles et fourneaux, à des cloisons dans lesquelles il entrerait du bois, à moins de laisser, entre le parement extérieur du mur, entourant ces foyers et les cloisons, un espace de 0,16 m.

Art. 3. Les foyers des cheminées ne doivent être posés que sur des voûtes en maçonnerie ou sur des trémies en matériaux incombustibles.

La longeur des trémies sera au moins égale à la largeur des cheminées, y compris la moitié de l'épaisseur des jambages.

Leur largeur sera de 1 mètre au moins, à partir du fond du foyer jusqu'au chevêtre.

Art. 4. Il est interdit de poser les bois des combles et des planchers à moins de 0,16 m de toute face intérieure des tuyaux de cheminée et autres foyers.

Art. 5. Les languettes des tuyaux en plâtre doivent être pigeonnées à la main, et avoir au moins 0,08 d'épaisseur.

Art. 6. Chaque foyer de cheminée doit avoir son tuyau particulier, dans toute la hauteur du bâtiment.

Art. 7. Les tuyaux de cheminée qui n'auraient pas au moins 0,60 m de largeur sur 0,25 m de profondeur, ne pourront être que de forme cylindrique ou à angles arrondis sur un rayon de 0,06 m au moins.

Ces tuyaux ne pourront dévier de la verticale de manière à former avec elle un angle de plus de 30° (un tiers de l'angle droit).

L'accès de ces tuyaux, à leur partie supérieure, devra être facile.

Art. 8. Les mîtres en plâtre sont interdites au-dessus des tuyaux des cheminées.

Art. 9. Les fourneaux potagers doivent être disposés de telle sorte que les cendres qui en proviennent soient retenues par des cendriers fixes construits en matériaux incombustibles, et ne puissent tomber sur les planchers.

Art. 10. Les poêles de construction reposeront sur une aire en matériaux incombustibles d'au moins 0.08 m d'épaisseur, s'étendant de 0.30 m en avant de l'ouverture du foyer.

Cette aire sera séparée du cendrier intérieur par un vide d'au moins 0.08 m. permettant la circulation de l'air.

Les poêles mobiles devront reposer sur une plateforme en matériaux incombustibles d'au moins 0.20 m de saillie, en avant de l'ouverture du foyer.

Art. 11. Les tuyaux de poêle et tous autres tuyaux conducteurs de fumée, en métal, devront toujours être isolés, dans toute leur hauteur, d'au moins 0.16 m des cloisons dans lesquelles il entrerait du bois.

Lorsqu'un tuyau traversera une de ces cloisons, le diamètre de l'ouverture faite dans la cloison devra excéder de 0.16 m celui du tuyau.

Ce tuyau sera maintenu au passage par une tôle dans laquelle il sera percé une ouverture égale au diamètre extérieur dudit tuyau.

Art. 12. Aucun tuyau conducteur de fumée, en métal ne pourra traverser un plancher ou un pan de bois, à moins d'être entouré au passage par un manchon en métal ou en terre cuite.

Le diamètre de ce manchon excédera de 0.10 m celui du tuyau, de manière qu'il y ait partout entre le manchon et le tuyau un intervalle de 0.05 m.

Art. 13. Les prescriptions des articles 2, 3, 4, 10, 11 et 12 relatives aux tuyaux de cheminée et aux tuyaux conducteurs de fumée, en métal, seront applicables aux tuyaux de chaleur des calorifères à air chaud.

Toutefois, sont exceptés les tuyaux de chaleur qui prennent l'air à la partie supérieure de la chambre dans laquelle est placé l'appareil de chauffage.

Art. 14. Il nous sera donné avis des vices de construction des cheminées, poêles, fourneaux et calorifères qui pourraient occasionner un incendie.

Titre II.

Entretien et ramonage des cheminées.

Art. 15. Les propriétaires sont tenus d'entretenir constamment les cheminées en bon état.

Art. 16. Il est enjoint aux propriétaires et locataires de faire ramoner les cheminées et tous tuyaux conducteurs de fumée, assez fréquemment pour prévenir les dangers du feu.

Il est défendu de faire usage du feu pour nettoyer les cheminées et les tuyaux de poêles.

Les cheminées qui ne présenteraient pas, à l'intérieur et dans toute la longueur du tuyau, un passage d'au moins 0,60 m sur 0,25 m ne devront être ramonées qu'à la corde.

Titre III.

Des couvertures en chaume et en jonc.

Art. 17. Aucune couverture en chaume ou en jonc ne pourra être conservée ou établie sans notre autorisation.

Titre IV.

Des fours, forges, usines et ateliers.

Art. 18. Les fours, forges et usines à feu, non compris dans la nomenclature des établissements classés, lesquels sou soumis à des règlements spéciaux ne pourront être établis dans l'intérieur de Paris sans notre permission.

Art. 19. Il est défendu de déposer du bois, ni aucune matière combustible au-dessus des fours et dans aucune partie du fournil.

Les soupentes, resserres, planches et supports à pannetons, et toutes constructions établies dans les fournils, seront en matériaux incombustibles.

Les étouffoirs et coffres à braise doivent être également en matériaux incombustibles.

Art. 20. Les charrons, menuisiers, carossiers et autre ouvriers qui s'occuperaient en même temps de travailler le bois et le fer sont tenus, s'ils exercent les deux professions dans la même maison d'y avoir deux ateliers entièrement séparés par un mur, à moins qu'entre la forge et l'endroit où l'on travaille ou dépose le bois, il n'y ait une distance de 10 mètres au moins.

Il leur est défendu de déposer dans l'atelier de la forge aucun bois, recoupes, ni pièces de charronnage, menuiserie ou autres; sont exceptés cependant les ouvrages finis et qu'on serait occupé à ferrer; mais ces ouvrages seront mis à la fin de chaque journée dans un endroit séparé de la forge, en sorte qu'il ne reste dans l'atelier aucunes matières combustibles pendant la nuit.

Art. 21. Dans les ateliers de menuiserie ou d'ébénisterie, les fourneaux ou forges, destinés à chauffer les colles, ne seront établis que sous des hottes en matériaux incombustibles.

L'âtre sera entouré d'un mur en briques de 0,25 m de hauteur au-dessus du foyer, et ce foyer sera disposé de manière à être clos pendant l'absence des ouvriers par une fermeture en tôle.

Dans les mêmes ateliers, on ne pourra faire usage des chandeliers en bois.

Titre V.

Entrepôts, magasins et dépôts de matières combustibles, inflammables, détonantes et fulminantes, théâtres et salles de spectacle.

Art. 22. Aucuns magasins et entrepôts de charbon de terre, houille, tourbes et autres combustibles, ne pourront être formés dans Paris sans notre autorisation.

Art. 23. Il est défendu d'entrer dans les écuries avec de la lumière non renfermée dans une lanterne.

Art. 24. Il est interdit d'entrer avec de la lumière dans les magasins, caves et autres lieux renfermant des dépôts d'essences ou de spiritueux, et en général de toutes matières inflammables ou fulminantes, à moins que cette lumière ne soit renfermée dans une lanterne.

Les caves et magasins, renfermant des essences et des spiritueux, devront être ventilés au moyen d'une ouverture de 0,03 m ou 0,04 m ménagée au-dessous et dans la largeur de la porte d'entrée, et d'une autre ouverture opposée à la première. Cette seconde ouverture sera pratiquée dans la partie supérieure de la cave ou du magasin.

Art. 25. Il est défendu de rechercher les fuites de gaz avec du feu ou de la lumière.

Art. 26. La vente des pièces d'artifice, le tir des armes à feu et des feux d'artifice, la conservation, le transport et la vente des capsules et des allumettes fulminantes auront lieu conformément aux règlements spéciaux relatifs à ces matières.

Les directeurs des théâtres et des salles de spectacle, les propriétaires des chantiers et entrepôts de bois de chauffage, des magasins de charbon de terre et de fourrage, se conformeront aux dispositions prescrites pour prévenir les incendies, par les règlements spéciaux qui régissent ces établissements.

Titre VI.

Halles, marchés, abattoirs, voies publiques.

Art. 27. Il est défendu d'allumer des feux dans les halles et marchés, et d'y apporter aucuns chaudrons à feu, réchauds ou fourneaux.

Il n'y sera admis que des pots à feu d'une petite dimension et couverts d'un grillage métallique.

Il est défendu de laisser ces pots dans les halles et marchés, après leur clôture, quand même le feu serait éteint.

Il est défendu aussi de se servir dans les halles et marchés de lumières non renfermées dans des lanternes.

Art. 28. Il est défendu de faire du feu sur les ports, quais et berges, sans autorisation.

Les personnes autorisées à s'introduire la nuit dans les ports ne peuvent y entrer avec de la lumière qu'autant qu'elle serait renfermée dans une lanterne.

Art. 29. Il est expressément défendu de brûler de la paille sur aucune partie de la voie publique, dans les cours, jardins et terrains particuliers, et d'y mettre en feu aucun amas de matières combustibles.

Art. 30. Il est interdit de fumer dans les salles de spectacle, dans les halles, marchés, abattoirs et en général dans l'intérieur de tous les monuments et édifices publics placés sous notre surveillance.

Il est également défendu de fumer dans les écuries, dans les magasins et autres endroits renfermant des essences, des spiritueux, ainsi que des matières combustibles, inflammables ou fulminantes.

Titre VII.
Extinction des incendies.

Art. 31. Aussitôt qu'un feu de cheminée ou un incendie se manifestera, il en sera donné avis au plus prochain poste de sapeurs-pompiers et au commissaire de police du quartier.

Art. 32. Si les seaux à incendie, les pompes et autres moyens de secours, transportés par les soins du commissaire de police et du commandant des sapeurs-pompiers sont insuffisants, les commissaires de police ou le commandant des sapeurs-pompiers mettront en réquisition les seaux, pompes échelles, etc., qui se trouveront, soit dans les édifices publics, soit chez les particuliers. Les propriétaires, gardiens et détenteurs de ces objets seront tenus de déférer immédiatement à ces réquisitions.

Les commissaires de police requerront aussi au besoin la force armée, pour le maintien de l'ordre et la conservation des propriétés.

Art. 33. Il est enjoint à toute personne chez qui le feu se manifesterait d'ouvrir les portes de son domicile à la première réquisition des sapeurs-pompiers et autres agents de l'autorité.

Art. 34. Les propriétaires et locataires des lieux voisins du point incendié seront obligés de livrer, au besoin, passage aux sapeurs-pompiers et autres agents de l'autorité, appelés à porter des secours.

Art. 35. Les habitants de la rue où l'incendie se manifestera et ceux des rues adjacentes, tiendront les portes de leurs maisons ouvertes, et laisseront puiser de l'eau à leurs puits et pompes pour le service de l'incendie.

Art. 36. En cas de refus de la part des propriétaires et des locataires de déférer aux prescriptions des trois articles précédents, les portes seront ouvertes à la diligence du commissaire de police, et, à son défaut, de tout commandant de détachement de sapeurs-pompiers.

Art. 37. Il est enjoint aux propriétaires et principaux locataires des maisons où il y a des puits, de les garnir de cordes, poulies et seaux, et d'entretenir ces puits en bon état, ainsi que les pompes et autres machines hydrauliques qui y seraient établies.

Art. 38. Les porteurs d'eau à tonneaux rempliront leurs tonneaux chaque soir avant de les remiser et ils les tiendront pleins toute la nuit.

Au premier avis d'un incendie, ils y conduiront leurs tonneaux pleins.

Il sera accordé une gratification à chacun des deux porteurs d'eau arrivés les premiers au lieu de l'incendie avec leurs tonneaux pleins.

Cette gratification sera:

de 12 francs pour le premier arrivé

„ 6 „   „   „ second.

En cas d'incendie, les porteurs d'eau sont autorisés à puiser à toutes les fontaines indistinctement.

Ils seront payés de leur travail à raison de 35 centimes l'hectolitre d'eau fournie.

Art. 39. Les gardiens des pompes et réservoirs publics seront tenus de fournir l'eau nécessaire pour l'exstinction des incendies.

Art. 40. Toute personne, requise pour porter secours en cas d'incendie et qui s'y serait refusée sera poursuivie, ainsi qu'il est dit en l'article 475 du Code pénal.

Art. 41. Les maçons, charpentiers, couvreurs, plombiers et autres ouvriers, seront tenus, à la première réquisition, de se rendre au lieu de l'incendie avec leurs outils ou agrès; faute par eux de déférer à cette réquisition, ils seront poursuivis devant les tribunaux, conformément audit article 475.

Art. 42. Tous propriétaires de chevaux seront tenus, au besoin, de les fournir pour le service des incendies, et le prix du travail de ces chevaux sera payé sur mémoires certifiés par le commissaire de police ou par le commandant des sapeurs-pompiers.

Art. 43. Il est enjoint aux marchands épiciers ciriers, chandeliers, voisins de l'incendie, de fournir sur les réquisitions des commissaires de police ou du commandant des sapeurs-pompiers, les flambeaux et terrines nécessaires pour éclairer les travailleurs.

Le prix des fournitures faites sera payé sur des mémoires certifiés, ainsi qu'il est dit en l'article précédent.

Art. 44. Les commissaires de police, les commandants des sapeurs-pompiers et tous les agents de l'autorité, nous signaleront les personnes qui se seront fait remarquer dans les incendies.

Art. 45. Les commissaires de police dresseront procés-verbal des incendies et des circonstances qui les auront accompagnés.

Il rechercheront les causes des incendies et les indiqueront.

Art. 46. L'ordonnance de police du 21 décembre 1819, concernant les incendies, est rapportée; sont également rapportées les dispositions des anciens règlements ci-dessus visés, qui seraient contraires au prescriptions de la présente ordonnance.

Art. 47. Les contraventions à la présente ordonnance seront constatées par des procès-verbaux qui nous seront transmis pour être déférés, s'il y a lieu, aux tribunaux compétents.

Il sera pris en outre, suivant les circonstances, telles mesures d'urgence qu'exigera la sûreté publique.

Art. 48. La présente ordonnance sera imprimée et affichée.

Les commissaires de police, le chef de la police municipale, le commandant du corps des sapeurs-pompiers, les officiers de paix, l'architecte-commissaire de la petite voirie, l'inspecteur général des halles et marchés, l'inspecteur général de la navigation et des ports, le contrôleur des bois et charbons, le directeur de la salubrité et les préposés de la préfecture de police, en surveilleront et en assureront l'exécution chacun en ce qui le concerne.

Elle sera adressée à notre collègue M. le préfet de la Seine, à M. le commandant supérieur de la garde nationale de la Seine, à M. le commandant de la place de Paris, à M. le colonel de la garde municipale et à M. le commandant de la gendarmerie de la Seine.

Le conseiller d'État, préfet de police,

Instruction concernant les incendies.

Le poste des sapeurs-pompiers qui aura eu connaissance d'un incendie, se rendra immédiatement sur le lieu avec la pompe.

Le chef du poste en fera donner immédiatement avis à la caserne la plus rapprochée, et en informera le commissaire de police du quartier, qui se transportera aussi sur le lieu de l'incendie.

Si l'incendie présente un caractère alarmant, le commissaire de police fera prévenir le préfet de police, le commandant de la place et le colonel de la garde municipale.

Le commandant des sapeurs-pompiers dirigera sur le théâtre de l'incendie tous les moyens de secours nécessaires.

Le commissaire de police fera transporter en nombre suffisant les seaux à incendie qui se trouveront dans les dépôts publics[1], et au besoin ceux des établissements particuliers.

Il prendra, de concert avec le commandant des sapeurs-pompiers, les dispositions convenables pour éclairer les travailleurs.

Il désignera, d'accord avec cet officier, un point central de réunion, où les divers agents de l'autorité et toutes autres personnes appelées à con-

---

[1] Les principaux dépôts publics de seaux à incendie sont:

1º Dans les casernes des sapeurs-pompiers, de la garde municipale et de la ligne;

2º Dans les mairies;

3º Dans les commissariats de police.

courir à l'extinction du feu pourront recevoir les ordres et les instructions nécessaires.

Ce lieu de réunion sera indiqué par un drapeau, et pendant la nuit par un fanal.

Le commandant des sapeurs-pompiers prendra la direction des moyens de secours.

Le commissaire de police s'occupera plus spécialement des diverses mesures à prendre dans l'intérêt de l'ordre, de la conservation des propriétés et de la sûreté publique.

Il veillera aussi à ce que les diverses fournitures et particulièrement celles de l'eau, soient exactement constatées.

Si plusieurs commissaires de police sont présents à l'incendie, ils se partageront le service; mais la direction principale appartiendra toujours au commissaire du quartier.

Les troupes appelées sur le théâtre de l'incendie ne doivent être généralement employées qu'au maintien du bon ordre, à former les chaînes ou à manœuvrer les balanciers des pompes, la direction des secours et de toutes mesures prises pour combattre les incendies devant être laissée au corps des sapeurs-pompiers.

Afin d'éviter les accidents, et pour ne pas porter le feu dans les parties de bâtiment qu'il n'a pas encore atteintes, le public qui se rend sur le théâtre de l'incendie ne doit, en aucune façon, ouvrir les portes, les croisées et autres issues des lieux incendiés avant l'arrivée des sapeurs-pompiers, à moins que ce ne soit pour sauver des personnes en danger. Ce sauvetage doit se faire autant que possible par les escaliers.

Le déménagement des gros meubles et des gros effets ne doit avoir lieu qu'à l'arrivée des sapeurs-pompiers, qui jugent si ce déménagement est nécessaire.

C'est ainsi qu'on pourra reconnaître à l'état des lieux comment le feu a pris, empêcher les vols et les dégradations, et maîtriser le feu plus facilement, en évitant les encombrements dans les escaliers et autour du point incendié.

Vue pour être annexée à notre ordonnance en date de ce jour.

Paris, le 24 novembre, 1843.

Le conseiller d'État, préfet de police.

3. Cheminées des maisons d'habitation.

La construction des cheminées d'appartement demande de la part du constructeur des précautions particulières. Il faut pour écarter tout danger d'incendie éloigner les pièces de

bois d'au moins 0,50 m des tuyaux de cheminée[1]) (voir à cet
égard les fig. 198—202, vol. III de cet ouvrage). Dans quelques pays on va même jusqu'à imposer un écartement de 1,00 m.

La partie de plancher sur laquelle reposent les cheminées
et fourneaux de cuisine se fait en matériaux incombustibles;
cette partie, nommée trémie doit s'étendre jusqu'à 0,60 m du
fourneau.[2]) Quand il est possible, on place
celui-ci de telle manière que la lumière lui
vienne du côté gauche. On l'éloigne des portes
pour qu'il ne soit pas exposé aux courants
d'air; souvent même, on le place dans l'un
des angles de la cuisine.

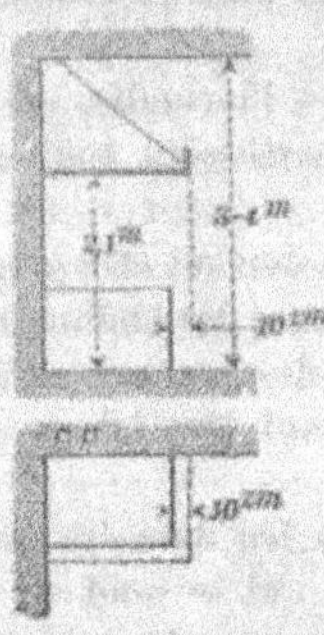

Fig. 85.

Les fourneaux de cuisine sont ordinairement surmontés d'une hotte pour faciliter le
dégagement des vapeurs et de la fumée,
fig. 85.[3]) Elle conduit dans un tuyau spécial,
de section carrée et d'une demi-brique de côté,
logé dans la maçonnerie à côté de celui servant à l'évacuation des gaz de la combustion.

a) Cheminées.

Anciennement le chauffage des habitations se faisait presqu'
exclusivement au moyen de cheminées; aujourd'hui on les remplace souvent par des poêles ou des calorifères.

Dans les maisons à plusieurs étages les cheminées sont
ordinairement disposées verticalement au-desssus l'une de l'autre
et leurs tuyaux sont dévoyés de la quantité voulue pour éviter
la rencontre avec les cheminées supérieures. Les tuyaux de

---

[1]) En France, les ordonnances de police prescrivent un écartement
minimum de 0,16 m.

[2]) Les règlements de police imposent dans sa construction une largeur minima de 1,00 m à compter du fond du foyer et une longueur
maxima de 9 pieds, soit 2.743 m.

[3]) Dans les cheminées avec hotte, le manteau de la hotte est supporté par deux jambages et forme saillie sur le devant. Cette saillie sert
de tablette pour y placer des ustensils de cuisine.

cheminée forment alors souvent une saillie oblique sur le parement du mur, laquelle se dissimule par une niche ou par une armoire établie dans le renfoncement du mur.

La fig. 86 donne l'exemple d'une série de tuyaux dévoyés.

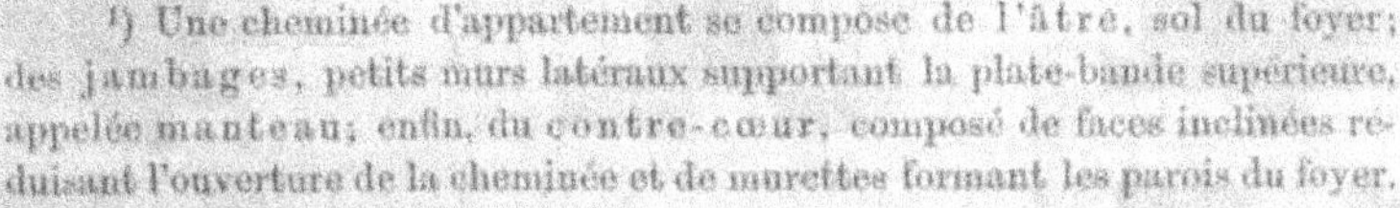

Fig. 86.

Les cheminées ont sur les poêles et calorifères l'avantage de mieux favoriser la ventilation.[1])

b) Tuyaux de cheminée.

D'une manière générale, ils se divisent en tuyaux à grande et à petite section. Dans les premiers la section du tuyau est de grandeur suffisante pour permettre au ramoneur de descendre à l'intérieur, tandis que dans les seconds, le nettoyage s'opère de la partie supérieure au moyen d'un balai en forme de croix, fixé à une boule retenue par une corde et pesant environ 3 kilogrammes.

---

[1]) Une cheminée d'appartement se compose de l'âtre, sol du foyer; des jambages, petits murs latéraux supportant la plate-bande supérieure, appelée manteau; enfin, du contre-cœur, composé de faces inclinées réduisant l'ouverture de la cheminée et de murettes formant les parois du foyer.

Les jambages et le manteau se font en briques ou en plâtre et sont ordinairement revêtus de plaques de marbre. Quand le manteau est en plate-bande, il est supporté par deux petites barres de fer carrées, posant horizontalement sur les jambages. Le contre-cœur se construit en briques ou en plâtre; il reçoit dans le fond une plaque de fonte et est recouvert de côté et dans le haut de carreaux ou de plaques de faïence. En avant des jambages, sur environ 0.30 m de largeur, on garnit le plancher de carrelage ou d'un plaque de marbre; cette partie se nomme le foyer de la cheminée.

Les cheminées de grandeur ordinaire ont 1,25 m de largeur sur 1,00 m de hauteur; mais leurs dimensions peuvent varier beaucoup. Ainsi on en trouve qui ont jusqu'à 1,95 m sur 1,30 m tandis que d'autres descendent jusqu'à 0,80 m sur 0,80 m. La profondeur des cheminées varie de 0,45 à 0,80 m. Quant à la largeur des jambages et du manteau, elle est environ du $^1/_{10}$ de la largeur de la cheminée.

Les tuyaux à grande section étaient anciennement les seuls usités; aujourd'hui ils ne s'emploient plus guère que dans les campagnes et cela pour fourneaux de cuisine ou de buanderie. Afin que le ramoneur puisse descendre facilement à l'intérieur, la limite inférieure de la section de ces tuyaux est fixée par ordonnance de police. Depuis l'introduction du système métrique en Allemagne les limites sont:

Pour la Prusse, de 0,42 m × 0,47 m quand la section est rectangulaire et de 0,47 × 0,47 m lorsqu'elle est carrée.

Fig. 87.

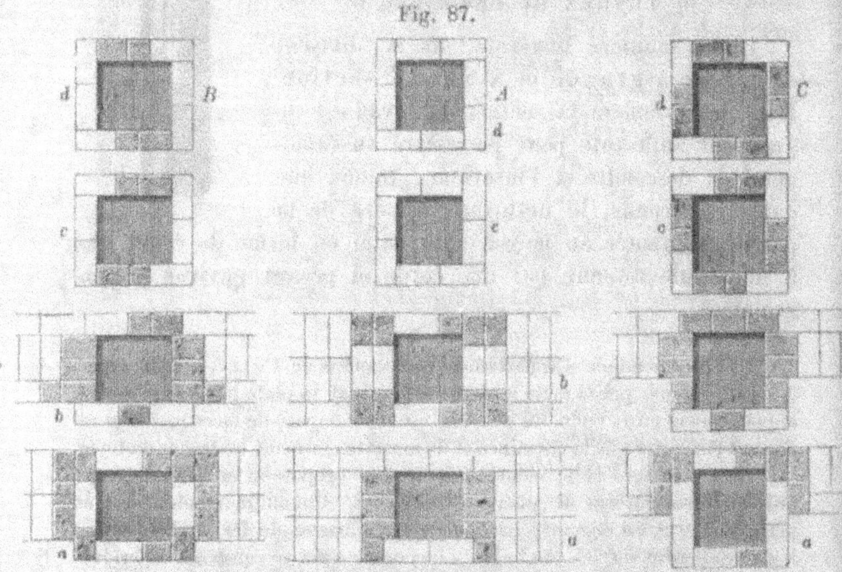

Pour l'Autriche, les limites sont de 0,45 × 0,45 m.[1]

Lorsque les tuyaux ont plus de 0,55 m dans œuvre, on munit l'un des angles d'échelons en fer.

Les tuyaux faits en briques n'ont qu'une demi-brique d'épaisseur de paroi. L'appareil varie selon l'épaisseur du mur, la position relative des tuyaux et le nombre des tuyaux contigus.

---

[1] Voir l'ordonnance de police précitée.

Nous donnons à la fig. 87, A, l'exemple d'un tuyau de section carrée, d'une brique et demie de côté. Avec la brique de modèle allemand, la section aurait pour dimensions 0,40 × 0,40 m; avec le modèle autrichien elle serait de 0,46 × 0,46 m. La fig. 87, B représente un tuyau mesurant une brique trois-quarts sur une brique et demie dans œuvre. Les dimensions de la section seront, en ce cas, suivant le modèle de brique employé, 0,40 × 0,47 m ou 0,46 × 0,54 m. Enfin dans la fig. 87, C la section est carrée et a une brique trois-quarts dans œuvre, soit donc 0,47 × 0,47 m dans un cas et 0,54 × 0,54 m dans l'autre.

Le tuyau (A) peut se loger dans un mur de deux briques et demie d'épaisseur. Dans l'exemple (B), le mur n'a que deux briques d'épaisseur et le tuyau projette d'une demi-brique sur le un du mur. Enfin en C, le mur n'a qu'une brique et demie d'épaisseur et la saillie du tuyau est d'une brique et quart.

Souvent, on place les tuyaux de cheminée aux points de rencontre des murs, et on les dissimule en confondant leurs parois avec les parements des différents murs, fig. 88. Les principes à suivre en ce qui concerne la disposition des briques en ce cas, sont ceux donnés pour les abouts de mur.

Fig. 88.

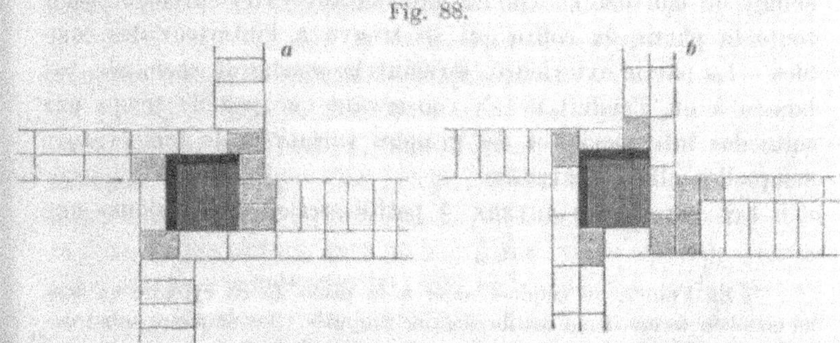

Les tuyaux à petite section, introduits en Allemagne il y a une cinquantaine d'années, ne tardèrent pas à se répandre, grâce aux avantages qu'ils présentent. Actuellement ils sont presque seuls employés pour cheminées d'appartement.

Ils sont préférables aux tuyaux à grande section parce qu'ils produisent un meilleur tirage.

Pour faciliter aux ramoneurs le nettoyage de ces cheminées, on donne aux tuyaux des dimensions fixes, arretées par ordonnance de police.

En Prusse, les dimensions nouvellement adoptées depuis l'introduction du système métrique sont: $0{,}15 \times 0{,}15$ m; $0{,}15 \times 0{,}21$ m et $0{,}21 \times 0{,}21$ m. Ces dimensions sont aussi celles usitées en Autriche où elles correspondent mieux au modèle de brique du pays.

Les tuyaux à petite section se font rectangulaires, on circulaires. Les derniers sont très-employés en Autriche. Ils sont moins simples de construction que les tuyaux rectangulaires, mais donnent lieu, en revanche, à un meilleur tirage et à de plus grandes facilités de nettoyage.

La construction des tuyaux circulaires se fait en plaçant intérieurement un mandrin cylindrique en bois, de 0,50 m à 100 m de longueur;[1]) le maçon remonte le mandrin au fur et à mesure que la maçonnerie s'élève.

Les tuyaux de cheminée se recouvrent intérieurement d'un enduit de mortier.[2]) On en fait autant extérieurement pour toute la partie du coffre qui se trouve à l'intérieur des combles. La partie extérieure, formant la souche de cheminée, est laissée à nu, l'enduit ne s'y conservant que peu de temps par suite des intempéries et des grandes variations de température auxquelles elle est exposée.

Les parois des tuyaux à petite section ont toujours une

---

[1]) En France, on emploie aussi à la place de ce cylindre en bois un mandrin formé d'une feuille de zinc enroulée. Le diamètre usuel des tuyaux de cheminée circulaires varie de 0,20 m à 0,25 m.

[2]) Cet enduit a pour but de diminuer l'adhérence de la suie. Il se fait souvent aussi en plâtre et cela de préférence avec le plâtre au papier qui résiste mieux que le plâtre au sas aux variations de température. En France, on enduit fréquemment aussi les parements extérieurs de la souche, ce qui est même inévitable quand les tuyaux et la souche sont faits en pigeonnage.

demi-brique d'épaisseur, même quand elles forment languette
de refend entre tuyaux contigus. Il faut éviter d'une manière
absolue de les faire en briques de champ; ce mode de construction n'est admissible que dans les tuyaux de chaleur ou de
ventilation qui n'ont jamais besoin d'être nettoyés.

Les tuyaux traversant les combles et restant isolés sur
une assez grande hauteur se font avec des parois costières
plus épaisses, soit d'une brique d'épaisseur. Mais dès que l'on
réunit plusieurs tuyaux ensemble, on peut se dispenser de leur
donner cette surépaisseur. Il en est de même quand le
tuyau se trouve être à grande section, car alors sa base
présente une surface suffisante pour assurer la stabilité de la
construction. Dans les combles, comme dans les planchers, il
faut toujours tenir les tuyaux à une certaine distance des pièces
de charpente; c'est ce que spécifient d'ailleurs les ordonnances
de police précitées.

Tout tuyau de cheminée doit reposer sur une base en
matériaux incombustibles, afin de rester suspendu au mur dans
le cas où la maison viendrait à brûler.

La disposition des briques dans la construction des tuyaux à
petite section ne présente rien de particulier; sinon qu'on y
est forcé pour obtenir le croisement des joints de faire un
fréquent usage de quarts de brique.

Quand il sera possible, on placera les tuyaux dans les gros
murs de la construction, afin d'éviter d'avoir des trumeaux
saillants à l'intérieur des pièces. Avec la brique du modèle
autrichien, dont la largeur est de 0,14 m, la construction d'un
tuyau à petite section, dans un mur d'une brique et demie d'épaisseur, est fort simple, fig. 89, car, en ajoutant à la largeur de
la brique l'épaisseur du joint, on se trouve avoir la dimension
réglementaire de 0,15 m. Les briques des assises (a), (b), (c)
de la figure sont disposées de manière à donner en élévation,
fig. d, l'appareil en losange. Dans la fig. 90, A, on a représenté deux tuyaux contigus de $0,15 \times 0,21$ m dans un mur de
deux briques d'épaisseur; les fig. (a) et (b) montrent les deux
assises alternatives dans la partie isolée du coffre. La fig. B

donne un tuyau à section carrée, de trois-quarts de brique de côté.

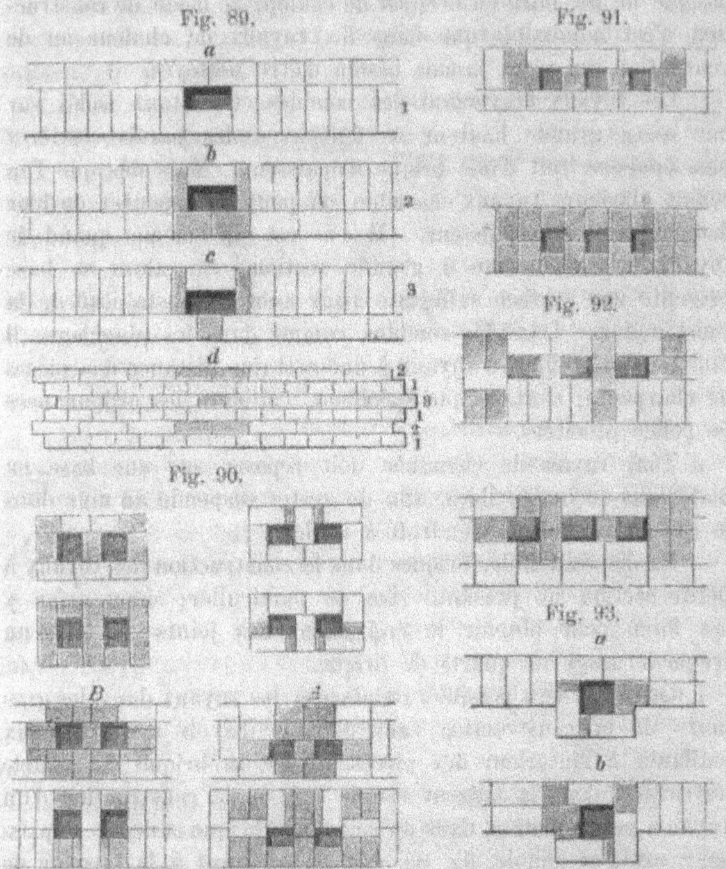

Fig. 89.

Fig. 90.

Fig. 91.

Fig. 92.

Fig. 93.

   L'arrangement des briques reste à peu près le même quand les tuyaux sont plus nombreux. Ainsi, à la fig. 91, nous avons le cas d'un groupe de trois tuyaux d'une demi-brique de largeur, dans un mur d'une brique et demie d'épaisseur et à la fig. 92, celui de tuyaux mesurant une demi-brique sur trois-quarts de brique dans un mur de deux briques d'épaisseur.

Dans un mur d'une brique d'épaisseur, les tuyaux de cheminée feront toujours saillie d'une demi-brique ou de trois-quarts de brique, fig. 93. Cette saillie est naturellement encore plus prononcée quand la cheminée est adossée à une simple

Fig. 94.   Fig. 95.

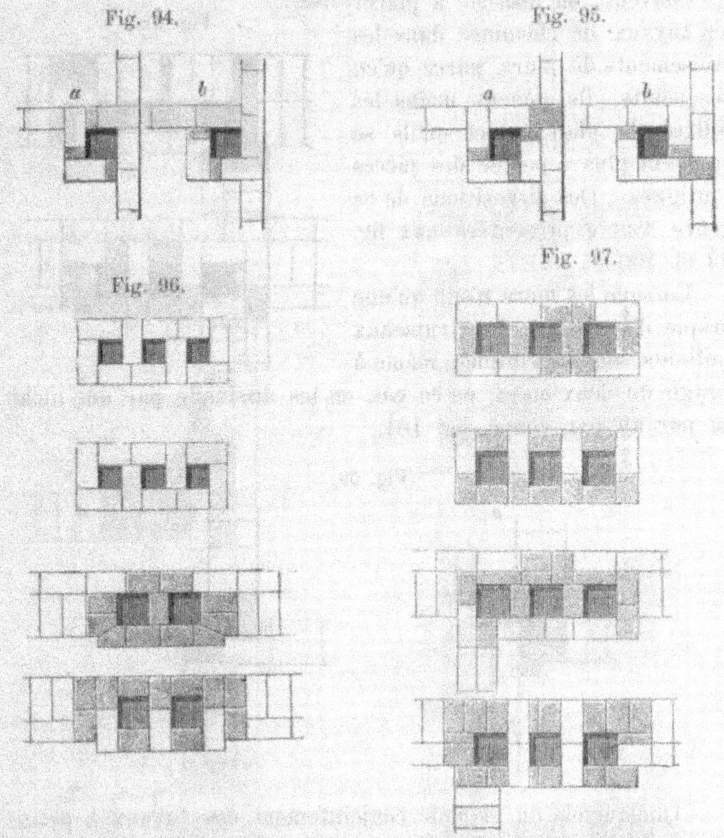

Fig. 96.   Fig. 97.

cloison. La saillie ne peut alors s'éviter, même en plaçant le tuyau dans l'angle de deux cloisons, fig. 94. En pareil cas, on donne souvent, pour plus de solidité, l'épaisseur d'une brique à l'une des parois engagée dans la cloison, fig. 95.

Les tuyaux de trois-quarts de brique de côté font également saillie d'un quart de brique lorsqu'ils se trouvent placés dans un mur d'une brique et demie d'épaisseur, fig. 96. Dans la fig. 97, l'une des parois des tuyaux est renforcée et dans la fig. 98, l'épaisseur du mur est, en outre, portée à deux briques.

Souvent, on cherche à placer les tuyaux de cheminée dans les croisements de murs, parce qu'en ces points, ils gênent moins les solives du plancher et qu'ils se trouvent plus à portée des pièces contiguës. Des dispositions de ce genre sont représentées aux fig. 99 et 100.

Lorsque les murs n'ont qu'une brique d'épaisseur, les trumeaux saillants sont inévitables, même à l'angle de deux murs; en ce cas, on les dissimule par une niche ou par un pan coupé, fig. 101.

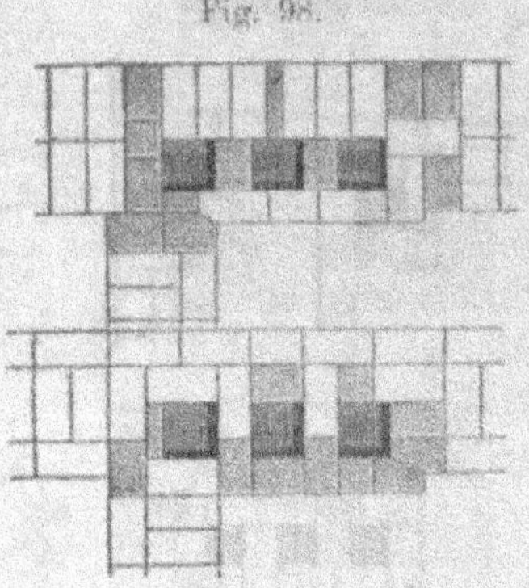

Fig. 98.

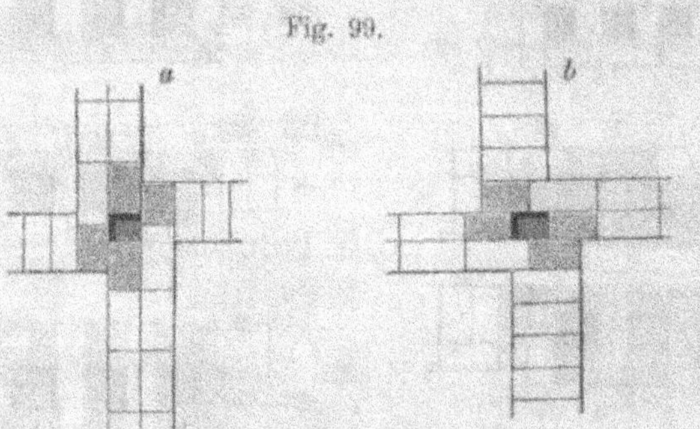

Fig. 99.

Quelquefois on emploie conjointement des tuyaux à petite et à grande section. La disposition la plus commode, en pareil cas, consiste encore à placer les tuyaux dans les points de croisement des murs. Suivant le nombre et la position relative des tuyaux, on sera conduit à des arrangements très-divers. Ainsi, la fig. 102 représente la réunion de quatre tuyaux dont deux à grande, et deux à petite section.

Fig. 100.

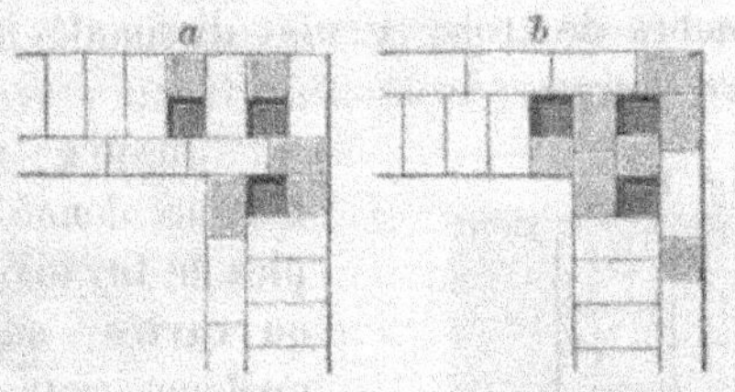

Fig. 101.

Fig. 102.

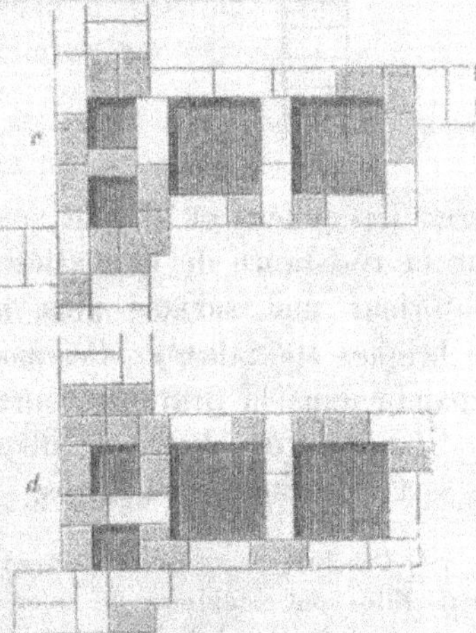

Une disposition plus simple est donnée à la fig. 103. Les tuyaux, au nombre de trois, y sont dissimulés dans le croisement de quatre murs.

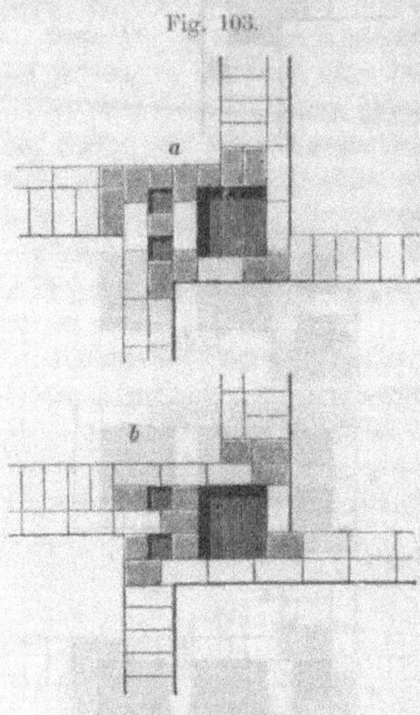

Fig. 103.

Jusqu'à présent nous n'avons donné que des exemples de tuyaux rectangulaires ou carrés; nous allons dire quelques mots maintenant de la construction des tuyaux à section circulaire. Comme nous l'avons déjà vu, ces tuyaux présentent certains avantages qui en motivent l'adoption malgré leur plus grande difficulté d'éxécution.

On les fait le plus souvent en briques ordinaires taillées à la forme voulue et disposées autour d'un mandrin cylindrique. Le mortier que l'on emploie pour ce genre d'ouvrage doit être d'excellente qualité, car les briques taillées ont toujours une forme assez irrégulière et il faut, en conséquence, pouvoir compter sur la résistance de la matière liaisonnante. Afin d'obtenir à l'intérieur une surface plus unie, on fait quelquefois usage de briques spéciales.[1]) Ce mode de construction ne s'est pas répandu dans la pratique courante parce qu'il revient cher.

La fig. 104 donne la disposition de l'appareil quand on se sert de briques ordinaires.

---

[1]) Ces briques spéciales portent en France le nom de briques G o u r - l i e r. Elles sont combinées de façon à correspondre aux épaisseurs usuelles des murs et à jeter harpe de part et d'autre du tuyau. Ce genre de construction est très-solide et s'emploie, pour cette raison, dans les édifices importants, malgré son prix élevé.

La fumée se dégageant d'autant mieux que le frottement
est moins grand à l'intérieur du tuyau, quelques constructeurs, on
fait usage de tuyaux à emboîtement en poterie, logés dans l'épais-

Fig. 104.   Fig. 105.

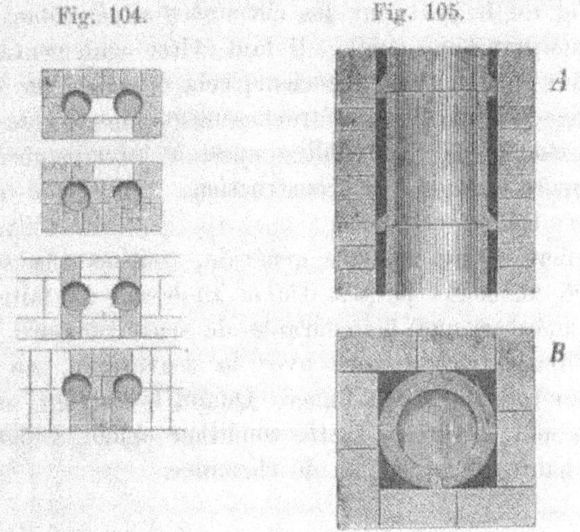

seur de la maçonnerie.   Mais cette disposition, plus couteuse
et plus compliquée que les précédentes, est rarement adoptée.¹)

---

¹) Tel n'est pas le cas à Paris et dans ses environs où ce genre
de construction est au contraire l'un des plus usuels.
Les tuyaux employés pour cet usage sont de deux
sortes: les wagons et les boisseaux.

Les wagons présentent en section à peu près
la forme d'un D majuscule; ils ont ordinairement,
de 0,16 m à 0,18 m de hauteur et pour largeur
l'épaisseur du mur. Leurs dimensions intérieures
varient avec cette dernière; elles sont généralement
comprises entre $0,15 \times 0,23$ m et $0,25 \times 0,35$ m.   Les wagons se font
droits ou inclinés et pénètrent l'un dans l'autre lorsque plusieurs tuyaux
sont contigus.

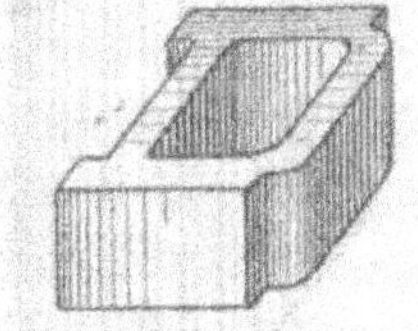

Les boisseaux sont des prismes rectangulaires dont les angles sont
arrondis. On en fait de toutes grandeurs, mais ceux qui sont le plus
employés ont 0,19 m de largeur, 0,23 de longueur et 0,33 de hauteur.   Ils
s'emboîtent l'un dans l'autre et leurs parois extérieures sont cannelées pour
mieux faire prise avec le mortier ou le plâtre.

En faisant l'étude du plan d'un édifice, il faut se préoccuper, dès le principe, de la position à donner aux cheminées, car un foyer mal placé peut rendre le chauffage d'une pièce fort difficile. Tel est le cas pour les cheminées situées dans le voisinage immédiat d'une porte. Il faut éviter également de placer les tuyaux dans un mur extérieur; cela diminue non seulement le tirage, en causant un réfroidissement plus rapide des gaz de la combustion, mais oblige aussi à interrompre des parties importantes de la construction, telles que corniches, sablières, etc.

Il faut, d'une manière générale, continuer la souche de cheminée au moins jusqu'à 0,50 m au-dessus du faite du toit, afin d'empêcher que les courants de sens contraire, produits par la rencontre du vent avec la couverture, ne viennent pas géner la sortie de la fumée. Quand les tuyaux sont placés dans un mur extérieur, cette condition oblige à donner une grande hauteur aux coffres de cheminée.

Les tuyaux de cheminée circulaires se font aussi en plâtre pigeonné. On appelle pigeonnage une cloison de 0,07 à 0,08 m d'épaisseur, faite en  plâtre pur et dressée à la main, avant la prise au fur et à mesure, de son éxécution. Le pigeonnage reçoit à l'intérieur un enduit en plâtre au panier, afin de diminuer l'adhérence de la suie.

Dans les édifices importants les coffres des cheminées se construisent souvent en pierre de taille. On emploie pour cet usage de la pierre tendre; cependant à la partie supérieur, c'est-à-dire au couronnement, on la remplace par de la pierre dure. Dans ces cheminées en pierre de taille, l'épaisseur des languettes de face et des costières varie de 0,12 à 0,25 m.

Ordinairement le couronnement se compose d'une simple moulure ou d'un bandeau de 0,12 à 0,15 m de hauteur; l'orifice du tuyau est rétréci à 0,14 ou 0,15 m, dimensions qui paraissent être les plus favorables au dégagement de la fumée. Le couronnement est généralement surmonté d'une mitre en poterie ou en plâtre ou bien d'un chapeau métallique. Ces appareils ont pour but d'empêcher la pluie ou le vent de s'introduire dans le tuyau, tout en laissant librement sortir la fumée.

On doit éviter aussi de faire déboucher les tuyaux dans une noue ou dans son voisinage. On les place de préférence de telle manière qu'ils puissent traverser la couverture à peu de distance du faîtage, tout en conservant une direction verticale ou à peu près verticale. Quand cela n'est pas possible, on dévoie les tuyaux pour les ramener vers la partie milieu du toit. Cette déviation de la verticale est motivée quelquefois aussi par la rencontre avec une panne ou quelque autre pièce de charpente, fig. 106. Quand le coffre n'est pas autrement soutenu, l'inclinaison limite est donnée par la perpendiculaire abaissée de l'angle intérieur du sommet sur la base du coffre.

Fig. 106.

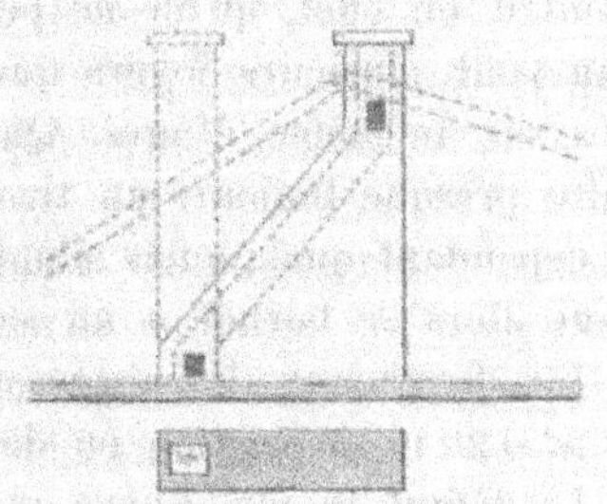

Fig. 107.

Si cette perpendiculaire tombait en dehors de la base, il faudrait soutenir le tuyau par une construction auxiliaire laquelle pourra se composer d'un arc, ou d'une partie pleine en maçonnerie, fig. 107. Cette dernière disposition est la

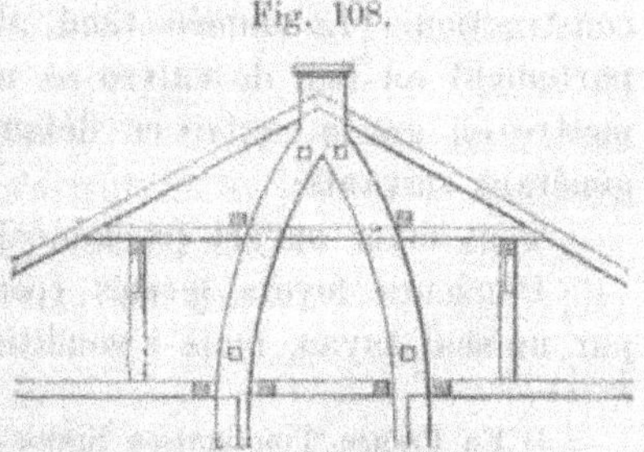

Fig. 108.

plus solide, mais elle n'est pas toujours possible, faute d'un appui suffisant à la base. Dans les cas où deux tuyaux se trouvent symétriquement placés par rapport au faîtage du toit, on peut les soutenir l'un par l'autre en les arc-boutant en forme d'ogive fig. 108. Dans ces conditions deux des parois des tuyaux forment voûte et fournissent la stabilité voulue, tout en n'ayant qu'une demi-brique d'épaisseur.

L'inclinaison des tuyaux dévoyés ne doit jamais dépasser 45 degrés[1]); si elle était plus forte, le nettoyage des tuyaux deviendrait trop difficile. Pour faciliter ce dernier, on place ordinairement des regards au droit des parties dévoyées.

En ce qui concerne la section des tuyaux, on compte habituellement 80 centimètres carrés par foyer quand la pièce où celui-ci il se trouve a des dimensions ordinaires.[2]) Une section carrée de 0,16 m de côté pourrait donc suffire au besoin à trois foyers, à condition cependant que ceux-ci fussent des foyers fermés, c'est-à-dire, de l'espèce des poëles. L'expérience démontre, en effet, qu'on ne peut se servir d'un seul et même tuyau pour plusieurs foyers que lorsque ceux-ci sont fermés et situés sur le même étage. Quand il en est autrement, il en résulte presque toujours un tirage défectueux. Ces dispositions sont cependant quelquefois adoptées par raison d'économie, mais il faut alors se borner à un seul foyer par étage.

Les fourneaux de cuisine ont ordinairement des tuyaux de $0,20 \times 0,20$ m de section ou des tuyaux à grande section.

Le défaut le plus grave que puisse présenter une cheminée, c'est de fumer. Il provient presque toujours d'une vice de construction. La fumée tend alors à se rabattre dans l'appartement au lieu de suivre sa marche ascentionelle. Pour se mettre en garde contre ce défaut, on observera les principes généraux suivants:

Tout foyer ouvert (cheminée) aura un tuyau spécial.

Plusieurs foyers fermés (poëles) pourront être desservis par un seul tuyau, mais à condition qu'ils soient tous au même

---

[1]) En France, l'inclinaison limite imposée par ordonnance de police est de 30 degrés.

[2]) On compte d'ordinaire, en France, quatre décimètres carrés de superficie pour les foyers destinés au chauffage domestique, et l'on augmente même ce chiffre en vue de favoriser la ventilation quand la pièce est destinée à recevoir des réunions nombreuses.

étage et que les orifices d'entrée de fumée soient placés à même hauteur.

On ne dévoiera jamais les tuyaux de plus de 45 degrés, qu'ils soient de grande ou de petite section. Une inclinaison plus forte augmenterait par trop les difficultés de nettoyage et les résistances de frottement.

Les foyers qui restent constamment allumés, comme dans certaines industries, auront toujours un tuyau spécial.

Tout tuyau de cheminée s'élèvera d'au moins 0,50 m au-dessus de l'arête faîtière.

Plus un tuyau de cheminée se trouve exposé à l'air extérieur, plus les gaz intérieurs se réfroidissent et plus le tirage diminue. Il faut donc conserver les coffres de cheminée le plus longtemps possible sous la toiture.

Il faut chercher à réunir les tuyaux, afin de réduire la déperdition de chaleur par les parois et le nombre de troncées dans la couverture.

On attendra que la maçonnerie des tuyaux soit complètement sèche avant de mettre ceux-ci en usage.

Les tuyaux de cheminée qui ont un grand développement tirent mieux que ceux dont la longueur est petite. Pour cette raison les cheminées fument plus facilement dans les maisons à un seul étage que dans celles à plusieurs étages.

Les tuyaux à grand section fument plus facilement que ceux à petite section.

Il sera utile, dans certains cas, de recouvrir l'orifice des tuyaux d'un chapeau en tôle s'orientant avec le vent, mais ces chapeaux demandent de la surveillance, car ils sont sujets à se rouiller et à ne plus fonctionner, ce qui les rend alors plus nuisibles qu'utiles.

4. Cheminées d'usines.

Les cheminées d'usines ne rentrent pas à proprement parler dans les constructions civiles, mais comme elles se rencontrent très-fréquemment dans la pratique, nous croyons utile de donner ici les principes généraux qui régissent leur construction.

Le but de ces cheminées est double; d'abord, produire l'appel de l'air nécessaire à la combustion, et en suite, dégager à distance les produits gazeux engendrés par celle-ci. Le tirage de la cheminée ou la vitesse avec laquelle l'air extérieur pénètre dans le foyer dépend de la différence de poids entre la colonne de gaz chauds, à l'intérieur de la cheminée, et une colonne d'air d'égales dimensions, à la température ambiante. Cette différence de poids croît avec la hauteur de la cheminée.

Les habitations environnantes devant se trouver hors d'atteinte des flammèches et autres débris ardents pouvant s'échapper de la cheminée, celle-ci reçoit ordinairement une hauteur plus grande que celle exigée par le tirage.

Puisque le tirage est produit par la différence de température entre les gaz intérieurs et extérieurs, il faut chercher à réduire autant que possible le réfroidissement par les parois de la cheminée. La brique, corps conduisant mal la chaleur, convient donc très-bien à la construction des cheminées. On évitera pour la même raison, les courbures et étranglements inutiles, car ils créeraient des résistances qui auraient pour effet de diminuer le tirage.

Lorsqu'il s'agit de cheminées élevées devant produire un tirage très-actif, on adopte de préférence la forme ronde. A section égale, elle présente le plus petit périmètre et, par conséquent, la plus petite surface réfroidissante.[1]

Les cheminées c a r r é e s ont par contre l'avantage de se construire plus facilement et à meilleur marché et de ne point exiger de briques spéciales dans leur construction.[2] Mais au point de vue du frottement et du réfroidissement, même la forme polygonale est préférable à la forme carrée.

Avant de parler de la construction des cheminées, nous indiquerons brièvement les principes généraux qui servent au calcul du tirage.

---

[1] Cette forme offre encore d'autres avantages qui seront signalés dans la suite.

[2] Cela n'est vrai que lorsque la section et la hauteur de la cheminée sont petites.

A égale différence de température, la rapidité du tirage est proportionelle à la racine carrée de la hauteur, c'est-à-dire que

$$C : c = \sqrt{H} : \sqrt{h}.$$

Ainsi, toutes choses égales d'ailleurs, les tirages de deux cheminées de 36 et de 25 mètres sont dans le rapport de 6 à 5.

De plus, à hauteur égale, les vitesses sont dans le rapport des racines carrées des températures

$$C : c = \sqrt{T} : \sqrt{t}.$$

La vitesse théorique est, en réalité, loin d'être atteinte en pratique à cause des résistances dûes au frottement.[1]) Ces résistances augmentent avec la hauteur de la cheminée. Si donc on veut donner plus de tirage en ajoutant à la hauteur de la cheminée, il faut aussi agrandir la section, sans quoi l'effet de l'exhaussement serait en partie perdu par l'accroissement de frottement.

C'est pour cette raison qu'on ne dépasse guère certaines longueurs avec les tuyaux de cheminées d'appartement lorsqu'ils sont de petite section. Ainsi, il faut considérer comme longueur-limite des tuyaux de section carrée,

de 0,16 m de côté 10 à 12 m

et pour ceux „ 0,21 m „ „ 15 à 20 m.

Ainsi donc, dans une maison de plus de trois étages, l'étage inférieur sera pourvu de tuyaux ayant au moins $0,20 \times 0,20$ m.

La hauteur des cheminées d'usines ne devrait jamais descendre au-dessous de 18 m[2]), même dans le cas où la che-

---

[1]) En dehors du frottement contre les parois, les autres causes retardatrices sont: les changements de direction et de section des conduits et la résistance au passage de la grille. Dans les conditions ordinaires l'ensemble de ces différentes résistances donne lieu à une réduction de vitesse de 16 à 25 pour cent, soit en moyenne de 20 pour cent.

[2]) Les hauteurs les plus usuelles sont comprises entre 15 m et 30 m. A Paris, l'on exige que la cheminée dépasse d'au moins 2 mètres le toît de toute maison située dans un rayon de 100 m de sa base. Les cheminées des fabriques de produits chimiques atteignent quelquefois des hauteurs considérables; on en a fait allant jusqu'à 150 m.

minée ne desservirait qu'une machine à vapeur de 4 chevaux de force. Lorsqu'une cheminée dégage une épaisse fumée d'une façon continue, on peut être certain qu'il y a vice dans sa construction ou négligence dans la conduite du feu. Il faut alors remédier à cet état de choses, car la fumée n'est que du combustible imparfaitement brûlé; celui-ci aurait pu produire encore de la vapeur, et son dégagement représente une perte.

La hauteur des cheminées se détermine de la manière suivante:

Soit T, la température, en centigrades, des gaz chauds dans la cheminée;

  t, la température de l'air ambiant;

  d, le diamètre intérieur ou le côté du carré de l'orifice supérieur de la cheminée, en mètres;

  H, la hauteur de la cheminée à partir de la grille;

  l, la longueur parcourue par les gaz chauds de la grille jusqu'au pied de la cheminée, en mètres.

  v, la vitesse de l'air arrivant sur la grille, en mètres et par minute.

Alors la vitesse V avec laquelle les produits de la combustion se dégagent de la cheminée est donnée par la formule

$$V = 6{,}28 \sqrt{\frac{(T-t)\,d\,H}{4{,}08\,d + 0{,}016\,(H+l)}}$$

V étant exprimée en mètres.

Dans les cheminées en briques, on a généralement $T-t = 285^\circ$; la section de l'orifice se fait égale à la surface libre de la grille. Le volume des gaz sortants est en moyenne deux fois et quart plus grand que celui de l'air entrant à la grille.

En remplaçant T, t et V par des valeurs numériques moyennes, on obtient la formule approchée très-simple

$$H = 16{,}3 + \frac{16{,}3 + l}{16{,}3\,d - l}.$$

La section de la cheminée se fait aussi quelquefois égale au quart de la surface totale de la grille. On appelle surface totale toute la surface couverte par la grille, et surface libre la somme des intervalles compris entre les barreaux. Comme le rapport de ces deux surfaces quand on se sert de houille comme combustible, est de 3 : 1 ou de 4 : 1, on voit que ce dernier mode de détermination de la section correspond sensiblement à celui qui prend pour base la surface libre. La section ainsi déterminée doit être considérée comme un minimum, surtout quand la cheminée ne dessert qu'un seul foyer; il convient toujours d'augmenter un peu cette section, tant au point de vue du tirage qu'à celui d'extensions futures sans reconstruction de la cheminée. Le tirage se règle d'ailleurs facilement au moyen de registres.

Dans les grandes usines une cheminée sert toujours à plusieurs foyers; il en résulte une plus grande économie dans la construction et plus de regularité de tirage pendant la marche, à condition cependant que l'on ne charge pas tous les foyers en même temps. La section de la cheminée doit, en pareil cas, se faire égale à la somme des sections partielles exigées par les différents foyers. Il faut alors avoir soin de donner aux courants gazeux sensiblement la même direction avant de les réunir. On emploie, à cet effet, des dispositions très-diverses; nous en avons représenté une à la fig. 109.

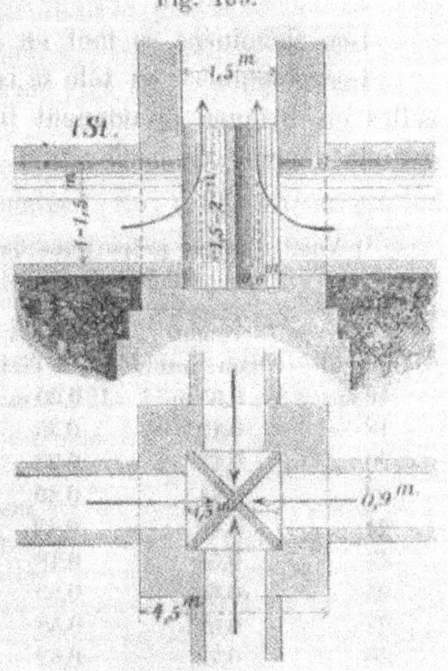

Quatre carneaux se coupant à angle droit, aboutissent en croix autour de la base de la cheminée. Celle-ci, de forme carrée, présente au socle une largeur extérieure de 4,50 m et intérieure de 1,50 m; chacun des carneaux mesure 0,90 m de largeur sur 1,50 m de hauteur. Dans l'axe de la cheminée et à sa base sont disposées deux plaques diagonales de 1,50 m à 2,00 m de hauteur, interrompant la communication directe entre les carneaux. Le sol de la base est placé à 0,60 m en contrebas de celui des carneaux, afin de former un renfoncement dans lequel la suie puisse se déposer sans obstruer le passage.

D'ordinaire on donne aux cheminées 18 m de hauteur dès que la force de la machine atteint 4 chevaux. Si le combustible était de mauvaise qualité et s'il était employé sous forme de menu, on irait même jusqu'à 24 m. Les proportions suivantes sont assez usuelles en pratique:[1]

	Largeur de l'orifice	
Hauteur	de sortie	Force de la chaudière
19 m	0,47 m	10 ch.
23 m	0,48 m	12 „
28 m	0,61 m	16 „
31 m	0,76 m	20 „

Construction des cheminées d'usines.

Les cheminées se font en briques ou en tôle.

Les cheminées en tôle se réfroidissent plus facilement que celles en briques et donnent lieu, a tirage égal, à une plus grande dépense de combustible. La résistance dûe au frotte-

---

[1] Voici d'autres proportions que l'on rencontre fréquemment aussi:

| | Cheminées | | | |
Hauteur	rondes diam. inter.	carrées côté à l'inter.	Hauteur du socle	Force de la chaudière
16 m	0,35 m	0,20 m	3,60 m	6
18	0,40	0,35	3,80	8
20	0,42	0,39	3,90	10
22	0,44	0,40	4,00	12
24	0,48	0,43	4,20	15
25	0,54	0,48	4,30	20
25	0,60	0,53	4,30	25
28	0,66	0,58	4,60	30
30	0,70	0,62	4,80	35
30	0,75	0,67	4,80	40

ment est la même dans les deux cas, car les parois intérieures se recouvrent rapidement d'un dépôt de suie.

La dépense de premier établissement est plus élevée pour les cheminées en briques que pour les cheminées en tôle, mais ces dernières exigent de fréquentes réparations dont la principale est le renouvellement de la peinture à l'huile sur la surface extérieure. Malgré cette précaution leur durée est assez restreinte, surtout quand la température des produits de la combustion est élevée, tandis que celle des cheminées en briques est, pour ainsi dire, illimitée. Les avantages sont donc entièrement du côté des cheminées en briques, aussi n'emploie-t-on la tôle que dans les cas suivants:

1° Quand le terrain est trop peu cohérent pour pouvoir supporter le poids de la cheminée en briques.

2° Quand le délai dont on dispose ne suffit pas pour pouvoir fair la construction en briques.

3° Quand la brique ne se fait pas dans la contrée et qu'elle revient cher à pied d'œuvre.

4° Quand il s'agit d'une installation provisoire et de peu de durée. En ce cas, on peut même tirer encore en bon parti de la cheminée en tôle, après s'en être servi pendant toute la période de marche.¹)

Comme nous l'avons déjà dit, les cheminées en briques se font rondes, carrées ou polygonales. En pratique, la section se fait toujours plus grande que ne l'indique le calcul. Les cheminées carrées coûtent moins cher à construire que les autres; on peut admettre que dans les contrées où l'on ne se procure pas facilement des briques spéciales, la cheminée ronde, par suite de la taille des briques, coûte 15 pour cent plus cher que la cheminée carrée de dimensions équivalentes.

---

¹) Les cheminées en tôle reposent sur un socle disposé comme pour les cheminées en briques. Sur ce socle, on met une pièce de fonte que l'on fixe avec des boulons de fondation, retenus par des clavettes à la partie inférieure du socle. Le rouleau en tôle est rattaché à la couronne de fonte par des rivets. Quand la cheminée est élevée, on la maintient en outre par des haubans.

Pour déterminer le diamètre intérieur du bas de la cheminée quelques constructeurs se servent de la règle empirique suivante:

Soit d, le diamètre ou le côté intérieur à la partie supérieure, suivant que la section est ronde ou carrée;

H, la hauteur de la cheminée;

D, le diamètre ou le côté intérieur à la partie inférieure;

alors

$$D = d + 0,017\,H.$$

D'autres donnent à la maçonnerie du fût un fruit extérieur de $\dfrac{1}{40}$ à $\dfrac{1}{60}$ et une inclinaison moyenne intérieure de $\dfrac{1}{80}$.

Enfin, un troisième mode de détermination du diamètre inférieur consiste à ajouter $\dfrac{1}{60}$ de la hauteur au diamètre intérieur du haut pour obtenir celui du bas, puis ajouter au diamètre ainsi déterminé $\dfrac{1}{25}$ de la hauteur pour obtenir le diamètre extérieur correspondant.   Ainsi, pour une cheminée de 30 m de hauteur, ayant 0,60 m de diamètre intérieur à la partie supérieure, le diamètre intérieur du bas serait de

$$0,60\text{ m} + \frac{30}{60} = 1,10\text{ m}$$

et le diamètre extérieur correspondant de

$$1,10\text{ m} + \frac{30}{25} = 2,30\text{ m}.$$

Toutes ces règles conduisent du reste à des résultats peu différents les uns des autres.

On donne à la partie supérieure de la maçonnerie une demi-brique ou une brique d'épaisseur, suivant la hauteur de la cheminée, soit donc avec le modèle de brique ordinaire 0,11 ou 0,22 m. Le diamètre extérieur du haut sera donc

$$d' = d + 0,22\text{ m}$$
$$\text{ou } d' = d + 0,44\text{ m}.$$

L'inclinaison de $\dfrac{1}{30}$ correspond à peu de choses près à un angle de 2 degrés.

D'ordinaire on donne aux cheminées de 20 m de hauteur une épaisseur de 2 briques à la partie inférieure et à celles de 30 m, une épaisseur de 2 briques et demie.[1] Lorsque la hauteur de la cheminée dépasse 50 m, on doit calculer la section en vue de la résistance qu'elle doit présenter au vent. Nous renvoyons à cet égard aux ouvrages spéciaux et ferons seulement observer que le vent exerce sur un cylindre une pression qui n'est que les $\dfrac{57}{100}$ de celle qu'il développe contre une surface plane de dimensions égales à la section diamétrale du cylindre.

Les cheminées cylindriques lui opposent donc beaucoup moins de résistance que les cheminées carrées.

Pour compléter ce que nous venons de dire sur les dimensions à donner aux cheminées, nous ferons suivre un exemple numérique. Nous rappelons d'abord les différentes données dont on a besoin dans ces calculs.

L'epérience démontre que:

> 1 kg de houille vaporise de 5   à 7   kg d'eau[2]
> 1 „ „ bois   „   „ 2,5 à 2,7 „   „ [3]
> 1 „ „ tourbe   „   „ 3   à 4   „   „
> 1 „ „ lignite   „   „ 3,5 à 5   „   „
> 1 „ „ coke   „   „ 4,7 à 5,8 „   „

[1] Pour le modèle de brique en usage à Paris et dans ses environs (0,22 × 0,11 × 0,06), ces épaisseurs sont un peu faibles; il faudrait adopter 2 briques et demie dans le premier cas et 3 briques dans le second.

[2] Ces chiffres se rapportent aux résultats fournis dans la pratique par des chaudières ordinaires bien établies. Théoriquement 1 kg de houille devrait produire 12,3 kg de vapeur. Mais le charbon qui tombe de la grille et échappe à la combustion, le rayonnement perdu du foyer, le réfroidissement des différentes parties du fourneau et la chaleur emportée par la fumée font qu'on ne dépasse qu'exceptionellement la limite de 7 kg.

[3] Ces chiffres s'appliquent à du bois contenant de 20 à 25 pour cent d'eau; 1 kg de bois sec vaporise 3,25 kg d'eau.

Pour pouvoir brûler sur la grille, dans un temps donné, un poids déterminé de ces différents combustibles, il faut lui donner des dimensions en rapport avec ce poids. Ces dimensions ressortent du tableau suivant:

Nature du combustible	Surface de grille nécessaire pour brûler 100 kg en 1 heure	Rapport de la surface libre à la surface totale de la grille.	
Houille	de 1,4 à 1,6 m²	$\frac{1}{4}-\frac{1}{3}$	La vitesse
Bois dur et lignite .	„ 1,2 à 1,4 m²	$\frac{1}{5}-\frac{1}{3}$	moyenne de
„ tendre et tourbe	„ 1,0 à 1,3 m²	$\frac{1}{6}-\frac{2}{3}$	l'air étant sup-
Charbon de bois et coke	„ 1,6 à 1,8 m²	$\frac{1}{4}-\frac{2}{3}$	posée de 1 m.

Si nous appelons

f, la surface libre de la grille pour la consommation de 100 kg de combustible par heure, exprimée en mètres carrés;

q, le double du volume d'air théoriquement nécessaire pour brûler 100 kg de combustible, en mètres cubes;

v, la vitesse par seconde de l'air pénétrant dans le foyer, exprimée en mètres, alors

$$f = \frac{q}{v} \times \frac{1}{60 \times 60}.$$

Lorsqu'il s'agit de chaudières fixes ordinaires, on fait généralement v = de 0,8 à 1,0 m; quant à q, il se déduit des chiffres suivants représentant les volumes d'air, à la pression de 760 mm et à la température de 0°, théoriquement nécessaires pour brûler 1 kg des différents combustibles

Combustibles	Volumes d'air théoriquement nécessaires à la combustion
Coke	7,441 m³
Charbon de bois	8,016 „
Tourbe	4,044 „
Bois	3,466 „
Houille	de 6,977 à 8,045 m³

En général la consommation de houille, par cheval et par heure pour les principaux types de machines est de:

Machines sans détente, ni condensation de 5   à 6,5 kg
    „   à détente, sans condensation „ 4   à 5   „
    „   à   „   et   „   „ 2,5 à 3,5 „
    „   Woolf (à deux cylindres)   „ 1,75à 2   „[1]).

Prenons maintenant un exemple. Soit à déterminer les
dimensions d'une cheminée devant desservir une machine à
vapeur consommant 70 kg. de houille par heure.

La surface de grille nécessaire est alors de

$$\frac{70 \times 1,5}{100} = 1,05 \text{ m}^2$$

Pour avoir la surface libre de la grille, nous appliquons
la formule

$$f = \frac{q}{v} \times \frac{1}{60 \times 60}$$

Si la consommation était de 100 kg, on aurait

$$f = \frac{2 \times 8 \times 100}{1} \times \frac{1}{60 \times 60} = \frac{1600}{3600} = 0,44 \text{ m}^2$$

Comme elle n'est que de 70 kg,

$$f = \frac{70 \times 0,44}{100} = 0,3 \text{ m}^2$$

On voit que les deux surfaces sont dans le rapport de
1,05 : 0,3, c'est-a-dire dans un rapport compris entre $\frac{1}{3}$ et $\frac{1}{4}$.
D'après ce que nous avons dit, il faut faire la section au haut
de la cheminée au moins égale à la surface libre de la grille;
elle aurait donc dans le cas particulier 0,3 m². Pour une section circulaire, le diamètre à adopter serait alors de 0,7 m et
pour une section carrée, le côté du carré aurait 0,6 m de
longueur.

Supposons que le chemin total parcouru par les gaz depuis
la grille jusqu'à la cheminée, c'est-à-dire le développement des
carneaux, soit de 20 m, la hauteur de la cheminée sera alors
donnée par

---

[1]) Ces chiffres sont tous un peu forts. Dans les machines de Woolf de
grande puissance, on arrive couramment aujourdhui à ne dépenser que
1,1 kg et même 1,0 kg de charbon, par cheval et par heure.

$$H = 16,3 + \frac{16,3 + 20}{16,3 \times 0,7 - 1} \text{ mètres}$$

$$= 16,3 + \frac{36,3}{10,41} = 20 \text{ m environ.}$$

Mais la formule n'étant qu'approchée, on fera bien pour plus de sécurité de forcer un peu les résultats fournis par elle. Nous adopterons, en conséquence, 24 m, au lieu de 20 m.

Dans ces conditions les dimensions principales seraient

diamètre intérieur à la partie supérieure d = 0,7 m

„ extérieur „ „ „ d' = 0,92 m

la maçonnerie ayant une demi-brique d'épaisseur

$$\text{diamètre intérieur à la partie inférieure } D = d + \frac{1}{60} H$$

ou D = 0,70 + 0,40 = 1,10 m.

Diamètre extérieur

$$D' = 1,10 \text{ m} + \frac{24}{25} = 2,06 \text{ m}[1])$$

Ces dimensions principales déterminées, le tracé de la cheminée se fait de la manière suivante, fig. 111. On commence par porter sur une verticale la hauteur de la cheminée, puis on la divise en étages de 4 m à 4,50 m de hauteur.[2]) On

---

[1]) La dimension ainsi trouvée ne doit pas être prise d'une manière absolue, car il faut que le diamètre corresponde à une épaisseur de maçonnerie formant un multiple exact de la largeur des briques. Ainsi dans le cas particulier, au lieu de

$$\frac{2,06 - 1,10}{2} = 0,48 \text{ m}$$

on prendrait pour épaisseur 0,55 m, correspondant à deux briques et demie.

D'ailleurs, voici quelles sont pour les hauteurs les plus usuelles, les épaisseurs ordinairement données au rouleau inférieur:

Hauteur de la cheminée	Hauteur du socle	Épaisseur au-dessus du socle
16	3,60	0,44
20	3,90	0,55
25	4,30	0,55
30	4,80	0,66
35	5,30	0,77

[2]) La hauteur de ces étages ou rouleaux n'est pas arbitraire; elle dépend de la hauteur du fût et des épaisseurs des deux rouleaux extrêmes.

porte en suite, à droite et à gauche de cette ligne, les demi-diamètres extérieurs du haut et du bas et l'on trace le contour extérieur du fût de la cheminée. On figure en suite le contour intérieur en partant du haut avec une demi-brique ou une brique d'epaisseur et en augmentant de proche en proche d'une demi-brique l'épaisseur de chacun des étages. Le profil du fût de la cheminée se trouve alors complétement déterminé et il ne reste plus qu'à tracer le socle. Celui-ci se compose comme d'ordinaire de trois parties: la base, le dé et la corniche. On lui donne une hauteur égale au $\frac{1}{4}$ ou au $\frac{1}{5}$ de celle de la cheminée.[1]) A l'intérieur, il conserve une largeur uniforme égale à celle de la partie inférieure du dernier rouleau. Les socles sont presque toujours carrés même quand la cheminée est ronde ou polygonale. Le raccordement avec le fût se fait au moyen de surfaces inclinées que l'on recouvre de tuiles, d'ardoises ou de dalles en pierre ou qui sont simplement formées de briques de champ posées au mortier de ciment.

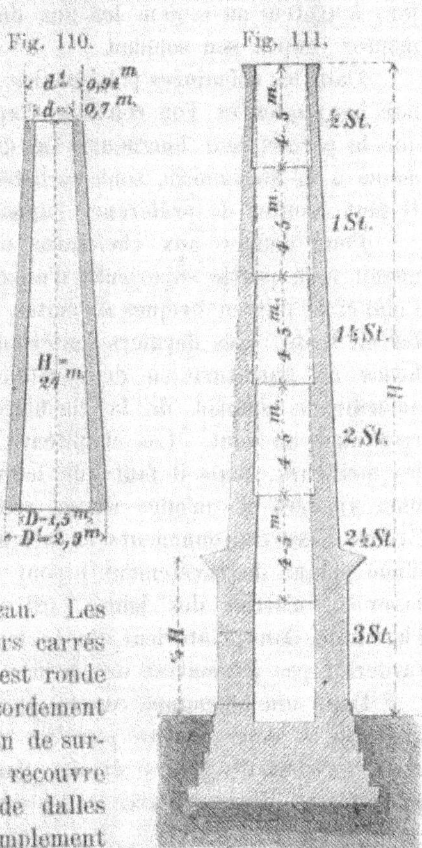

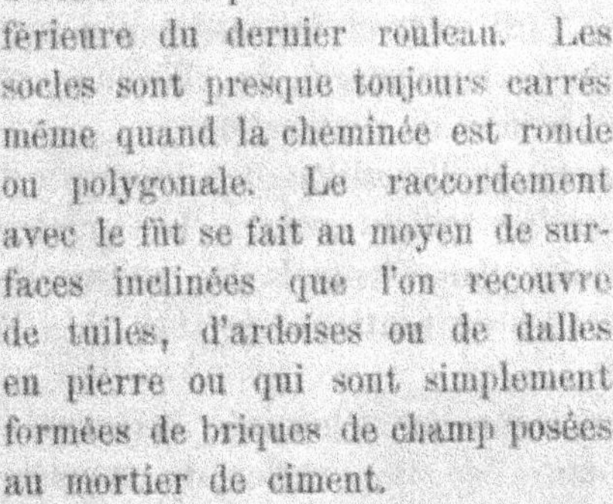

---

[1]) Cette proportion ne s'applique qu'aux cheminées peu élevées; le rapport des hauteurs diminue avec la hauteur de la cheminée.

Pour pouvoir faire le nettoyage de la cheminée, on ménage à sa partie inférieure une ouverture d'environ 0,60 m $\times$ 0,60 m, qu'en temps ordinaire, on maintient fermée par une murette. On scelle à l'intérieur de la cheminée, dans l'un de ses angles lorsqu'elle est carrée ou polygonale, une série d'échelons en fer, à 0,50 m ou 0,60 m les uns des autres, afin de pouvoir monter jusqu'à son sommet.

Dans les cheminées polygonales, on commence la maçonnerie par les angles et l'on continue l'appareil sur les côtés tant que le permet leur longueur. Les différences résultant du fruit donné à la maçonnerie sont rachetées dans les briques taillées. Il faut adopter de préférence l'appareil en boutisses.

Pour donner aux cheminées un meilleur aspect, on les garnit à la partie supérieure d'un chapiteau ou couronnement. Celui-ci se fait en briques surcuites, en pierre d'appareil ou en fer ou fonte. Ces derniers matériaux ne s'emploient que sous forme de garniture ou de revêtement, afin de ne pas trop alourdir le sommet de la cheminée, ce qui diminuerait sa résistance au vent. Les chapiteaux en pierre d'appareil sont les meilleurs, mais il faut que leurs différentes parties soient bien ajustées et qu'elles soient reliées par des crampons en cuivre. Les couronnements en briques surcuites se recouvrent d'une plaque de revêtement[1] pour que la pluie ne puisse délaver le mortier des joints. Si ceux-ci laissaient pénétrer l'humidité dans l'intérieur de la maçonnerie, la cheminée ne tarderait pas à montrer des indices de destruction.

Dans une cheminée carrée la disposition des briques est analogue à celle décrite pour les piliers creux. Les quatre côtés forment des murs étroits dans lesquels les assises de panneresses alternent avec celles de boutisses, fig. 112, A—B et fig. 113.

La fig. 114, A—D, représente une cheminée octogonale. Cette dernière est placée dans l'un des angles du magasin à charbon de l'usine, mais cette disposition n'est pas à

---

[1] Cette plaque se fait en fonte ou en plomb.

Fig. 112.

Fig. 113.

Fig. 114.

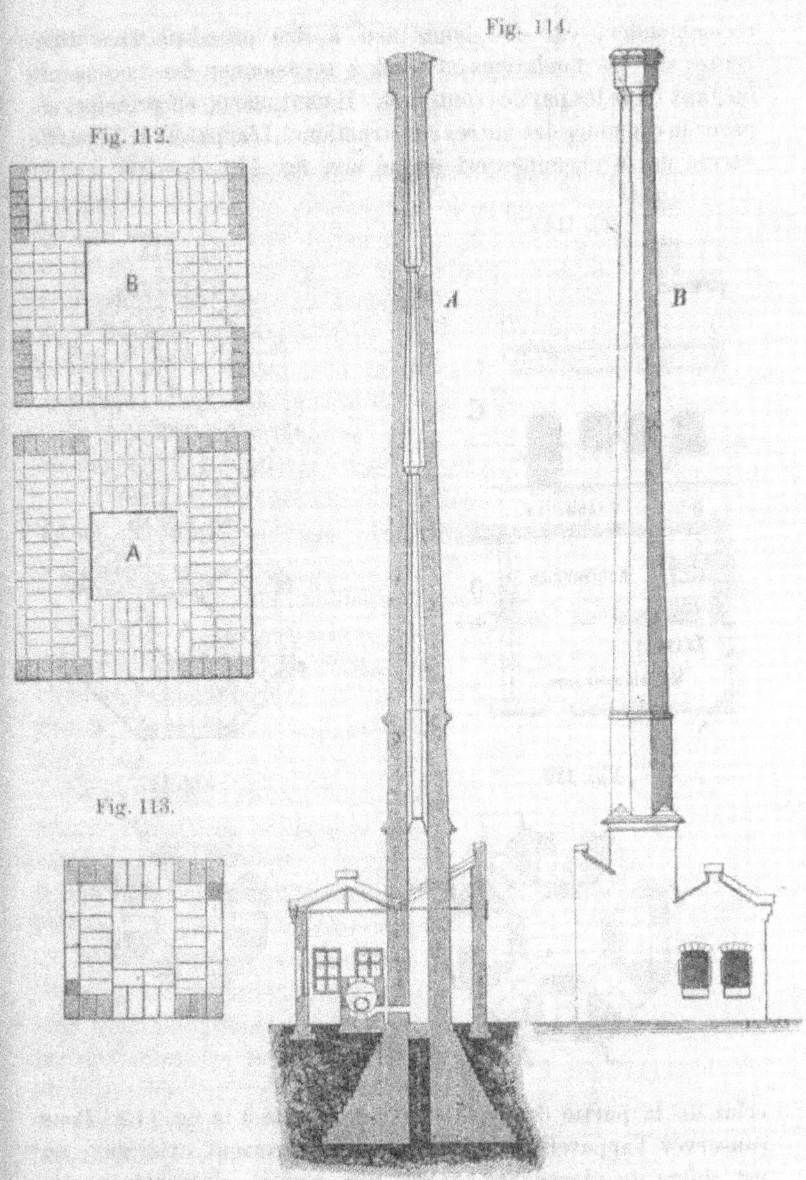

recommander, car elle donne lieu à des pressions très-différentes sur les fondations et tend à occasionner des tassements inégaux dans les parties contiguës. Il vaut mieux, en principe, séparer la cheminée des autres constructions. L'appareil de la partie carrée de la cheminée est donné aux fig. 112, A—B et 113 et

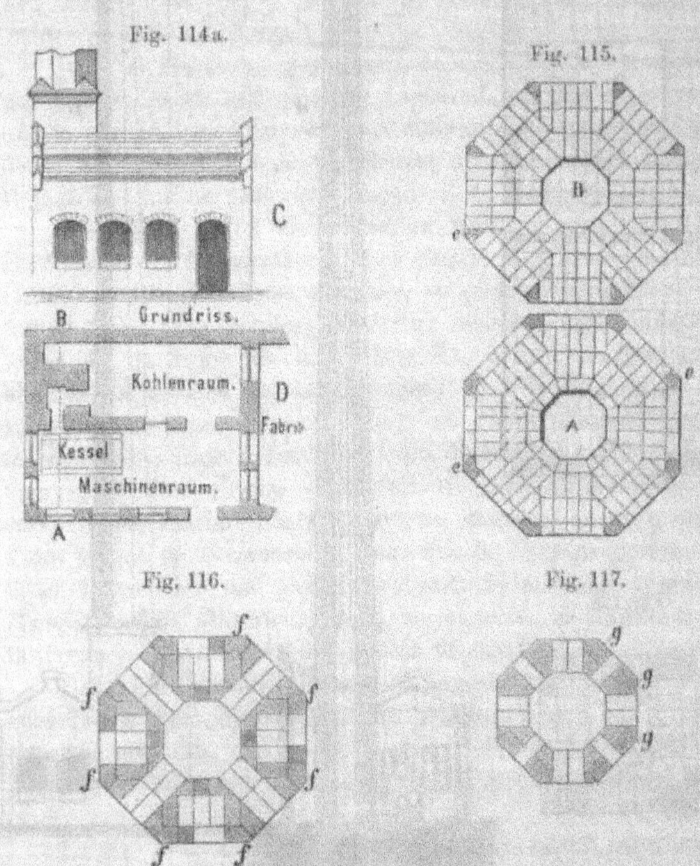

celui de la partie octogonale est représenté à la fig. 115. Pour conserver l'appareil en losange sur le parement extérieur, on est obligé de placer aux angles des assises alternatives, des briques taillées ou faites suivant deux patrons différents (e) et (e'), correspondant aux assises en boutisses et en panneresses. Dans ce mode de pose l'une des briques d'angle (e') ne pénêtre guère au-delà de la brique panneresse sous-jacente et ne donne donc qu'une mauvaise liaison à la partie angulaire. Une meilleure disposition consiste à n'employer dans les angles qu'une seule et même forme de brique, comme indiquée en (f) à la fig. 116 et en (g) à la fig. 117. On obtient alors le croisement des joints en tournant la queue de la brique tantôt dans un sens et tantôt dans l'autre. Cette disposition n'est possible que lorsqu'on peut se procurer facilement des briques spéciales, car la longueur de ces briques d'angle dépassant celle des briques ordinaires, on ne peut les faire en taillant simplement ces dernières. Les avantages de la disposition sont:

De n'avoir en dehors du modèle ordinaire qu'une seule forme de brique spéciale; d'où simplification et économie de temps dans la pose.

De produire une meilleure liaison des parties angulaires.

La fig. 118 représente la section d'une cheminée dont la forme est circulaire à l'intérieur et octogonale, avec arêtes saillantes, à l'extérieur.

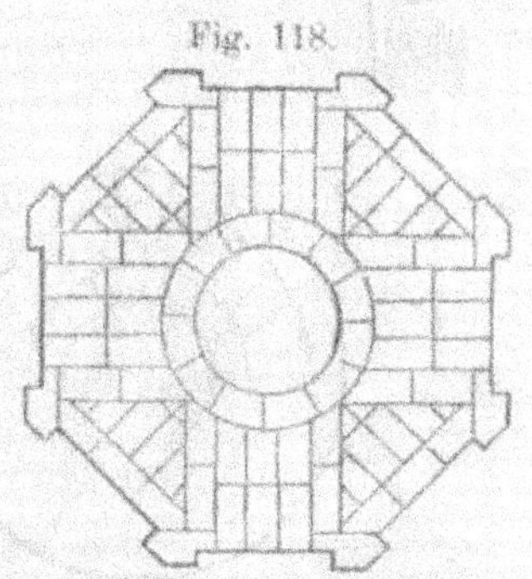

Fig. 118.

Le parement extérieur des cheminées circulaires est le plus souvent formé de briques spéciales ce qui augmente sensiblement leur prix de revient. Ordinairement on fait alterner les assises de boutisses et de panneresses, fig. 119, mais quand le diamètre de la cheminée est petit, on peut placer toutes les briques en boutisses. On les rapproche le plus possible, afin de n'avoir pas une trop grande épaisseur de joint suivant les plans radiaux, tout en ne taillant pas la brique.

Un mode d'appareil différent est donné à la fig. 120;

l'épaisseur de la maçonnerie y est supposée de deux
briques.

Fig. 119.

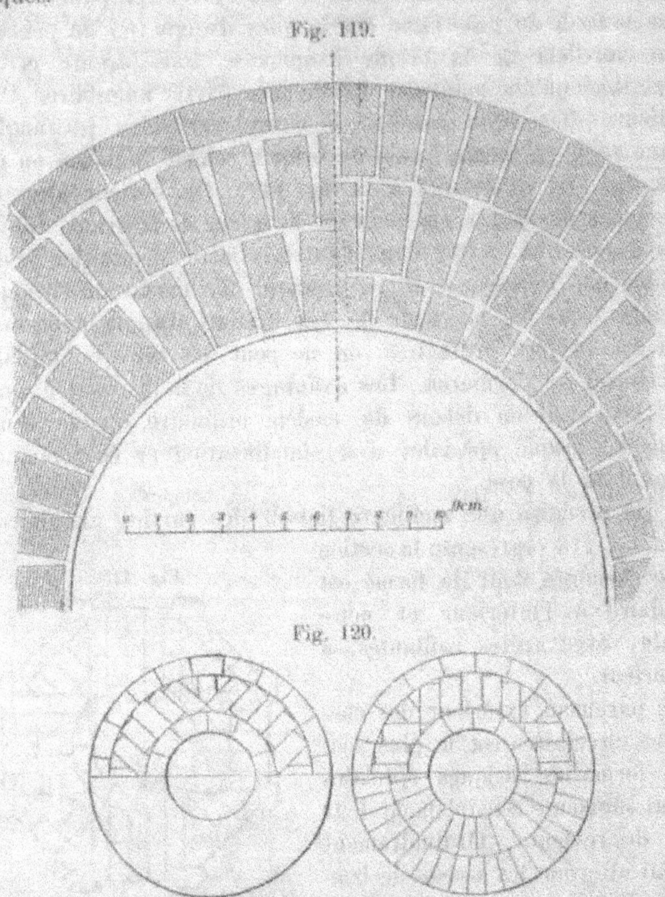

Fig. 120.

Les matériaux qui conduisent mal la chaleur sont ceux
qui conviennent le mieux à la construction des cheminées; les
briques, et surtout les briques surénites, sont donc très-appro-
priées à cet usage. Parmi les pierres naturelles, les meilleures
sont les grès. Les roches de nature schisteuse et la grau-
wacke sont à éviter.

Dans le but de réduire la déperdition de chaleur par les parois, on a quelquefois ménagé à l'intérieur de la maçonnerie des vides que l'on remplissait de substances peu conductrices, telle que la cendre, etc. Mais cette disposition est rarement employée.

Lorsque la cheminée est peu élevée, sa construction se fait à l'aide d'un échafaudage formé d'écoperches et de boulins. Mais à partir de 15 ou 18 mètres, le diamètre intérieur est généralement assez grand pour permettre à l'ouvrier de se tenir sur une plate-forme volante à l'intérieur de la cheminée et d'exécuter le travail sans échafaudage. Les matériaux sont alors élevés de l'extérieur ou de l'intérieur, le dernier mode étant préférable. Nous donnons à la fig. 121, l'exemple d'une cheminée en construction dans laquelle le montage se fait de l'extérieur. En exécutant la maçonnerie, l'ouvrier scelle dans la paroi intérieure, tous les 0,50 m environ, des échelons en fer rond, de 15 à 20 mm de diamètre et courbé en forme de rectangle, mesurant 0,16 m à 0,18 m sur 0,32 m à 0,36 dans le vide. Ces échelons sont destinés non seule-

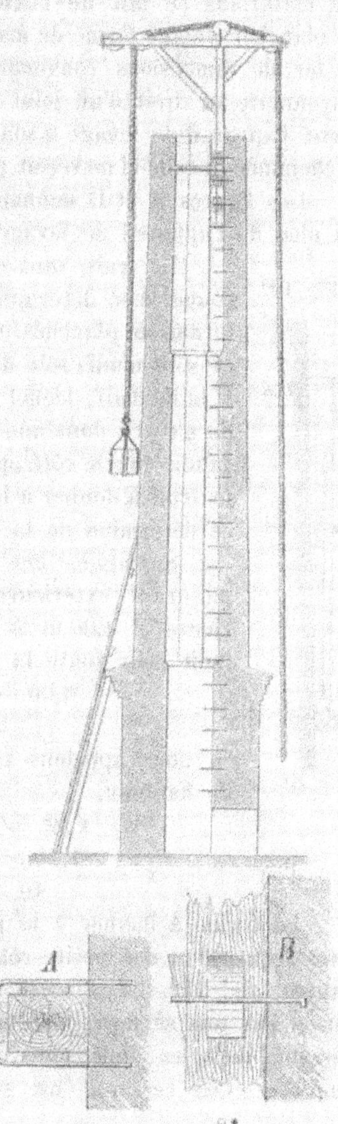

Fig. 121.

ment à permettre la visite intérieure de la cheminée, mais aussi à supporter le pied de l'appareil de levage, quand le montage des matériaux se fait de l'extérieur. L'ouvrier travaille sur un plancher volant formé de madriers reposant sur deux barres de fer de dimensions convenables; celles-ci s'appuient sur la maçonnerie au droit d'un joint horizontal. En procédant de la sorte, l'appareil de levage a son point d'appui voisin de l'axe de la cheminée et celle-ci ne reçoit presque pas d'efforts excentriques.

Les figures A et B donnent le détail du mode de fixation du pied de l'appareil de levage.

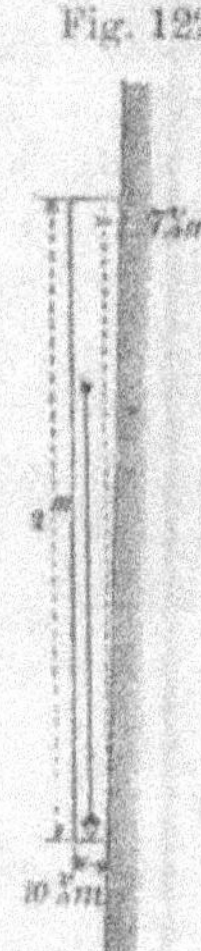

Fig. 122.

Le fruit, tant extérieur qu'intérieur, de la maçonnerie se détermine à l'aide de gabarits. Ceux-ci, formés de planches, ont environ 2 mètres de longueur et sont munis soit d'un fil à plomb, soit d'un niveau à bulle d'air, lequel permet de placer l'un des côtés du gabarit dans une position parfaitement verticale, tandis que le côté opposé indique par son inclinaison le fruit à donner à la maçonnerie. Cette inclinaison se détermine de la manière suivante.

Supposons une cheminée de 40 m de hauteur, mesurant extérieurement 1,20 m à la partie supérieure et 4,00 m à la partie inférieure. Alors le fruit pour toute la hauteur est de

$$\frac{4,00 - 1,20}{2} = 1,40 \text{ m}$$

Si nous appelons x, le fruit correspondant à 2 m de hauteur,

$$x : 2 = 1,40 : 40$$

d'où
$$x = \frac{1,40 \times 2}{40} = 0,07 \text{ m}$$

La forme à donner à la planchette est celle d'un trapèze dans lequel l'un des petits côtés présente 0,07 m de plus que l'autre, fig. 122. A l'intérieur de la cheminée, la paroi ne forme pas une surface continue, mais présente une série de ressants dont les dimensions dépendent du modèle de brique employé. Ces ressants ne gênent en rien le montage des matériaux quand celui-ci se fait par l'intérieur, et facilitent grandement l'éxécution de la maçonnerie. Ils donnent lieu, de plus, à une économie dans le cube des matériaux employés, car ils permettent d'éviter la taille qui entraîne toujours avec elle un fort déchet.

Les cheminées d'usines ne reçoivent jamais d'enduit, pas plus à l'intérieur, qu'à l'extérieur; il ne résisterait pas à l'action de la chaleur. Pour obtenir ce résultat on pourrait substituer de la terre à brique au mortier ordinaire; mais alors le revêtement serait détruit par l'humidité.

Il est bon, dans certains cas, de garnir les parois intérieures du socle de pierre réfractaire et même de faire la pose des premières assises du fût avec de la terre à brique.[1])

Le repiquage des joints extérieurs se fait au fur et à mesure de l'avancement de la maçonnerie.

L'éxécution des fondations des cheminées exige le plus grand soin. Il faut considérer comme un maximum la pression de 20 000 kg par mètre carré de fondation, même quand le sol est parfaitement cohérent. L'élargissement de la base se fait par une série d'empatements disposés suivant une ligne formant un angle de 60° avec l'horizontale.

Dès que la résistance du terrain paraît douteuse, il faut adopter un des modes de fondations sur base artificielle, tels que les grillages, pilotis, etc.

Il n'est pas rare de trouver des cheminées inclinant légèrement d'un côté; cela provient toujours de fondations défectueuses. Lorsque le déversement est faible, on peut ramener la cheminée dans la verticale faisant des entailles à la scie du côté vers lequel la cheminée penche et en y enfonçant des coins.

B. Maçonnerie de moellons.

Cette maçonnerie est formée de pierres de petite dimension, plus ou moins régulières, provenant soit de blocs ou débris erratiques, soit de roches disposées en gisements réguliers.

---

[1]) Cela n'est nécessaire que dans les cheminées d'usines à gaz.

Sous la première forme, on rencontre la pierre le long des côtes de quelques contrées avec des dimensions parfois considérables. On suppose que ces blocs ont été apportés par les glaces des régions boréales à une époque reculée. Les pierres de pareille provenance ont généralement des formes irrégulières; il faut les tailler pour les pouvoir employer. Elles fournissent une maçonnerie peu résistante, ne pouvant servir à la construction d'édifices élevés qu'en donnant aux murs de grandes épaisseurs.

Dans la maçonnerie de moellons bruts[1]), l'ouvrier fait seulement sauter les parties trop irrégulières des lits des moellons, afin de rendre ceux-ci bien-gisants. Il place les moellons les plus gros aux angles des murs et enfonce des éclats de pierre, nommés garnis, dans le mortier des creux des joints.

Les moellons ne donnent une maçonnerie très-solide qu' autant que leur forme présente quelque régularité. C'est ainsi que les employaient les anciens et les constructeurs du moyen âge; c'est également sous cette forme qu'on s'en sert aujourd'hui dans les constructions à plusieurs étages.

Le fig. 123 fournit un exemple de maçonnerie en moellons

---

[1]) On distingue en France quatre sortes de maçonneries de moellons, selon le degré de taille du moellon. Ce sont:

    1º la maçonnerie en moellons bruts,
    2º   „   „   „   „   smillés,
    3º   „   „   „   „   piqués,
    4º   „   „   „   „   d'appareil,

Dans la première, les moellons sont simplement purgés de leur bousin de carrière et grossièrement dressés par le maçon suivant les lits et les joints au moment de la pose. Le parement d'un massif en moellons bruts ne peut rester sans enduit quand l'ouvrage est apparent.

Dans la seconde, les moellons sont dégrossis à la hachette ou à la laye; les lits sont rendus parallèles entre eux et d'équerre avec le parement, et les joints et le parement sont dressés avec quelque soin.

Dans la troisième, les moellons sont complètement équarris; les arêtes sont vives et le parement est parfaitement dressé.

Enfin, la quatrième est formée de moellons parfaitement équarris, de forme spéciale, taillés sur gabarit d'après l'épure de l'ouvrage.

bruts. On voit qu'on a choisi pour l'angle du mur les moellons les mieux gisants et les plus gros; quand il est pos-

Fig. 123.

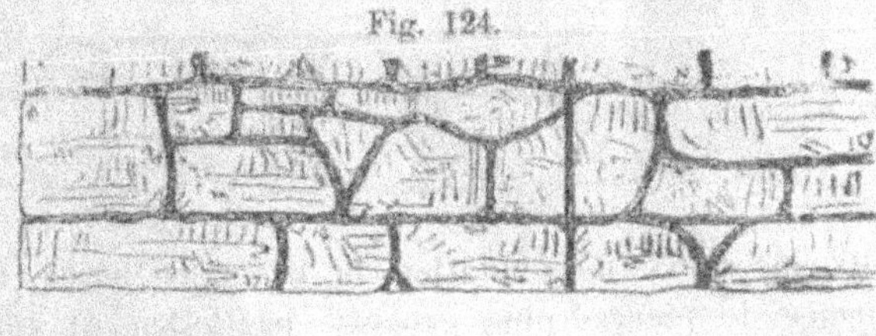

Fig. 124.

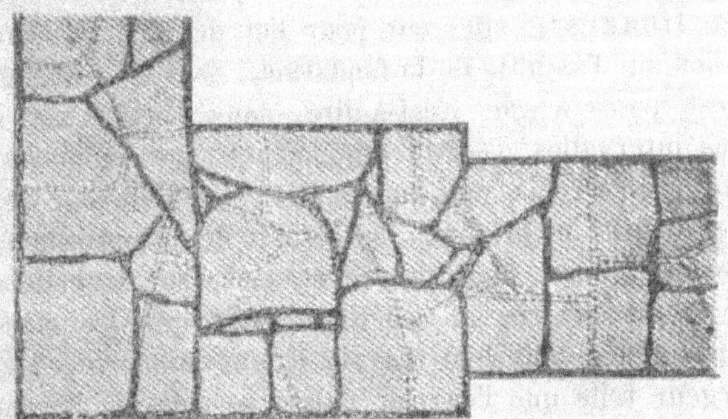

sible, on leur fait même faire parpaing.[1]) Ces précautions sont surtout nécessaires dans le cas de murs de clôture.

[1]) On dit qu'une pierre fait parpaing lorsqu'elle traverse toute l'épaisseur du mur.

Dans la fig. 124, les moellons présentent déjà un peu plus de régularité. On a figuré dans le plan les joints de l'assise sous jacente en pointillé. Comme précédemment, il se trouve de place en place des moellons posés de champ, formant boutisse. D'une manière générale, on peut dire que plus la maçonnerie est soignée et plus les moellons sont disposés par assises régulières de carreaux et de boutisses, fig. 125.

Fig. 125.

Dans les murs de fondation la première assise est toujours formée de pierres plus grosses, partiellement équarries, appelées libages[1]); elles ont pour but de répartir également la pression sur l'assiette de la fondation. Souvent cette première assise est posée à sec, c'est-à-dire, sans mortier; on remplit alors les intervalles d'éclats de moellons, les enfonçant à la hachette jusqu'à refus, puis on complète le remplissage des joints avec des débris de briques. On obtient de la sorte une surface relativement plane, bien propre et sèche sur laquelle on fait reposer la maçonnerie au mortier. Pour que les maçons ne soient pas gênés dans leur travail, il faut donner aux tranchées une largeur telle que l'ouvrier puisse se mouvoir librement de chaque côté du mur de fondation.

---

[1]) Les libages ne sont dressés que suivant leurs lits; leurs autres faces sont simplement dégrossies.

On doit croiser les joints tant à l'intérieur de la maçonnerie que sur ses parements, et disposer au moins une boutisse par quatre moellons. C'est surtout aux angles des murs et dans leur voisinage que ces règles doivent être rigoureusement observées, car l'exécution soignée de ces parties remédie, dans une certaine mesure, aux défauts des parties intermédiaires. Dans ce but, on construit quelquefois les angles en matériaux de nature différente, en pierre de taille ou en briques, par exemple, fig. 126. Cette dernière disposition est adoptée lorsqu'on ne peut se procurer facilement de la pierre de taille

Fig. 126.   Fig. 127.

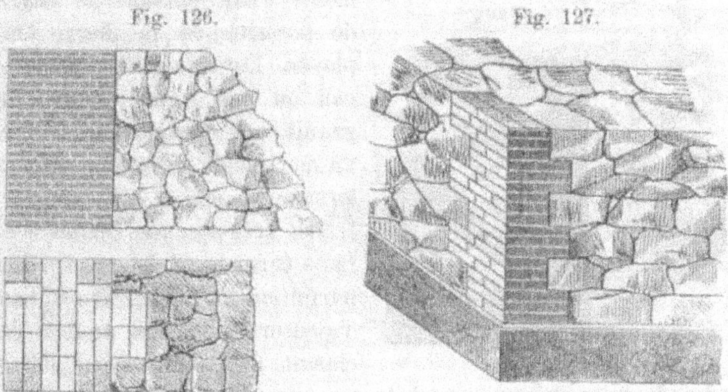

dans la contrée où l'on se trouve. L'angle se compose alors soit d'un fort pilier en briques, engagé d'une petite quantité dans le massif de moellons fig. 126; soit d'une chaine verticale, jetant harpe de part et d'autre, de trois en trois, ou de quatre en quatre assises, fig. 127. La première de ces dispositions est la meilleure.

Lorsque la chaîne d'angle est faite en pierre de taille, il faut que les blocs présentent au moins 0,60 m de longueur fig. 128.[1])

---

[1]) Ces maçonneries mixtes, avec chaines verticales en matériaux de nature différente, sont sujettes à des inégalités de tassement qu'il est impossible d'éviter; aussi demandent-elles des précautions particulières dans leur exécution. Cela est surtout vrai lorsque la maçonnerie est hourdée au plâtre. En pareil cas, on est obligé de laisser du jeu dans les

En arasant les massifs de moellons au niveau d'un étage, les maçons font souvent usage de petits blocs et d'éclats de moellons parce qu'ils peuvent ainsi plus facilement faire coïncider le lit supérieur avec le plan d'arasement. Cette manière de procéder doit être évitée, parce que les petits matériaux risquent de se desceller avant la continuation du massif et par conséquent de fournir un mauvais appui à la maçonnerie supérieure.

Fig. 128.

Dans la maçonnerie de moellons le mortier reçoit plus ou moins d'eau suivant le degré de porosité de la pierre employée. Lorsque celle-ci absorbe peu ou pas d'eau, comme le granit, par exemple, on emploie un mortier de forte consistance; lorsque la pierre est, au contraire, très-poreuse, comme certains tufs, on gâche un mortier parfaitement fluide. Il est bon d'ajouter au mortier un peu de ciment, 8 à 10 litres par mètre cube de maçonnerie, quand la maçonnerie est en pierre dure.

Avant de faire la pose du moellon, on commence par nettoyer sa place,[1] puis on y étend une couche de mortier de faible épaisseur, sur laquelle on pose le moellon en le frappant doucement avec la hachette, pour faire refluer le mortier et bien

---

joints entre la chaîne en pierre de taille et la maçonnerie en petits matériaux, jusqu'à ce que les tassements se soient produits. C'est alors seulement qu'on peut faire la liaison en bouchant ces vides avec du plâtre noyé ou du mortier de chaux.

Les maçonneries mixtes dont il est parlé un peu plus loin, dans lesquelles la pierre de taille est disposée par assises horizontales, ne présentent pas le même inconvénient.

[1] L'ouvrier prend soin également de la mouiller et même d'arroser préalablement les moellons quand ils sont très-secs.

remplir tous les interstices.[1]) Dans la maçonnerie de moellons bruts, le remplissage des joints extérieurs avec des éclats de moellons ne se fait qu'après coup; il suit à 1,00 m ou 1,20 m de distance. Quand la maçonnerie est en moellons piqués, les joints sont réguliers et présentent peu d'épaisseur.[2]) Le rejointoyement au mortier de ciment ne se fait qu'après l'achèvement complet du mur et quand les tassements ont cessé de se produire. Cependant lorsque le mur est exposé à l'humidité ou même quand il se trouve placé dans l'eau, on fait ce travail immédiatement. Dans le premier cas, il faut que l'humidité ait entièrement disparu de l'intérieur, sans quoi l'éxécution du rejointoyement pourrait causer la destruction du mur.

Nous indiquerons pour terminer un autre genre de maçonnerie mixte en moellons et briques, dans lequel les massifs de moellons sont interrompus, tous les 0,70 m à 1,00 m, par une série d'assises en briques, fig. 129. Cette construc-

Fig. 129.

---

[1]) Les moellons peuvent se hourder au mortier de chaux ou au plâtre. Dans les deux cas l'ouvrier commence par faire la pose des moellons de parement, en choisissant pour ceux-ci les plus réguliers de forme; il éxécute en suite le blocage et termine l'assise en remplissant de garnis les joints du lit. Quand les moellons sont hourdés au plâtre, l'ouvrier est obligé de disposer préalablement à sec les moellons de parement, afin d'éviter tout tatonnement pendant la pose et de pouvoir effectuer celle-ci rapidement. Il ne faut gâcher qu'une petite quantité de plâtre à la fois, vu la rapidité de prise de ce dernier et faire la pose des moellons deux par deux, ou trois par trois. Il termine l'assise par le blocage et par le garnis de joints.

[2]) Cette épaisseur ne doit pas excéder 0,01 m; tous les moellons d'une même assise doivent, en ce cas, avoir même hauteur.

tion s'emploie principalement dans les pays où l'on fait usage de moellons pour établir les fondations. Tel est le cas à Vienne, par exemple, où les murs de cave, même de constructions importantes sont faits de cette manière.

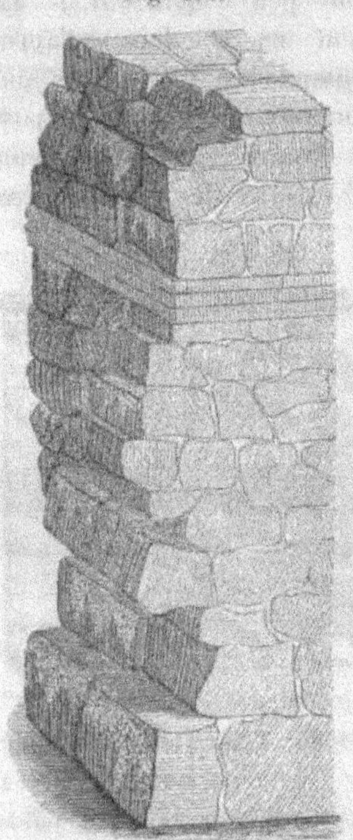

Fig. 130.

Ce mode de construction présente, d'ailleurs, l'avantage de régler les assises de distance en distance et d'empêcher ainsi les tassements inégaux. D'ordinaire on place à la base deux ou trois assises de briques, puis on fait suivre environ 0,80 m de maçonnerie de moellons, sur laquelle vient un nouveau cordon en briques et ainsi de suite. Des maçonneries mixtes de cette espèce s'employaient déjà du temps des Romains; Vitruve les mentionne sous le nom „d'opus incertum" et l'on en trouve encore des exemples aux ruines de Tivoli, entre autres, fig. 130. Elles ressemblent, dans une certaine mesure, aux maçonneries grecques par assises régulières et irrégulières que l'on appelait „isodomum" et „pseudisodomum". Bien que les pierres y soient de grosseur très-inégale, elles sont cependant disposées par rangées horizontales et posées au mortier. Les trois assises de briques qui traversent le mur dans toute son épaisseur et qui se répètent de distance en distance, fournissent une excellente liaison et contribuent à empêcher le déchirement de la maçonnerie.

Dans ces murs, on encadre ordinairement de briques les baies des portes et des fenêtres; les soupiraux, cependant, s'établissent directement dans le massif de moellons, comme l'indique la fig. 131.

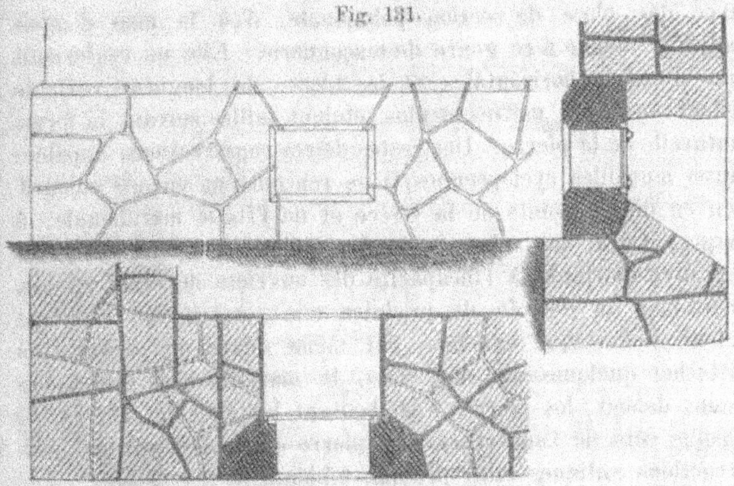

Fig. 131.

C. Maçonnerie de pierre de taille.

On désigne sons le nom de pierre de taille tout bloc de grès, calcaire, granit ou marbre dont la forme est rendue régulière par la taille et auquel il est donné des dimensions déterminées.[1]) D'ordinaire, on emploie le calcaire ou le grès, rarement le granit ou le marbre. Le granit se travaille difficilement à cause de sa grande dureté et ne se prête bien qu'aux profils simples. Il ne faut jamais se servir de la pierre dès sa sortie de la carrière, mais au contraire la laisser exposée à l'air pendant un an environ, pour qu'elle puisse perdre son eau de carrière. On aura soin, en outre, de la disposer dans la maçonnerie avec le sens qu'elle avait dans la carrière.

1. Historique.

L'emploi de la pierre de taille remonte à une époque fort reculée. Les anciens construisaient leurs grosses murailles

---

[1]) En France, on ne donne guère ce nom qu'aux pierres taillées dont le poids est trop considérable pour qu'elles puissent être soulevées par un seul homme. Les blocs plus petits rentrent dans la classe des moellons piqués et des moellons d'appareil.

avec des blocs de section polygonale, d'où le nom d'„opus polygon" donné à ce genre de maçonnerie. Elle ne renfermait pas d'assises horizontales et les blocs, de longueur variable allant jusqu'à 5 mètres et plus, etaient taillés suivant la forme naturelle de la pierre. Des restes de ces constructions, appelées aussi murailles cyclopéennes,[1]) se rencontrent encore aujourd' hui en divers points de la Grèce et de l'Italie méridionale; à Argos, Cora, etc. La forme irrégulière des pierres ne doit pas être attribuée à l'incapacité des ouvriers de cette époque, mais bien au dessein de produire une construction résistant mieux à l'attaque ennemie; car même quand on parvenait à détacher quelques-uns des blocs, la muraille n'en restait pas moins debout, les pierres s'arc-boutant les unes les autres, de chaque côté de l'ouverture. La pierre employée dans ces constructions antiques était presque toujours le travertin.

Plus tard, les Grecs renoncèrent à ce mode de construction, et employèrent la pierre sous forme de paralléllipipèdes droits, disposés par assises horizontales. Ils construisaient ainsi non-seulement les gros murs de leurs fortifications, mais aussi les petits murs des temples et autres monuments publiques. Mycènes, dans le Péloponèse, Syracuse et Paestum, en Italie etc. avaient des murs d'enceinte de cette nature. Pline indique les règles suivantes au sujet de cette maçonnerie: Donner aux blocs de pierre une longueur telle que les joints montants soient bien recouverts par la pierre; donner la même hauteur à toutes les pierres d'une même assise. Quant aux assises elles-mêmes, elles variaient de hauteur entre elles. Ainsi dans les murs en marbre du temple de Vesta, à Rome, fig. 132, chaque troisième assise n'a que la demi-hauteur des deux précédentes.

Quand l'épaisseur du mur était faible, l'assise se composait d'une seule rangée de pierres, comme l'indiquent les fig. 132 et 133. Le second exemple est tiré du temple de Junon à Gabie; la pierre, un tuf volcanique rougeâtre, présente des

---

[1]) On leur donne quelquefois aussi le nom de murailles pélasgiques.

Fig. 132.

Fig. 133.

parements parfaitement unis. Dans les murs plus épais,
on plaçait les pierres en carreaux ou en boutisses, formant les assises exclusivement des uns ou des autres et
faisant alterner les lits de carreaux avec ceux de boutisses.[1]

[1] Dans la maçonnerie de pierre de taille, on appelle carreau, la
pierre qui est plus longue en parement qu'en queue, et boutisse, celle

La fig. 134 en fournit un exemple; elle représente le mur
d'enceinte du „Forum Nervae" à Rome. Sur le parement
extérieur, les arêtes de la pierre sont abattues en biseau; comme
on voit, les assises en carreaux (a) alternent avec celles en
boutisses (b). Lorsque les murs atteignaient de grandes épaisseurs,
on adoptait des modes de construction différents. L'un con-
sistait à former le mur de deux parois parallèles en pierre de
taille que l'on reliait de distance en distance par des murettes
transversales, d'environ 0,60 m d'épaisseur, faites elles-mêmes

Fig. 134.

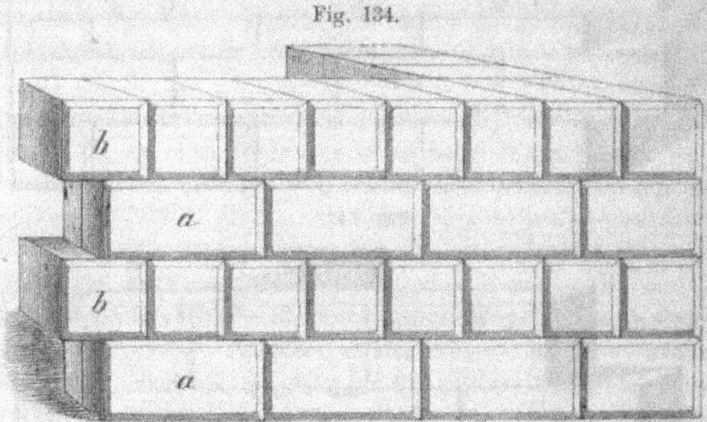

en pierre de taille, en briques ou en moellons. Les vides compris
entre ces diverses parois étaient remplis d'un mélange de
mortier et de débris de pierre. C'est ainsi que sont construits
les murs d'enceinte de Paestum, fig. 135.

Un autre mode de construction est représenté à la fig. 136.
Ici, le parement extérieur est seul formé d'une paroi en pierre
de taille; les blocs sont disposés par assises de carreaux et
boutisses, comme dans l'appareil anglais, et la maçonnerie de
blocage est faite avec des matériaux de petite dimension.

qui est au contraire plus longue en queue qu'en parement; la queue
est la quantité dont la pierre pénètre dans le mur. Enfin, on dit qu'une
pierre fait parpaing lorsqu'elle traverse toute l'épaisseur du mur.

Les boutisses (b) pénètrent environ jusqu'à mi-épaisseur du mur. La pierre de parement a été posée à sec, ce qui a obligé

Fig. 135.

à l'appareiller et à la tailler avec le plus grand soin. Cet exemple est tiré du tombeau de „Cecilia Metella" près Rome, ordinairement désigné sous le nom de „Capo di Bove".

Dans quelques unes de ces constructions anciennes, les pierres sont posées à sec et ne se maintiennent que par l'effet de la pesanteur. Dans d'autres, en outre de la liaison par le mortier, elles sont rattachées par des chevilles, crampons et agrafes. Les chevilles étaient quelquefois en bois, probablement en bois d'olivier, mais le plus souvent en fer ou en bronze, comme les crampons et agrafes. Le scellement de ces ferrements se fit de bonne heure au plomb.

Les parements de ces anciennes maçonneries prenaient des formes très-diverses. Dans quelques monuments, ils sont tellement unis et soignés qu'on peut à peine y distinguer les joints; dans d'autres, la pierre présente au contraire une sur-

face rugueuse et les joints sont rendus plus apparents par
un chanfrein sur les arêtes. Quelquefois, au contraire, on com-
binait les joints apparents avec les faces dressées, fig. 132.

Fig. 136.

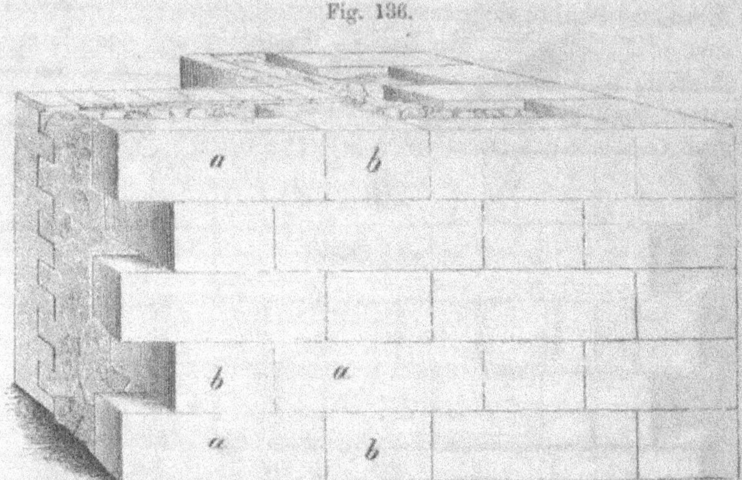

La maçonnerie dérivait son nom de la forme et de la
disposition des pierres. Les Romains distinguaient de la sorte:
„l'opus quadratum“, maçonnerie dans laquelle la tête des pierres
avait une forme carrée; „l'opus isodomum“ avec assises composées de carreaux et boutisses, comme dans l'appareil anglais fig. 136; „l'opus pseudisodomum“, dans laquelle les assises
avaient une hauteur variable et les blocs une longueur quelconque;
enfin „l'opus rusticum“, employée surtout pour les travaux de
fortification. Dans cette dernière les blocs étaient dressés
suivant les lits et les joints; le parement extérieur restait
brut, sauf sur ses bords, où la pierre était taillée pour former
des arêtes régulières.

A l'époque de l'architecture gothique, la construction en
pierre de taille atteignit un haut degré de perfection dans
toutes les parties, sauf dans le nord de l'Europe. Parmi les
nombreux exemples à citer en Allemagne et en Autriche, nous

nous contenterons d'indiquer, en ce qui concerne les églises, palais, couvents et autres édifices publics les villes d'Andernach, Limbourg, Nürenberg, Bonn, Strasbourg, Cologne, Mettlach, Vienne, Maulbronn, et en ce qui concerne les murs d'enceinte et de fortification, la porte de Vienne, à Hainbourg, et l'„Erenthor" à Cologne. Il en fut de même à l'époque de la renaissance italienne. L'accentuation des joints de la maçonnerie au moyen de bossages devint l'un des motifs usuels de décoration. Au palais Farnèse, à Rome, par exemple, les chaînes d'angle sont rehaussées de cette façon. Cet édifice fut commencé par l'architecte florentin Ant. da Sangollo et terminé par Michel Ange. D'autres palais de la même époque présentent des bossages non-seulement dans les chaînes verticales, mais aussi dans toute la partie inférieure de l'édifice. Les autres points de la façade restaient alors complètement unis comme dans les palais construits par Balth. Peruzzi, élève de Bramante, ou présentaient des surfaces avec joints faiblement accusés, comme au palais Guiraud. L'accentuation des joints de la maçonnerie, la saillie prononcée de l'entablement, les baies cintrées avec couronnement en corniche, caractérisent l'architecture florentine. Les édifices les plus remarquables à cet égard sont les palais Strozzi, Riccardi et Pitti. Dans la façade du palais Riccardi, tout l'étage inférieur est recouvert de bossages, à parement presque brut;

au palais Strozzi, au contraire, la surface de la pierre est dressée, donnant à
la construction un aspect moins tour-
menté et plus sévère. Vers la fin de
l'époque florentine les bossages sont
presque toujours à surface unie. On
rencontre cependant quelques palais de
cette époque n'offrant pas les caractères
généraux précédents. Tels sont ceux

Fig. 137.

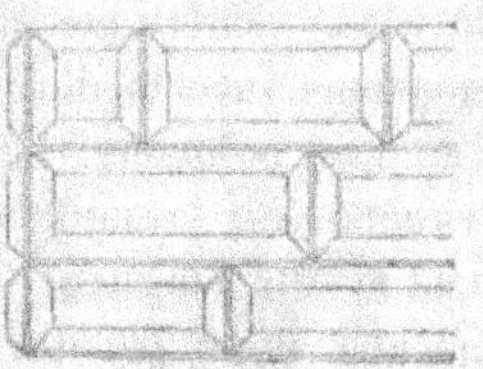

construits par Alberti, entre autres le palais Rucellai. L'appareil des pierres n'y est que légèrement accusé.

Les façades des principaux édifices vénitiens sont dépourvues de bossages, sauf quelquefois dans le soubassement. Le plus souvent ces façades sont ornées de colonnes et parmi ces dernières, on rencontre les types les plus beaux et les plus purs qu'ait produit l'époque de la renaissance. Nous citerons les palais Grimani et Vendrami, la Vieille Bibliothèque de St. Marc etc.

Avec la décadence de l'architecture aux 17ème et 18ème siècles, la construction en pierre de taille perdit beaucoup de l'importance qu'elle avait eue dans le passé; des matériaux inférieurs, recouverts d'un enduit se substituèrent à la pierre d'appareil. Mais ce revirement ne dura point et de nos jours la pierre de taille a repris le rang élevé qui lui revient dans la construction. (La cathédrale de Cologne, l'église Votive à Vienne, la bourse de Berlin etc.)

2. Taille de la pierre.

Les différentes opérations de la taille sont:

> le dégrossissage à la pioche ou au poinçon;
> la taille à la boucharde ou au rustique;
> le layement au marteau bretté;
> le passage à la ripe.

La fig. 138 représente les divers outils employés dans la taille de la pierre; nous allons les passer en revue successivement.

Nous avons d'abord, fig. A, le petit ciseau, à tranche étroite et tige carrée de 0,015 m de côté. Il sert à faire les ciselures ou plumées[1] de faible largeur.

Le grand ciseau, fig. B, de 0,20 m de longueur et de 0,025 m de côté. Entre ces deux modèles s'en placent d'autres, de dimensions intermédiaires.

Les poinçons, fig. C, diffèrent des ciseaux en ce que la tranche est remplacée par une pointe. Ils ont de 0,16 m à 0,23 m de longueur et leur section est ronde ou carrée et mesure dans ce dernier cas 0,025 m de côté. Les poinçons servent à faire l'abatage ou le dégrossissage et les refouillements.

La pioche à pierre dure, fig. D, de 0,43 m à 0,45 m de longueur, légèrement recourbée et se terminant aux deux ex-

---

[1] On appelle ainsi les entailles planes et rectilignes que l'ouvrier commence par tracer autour de la surface qu'il se propose de dresser.

Fig. 138.

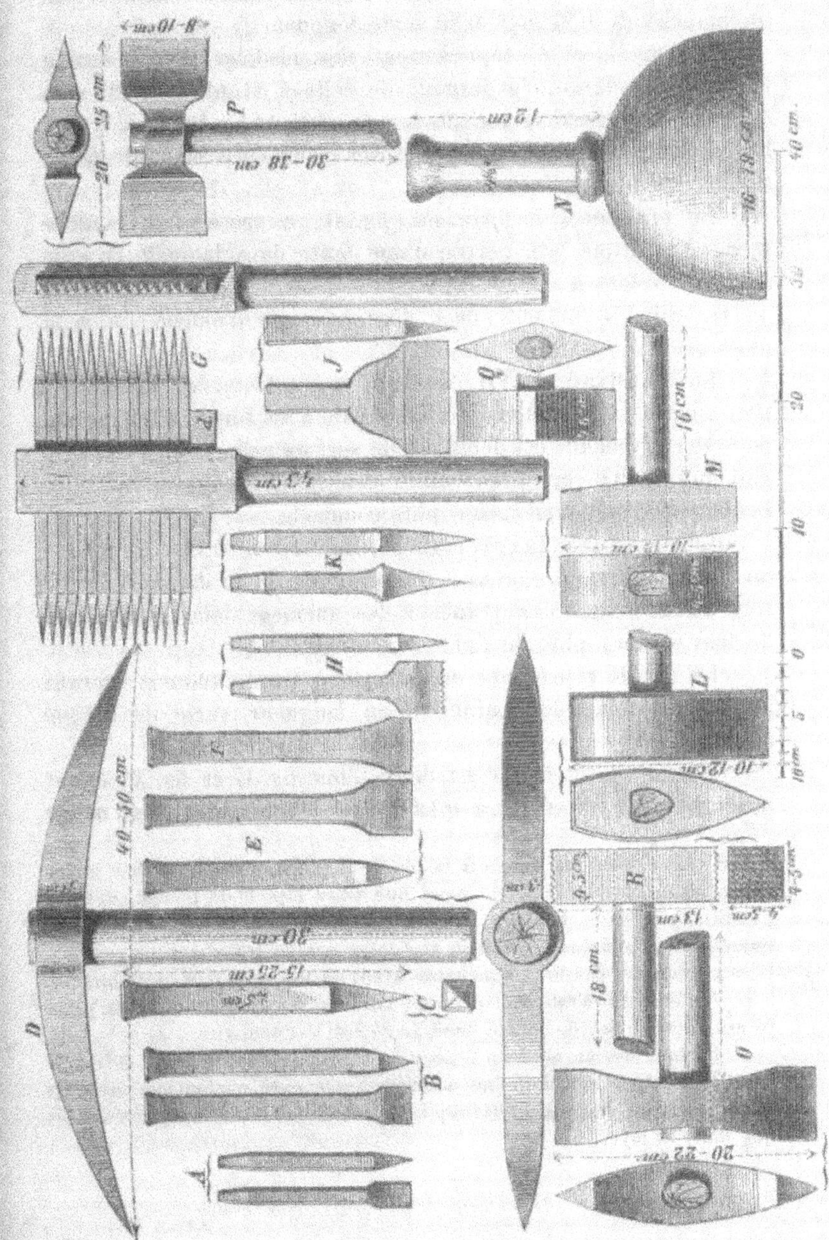

trémités par des pointes à quatre pans; elle est montée sur un manche de 0,27 m à 0,30 m de longueur.[1])

Les fig. E et F représentent des modèles de ciseaux à tranche plus large, la largeur de celle-ci étant de 0,035 m à 0,04 m. Ces ciseaux, comme les précédents, servent à tracer les ciselures par lesquelles l'ouvrier commence la taille de la surface qu'il veut dresser.

Le marteau à pointes, fig. G, composé d'un manche terminé par une tête percée d'une fente dans laquelle on cale de 13 à 15 fers à double pointe de 0,23 m de longueur. Il sert au travail des surfaces déjà dégrossies au poinçon ou à la pioche.[2])

La gradine, fig. H, de 0,16 m à 0,19 m de longueur, à tige carrée, de 0,012 m de côté. Elle a la forme d'un ciseau, mais son tranchant est denté. Elle sert au même genre de travail que l'outil précédent et le remplace quand sa moindre largeur la rend d'un usage plus commode.

Le ciseau à large tranche, fig. J, de 0,14 m à 0,16 m de longueur et de 0,08 m à 0,09 m de largeur de tranche. Il sert au dressage par tranches des surfaces déjà layées, afin de leur donner plus de fini.

La fig. K représente un poinçon à pointe amincie servant au refouillement des rainures; sa longueur varie de 0,18 m à 0,23 m.

Le marteau à une ou deux têtes, fig. L et fig. M, ayant ordinairement de 0,10 à 0,12 m de longueur et 0,45 m de

[1]) En France, on donne à la pioche à pierre dure une forme moins recourbée. L'ouvrier emploie aussi une autre espèce de pioche, appelée pioche à pierre tendre dans laquelle les pointes sont remplacées, l'une par un tranchant parallèle et l'autre par un tranchant perpendiculaire au manche, ces deux tranchants ayant de 0,03 m à 0,04 m de largeur.

[2]) Cet outil n'est pas en usage en France. On emploie à sa place le marteau bretté, appelé aussi laye, et le rustique.

La laye est un marteau à deux tranchants munis de dents et dirigés parallèlement au manche; l'un des tranchants reste quelquefois unis. Le rustique est un marteau bretté dont les dents sont beaucoup plus écartées que dans la laye.

largeur dans sa partie carrée. Cet outil sert à frapper sur la tête des ciseaux et poinçons lorsque la pierre est dure, comme dans le cas du granit ou du marbre, par exemple.

Le maillet en bois, fig. N, servant au même usage, dans le cas de la pierre tendre. Il se fait en hêtre blanc[1]) et a ordinairement la forme d'une demi-sphère munie d'un manche.

L'épinçoir, fig. O et P, est un gros marteau de 0,13 m à 0,21 de longueur, terminé de chaque côté de la tête, par un tranchant de 0,04 m à 0,07 de largeur. La fig. Q représente un autre modèle de dimensions moindres. Ces outils servent surtout au travail du granit.

La boucharde, marteau à têtes carrées, munies d'un grand nombre de pointes de diamant, sert également à dresser la surface des pierres dures. Sa longueur est de 0,13 m et sa largeur, suivant le côté, de 0,04 m.[2])

Passons maintenant à la description des différentes opérations de la taille. Le tailleur de pierre doit s'attacher principalement à rendre les faces bien planes, c'est-à-dire à éviter qu'elles ne présentent du „gauche“, et à suivre bien exactement les dimensions indiquées par l'appareilleur. Les opérations qu'il fait subir à la pierre sont de deux sortes: les unes ont pour but d'enlever les parties superflues, elles constituent l'abatage, et les autres de dresser les surfaces ainsi dégrossies.

Le premier travail s'effectue au moyen du poinçon ou de la pioche, dont la pointe, en pénétrant dans la pierre à la façon d'un coin, en fait sauter des éclats plus ou moins grands;

---

[1]) On emploie également le buis et le charme; la forme de ces maillets est, du reste, très variable.

[2]) En dehors des outils ci-dessus, il en est encore deux dont l'ouvrier se sert constamment en France; ce sont d'une part le tétu et de l'autre, la ripe.

Le tétu est un gros marteau en fer aciéré, portant une tête carrée d'un côté et une pointe de l'autre; il sert pour dégrossir les pierres de beaucoup d'abatage. Quant à la ripe, c'est une tige en fer dont les extrémités sont recourbées en sens contraire et se terminent par des tranchants en acier dont l'un est denté et l'autre uni; elle sert à donner le dernier fini aux surfaces dressées.

l'effet du poinçon est plus grand que celui de la pioche.[1]) Pour vérifier si la surface devient plane, l'ouvrier se sert de règles en bois. Ces règles sont formées de lattes de 0,06 à 0,08 m de largeur et d'environ 0,04 m d'épaisseur.

Le travail au poinçon et à la pioche fournit une surface assez rugueuse. Pour enlever alors les aspérités que présente la pierre, on se sert du marteau à pointes, fig. 138, G.[2]) L'outil frappe la pierre obliquement et produit une surface qui n'est pas encore tout-à-fait lisse, mais qui peut déjà rester telle quelle dans beaucoup de cas. Pour donner plus de fini à la pierre, l'ouvrier se sert d'outils à tranchants droits, employant d'abord ceux dont la largeur est petite, par exemple, les ciseaux représentés aux fig. 138, A et B, puis ceux de plus grande largeur fig. E et J. Il ne reste plus alors, pour donner le plus haut degré de fini à la surface, qu'à la passer à la ripe.[3])

Pour faire la taille d'une pierre, l'ouvrier commence par la caler dans une position inclinée telle qu'il puisse la travailler commodément en se tenant debout devant elle. C'est ce qu'on appelle „mettre en chantier". Il commence ordinairement par la taille de l'un des lits. A cet effet, il trace sur une des faces latérales et dans le plan qu'il veut dresser une plumée, c'est-à-dire une ciselure droite faite au ciseau. Sur cette ciselure, il vient appliquer une première règle dont il fait coïncider le champ avec le plan du lit, et il en dispose une seconde sur la face opposée qui se trouve encore à l'état brut. En visant les deux règles, l'ouvrier parvient facilement à mettre leurs champs dans le même plan. Il détermine par cette seconde ligne le plan cherché qu'il peut en suite dresser facilement.[4])

---

[1]) Quand la pierre est très-irrégulière et qu'il y a beaucoup à enlever, l'ouvrier emploie le têtu. Le maniement de cet outil exige beaucoup d'attention, afin de ne pas abattre plus de pierre qu'il n'est nécessaire.

[2]) En France cette seconde opération se fait au rustique ou à la boucharde; elle est suivie du travail à la laye ou à la boucharde fine.

[3]) On distingue la taille sur le chantier et la taille sur le tas. La première, comme son nom l'indique est faite au chantier, avant la pose; la seconde est faite sur place, une fois la pierre posée.

[4]) A cet effet, il achève d'encadrer la surface par deux autres cise-

Une fois cette face préparée, il trace sur elle, d'après l'épure de l'appareil, le pourtour des faces latérales, indiquant celles-ci par des plumées. Lorsque l'épaisseur de la partie à enlever est supérieure à 0,007 m, les plumées prennent la forme de rainures, d'environ 0,007 m de largeur et de même profondeur. Ces entailles servent non-seulement à indiquer les limites de l'abatage, mais aussi à empêcher qu'il ne se produise des éclats sur les bords de la pierre.[1])

La taille des joints se fait ordinairement de la manière suivante: Sur le lit (h), fig. 139, B, dégrossi comme nous venons

Fig. 139 A—C.

de l'indiquer, on trace la ligne (ac) à l'endroit du joint à dresser et dans une position telle que l'abatage ne donne pas lieu à trop de déchet. L'ouvrier applique à l'extrémité de cette ligne (ac) une règle (ba) normalement au plan de stratification qui doit concorder avec le lit. Un autre ouvrier place une seconde règle contre la face opposée, à l'extrémité (c) de la ligne (ac). Ces règles sont disposées de façon à se trouver l'une à droite

---

lures, puis il dégrossit à la pioche la partie ainsi circonscrite et la termine au rustique ou au marteau bretté.

[1]) Après la taille du lit, on fait ordinairement celle du parement. On donne à celui-ci plus de fini qu'aux autres faces du bloc, la taille des lits et des joints restant grossière pour que le mortier adhère mieux à la pierre.

et l'autre à gauche de la ligne (ac), comme le montre la ligne (mn), tout en ayant leurs champs dans le même plan. La seconde règle, une fois en position, on trace les directrices sur les faces latérales et la surface à dresser (l) se trouve alors déterminée par trois lignes. On commence par limiter au ciseau les bords de la partie à enlever, suivant avec soin les lignes (ac) (ab), qui deviendront dans la suite les arêtes mêmes du bloc. Ce travail se fait en manœuvrant l'outil du dehors vers le milieu de la pierre, de manière à ne pas risquer de faire sauter les bords de la pierre. Ainsi, dans la fig. 139 A, (e) étant la projection de l'arête à former et (a), la partie à enlever, on abattrait d'abord l'angle (e), en manœuvrant l'outil dans le sens (cd). Quand les bords ont été ainsi préparés, on dégrossit la partie intérieure à la pioche. En exécutant ce travail, l'ouvrier doit également prendre la précaution de faire agir l'outil de l'extérieur vers l'intérieur de la surface à dresser et, par conséquent, de changer de sens lorsqu'il fait la taille

Fig. 140.

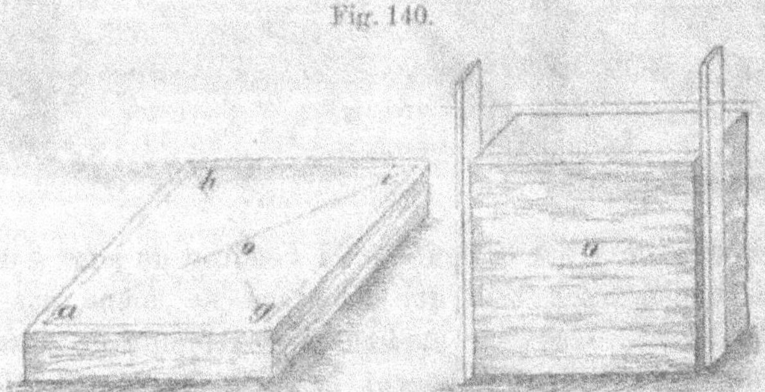

des arêtes (gm) et (3,4). De même, lorsque toutes les faces du bloc doivent être taillées, l'ouvrier ne dresse la surface (l) que jusqu'à une certaine distance du bord inférieur, et achève son travail après avoir retourné la pierre sens dessus dessous.[1]

---

[1] Les moulures ne se taillent ordinairement qu'après la pose de la pierre. Celle-ci ne reçoit au chantier qu'une forme se rapprochant de celle du profil définitif. On nomme cette taille préparatoire, la taille d'épannelage. Cependant, quand la pierre est très-dure, on fait souvent les moulures directement au chantier, au lieu de les tailler sur de tas.

La taille des dalles de pavage se fait d'une façon semblable. L'ouvrier commence par délimiter le parement (o) de la dalle au moyen de quatre ciselures (ga), (ab), (hi) et (ig), fig. 140, A, puis il fait la taille des faces latérales et termine par celle de la face supérieure (o), fig. 140, B. La face inférieure reste à l'état brut; on se contente simplement de faire sauter les quelques points par trop saillants. Dans le cas particulier on peut donc achever la taille des faces latérales, sans retourner la pierre; cette précaution n'est nécessaire que pour la taille du parement. Les faces latérales ne se font pas tout-à-fait perpendiculaires au parement; elles rentrent légèrement vers l'intérieur, afin de rendre les dalles plus jointives à la surface.

3. Appareil.

Dans un mur vertical droit, les assises doivent être disposées horizontalement [1]), et les lits et les joints doivent être formés de surfaces planes. La liaison entre les pierres sera d'autant meilleure que leurs dimensions seront plus grandes. L'expérience a démontré que les proportions qu'il convient de donner aux pierres varient avec leur dureté. Voici quelques rapports usuels, fig. 141.

		Hauteur	Largeur	Longueur
Pierres tendres	fig. A	1	: 1	: 2
	„ B	1	: $1\frac{1}{2}$	: 3
	„ C	1	: 1	: 3
Dureté moyenne	„ D	1	: 2	: 3
	„ E	1	: 2	: 4
Pierres dures	„ F	1	: $1\frac{1}{2}$	: 5
	„ G	1	: 2	: 5
Pierres très-dures	„ H	1	: 2	: 6 [2])

[1]) D'une manière générale, il faut toujours que deux des faces de la pierre soient normales à l'effort à transmettre.

[2]) Lorsque la pierre forme carreau, c'est-à-dire, lorsqu'elle présente plus de longueur en parement qu'en queue, on ne dépasse pas en France pour la pierre tendre le rapport de 1 : 2,5 entre la hauteur d'assise et la longueur de parement, et celui de 1 : 3,5 pour la pierre dure. Lorsque la pierre forme boutisse, on fait toujours la longueur de parement plus grande que la hauteur d'assise.

Les hauteurs usuelles varient de 0,20 m à 0,70 m.

Dans les contrées où la pierre est abondante, on construit quelquefois les murs principaux entièrement en pierre de taille. Pour les épaisseurs inférieures à 1 mètre, on peut adopter un

Fig. 141.

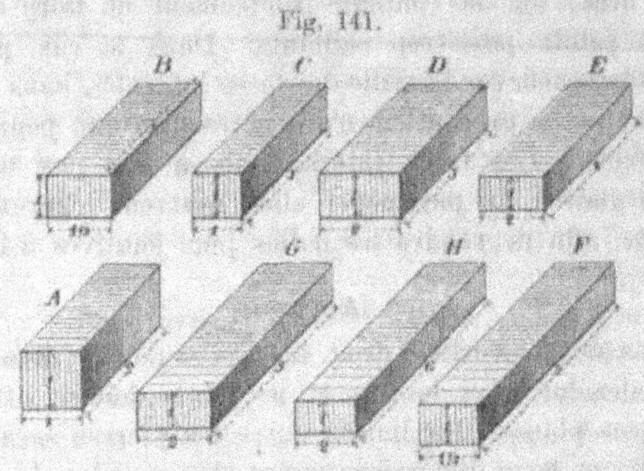

Fig. 142.

des modes d'appareil représentés à la fig. 142. Il est rare cependant de pouvoir conserver l'uniformité dans toutes les assises; on s'en rapproche le plus possible, évitant d'employer concurremment des pierres trop inégales et de trop faire varier la hauteur des assises. Dans la disposition de la fig. 142 B, les pierres ont toutes même grandeur, mais forment alternativement carreau et boutisse. Ce mode d'appareil offre l'inconvénient de donner lieu à la continuité des joints montants en certains points de l'intérieur de la maçonnerie.

La fig. 143. A—H donne une série d'autres dispositions sur lesquelles il est inutile d'insister.

Le plus souvent, on se contente de construire le parement extérieur du mur en pierre de taille et de former le reste de son épaisseur d'un blocage en moellons ou en briques. La pierre de taille peut alors constituer un simple revêtement ou bien

Fig. 143.

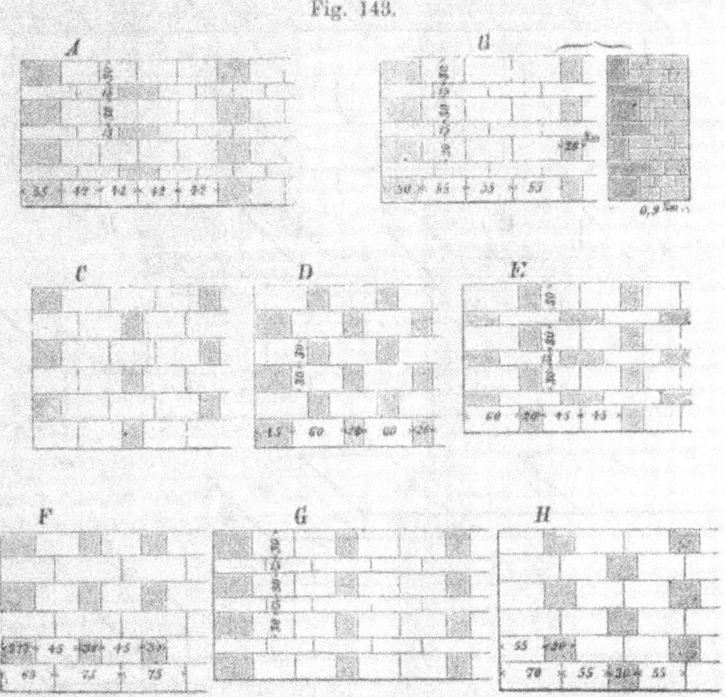

faire corps avec la maçonnerie de blocage. Dans les deux cas les parties en matériaux différents sont sujettes à des tassements inégaux, la maçonnerie de blocage se tassant plus que celle en pierre de taille.

Quand les pierres de parement font corps avec le blocage,
il faut avoir soin de les relier par un aussi grand nombre
de boutisses que possible.   Plus ce nombre est grand et plus
l'ensemble de la maçonnerie présente de solidité.

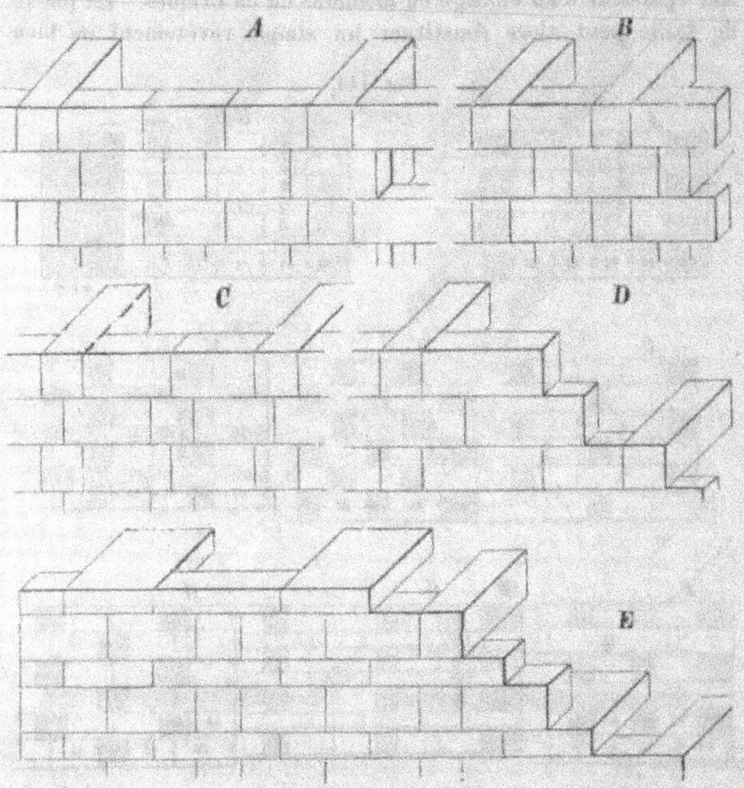

Fig. 144.

La fig. 144, A—E, montre diverses dispositions de ce genre
de maçonnerie.

Le blocage est quelquefois complètement traversé par
les boutisses, comme le représente la fig. 145. Dans le

Fig. 145.

Fig. 146.

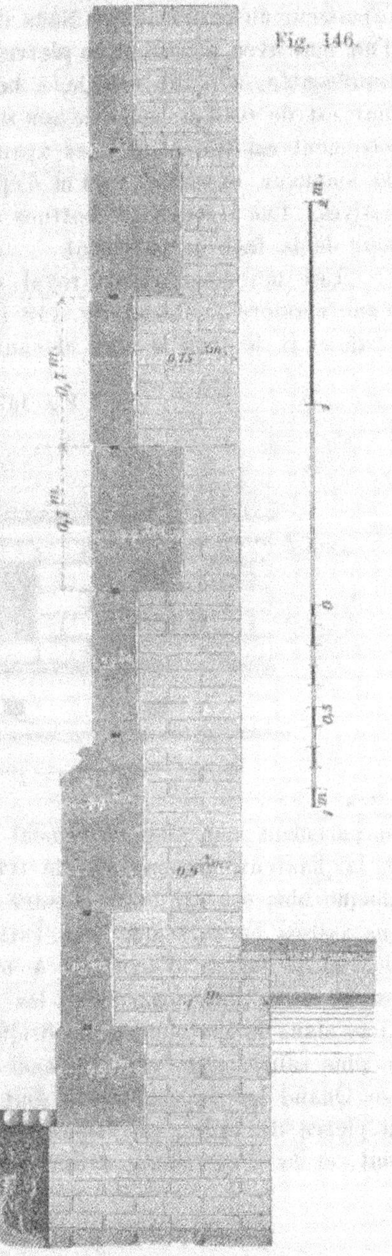

cas de murs de quai, de
piles de pont ou d'autres
travaux hydrauliques, on
enclave même les carreaux
d'une petite quantité dans
les boutisses, fig. 145, pour
mieux relier la masse, mais
dans les murs ordinaires,
on évite toujours cette com-
plication et les pierres but-
tent d'équerre l'une contre
l'autre. En général, les boutisses ne forment pas parpaing, mais jettent simplement harpe dans la ma-
çonnerie de blocage; leur
longueur varie alors selon

l'épaisseur du revêtement. Nous donnons à la fig. 146 l'exemple d'un mur avec parement en pierre de taille. Son élévation est représentée, à petite échelle, à la fig. 147. L'épaisseur de ce mur est de 0,75 m; celle de son soubassement, de 1,00 m. Son parement est formé de blocs ayant 0,70 m de hauteur, 1,45 m de longueur, et 0,22 et 0,44 m d'épaisseur dans les assises alternatives. Les arêtes sont abattues à 45 degrés sur tout le pourtour de la face de parement.

Les murs du palais royal de Munich furent construits d'une manière analogue, fig. 148 (A représente une coupe verticale et B, le plan à deux niveaux différents). Ici les pierres

Fig. 147.

de parement ont alternativement 0,55 et 0,88 m d'épaisseur, et la hauteur d'assise est de 0,70 m, comme précédemment. Chaque bloc est taillé en bossage, formant 0,13 m de saillie. Les assises en carreaux sont rattachées à la maçonnerie de blocage au moyen d'ancrages à branches doubles, réunissant les carreaux deux par deux; les assises en boutisses jettent harpe dans la maçonnerie de brique, les boutisses se trouvant de plus reliées par des crampons.

Quand les soubassements sont recouverts d'un revêtement en pierre de taille, on dispose ordinairement les pierres debout, et le revêtement ne renferme alors que des joints mon-

tants; mais ce mode de construction n'est possible que jusqu'à
1,50 m de hauteur. Nous donnons un exemple à la fig. 149.
Vu la hauteur du soubassement, la plinthe et la corniche ont
été formées d'assises indépendantes.

Fig. 148

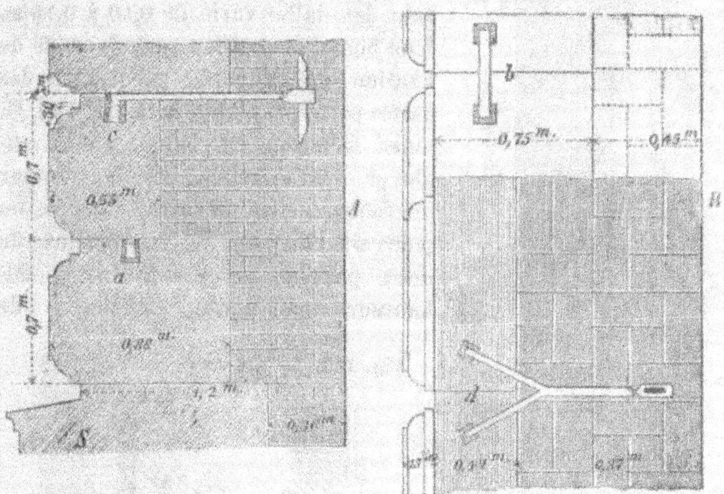

Le dé se compose de pierres ayant alternativement 0,48
et 0,20 m d'épaisseur, posées de champ contre le blocage. Elles
s'engagent haut et bas, d'une petite quantité, dans les pierres
de la corniche et de la plinthe.

Dans le but de mieux garantir la maçonnerie contre les
agents atmosphériques, on a quelquefois remplacé le crépi par
un revêtement en dalles minces, couvrant tout le parement du
mur. Mais ces revêtements en plaquis ne sont admissibles
que sur les socles et soubassements, et cela dans les cas où des
raisons d'économie obligent à renoncer à l'emploi de la pierre
de taille.

La fig. 150, A—C, donne des exemples de construction de
ce genre. Des dalles, d'environ 0,50 m de largeur, forment le

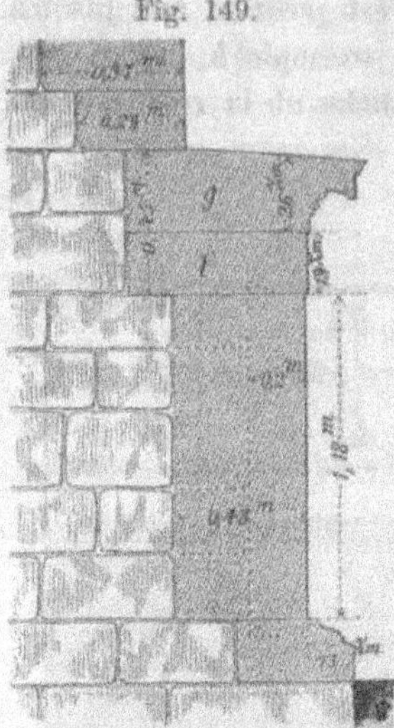

Fig. 149.

plaquis; elles sont maintenues, par les membrures en pierre de taille qui les encadrent, par un scellement au ciment et par des ancrages en fer galvanisé (a), fig. 151. Ces ancrages sont indispensables. L'épaisseur des dalles varie de 0,10 à 0,15 m. Une bonne disposition pour le mode de fixation de la partie supérieure des dalles est représentée à la fig. 150, B; mais, même en ce cas, il faudra employer des ancrages. Si la hauteur du soubassement dépassait 1,00 m, on pourrait composer le revêtement de deux parties, en établissant à mi-hauteur une assise en pierre de

Fig. 150.

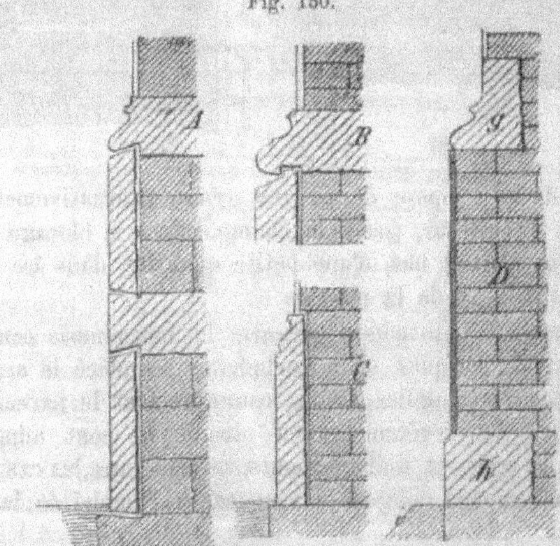

taille, d'environ 0,20 m d'épaisseur, dans laquelle les dalles viendraient s'engager par emboîtement. Le pied des dalles se

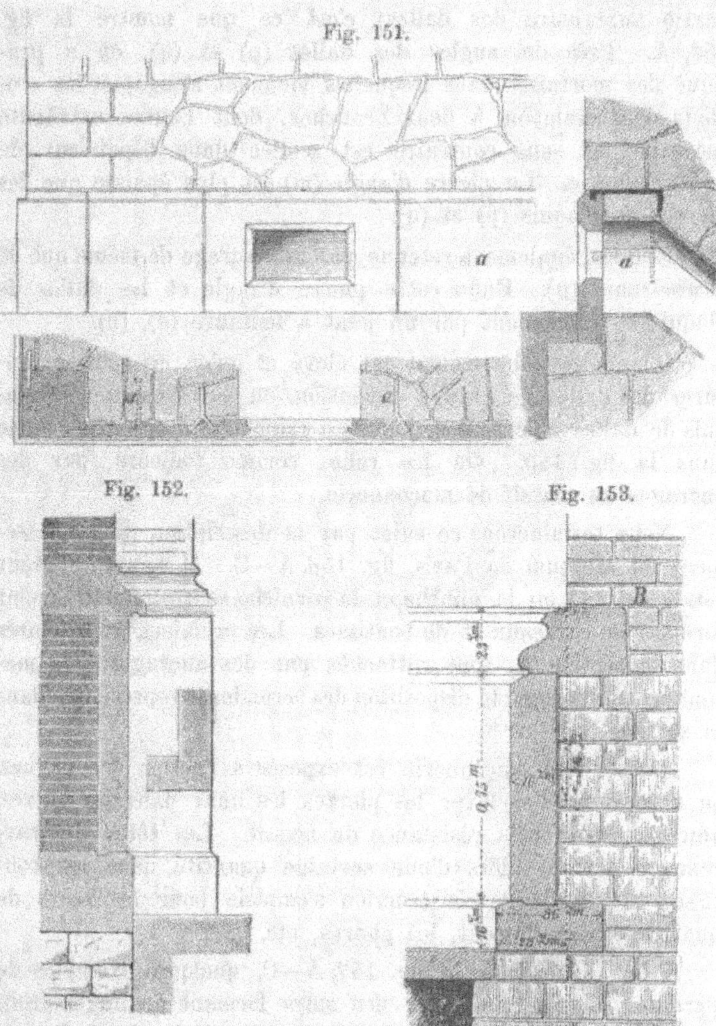

Fig. 151.

Fig. 152.   Fig. 153.

fixe le plus facilement au moyen d'une rainure ménagée dans
la plinthe, fig. 152 et 153.

Quelquefois on se sert de ferrements pour fixer la partie supérieure des dalles; c'est ce que montre la fig. 154, A. Près des angles des dalles (p) et (q), on a pratiqué des mortaises dans lesquelles viennent s'engager les crochets d'un crampon à deux branches, dont l'autre extrémité recourbée en sens contraire est scellée dans l'épaisseur de la maçonnerie. La pierre d'angle (m) est plus épaisse que les pierres de plaquis (p) et (q).

Elle est également retenue par un ancrage de même que le chasse-roues (n). Enfin cette pierre d'angle et les dalles de plaquis se raccordent par un joint à feuillure (a), (b).

Quand le soubassement est élevé et qu'on ne peut se procurer des dalles de grande dimension, on peut composer le plaquis de dalles superposées, jointes à rainure et languette, comme dans la fig. 155. On les relie, comme toujours, par des ancrages au massif de maçonnerie.

Nous terminerons ce sujet par la description du soubassement du Museum de Paris, fig. 156, A—B. Il a une hauteur totale de 2,11 m; la plinthe et la corniche sont alternativement formées de carreaux et de boutisses. Les premiers, représentés dans la section A, sont rattachés par des ancrages à la maçonnerie de blocage; la disposition des seconds est représentée dans la section B.

Lorsque la maçonnerie est exposée à l'action des vagues, on a coutume d'enclaver les pierres les unes dans les autres, afin d'augmenter la résistance du massif. Les têtes des carreaux pénètrent alors d'une certaine quantité dans les boutisses. Ce mode de construction s'emploie pour les murs de quai, les piles de pont, les phares, etc.

Nous donnons à la fig. 157, A—C, quelques exemples de pareilles maçonneries pour des murs formant un angle droit, aigu ou obtus. Dans la fig. A, l'immobilité de la pierre d'angle est assurée par ses grandes dimensions et par les ancrages (b) et (c). L'épaisseur du mur étant un peu grande, les boutisses ne font pas parpaing. Elles ont en plan la forme d'une queue

Fig. 154.

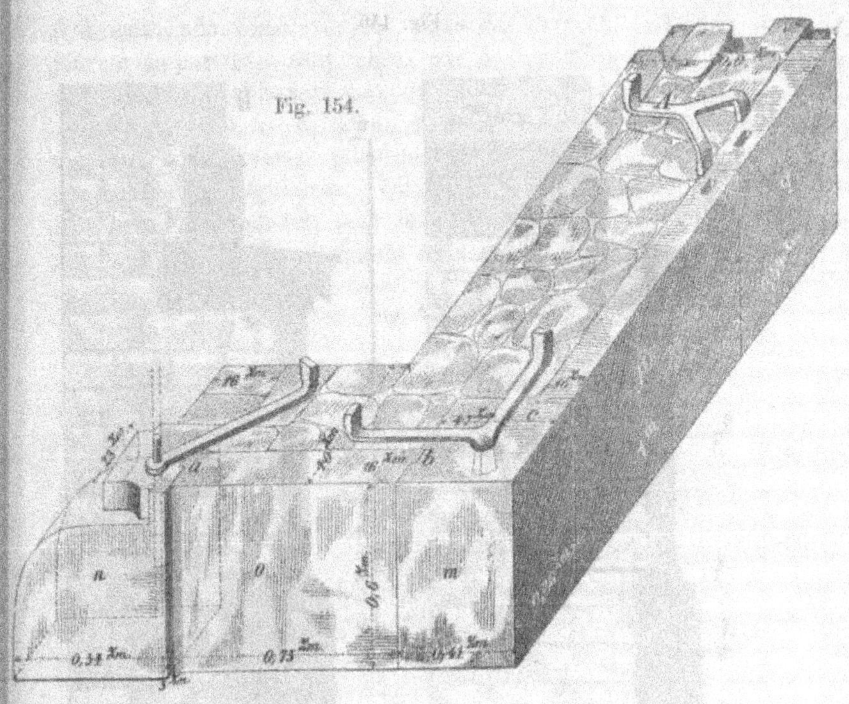

Fig. 155.

Fig. 156.

Fig. 157.

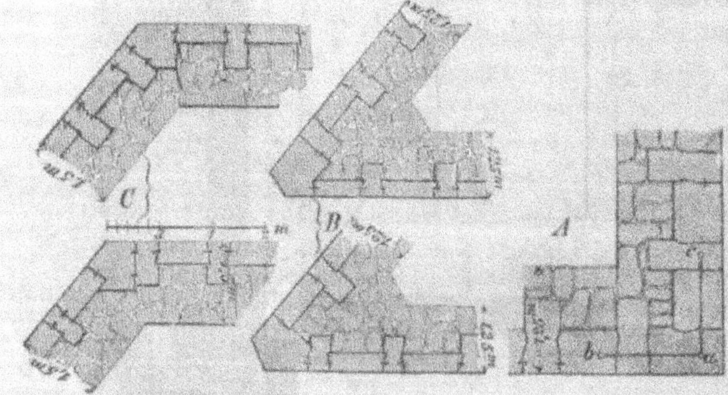

d'hironde, afin d'enclaver les têtes des carreaux. Toutes les pierres de parement sont reliées par des crampons. Ces mêmes observations s'appliquent aux fig. B et C.

La fig. 150, A—E, donne, à petite échelle, l'appareil de la maçonnerie de diverses piles de pont, à avant- et arrière-becs circulaires ou angulaires. Quand la pile a peu de largeur, 1,50 m par exemple, on peut former son extrémité d'une seule pierre (a), fig. B; mais quand sa largeur est grande, on est

Fig. 158.

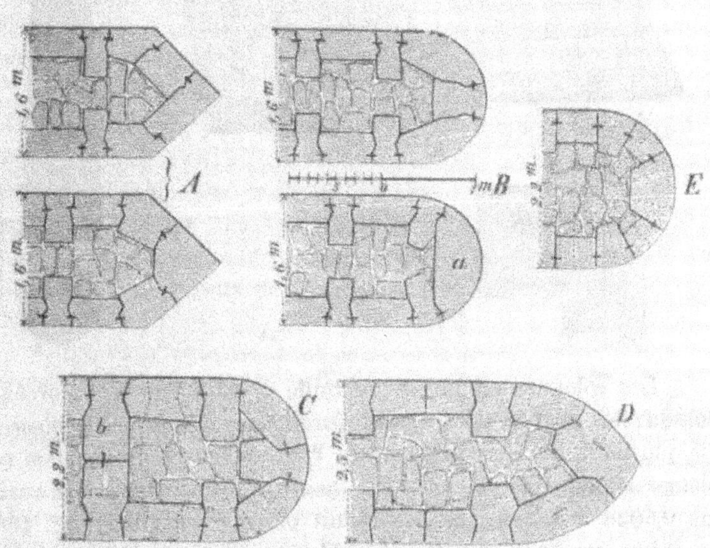

obligé de la composer de plusieurs blocs qu'il faut alors avoir soin de solidement relier par des crampons. Une bonne disposition consiste à faire butter l'une contre l'autre les queues des boutisses opposées et à les rattacher par des ferrements, fig. C, (b).

Les parements inclinés présentent forcément des angles aigus à la rencontre avec les joints horizontaux. Pour éviter alors de donner cette forme à la pierre, on renonce à l'horizontalité du joint près du parement. Il y a deux manières de tourner la difficulté, comme le montre la fig. 159, A—B. La solution (B) est la meilleure; les pierres de parement y sont moins sujettes à la casse que dans la disposition (A):

Fig. 159.　　　　　　　　　　　　　　　　　Fig. 160.

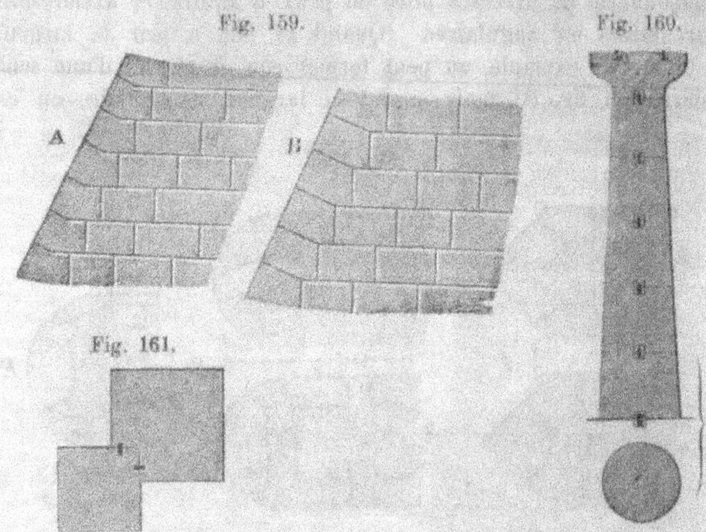

Fig. 161.

Les colonnes en pierre de taille se font d'un seul morceau lorsqu'elles sont petites; mais d'ordinaire, il faut les composer de plusieurs parties, juxtaposées l'une à l'autre, auxquelles on donne le nom de tambour. La hauteur des ces tambours varie de 0,50 m à 1,00 m; on les réunit par des chevilles, fig. 160.

Les colonnes et piliers doubles se font aussi, par raison d'économie, en plusieurs parties, solidement reliées par des crampons.

4. Bardage et montage de la pierre.

Ces deux opérations sont assez difficiles et exigent des précautions particulières pour que la pierre ne subisse pas de dégradation pendant son transport qui doit cependant s'effectuer rapidement. Lorsque la distance du transport est petite et que les blocs ont peu de grosseur, on peut les porter en place.[1]) Mais quand la pierre a de grandes dimensions, on l'amène à pied d'œuvre sur rouleaux. A cet effet, on la place sur un plancher en madriers dont les bords dépassent d'au moins 0.16 m le pourtour de la pierre, interposant un lit de paille pour diminuer les risques d'écornures.[2])

Quand le chantier est vaste le transport sur roules ne suffit plus. On a recours alors à de petites voies ferrées provisoires sur lesquelles le transport se fait à l'aide de wagonnets. Les installations de ce genre sont assez rares dans les ateliers de bâtiments, mais se rencontrent souvent dans les chantiers de travaux publics.[3])

Pour décharger les blocs de dessus les chariots et binards et les monter en place, on se sert de chèvres, de sapines et de grues roulantes. Ces dernières sont ordinairement employées dans les travaux publics. Nous en donnons un exemple, à la fig. 162. Cette grue est destinée à servir à la construction d'un pont en pierre de 8,00 m de largeur. On commence par établir de chaque côté du pont un échafaudage

---

[1]) D'après la définition même de ce qu'on appelle pierre de taille en France, on voit que ce mode de bardage ne s'applique qu'aux moellons.

[2]) Les rouleaux ou roules ne se font pas parfaitement cylindriques, mais diminuent légèrement de diamètre du milieu vers les extrémités, afin de permettre plus facilement de changer la direction du mouvement. Leurs dimensions varient avec celles de la pierre; ordinairement ils ont environ 0,06 à 0,07 de diamètre et 0,70 m de longueur. On les fait rouler sur une voie en plats-bords pour empêcher qu'ils ne soient arrêtés par les inégalités du sol. Ces plats-bords sont indispensables quand la manœuvre se fait sur un mur en construction, car ils empêchent alors l'ébranlement des pierres nouvellement posées. En France on se dispense souvent d'interposer des madriers ou un plancher entre les roules et la pierre.

[3]) En dehors des roules et des wagonnets, on se sert encore du bard, du diable et du binard pour le bardage de la pierre de taille.

Le bard est une espèce de civière portée par deux ou quatre hommes, sur laquelle on fait le transport de pierres de petite dimension. On nomme diable un petit chariot traîné par deux ou quatre hommes et le pinceur. Enfin, on appelle binard un chariot bas à quatre roues, traîné par des chevaux.

longitudinal, bien entretoisé et solidement appuyé à sa base. Il porte, à sa partie supérieure des rails en fer plat ou en cornières placés à un niveau supérieur à celui du point le plus

Fig. 162.

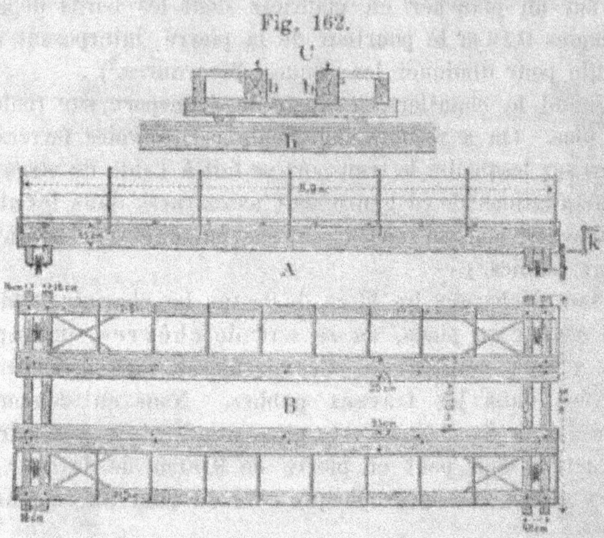

élevé du pont. Sur ces rails se meut un pont roulant auquel on donne son mouvement au moyen de l'engrenage et de la crémaillère (k). Pour pouvoir déposer les pierres en un point quelconque de la largeur, le treuil du pont roulant se peut déplacer transversalement sur des rails portés par les poutres-maîtresses (b) (b) fig. 162, C. Souvent on donne à ces pièces de charpente la forme de poutres armées, afin de réduire leur section. La fig. A représente le pont roulant en élévation; B, en plan et C, suivant une section transversale. L'espacement des poutres (b) (b) est d'environ 0,75 m.

Un autre modèle de grue roulante est donné à la fig. 163; il s'explique de lui-même.

Pour les constructions en matériaux de petite dimension,

----

¹) Ces échafaudages, faits avec des écoperches et des boulins, seront décrits dans la suite.

on établit un échafaudage aussi simple et léger que possible [1]);
on amène la pierre jusqu'à pied-d'œuvre et on la monte à l'aide
de chèvres et de palans. Il convient de placer les planchers

Fig. 163.

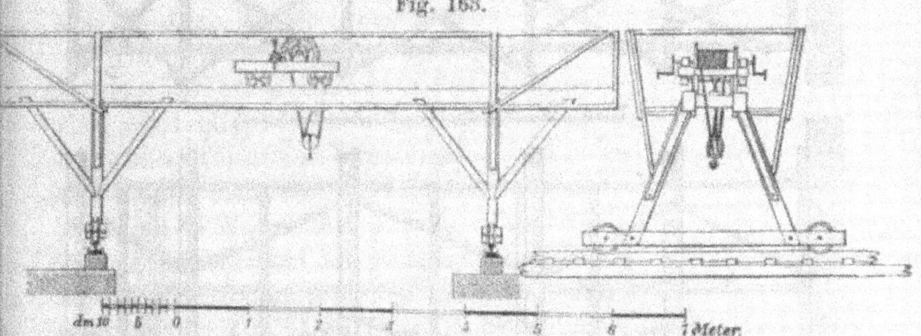

correspondant à chacun des étages à peu près à la hauteur
des bandeaux et corniches. Dans les constructions en pierre
de taille, l'échafaudage exige toujours beaucoup plus de solidité
que dans celles en petits matériaux. Nous donnons, comme
exemple, l'échafaudage qui a servi à la construction des nou-
veaux bâtiments de la Monnaie à Berlin, fig. 164, A—B. En
plan cet édifice forme un grand carré complètement isolé des
maisons voisines. On établit sur tout son pourtour un
échafaudage de 21,00 m de hauteur et 2,50 m de largeur,
fig. 164. Le peu de largeur de l'échafaudage était imposé par
l'exiguïté de la place. Transversalement son entretoisement se
composait d'une série de croix de St. André, formant moises,
boulonnées sur les montants principaux et sur les traverses
horizontales. Suivant la façade, l'entretoisement était formé
de contrefiches inclinées ne couvrant chacune que la hauteur
d'un étage et fixées haut et bas aux longrines supportant les
traverses des planchers. Toutes les pièces d'un même étage
se trouvaient de plus reliées par une pièce intermédiaire
courant sur toute la longueur de l'échafaudage. Nous remarquerons à l'égard de cette dernière qu'il eût été préférable
de la disposer obliquement, à la manière d'une contre-fiche. Il

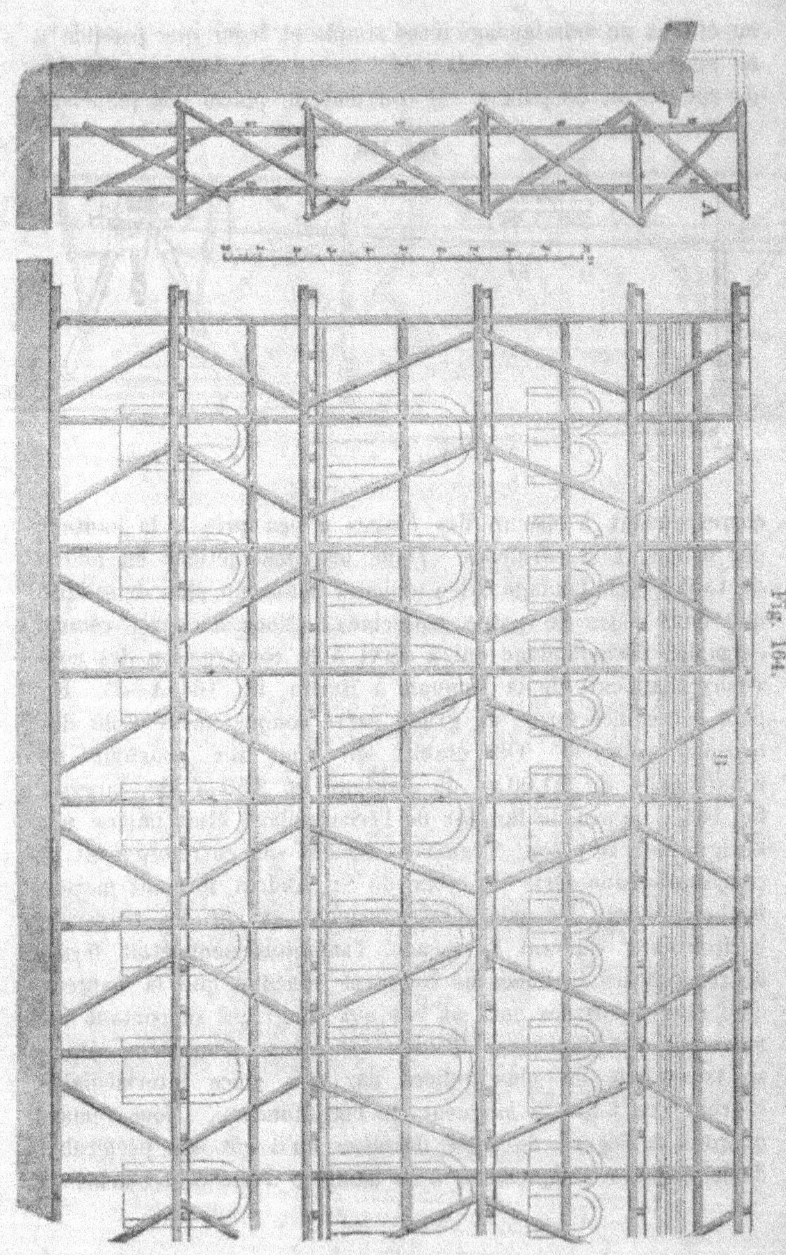

Fig. 164.

eût mieux valu aussi faire continuer, de temps en temps, l'une des contrefiches à travers plusieurs étages, afin d'opposer plus de résistance à la déformation longitudinale; il faut dire, néanmoins, que l'échafaudage tel que nous l'avons décrit a rempli son but d'une manière satisfaisante.

Un exemple plus important que le précédent est donné à la fig. 1, pl. I. Il représente l'échafaudage dont on s'est servi pour construire la galerie nationale de Berlin. Les murs de cet édifice d'épaisseur considérable, sont formés de pierres de très-grande dimension. On établit en conséquence deux échafauds, un de chaque côté du mur en construction et on les relia de loin en loin par des poutres transversales et à la partie supérieure par un pont roulant avec treuil mobile (w). Ces échafaudages étaient subdivisés en cinq étages; le premier à la partie inférieure, portait un plancher en madriers de 0,05 m d'épaisseur, afin d'y pouvoir déposer des matériaux. L'édifice se trouvant à peu de distance de la rivière, on en avait profité pour le relier directement par un échafaudage secondaire avec le point de déchargement des bateaux et pour ne pas arrêter la circulation dans la rue peu fréquentée qui longe la rivière, on avait ménagé une ouverture dans ce dernier. Une grue roulante pouvait parcourir l'échafaudage secondaire dans toute sa longueur et aller prendre les matériaux directement dans les bateaux, l'échafaudage se prolongeant sur pilotis jusque dans la rivière.

Souvent le montage se fait au moyen d'une simple chèvre. A Bruxelles, on fait usage d'une disposition spéciale que nous représentons en croquis à la fig. 165. Elle est très-simple, et s'installe et se déplace facilement. L'engin élévatoire se compose ici d'un arbre rond, maintenu à peu près vertical, et portant, à sa partie inférieure sur une semelle rattachée à l'arbre par des jambes de force. Son extrémité supérieure dépasse en général d'une certaine quantité la hauteur totale de la maison (bien que celles-ci aient ordinairement six étages à Bruxelles) et est retenue par des haubans. En tendant plus ou moins ces haubans, on fait incliner l'arbre

de l'angle voulu vers le mur. En général, il suffit de quatre
haubans. L'un traverse la rue et va se rattacher à un pieu
de retenue; l'autre, qui lui est opposé, prend son point d'attache
près du pied de l'arbre; enfin les deux autres, s'écartent à
droite et à gauche et maintiennent la sapine dans le sens transversal. L'arbre est muni à sa partie supérieure d'une poulie
autour de laquelle s'enroule la chaîne servant au montage des
fardeaux; le levage est effectué au moyen d'un treuil placé près
du pied de l'arbre.

Fig. 165.

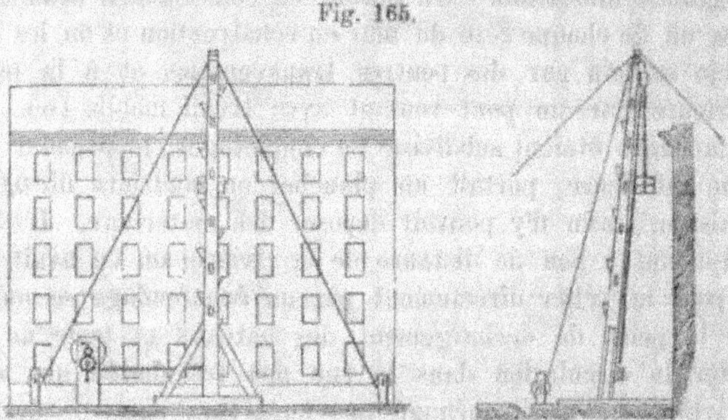

Par rapport aux échafaudages fixes que l'on emploie d'ordinaire en Allemagne, ces sapines présentent l'avantage de se
déplacer facilement et de coûter beaucoup moins cher à établir.
Sans changer la position des pieux de retenue, on peut, en
relâchant ou resserrant plus ou moins les haubans, faire glisser
tout l'engin en un quart d'heure de 3 mètres vers la gauche
ou vers la droite. Avec un appareil de ce genre, on peut lever
des pierres pesant jusqu'à 1500 kg. Pour permettre de monter
jusqu'au sommet de l'arbre, ce qui n'arrive que rarement, celui-ci
est garni de tasseaux formant échelons.[1]

---

[1] A Paris, on se sert le plus souvent d'un appareil qui porte également
le nom de sapine et qui se compose de quatre grands montants en bois
de sapin, s'élevant à deux mètres au-dessus du bâtiment à construire et
reliés les uns aux autres par des croix de Saint-André et par des traverses.

L'attache de la pierre au cable ou à la chaîne se fait de différentes manières; mais quel que soit le mode d'attache employé, l'opération demande toujours la plus grande précaution. Quand la pierre n'est pas trop tendre, on se sert pour cela d'un petit instrument appelé louve.

La fig. 166 représente l'une de ses diverses formes. Dans le cas particulier, la louve se compose de deux coins latéraux (s) et d'une cale intermédiaire, reliés tous trois par une cheville à un fort étrier. La cheville est amovible et peut se fixer par une goupille. Pour se servir de ce petit appareil, on commence par faire un trou dans la pierre, de forme semblable à celle de la louve, puis on y introduit celle-ci par parties, les coins d'abord et la cale en suite; on recouvre le tout de l'étrier et l'on enfile la cheville d'attache. En tirant sur l'appareil de bas en haut, la louve se coince dans le trou et soulève la pierre. Il faut naturellement que celle-ci soit de nature assez résistante, sans quoi les parois du trou éclateraient sous l'effet de la pression qu'elles ont à supporter.

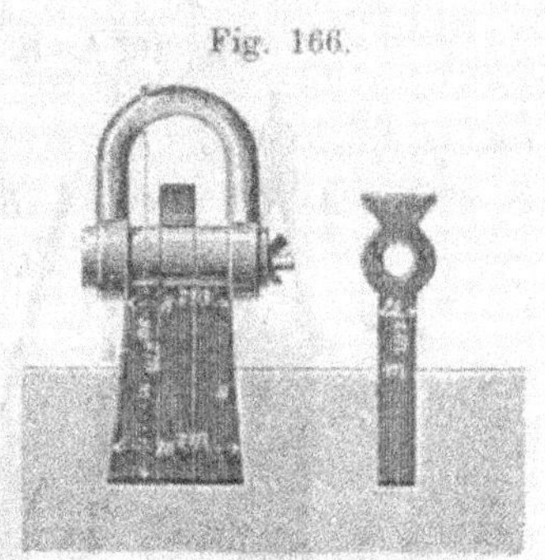

Fig. 166.

Bien que la forme précédente soit une des meilleures, elle ne se rencontre pas aussi fréquemment que les deux suivantes dont l'application est plus facile. La première est représentée à la fig. 167, A. Pour faire entrer les deux parties de la louve dans le trou préparé pour la recevoir, on écarte ses extrémités supérieures jusqu'à faire toucher les parties inférieures. En rapprochant en suite de nouveau les deux têtes

Les montants sont solidement scellés dans le sol et sont disposés suivant un rectangle dont les dimensions sont de 3,00 ✕ 2,00 m pour la hauteur habituelle de 20,00 m. Sur le cadre formé par les traverses supérieures, reposent deux poutrelles entre lesquelles se trouve la poulie servant au montage des fardeaux. La manœuvre est faite à l'aide d'un treuil fixé au pied de l'appareil.

et en tirant sur la corde, la louve se coince d'elle-même dans le trou. La forme précédemment indiquée présente plus de sécurité que celle de la fig. 167, A, mais cette dernière peut rendre de grands services lorsqu'il s'agit de travaux immergés, car elle permet à la louve de se dégager d'elle même.

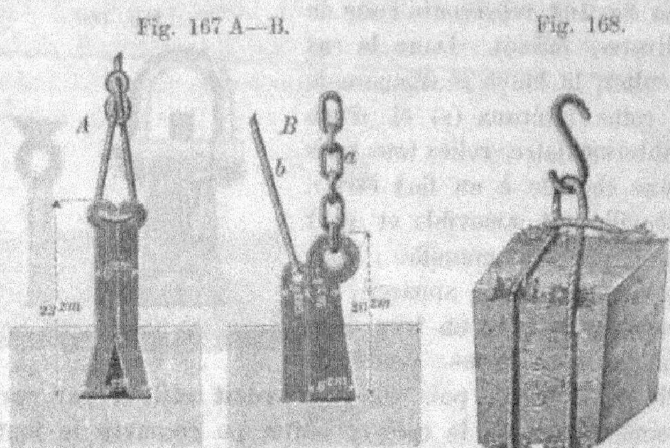

Fig. 167 A—B.   Fig. 168.

Une troisième espèce de louve est représentée à la fig. 167, B. Elle se compose de deux parties; l'une suspendue à une chaîne (a), a la forme d'un coin et l'autre, attachée à une corde (b), présente celle d'une cale. La pose de l'appareil se fait en commençant par introduire le coin et en serrant celui-ci au moyen de la cale.

Quand les pierres sont tendres, il est à craindre que les parois du trou n'éclatent sous l'effet de la pression exercée par la louve.[1] On les suspend alors au crochet de la chaîne de la chèvre ou de la sapine au moyen d'un cordage sans fin, appelé élingue ou braye, fig. 168. Pour éviter d'épaufrer les arêtes de la pierre, on interpose des cales en paille ou paillassons aux points où la corde porte sur la pierre.

---

[1] On remplace quelquefois la louve par un simple piton à vis que l'on fait pénétrer dans le milieu du lit de la pierre. On y creuse préalablement un trou de diamètre égal à celui du corps de la vis et les filets de celle-ci viennent alors mordre dans les parois du trou.

On commence ordinairement par amener la pierre en position pour vérifier sa taille, puis on la soulève, et après avoir nettoyé le lit, et l'avoir arrosé si la pierre est tendre, on y étend une couche de mortier. Quelquefois, on remplit les joints de l'extérieur, après la mise en place; mais comme cette opération présente quelque difficulté quand les joints sont peu épais, on ménage de petites ouvertures sur les bords des blocs et l'on y coule du mortier, ou bien l'on augmente le jeu entre les pierres, en interposant de la sciure de bois ou des cales, fig. 169, A, et l'on coule le mortier dans les intervalles.[1]) Les pierres de petite dimension se hourdent directement avec le mortier comme les moellons; on donne aux joints une épaisseur de 0,01 à 0,015 m.

Souvent on fait porter les grosses pierres sur des cales en plomb de 0,04 à 0,05 m de largeur, placées à quelques centimètres des angles de la pierre, afin que la pression ne s'exerce pas sur les arêtes et qu'il n'y ait pas d'écornures. Dans le but de réduire l'épaisseur des joints sur les parements quelques constructeurs donnent du creux aux lits de la pierre; mais cette pratique est mauvaise; elle tend à faire sauter les arêtes et gêne le coulage du mortier.

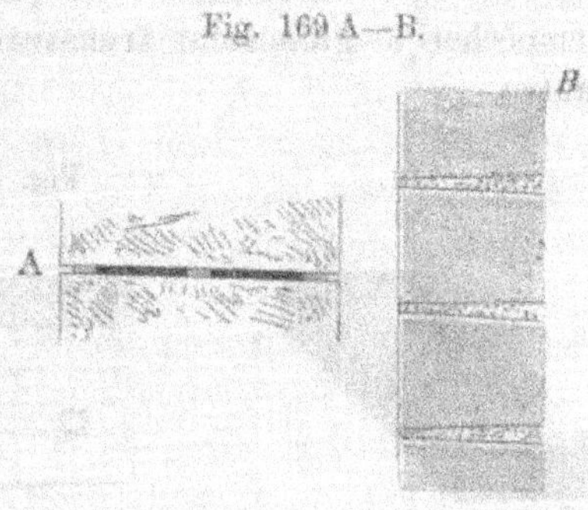

Fig. 169 A—B.

---

[1]) Un troisième mode de pose consiste à mettre la pierre en place à sec, en la faisant reposer sur des cales et à garnir en suite de mortier le lit et les joints montants, au moyen de la fiche à dents.

Des trois modes de pose qu'on peut employer quand on fait usage de mortier de chaux, celui qui a été indiqué en premier lieu (dans lequel la pierre est soulevée pour recevoir un lit de mortier), est le meilleur. Le coulis ne donne jamais de bons résultats avec le mortier de chaux; il ne doit être employé que pour la pose au plâtre, car alors la rapidité de prise du plâtre le rend obligatoire.

Il est souvent nécessaire de rattacher les blocs d'un massif en pierre de taille par une liaison indépendante de celle fournie par le mortier des joints, et cela plus particulièrement quand les dimensions des pierres sont petites. Cette liaison supplémentaire se fait au moyen de chevilles, agrafes ou crampons.

Les chevilles peuvent être en pierre, en bois ou en métal, de forme cylindrique ou prismatique. Quand elles sont en pierre, elles font généralement corps avec l'un des deux blocs. Les agrafes ont ordinairement une forme en queue d'hironde, fig. 170 et se font en fer galvanisé, afin d'éviter la rouille qui causerait la destruction graduelle de la pierre. Les chevilles ne servent qu'à rattacher des blocs superposés, tels que tambours de colonnes, de piliers etc.; elles ont pour but d'empêcher le glissement transversal de l'une des pierres sur l'autre.

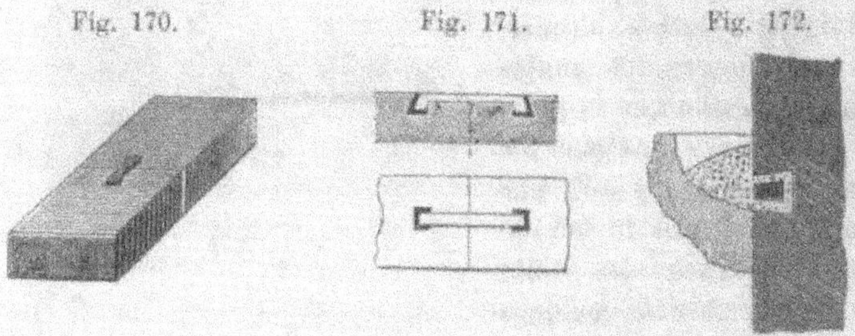

Fig. 170.   Fig. 171.   Fig. 172.

Dans les gros massifs de maçonnerie, on rattache les pierres contiguës par des crampons. Ceux-ci se font ordinairement en fer galvanisé, bien que le cuivre et le bronze lui soient préférables. Leur forme est toujours plus ou moins celle de la fig. 171. On commence par évider les pierres de la quantité nécessaire pour recevoir le crampon, puis on scelle celui-ci en place. Ce scellement peut se faire au soufre, au plâtre, au plomb ou à l'asphalte.

Le scellement au soufre n'est pas à recommander quand les crampons sont en fer, car le soufre attaque ce dernier et donne du sulfure de fer. Le plâtre ne peut être employé que dans les travaux à sec. Généralement le scellement se fait au plomb. Comme celui-ci diminue de volume en se réfroidissant, on est obligé de le mater après coup pour compléter le scellement. Lorsque le crampon se trouve placé dans la paroi verticale d'un mur, on commence par former devant le trou une petite cuvette en terre glaise, fig. 172, dans laquelle on verse le plomb fondu. Le scellement ne doit se faire qu'après la disparition de toute trace d'humidité, sans quoi il se formerait de la vapeur d'eau qui gênerait l'éxécution du travail.

L'asphalte fournit aussi d'excellents scellements. Il garantit le fer de la rouille, mais se ramollit malheureusement à une température peu élevée. En somme, toutes les fois qu'il s'agira d'obtenir un scellement bien solide, comme, par exemple, dans le cas de montants de grille ou de balustrade, on prendra de préférence le plomb.

Dans la maçonnerie formant la base du grand obélisque, à Rome, les pierres sont taillées en forme de queue d'hironde et s'enclavent l'une dans l'autre. Cette disposition est compliquée et coûteuse, mais ajoute beaucoup à la solidité du massif de maçonnerie. Elle s'emploie surtout pour les travaux à la mer et pour les constructions placées dans une position exposée, telles que les phares, par exemple. Au phare d'Eddystone, bâti sur un rocher en pleine mer, à 26 kilomètres de la côte d'Angleterre, les pierres sont toutes enclavées de la sorte et les assises sont reliées verticalement par 16 grosses chaînes en fer. Cette belle construction, tout en granit, fut érigée par John Smeaton, en 1759.[1])

D. Exécution de la maçonnerie.
1. Le mortier.

Les maçonneries se font habituellement avec du mortier de chaux, c'est-à-dire avec un mélange de sable et de chaux.

---

[1]) L'ancien phare d'Eddystone est sur le point de disparaître, la mer ayant miné le rocher de gneiss sur lequel il repose. On est en train d'en construire un nouveau à 50 m environ de l'ancien, et l'on propose d'augmenter la portée de son feu jusqu'à $17\frac{1}{2}$ milles marines.

Dans les conditions ordinaires, ce mélange se compose de 2 à 3 parties de sable pour 1 partie de chaux éteinte.[1]) Le durcissement du mortier est dû d'abord à l'évaporation d'une partie de son eau et, en suite, aux cristallisations qui s'opèrent par l'hydratation de la chaux et par la fixation de l'acide carbonique de l'air.

Des essais faits par Manger en vue de déterminer les meilleures proportions à donner au mélange des éléments constitutifs du mortier, ont conduit aux résultats suivants:

Lorsqu'il s'agit d'un massif en briques situé en dehors du sol, il faut regarder la proportion de 3 parties de sable pour

---

[1]) On rencontre dans la pratique un très grand nombre d'espèces différentes de chaux et de ciments, mais d'une manière générale, on peut les ranger en un petit nombre de groupes, assez bien déterminés. Ainsi, en ce qui concerne les chaux, il faut distinguer

les chaux aériennes, et

les chaux hydrauliques.

Les premières sont celles qui, éteintes et réduites en pâte molle, durcissent au contact de l'air. Ce durcissement est dû à l'absorption d'une certanie quantité d'acide carbonique de l'air. Elles se subdivisent en chaux grasses et en chaux maigres, suivant l'énergie de leur foisonnement et le plus ou moins de chaleur développée dans leur contact avec l'eau. Au point de vue de la composition chimique, les chaux grasses sont des chaux presque pures, tandis que les chaux maigres sont mêlées d'une certaine proportion d'impuretés, telles que du sable, de l'oxyde de fer, de la magnésie, etc. parmi lesquelles ne se trouve pas, ou presque pas, d'argile.

Les chaux hydrauliques sont des chaux possédant la propriété de durcir sous l'eau, au bout d'un temps plus ou moins long. Moins les chaux sont hydrauliques et plus leur prise est lente. Tandis qu'il faut compter de 15 à 20 jours pour les chaux moyennement hydrauliques, on peut admettre de 2 à 3 jours pour les chaux éminemment hydrauliques. L'hydraulicité est dûe à la présence dans la chaux d'une certaine proportion d'argile ou de silice gélatineuse, et dans le cas particulier, le durcissement a pour cause la cristallisation de l'hydrate et des silicates et aluminates de chaux.

Les ciments sont des chaux hydrauliques jouissant de la propriété de durcir rapidement tant au contact de l'air, qu'au contact de l'eau. Ils renferment une plus forte proportion d'argile que les chaux hydrauliques proprement dites.

une de chaux comme une moyenne, et

$1^1/_2$ de sable pour 1 de chaux

et $4^1/_2$ „ „   „ 1 „ „

comme des proportions limites.

Le rapport moyen fournit une maçonnerie solide et durable. Une plus grande proportion de chaux ralentit la prise du mortier, mais donne plus de solidité à la maçonnerie, tandis que la réduction de la teneur en chaux diminue la résistance, mais hâte la prise du mortier.

Dans les maçonneries souterraines, on peut considérer la proportion de 1 de chaux pour 3 de sable comme élevée et prendre pour rapport moyen des éléments du mélange, 1 de chaux pour 4 de sable.

Enfin, pour les massifs en moellons durs, de grosse dimension, on emploiera un mortier plus maigre que pour ceux en briques ou en moellons de roche tendre, car alors l'air ne peut trouver accès dans l'intérieur de la maçonnerie que par les joints mêmes, c'est-à-dire d'une manière lente et restreinte.

Lorsque les murs sont exposés à l'humidité ou se trouvent au contact de l'eau, ou même seulement quand on veut leur donner une très grande résistance, on remplace le mortier de chaux aérienne, par du mortier de chaux hydraulique ou de ciment. La proportion de ciment dans le mortier doit être telle que les interstices entre les grains de sable soient tout juste remplis par le ciment. Les proportions[1] qui répondent

---

Dans les ciments légers ou à prise rapide, cette proportion varie de 40 à 70 pour cent, la limite supérieure fournissant un ciment qui fait prise instantanément sous la truelle.

Les ciments lourds ou à prise lente, dits aussi de Portland, renferment un peu moins d'argile et font prise, suivant les variétés, en un temps pouvant varier de 10 minutes à plusieurs heures. La solidification des ciments, comme celle des chaux hydrauliques, paraît être due à la cristallisation de l'hydrate et des silicates et aluminates de chaux.

Les chaux et les ciments sont toujours employés à l'état de mortier, c'est-à-dire mélangés avec une certaine quantité de sable.

[1] M. M. Claudel et Laroque citent, dans leur ouvrage sur l'Art de construire, les mortiers suivants comme ayant donné de bons résultats:

le mieux à cette condition sont 1 partie de ciment pour 3 ou 4 parties de sable. Si l'on diminuait la teneur en sable, le

Nature de la Chaux	Volumes dans 1 m cube de mortier				Observations
	de chaux éteinte	de sable	de ciment de tuileaux	de Pouzzo-lane	
	par fusion m. c.	de rivière m. c.	m. c.	m. c.	
Grasse (non hydraulique) .	0,370	0,950	"	"	Murs de clôture, fondations de bâtiments.
Grasse (un peu hydraulique)	0,340	-	0,820	"	Pavage des cours.
Grasse (. . id . .)	0,250	0,940	"	0,220	Réservoirs, etc.
Hydraulique (très-énerg.)	0,360	1,000	"	0,040	Travaux dans l'eau.
Hydraulique (énergie ordin.)	0,333	1,020	"	"	Service des eaux et égouts de la ville de
. . id . . (très énergique)	0,400	1,000	"	"	Paris, pour les constructions hydrauliques.
. . id . . (énergie-ordin.)	0,370	0,950 de plaine	"	"	Service de la navigation et des ponts de Paris.
. . id . . . . id . .	0,380	1,020	"	"	Maçonnerie du fort de Charenton.
. . id . . . . id . .	par immersion 0,440	1,000	"	"	Pour enduit . . . . id . . .
. . id . . (très-maigre) .	0,100	1,000	"	"	Les 0,100 m de chaux sont amenés au volume de lait de chaux de 0,350 m.
Peu hydraulique (mortier énergique)	par fusion 0,450	0,450	"	de Bessan Hérault 0,450	Maçonnerie du Pont-Canal de l'Orb, à Beziers.
Hydraulique (mortier très-énergique)	par immersion 0,480	1,00	"	"	Chaux du Theil, travaux maritimes des ports de Cette, de Marseille, de Toulon, d'Alger, etc.
Mortier de chaux hydraulique énergique	en pâte 0,550	1,00	"	"	Proportion moyenne indiquée par M. Vicat, pour les bons mortiers hydrauliques destinés aux maçonneries hors de l'eau.
Chaux hydraulique (mortier très-énergique) . . .	0,65	1,00	"	"	Proportion moyenne indiquée par M. Vicat pour les bons mortiers hydrauliques destinés à être immergés sous une eau profonde.

mortier ferait prise si rapidement que son emploi deviendrait difficile.[1)

On ne peut d'ailleurs gâcher qu'une petite quantité de mortier de ciment à la fois.

Le plâtre est obtenu par la cuisson du sulfate de chaux naturel, appelé gypse ou pierre à plâtre. A la température de 100 à 120 degrés, la chaleur chasse l'eau d'hydratation du gypse et donne un produit qui, reduit en poudre et mélangé avec de l'eau, possède la propriété de faire prise, en reprenant son eau de cristallisation.[2) Il faut se garder d'élever d'avan-

---

[1) A l'égard des mortiers de ciment M. M. Claudel et Laroque donnent les indications suivantes:

Proportion en volume		Dans 1 mètre cube de mortier		Observations
ciment romain	sable	volume de sable	Poids de ciment, sans tare	
		m. cub.	kil.	
1	0	0,00	1204	Mortier servant à l'étanchement des sources et des fuites, prise presque instantanée.
3	1	0,35	928	Ces mortiers sont employés pour enduits de fosses, de citernes et de réservoirs.
2	1	0,46	843	
3	2	0,55	771	
1	1	0,70	651	
2	3	0,84	530	Ce sont les mortiers le plus fréquemment employés. Ils servent à hourder les diverses maçonneries, à faire des rejointoyements, chapes, enduits etc.
1	2	0,98	451	
1	2,5	1,00	390	
1	3	1,00	300	Ces mortiers sont employés pour les murs, voûtes et massifs où le durcissement a le temps de se produire avant qu'ils ne recoivent de fortes pressions.
1	3,5	1,00	258	
1	4	1,00	235	Mortiers maigres, ne pouvant plus guère servir qu'à des travaux de remplissage.
1	4,5	1,00	205	
1	5	1,00	185	

[2) D'après le degré de finesse, on distingue à Paris, le plâtre au panier, le plâtre au sas et le plâtre au tamis de soie.

On gâche le plâtre avec plus ou moins d'eau selon la nature de l'ouvrage auquel il est destiné. Les maçons disent que le plâtre est gâché serré, lorsqu'il n'est ajouté que la quantité d'eau nécessaire pour produire une pâte consistante; ils disent qu'il est gâché clair, lorsque la masse est

tage la température, car le plâtre qui a été cuit dans ces conditions ne reprend plus son eau que très-lentement et finit même par devenir tout-à-fait inerte. Le plâtre ne peut servir aux travaux hydrauliques; il se ramollit dans l'eau. Il n'y a que le plâtre français qui résiste dans une certaine mesure à l'humidité, grâce à une faible teneur en argile, et qui prenne assez de dureté pour pouvoir remplacer le ciment dans quelques cas.

Lorsqu'il s'agit de massifs de maçonnerie devant résister à de hautes températures comme les parois des foyers et des carneaux, par exemple, on remplace le mortier de chaux par un mortier d'argile ou de terre à briques. L'argile possède la propriété de durcir au feu, en subissant du retrait. Il ne faut jamais mélanger du mortier de chaux aux mortiers réfractaires, car leurs éléments, ne peuvent s'unir, ni chimiquement, ni mécaniquement. Si le retrait atteignait des proportions trop considérables, on pourrait l'atténuer en mêlant de la brique pulvérisée à l'argile. Pour les foyers de chaudières à vapeur où la température est toujours très-élevée, on emploiera de l'argile réfractaire.

Le sable dont on se sert pour fabriquer le mortier est ordinairement du sable de rivière. Il doit être pur, anguleux, exempt de parties terreuses, de marne et d'argile. Quelquefois on remplace le sable naturel par du quarz ou des scories pulvérisés. Le sable de mer ne peut servir à la fabrication du mortier[1]); d'abord, parce que ses grains sont arrondis et, ensuite, parce qu'il renferme des matières salines qui produisent des efflorescences à la surface des murs. Du reste les murs faits au mortier de sable de mer sont toujours humides.[2])

---

rendue fluide. Il ne faut pas oublier dans les travaux de maçonnerie que le plâtre augmente de volume en faisant prise.

[1]) Cela n'est pas rigoureusement vrai. Dans quelques travaux à la mer, on a employé avec succès des sables et petits graviers pris sur les grèves voisines.

[2]) Il résulte des expériences de Vicat que le même sable ne convient pas également bien aux différentes espèces de chaux. Pour les mortiers

2. La maçonnerie.

a) Epaisseur des joints.

Nous avons déjà parlé d'un manière générale de ce sujet à l'occasion de la dimension des briques. En Allemagne, on est convenu aujord'hui d'adopter 0,01 m pour l'épaisseur des joints montants et 0,012 m pour celle des lits, et cela pour qu'il entre juste 13 assises de briques dans 1 mètre de hauteur de maçonnerie.

Il faut remarquer toutefois que plus les joints horizontaux sont épais et plus la maçonnerie est exposée à se tasser avec le temps. Dans les vieilles constructions romaines, faites en briques plates, on rencontre, il est vrai, des joints ayant jusqu'à 0,025 m et même 0,05 m d'épaisseur.[1] Mais ces constructions n'ont résisté, qu'à cause de l'excellente qualité des éléments constitutifs du mortier, celui-ci étant fait le plus souvent avec de la pouzzolane.

b) Pose des briques.

Un mortier bien préparé renferme toujours plus d'eau qu'il ne lui en faut strictement pour faire prise; cet excès d'eau se trouve absorbé par les briques pendant la pose. S'il n'en était pas ainsi, les briques absorberaient une partie de l'eau d'hydratation, et l'on trouverait par la suite qu'au lieu d'être reliées par du mortier, elles reposent simplement dans une poussière sablonneuse.

C'est également pour ce motif, qu'il faut toujours mouiller les briques avant leur emploi et cela plus ou moins, suivant

---

de chaux grasse, il faut préférer les gros sables aux sables fins; pour les mortiers de chaux hydrauliques, c'est l'inverse qui a lieu. On dit qu'un sable est fin quand ses grains n'ont pas plus d'un millimètre de diamètre et qu'il est gros, quand ce diamètre est compris entre 1 et 3 millimètres.

[1] En France, l'épaisseur des joints ne dépasse guère 0,01 m dans la maçonnerie en briques; dans les maçonneries très bien faites, elle descend même jusqu'à 0,003 m. L'épaisseur des joints de la maçonnerie en pierres de taille varie de 0,004 à 0,01 m.

leur degré de porosité. Les briques dures ou surcuites n'absorbent que peu d'eau, à raison de leur texture serrée; il n'est donc besoin que de les humecter. Les briques poreuses, par contre, doivent être plongées dans l'eau et doivent même y rester quelques instants quand on se trouve au moment des chaleurs et que le mortier est gâché serré. Ordinairement le maçon prend une dizaine de briques et les plonge dans un baquet plein d'eau, placé à ses côtés sur l'echafaudage et après les avoir retirées les laisse égoutter pendant quelques instants. Il asperge avec le balai la place où il va poser la brique, et y étend la quantité de mortier nécessaire pour former son lit. Il prend la brique de la main gauche et après l'avoir garnie de mortier sur deux de ses côtés, en la tenant obliquement, l'une de ses diagonales étant dirigée suivant la verticale, il l'a met en place et la presse bien dans sa position. Quelques legers coups de truelle achèvent de la placer exactement dans l'alignement des autres tout en refoulant au dehors l'excès de mortier. Le maçon le reprend avec le plat de la truelle et le repousse dans les vides du joint. Les bavures excédantes sont en suite réparties sur les parties adjacentes de l'assise.

Une maçonnerie ainsi faite présente des joints bien garnis et offre toute garantie de solidité. Mais les maçons se donnent rarement la peine de prendre toutes les précautions que nous venons d'indiquer. Ils omettent non-seulement de mouiller les briques, mais répartissent souvent si mal le mortier que l'on rencontre quelquefois des joints montants laissant voir le jour à travers le mur.

Le mortier des joints peut affleurer le parement du mur. fig. 173, B, ou s'arrêter peu en arrière, fig. 173, A. Dans le premier cas, on obtient une maçonnerie présentant meilleure apparence, mais

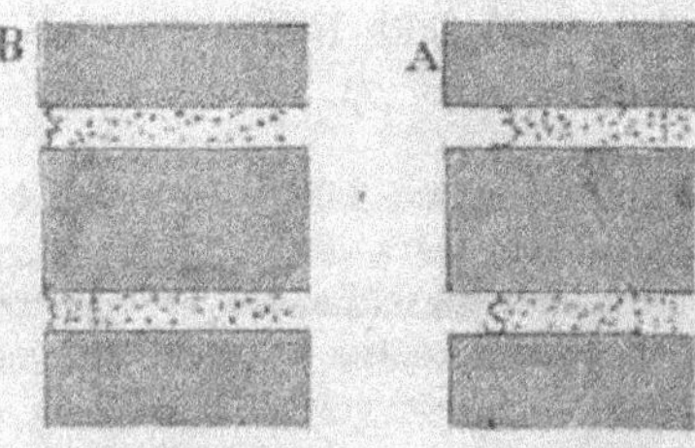

Fig. 173.

ne se prétant pas aussi bien au rejointoyement, ni au crépissage

La seconde disposition est donc préférable quand il s'agit de reprendre les joints ou de recouvrir les parements d'un enduit.

c) Rejointoyement.

Dans les constructions en briques, il est important de reprendre la partie extérieure des joints et de la garnir soigneusement de mortier; c'est ce qu'on nomme le rejointoyement. Si l'on négligeait de faire ce travail, l'humidité pourrait avec le temps pénétrer dans l'intérieur de la maçonnerie.

Beaucoup de constructeurs pensent que le rejointoyement doit s'éxécuter au fur et à mesure de l'avancement des travaux, en suivant à quelques assises de distance. Dans ces conditions, les briques et le mortier du massif sont encore assez humides au moment du rejointoyement, pour que le nouveau mortier fasse corps avec eux; on évite en outre la reconstruction subséquente, partielle ou totale, de l'échafaudage.

Les édifices dans le style des constructions du moyen âge, conservent le plus souvent les joints à l'état brut; mais quand les maçonneries sont faites en briques de choix et décorées d'ornements en poterie, on les rejointoie toujours avec le plus grand soin.

Fig. 174 A—G.

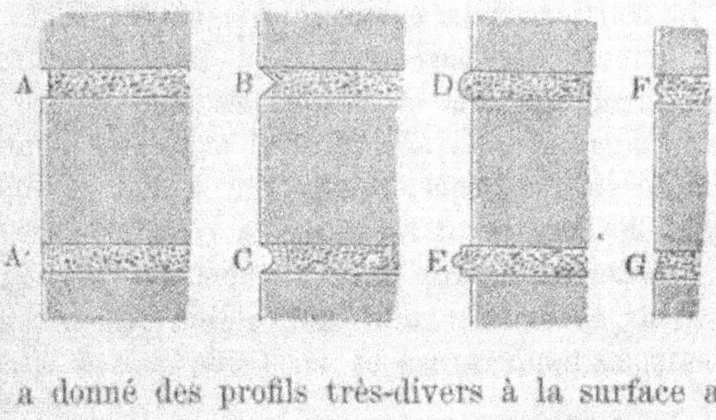

On a donné des profils très-divers à la surface apparente du joint, fig. 174, A—G. Tantôt elle est de forme angulaire et tantôt de forme arrondie, les premières étant préférables aux secondes.[1] On profile le an mortier au moyen d'un outil spécial, appelé tire joints dont la pointe présente en creux la forme adoptée.

Le nettoyage préalable du joint se fait de préférence avec un outil en bois; le fer lisse les arêtes de la brique et les rend moins propres à retenir le mortier de rejointoyement. Ce

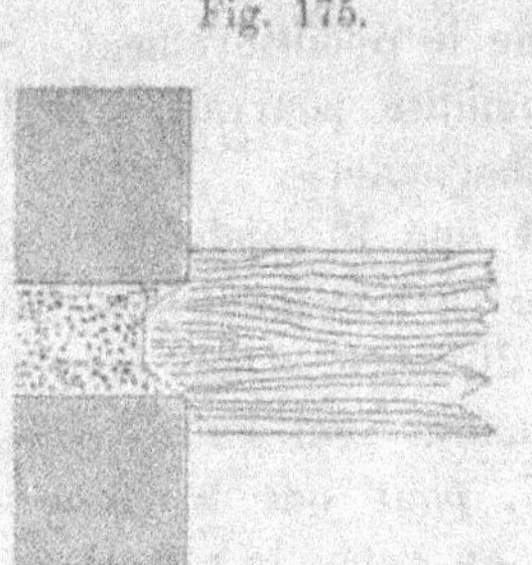

Fig. 175.

dégradage ne s'étend que de 0,02 m dans l'intérieur et est suivi d'un lavage. Il est mauvais de polir la surface du mortier, une fois les joints remplis; cela paraît avoir pour effet de chasser trop rapidement l'eau du mortier et, en conséquence, de nuire à sa prise.

Dans les massifs en briques du grand pont de chemin de fer, à Dirschau, sur la Vistule, le maçon faisait lui même le rejointoyement après la pose de chaque série de 4 ou 5 assises de briques. Dans ces conditions, l'enlèvement des bavures et le nettoyage des joints se faisaient facilement avec de l'étoupe. Bien que l'ouvrier eût à passer fréquemment d'un genre d'ouvrage à un autre, on adopta ce mode de construction parce qu'il permettait de compléter la maçonnerie avec le même échafaudage et de faire le rejointoyement avant la prise du mortier de la partie intérieure des joints.

Pour obtenir des parements bien propres et soignés, il faut, après avoir dégradé et nettoyé les joints, faire précéder le rejointoyement d'un lavage général avec une solution très-diluée d'acide chlorhydrique. Ce lavage se fait en commençant par le haut de l'édifice; il est suivi du rejointoyement proprement-dit. Il faut maintenir les joints humides jusqu'au moment de les garnir de mortier afin que celui-ci résiste mieux aux changements de température et ne tende pas à s'écailler ou

[1] Dans les maçonneries de pierre de taille et de moellons piqués, la surface vue du joint reste plane et affleure le parement du mur.

à se gercer. Beaucoup de constructeurs rejettent le ciment pour les travaux de rejointoyement, à cause de sa rapidité de prise, et de la lenteur forcée du travail. Il faut, en tous cas, ne gâcher à la fois que de petites quantités de mortier de ciment.[1]) L'auteur peut recommander par expérience pour ce genre de travaux l'addition d'une petite quantité de ciment au mortier de chaux.[2])

A l'église de la paroisse du Nord, à Altona, on évita le rejointoyement ultérieur, en terminant les joints au fur et à mesure de l'avancement des massifs. Pour parer au mauvais effet qu'aurait produit le mortier de couleur blanche, on posa les briques de parement dans un mortier coloré en rouge par l'addition d'un peu de colcothar. Cette manière de procéder qui paraît compliquée au premier abord fut cependant d'une application facile. L'auge à mortier était divisée en deux compartiments dans lesquels se trouvaient les deux sortes de mortier; le maçon prenait tantôt d'un côté et tantôt de l'autre, suivant les besoins. Dans le cas particulier le nettoyage de la surface apparente de la maçonnerie pût se faire plus facilement que d'ordinaire et la présence du peroxyde de fer ne fit qu'ajouter à la dureté du mortier.

Dans la synagogue de Berlin, construite avec des briques d'une belle couleur jaune, on a donné au mortier de rejointoyement un ton brun foncé en y mêlant un peu de terre d'ombre. Les façades en briques rouges de l'Hôtel de ville de la même capitale sont rejointoyées avec du mortier coloré par un mélange de colcothar et de rouge d'Angleterre.

Les mortiers de rejointoyement ne doivent pas être trop gras, sans quoi ils ne s'uniraient pas convenablement aux briques et pourraient se gercer dans la suite.

---

[1]) Quand on emploie du mortier de ciment, il faut non-seulement bien mouiller les joints avant le rejointoyement, mais aussi après, et cela plusieurs jours de suite pour que le durcissement du mortier ne s'effectue que lentement.

[2]) Ces mortiers bâtards ont l'avantage de durcir plus promptement et d'être plus imperméables que les mortiers de chaux.

d) Dispositions d'ensemble et montage.

Dans un chantier de maçonnerie, c'est le maître-compagnon qui trace le travail aux maçons. Il prend aussi les mesures de hauteur, c'est-à-dire qu'il reporte en grandeur naturelle sur une latte bien dressée, de 4 à 5 mètres de longueur, certaines mesures principales, telles que la hauteur entre deux bandeaux, celle des baies de porte et de fenêtre, etc., puis il marque sur la latte la position des différentes assises de briques. Pour éviter l'indécision et les erreurs au moment de l'éxécution, le projet doit prévoir pour ces mesures des multiples exacts de la hauteur d'assise; s'il en était autrement, on répartirait également l'excès de hauteur sur toutes les assises.

Le maître-compagnon doit avoir ses mesures de hauteur à portée pour vérifier fréquemment le travail du maçon. Celui-ci commence toujours par les angles des murs et par les jambages des portes et fenêtres. Il y élève la maçonnerie de 1 m environ sans s'occuper pour commencer des parties intermédiaires et y suit très-exactement les mesures que lui donne le maître-compagnon. Cette partie du travail est toujours faite par les meilleurs ouvriers, car la solidité de l'ensemble des massifs dépend en grande partie de la bonne éxécution des angles.

Pour l'éxécution des trumeaux, le maçon fait usage du cordeau. Il dispose ses assises de façon à ce qu'elles se trouvent partout à même distance d'un cordeau tendu horizontalement. A cet effet, il enfonce des clous dans deux joints correspondants des angles et enroule sur eux le cordeau, en le maintenant tendu au moyen de poids (pierres ou plomb). Il doit prendre garde de placer les briques de parement bien exactement dans l'alignement prescrit et de bien faire correspondre les joints montants au mode d'appareil adopté. Pour arriver à remplir cette dernière condition, il est obligé de faire des vérifications fréquentes avec le fil-à-plomb, la règle et le niveau.

Afin de rendre les tassements aussi uniformes que possible, il faut éxécuter en même temps les murs extérieurs et intérieurs

et les faire avancer à peu près également. On évitera d'une
manière absolue d'achever une partie de la construction avant
de commencer la partie complémentaire, particuliérement
quand il s'agit de petites constructions. Habituellement,
on avance par tranches de 1,25 m à 1,60 m de hauteur,
correspondant à la hauteur d'étage de l'échafaudage. Cette
hauteur ne devrait pas dépasser 1,30 m quand on veut que le
travail se fasse commodément; mais souvent les maçons gagnent
quelques décimètres en prenant un point d'appui sur des briques
ou des auges renversées qu'ils disposent à cet effet sur le
plancher de l'échafaudage. Lorsque les murs renferment des
parties courbes ou polygonales, on détermine leur tracé au
moyen de gabarits; il en est de même pour les piliers dont la
section n'est pas de forme simple.

Lorsque dans un même édifice, un mur en briques touche
à un mur en moellons de hauteur différente, l'inégalité de
tassement des deux est inévitable et peut même, si l'on ne
prend les précautions nécessaires, gravement compromettre
la solidité de la construction. Dans un cas semblable, on
rend les deux murs tout-à-fait indépendants l'un de l'autre à
partir des fondations. On suivra le même principe dans le cas
de travaux d'agrandissements; la maçonnerie nouvelle doit
simplement butter contre la maçonnerie ancienne. Il peut arriver
cependant qu'il soit désirable de raccorder les deux parties
d'une manière intime par déharpements et en conservant la
continuité de l'appareil. En pareil cas, il faut prendre la précaution d'éxécuter la maçonnerie nouvelle par tranches successives peu épaisses qu'on laissera chaque fois complètement sècher
avant de commencer la suivante, condition qui occasionne forcément une grande perte de temps. Une autre difficulté résulte
quelquefois de ce que le modèle de brique de la maçonnerie
ancienne n'est plus en usage; car, pour obtenir la régularité
d'appareil, il va sans dire que les briques doivent avoir même
modèle dans les deux maçonneries.

L'expérience et la capacité d'un maître-compagnon se re-
connaissent surtout à la manière dont il sait organiser son

chantier et au parti qu'il sait tirer de chacun de ses ouvriers. Cela est particulièrement vrai en ce qui concerne les ouvriers-maçons qui ne doivent jamais se gêner l'un l'autre, mais doivent au contraire, marcher de pair, pour que les travaux avancent régulièrement sans obstacles, ni arrêts.

Il incombe au maître-compagnon de prévenir les charpentiers en temps convenable pour qu'ils puissent faire la pose de l'empoûtrement et de la charpente sans rencontrer d'empêchements, tandis que les maçons trouvent de la besogne ailleurs. Ces derniers se placent ordinairement sur les murs de pignon pendant que les charpentiers font la pose des solives sur les murs longitudinaux.

On admet habituellement qu'un bon maçon peut poser 800 briques de 0,25 m de longueur dans sa journée, quand les murs sont épais et dépourvus d'ouvertures. Si le massif présente des angles et des baies, le nombre se réduit à 700; enfin si la maçonnerie comprend des pilastres, des parties arquées, de nombreuses ouvertures, etc., il ne faut plus compter que sur 500 briques.[1])

Pour déterminer le nombre d'ouvriers qu'il faut engager quand il s'agit de terminer une construction dans un temps donné, on s'appuie sur certaines données pratiques tirées de l'expérience. Ainsi, on sait qu'à 2 ou 3 maçons correspond 1 aide pour servir les pierres et le mortier dont ils ont besoin; qu'un garçon maçon peut fabriquer le mortier nécessaire à 8, et même 12 maçons; enfin, qu'un bon maître-compagnon peut diriger de 15 à 20 ouvriers et même plus, quand l'atelier n'est pas trop vaste et que son chef est un homme entendu et intelligent.

S'il s'agissait, par exemple, de construire un bâtiment à

____

1) Le temps nécessaire à l'éxécution des différentes maçonneries varie avec la nature de l'ouvrage, les conditions plus ou moins faciles de la pose, le degré d'habileté de l'ouvrier etc. Il est donc impossible d'indiquer des chiffres absolus. Nous résumons dans le tableau ci-contre des données qui peuvent être considérées comme des résultats moyens.

deux étages dans lequel entreraient environ 800 000 briques,
on pourrait admettre qu'il faudrait 1500 journées de travail
pour exécuter la maçonnerie, le travail moyen journalier du
maçon étant compté à 550 briques. Si, d'après le contrat, le
bâtiment doit être couvert en quatre mois, on pourra admettre

Tableau donnant le temps nécessaire à l'exécution du mètre cube des
principales maçonneries.

Nature de la maçonnerie	Nature des ouvrages	Nombre des ouvriers employés	Nombre d'heures
Pierre de taille	Ouvrages ordinaires, châines, parpaings, parapets, cordons, etc.	1 poseur	4
	Assises en reprises, plates-bandes droites; voûtes en berceau	1 contre-poseur	5
	Voûtes en arcs de cloître, voûtes d'arête, calottes sphériques	2 garçons — total 4 ouvriers	10
	Morceaux posés par incrustement		15
	Libages, auges, bornes et autres ouvrages semblables	1 maçon 1 garçon	11
	Seuils, marches, appuis, canivaux	total 2 ouvriers	27
Moellons	Maçonnerie de blocage en moellonnaille de forme irrégulière dont le volume n'excède pas 0,003 m	1 maçon 1 garçon	3 à 5
	Maçonnerie ordinaire de massifs ou de murs en moellons dont les parements sont bruts ou smillés et les lits et joints ébousinés ou équarris	total 2 ouvriers	5 à 6
	Maçonnerie de moellons smillés ou d'appareil, pour parements de mur, voûtes, etc.		6 à 10
Briques	Maçonnerie en briques 0,22 × 0,11 × 0,055 m pour murs de face, de refend, de pignon, etc. y compris échafaudage et montage des matériaux à 7 ou 8 m de hauteur — nombre de briques 685, déchet compris	1 maçon 1 garçon — total 2 ouvriers	15
	Même maçonnerie pour voûtes		16

une période de travail de 100 jours, ce qui donne pour le chantier 15 maçons. A ces ouvriers il faut ajouter de 5 à 7 garçons-maçons; 1 manœuvre pour la préparation du mortier, lequel se ferait au besoin aider par un des garçon-maçons; 1 maître-compagnon, pouvant aussi à l'occasion mettre la main à l'œuvre.

Le prix élevé et toujours croissant de la main d'œuvre oblige les entrepreneurs de maçonnerie à se servir de plus en plus de moyens mécaniques, comme le font déjà depuis long temps les entrepreneurs de travaux publics. L'usage de machines dans les chantiers de construction s'est surtout répandu à Londres et à Paris, et l'on commence aussi maintenant à entrer dans cette voie en Allemagne, particulièrement à Berlin et à Hambourg.

C'est ainsi que la préparation du mortier se fait maintenant souvent mécaniquement au lieu de se faire à bras d'homme et le mélange des éléments n'en est que plus parfait. Ces machines à mortier se font de formes très-diverses. En principe, elles se composent d'un tonneau cylindrique, horizontal ou vertical, dans l'axe duquel tourne un arbre armé de croisillons, comme dans les malaxeurs servant à la préparation de la terre à briques. Le mélange se fait aussi quelquefois à l'aide d'une paire de meules verticales, montées aux extrémités d'un arbre horizontal, mis en mouvement par un manège. Ou bien encore par des rateaux, agissant tout-à-fait à la manière des rabots que l'on emploie pour la manipulation à bras.[1])

---

[1]) La fabrication du mortier comprend trois opérations successives, à savoir:

L'extinction de la chaux,

le dosage des éléments du mortier,

et le mélange de ces éléments.

L'extinction de la chaux peut se faire de quatre manières différentes.

1° L'extinction par fusion. Elle se fait en plaçant la chaux dans un bassin avec une quantité d'eau suffisante pour la réduire en bouillie épaisse.

2° L'extinction sèche par immersion ou aspersion. Elle consiste à tremper la chaux, à l'aide d'un panier, pendant quelques instants dans l'eau et à la laisser en suite éclater et tomber en poussière; ou bien à l'asperger à l'aide d'un arrosoir après l'avoir étendue sur une aire en planches, ce qui la réduit également en poudre.

Pour pouvoir se servir de la machine on est allé récemment jusqu'à fabriquer en un seul et même point le mortier destiné à plusieurs constructions et à le transporter en suite dans des voitures fermées au lieu de son emploi; l'expérience n'a pas encore démontré si ce procédé est réellement pratique.

Mais c'est surtout pour le montage des matériaux que l'usage des appareils mécaniques s'est répandu. Nous n'indiquerons ici que quelques unes des dispositions qui ont été adoptées. La plus simple consiste à élever une bâche en fer ou en bois à l'aide d'un treuil jusqu'à hauteur des maçonneries en éxécution. A cet effet, on commence par établir un échafaudage, solidement entretoisé, portant à sa partie supérieure une poulie sur laquelle s'enroule la corde du treuil. Ce dernier est actionné par des hommes, par un manège ou par une locomobile. Dans les villes il est quelquefois avantageux d'employer comme moteur une machine à gaz.

3° L'extinction par aspersion. Elle se pratique en plaçant la chaux dans un bassin formé de sable et en jetant sur elle une quantité d'eau suffisante pour la réduire en pâte. On la recouvre en suite avec du sable et l'on attend que sa fusion soit complète avant de faire le mortier.

Enfin, 4° l'extinction spontanée. C'est celle qui s'opère lentement d'elle-même, en laissant la chaux vive exposée à l'air humide.

Le dosage des quantités de chaux et de sable du mortier se fait en volume, à l'aide de brouettes, fermées sur le devant. Nous avons indiqué à la page 166 la composition de quelques mortiers dont on s'est servi pour l'éxécution d'ouvrages importants.

Lorsque la manipulation se fait à bras d'homme, on commence par étendre le sable en forme de bassin, sur une aire en planches, et l'on verse dans l'intérieur la chaux réduite en pâte. L'ouvrier effectue le mélange à l'aide d'un outil appelé rabot. Il lui imprime un mouvement de va et vient, en le poussant en avant, puis en le tirant à lui, de manière à bien écraser les mottes et à amener graduellement le sable qui se trouve sur les bords en contact avec les parties ramollies intérieures.

Quand le mortier est formé de chaux grasse et qu'il est fabriqué depuis quelque temps, on peut, pour le ramollir, lui ajouter un peu d'eau et le travailler à nouveau sans trop nuire à sa qualité. Mais quand il est formé de chaux hydraulique, cela n'est plus possible et il faut alors toujours l'employer avant que la prise n'ait commencé à se manifester.

A Paris, on se sert avantageusement d'élévateurs hydrauliques. Ils se composent de deux bâches que l'on peut à volonté charger de matériaux ou remplir d'eau et qui sont suspendues aux extrémités d'une corde s'enroulant sur une poulie portée par l'échafaudage. Un tuyau, en communication avec la conduite de la ville et montant le long de l'échafaudage, permet de prendre de l'eau à la hauteur de l'un quelconque des étages. Pour faire le montage, il suffit alors de remplir la bâche inférieure avec des matériaux et la bâche supérieure avec un volume d'eau suffisant pour que son poids l'emporte sur celui des matériaux.

A Berlin, on emploie beaucoup un genre de treuil qui se fixe à la partie supérieure de l'échafaudage; nous l'avons

Fig. 176.

représenté à la fig. 176. Un bâtis en bois, consolidé par des tirants transversaux supporte deux arbres horizontaux, l'un au-dessus de l'autre. L'arbre inférieur est muni de manivelles à ses extrémités et porte une roue à rochet et un pignon. Ce dernier engrène avec une roue d'engrenage, calée sur l'arbre supérieure à côté de la poulie qui reçoit le cable de levage. Le treuil porte près de la roue à rochet un frein à double action.

Le diamètre de la poulie est calculé en vue d'un cable de 15 millimètres de grosseur. Ce cable présente une longueur totale de 60 m et soulève d'un côté une caisse pleine, pendant que de l'autre il descend une caisse vide. Chaque treuil est accompagné de deux fortes caisses ou bâches en bois, bien ferrées, ainsi que de deux caisses en tôle, de même dimension. Toutes ces bâches portent aux angles des crochets en fer servant à suspendre la caisse à un double étrier attaché au bout du cable.

Les caisses chargées sont amenées sous l'élévateur sur des wagonnets semblables à ceux que l'on emploie dans les ports pour le déchargement des bateaux. Une fois à hauteur des maçonneries, on les roule en place à l'aide de rouleaux en bois, sur un chemin en plats-bords. Avec un treuil de ce genre quatre ouvriers peuvent monter dans une journée de travail, jusqu'au 2ᵉ ou 3ᵉ étage 5000 briques et la quantité de mortier nécessaire à leur pose.

Dans les constructions importantes en Autriche, le montage des briques se fait presque toujours à l'aide d'un appareil imaginé, il y a une vingtaine d'années, par M. Lerompay. Cet appareil dont le principe est celui des norias, est représenté à la fig. 177; son mode d'action se comprend facilement.

Le tambour supérieur (a) sur lequel s'enroule la chaîne a une forme carrée; c'est celle qui a donné les meilleurs résultats, bien que la forme polygonale semble de prime abord se preter mieux à l'enroulement de la chaîne. Celle-ci, par suite de sa grande longueur (19 m) tend à se balancer; pour empêcher ce mouvement, on la guide par des galets (b, b).

Les chaînons (c), fig. 179 sont en bois de hêtre, renforcé de garnitures en fer (d, d). Ils supportent, de deux en deux, des boîtes en tôle mince (e, e) dont les dimensions sont calculées pour contenir facilement deux briques, soit ordinairement 0,18 m de longuer, 0,16 m de largeur et 0,21 de hauteur.

Fig. 177.

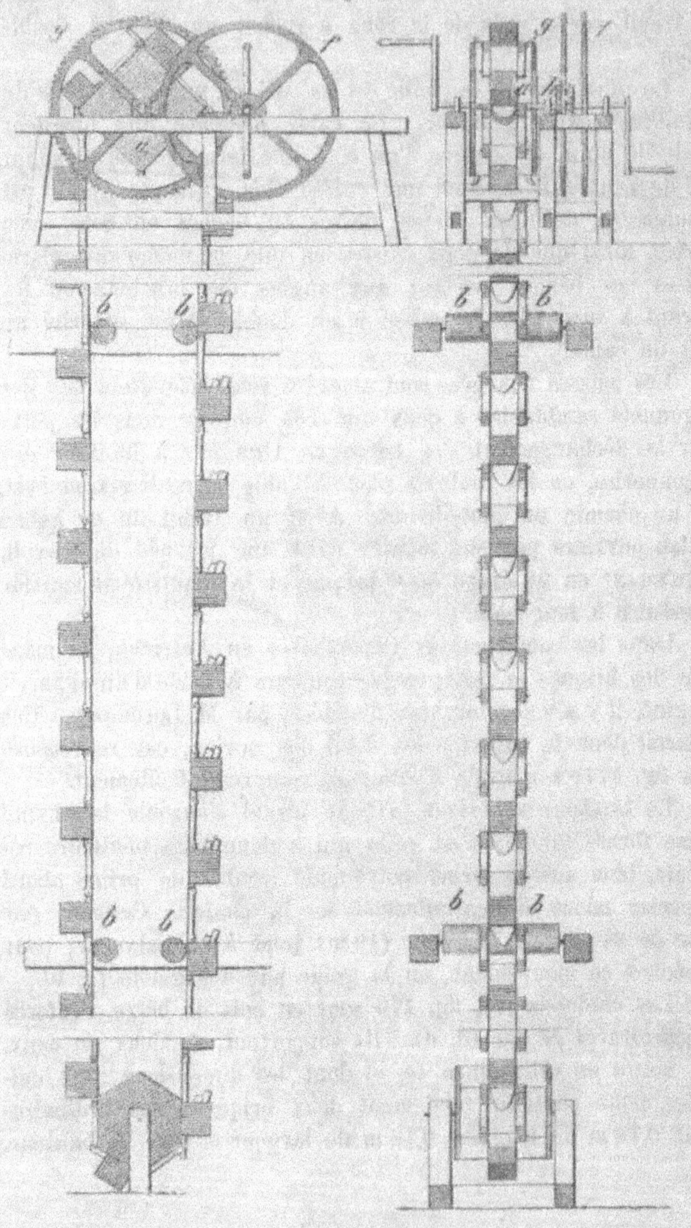

La longueur des chaînons est de 0,32 m et l'écartement des boîtes de 0,65 m.

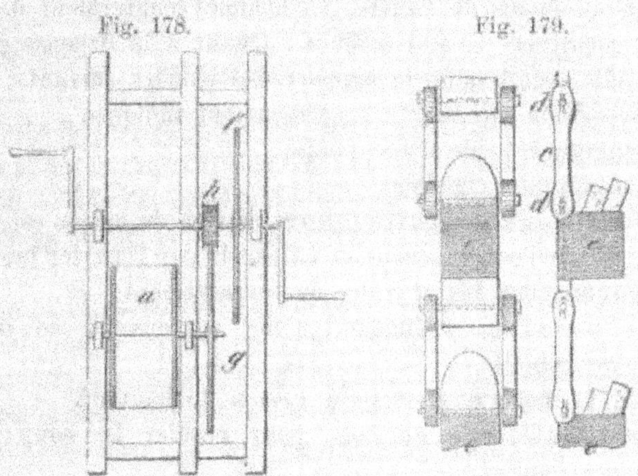

Fig. 178.   Fig. 179.

Le déchargement de l'appareil est fait par un ouvrier qui retire les briques au fur et à mesure qu'elles arrivent à hauteur. Il serait certainement plus simple de laisser l'appareil les déverser naturellement sur l'échafaudage, mais il pourrait alors accidentellement en retomber quelques unes ce qui constituerait un grave danger. D'ailleurs, même en ce cas, on

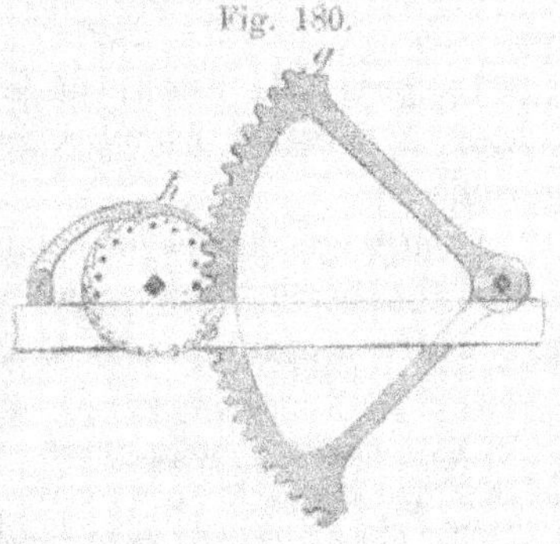

Fig. 180.

serait forcé d'occuper un manœuvre à enlever le tas de briques qui se formerait au bout de peu de temps devant l'appareil.

Avec ce mode de montage quatre hommes peuvent élever 14 000 briques à la hauteur de 10 à 12 mètres, en 12 heures.

Avec le montage par poulie, trois hommes élèveront, dans le même espace de temps et à la même hauteur, 3800 briques.

Enfin, par le procédé ordinaire qui consiste à faire passer les briques de main en main, les ouvriers se tenant sur des échelles, l'un au-dessus de l'autre, 15 hommes monteraient dans les mêmes conditions 10 500 briques. Quant à la dépense comparative, elle serait dans le rapport des chiffres suivants:

Disposition mécanique précédemment indiquée . . . 1

Montage à l'aide d'une poulie 3

Montage sur échelles . . . . $3\frac{1}{2}$

L'outillage de l'ouvrier terrassier et du maçon est fourni en partie par l'entrepreneur et en partie par l'ouvrier lui-même. Il comprend pour les travaux de terrassement:

La brouette ordinaire, d'une contenance de 0,10 à 0,15 mètre cube.[1]

Des tréteaux, de 1,40 à 1,80 m de hauteur.

Des gouttières en bois, pour écouler les eaux d'infiltration des fouilles.

La pioche et le pic, tous deux à tranchant et à pointes aciérés.[2]

La pelle, la bêche et le coin en fer aciéré. Ce dernier servant à détacher les blocs de pierre ou à démolir de vieilles murailles.[3]

L'outillage de maçon comprend: Les Rabots, rateaux, auges, pelles et bêches; la hachette, le marteau de maçon, la truelle à mortier, la truelle à plâtre[4]), le niveau de

---

[1] La brouette à coffre, dont on se sert habituellement en France, ne cube que de $\frac{1}{20}$ à $\frac{1}{30}$ de mètre cube.

[2] La pioche des terrassiers porte le nom de tournée. Elle présente d'un côté une tranche plate, de l'autre un pic et pèse de 2,5 à 3,75 kg, suivant ses dimensions. Le pic peut être à une ou à deux pointes; il n'est employé que dans les terrains durs, de nature rocheuse.

[3] L'ouvrier enfonce les coins à coups de masse ou de marteau. Il achève ordinairement de détacher les blocs au moyen de la pince. Dans les terrains très-durs, il se sert de la pointerolle. C'est un outil monté sur un manche, présentant d'un côté une pointe fortement aciérée et de l'autre une tête carrée sur laquelle l'ouvrier frappe avec la masse.

[4] La truelle à mortier des maçons français est en fer et présente ordinairement une forme arrondie du bout; elle porte le nom de guer-

maçon, l'équerre, les règles, la taloche (pour les enduits et les crépis), les grattoirs, les balais et pinceaux (pour mouiller la maçonnerie) le cordeau, le fil à plomb, etc.

e) Clôture des chantiers.

Dans toutes les villes un peu importantes la construction de ces clôtures est reglementée par des ordonnances de police, assurant la libre circulation et la sécurité aux abords des chantiers. Ces ordonnances prescrivent en général les mesures et dispositions suivantes.

Les clôtures doivent être solidement établies, en matériaux de bonne qualité et non en matériaux de rebut, tels que lattes ou bouts de planches. Elles ne doivent présenter ni clous, ni pièces de bois faisant saillie à l'extérieur. En général, elle ne doivent avancer que de deux mètres dans la rue; mais quand la maison en construction ne possède pas de cour et que l'on est obligé de déposer les matériaux sur la rue, on pourra, si les circonstances locales le permettent, donner à cet avancement une largeur de 3 mètres.

Il faut ménager pour les piétons, entre le ruisseau du trottoir et la clôture, un passage d'au moins 1 mètre de largeur. Si la clôture s'approchait trop du ruisseau, on élargirait le trottoir par un plancher provisoire, de manière à lui conserver une largeur libre d'un mètre. Ce passage doit être séparé de la voie charretière par un garde-corps d'un mètre de hauteur. Le remplacement du pavage par des dalles en granit dans le but d'empêcher la détérioration de la voie aux abords du chantier est à éviter.

---

luchonne. La truelle à plâtre se fait en cuivre jaune, le fer s'oxydant rapidement au contact du plâtre; sa lame est trapéziforme.

En dehors des outils ci-dessus indiqués le maçon français emploie le guillaume, espèce de rabot en bois dur, à lame taillée en biseau; la truelle brettée, plaque d'acier, munie d'un manche normal à son plan et dentelée sur l'un de ses côtés; le riflard sorte de ciseau à large lame; enfin les gouges et petits fers.

Lorsque les voitures ne peuvent décharger dans le chantier, on est obligé de déposer les matériaux sur la voie publique, le long de la barrière du trottoir. Il faut alors recouvrir cette partie du trottoir d'un abri en planches, d'au moins 1,30 m de largeur et lui donner une pente vers l'intérieur du chantier, afin que les passants ne soient pas exposés à être blessés, par la chute de quelque débris. A Berlin la police oblige même à décharger au-deça du ruisseau ce qui conduit à donner encore plus de largeur à la toiture d'abri.

Lorsqu'on démolit une construction donnant sur la rue, il faut toujours l'enclore d'une barrière en planches. L'interception du passage par un gardien ou par un obstacle ne suffit pas pour garantir efficacement contre les accidents.

Les barrières et clôtures doivent être maintenues en état de propreté, afin que les piétons ne soient pas exposés à se salir au passage. Lorsque le chantier présente la place nécessaire pour y déposer les matériaux, on peut enlever la clôture après l'achèvement du rez-de-chaussée. Le passage devant la maison en construction doit alors être protégé par un abri en planches, fixé contre l'échafaudage. Quand on est obligé d'interrompre les travaux pendant un temps assez long, comme cela arrive en hiver, il faut supprimer temporairement les parties d'échafaudage et de clôture qui empiètent sur la rue et obstruent la circulation et remettre les choses dans leur état primitif. On ferme avec des planches toutes les ouvertures donnant sur la rue et l'on clôt de toutes parts l'enceinte du chantier.

Le règlement qui régit à Vienne la construction des clôtures est fort court. Il dit: Les clôtures se trouveront en général à 2 mètres de l'alignement de la maison, mais quand les autorités le jugeront utile, elles pourront accorder une augmentation de largeur. Lorsqu'il sera nécessaire de déposer des matériaux sur la voie publique, il faudra en faire la demande aux autorités et se faire indiquer par elles le lieu du dépôt.

Il n'est point permis d'éteindre la chaux, ni de fabriquer le mortier sur la voie publique.

f) Echafaudages.

Les échafaudages qui donnent sur la rue ne doivent point gêner la circulation et doivent porter, à 3 mètres du sol, un abri en planches protégeant les passants contre la chute des matériaux. Ces toitures provisoires doivent dépasser d'au moins 0,60 m la plus grande largeur de l'échafaudage. Elles ne doivent jamais avancer jusque dans la voie charrètière et doivent porter sur le pourtour une bordure en planches de 0,60 m de hauteur.

On distingue plusieurs sortes d'échafaudages, savoir:

1° Les échafaudages en pièces de charpente assemblées;

2° les échafaudages en bois de brin;

3° les échafaudages sur échelles;

4° les échafaudages sur tréteaux;

5° les échafaudages volants;

et enfin 6° les échafaudages suspendus.

Les échafaudages de la première espèce se composent exclusivement de pièces de bois équarries, assemblées entre elles; ce sont donc des ouvrages de charpente (voir la fig. 164 et la pl. I). Pour empêcher les déformations longitudinales et transversales, il faut toujours les entretoiser convenablement par des contrefiches diagonales. Ces échafauds content fort cher et ne s'emploient que dans les constructions importantes et dans le cas particulier où l'échafaud porte lui-même l'appareil de montage.

Les échafaudages en bois de brin sont les plus usités et suffisent parfaitement dans les cas ordinaires. Ils sont formés de pièces de sapin non travaillé, reliées par des cordages, appelés troussières et par du fil de fer, fig. 181, A—B.

Les pièces verticales (a) se nomment écoperches ou échasses; les pièces longitudinales (b), filières et les pièces (c) normales au parement du mur, boulins. Les échasses présentent à leur petit bout un diamètre d'environ 0,10 m et vont

Fig. 181 A—B.

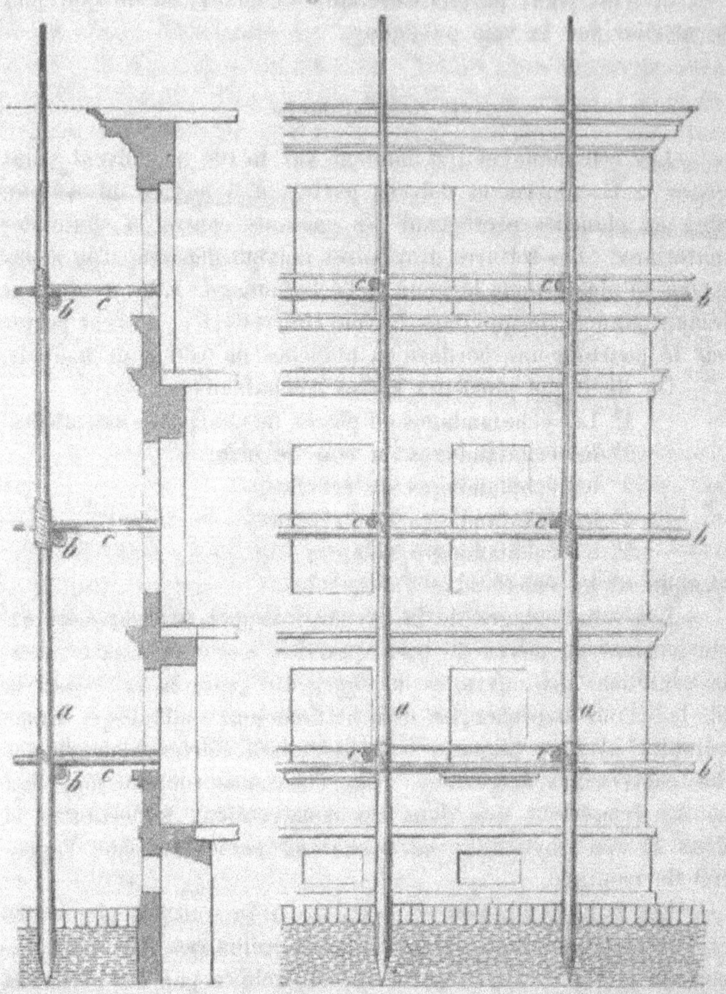

en augmentant de grosseur vers le pied.[1]) Celui-ci pénètre
d'au moins 1 mètre dans le sol et repose ordinairement sur

---

[1]) Les échasses sont en sapin ou en aune. Leur longueur varie de
5 à 10 m et leur diamètre, au gros bout, de 0,15 à 0,25 m.

des bouts de planches ou sur des pierres pilonnées, pour consolider le fond du trou. L'écartement des échasses ne doit pas dépasser 3 mètres.[1]) Pour allonger une échasse, on en lie une seconde à la partie supérieure, en donnant au recouvrement au moins 2 mètres de longueur. La liaison se fait avec du fil de fer ou des cordages. L'échasse supérieure doit s'arrêter sur un boulin ou sur une filière et doit reposer en outre, sur des tasseaux ou bien sur un soutien placé contre l'échasse inférieure et se continuant jusqu'à terre. Ce dernier peut même être relié à l'échasse par quelques cordages, afin d'empêcher sa flexion dans le sens transversal.

Les échasses sont reliées transversalement par les filières, dont il s'en trouve une au moins par étage. Lorsque ces pièces ne sont pas chargées, on peut les faire en planches, mais dès qu'elles supportent des charges, on doit les composer de bois de brin, d'au moins 0,10 m de diamètre, que l'on relie aux échasses par des cordages en croix. Dans les échafaudages destinés à rester plus de trois mois en place, chaque troisième attache est faite avec du fil de fer. Les filières s'allongent comme les échasses, en entant les perches l'une sur l'autre, mais dans le cas particulier, on peut se contenter d'un recouvrement d'un mètre et de deux ligatures bien solides, en prenant toutefois la précaution de placer le joint au droit d'une échasse.

Les boulins (c), c'est-à-dire les pièces qui relient les échasses et filières avec le mur en construction et qui supportent le plancher, doivent être fixés de manière à ne pouvoir se mouvoir, tant au point d'attache avec l'échasse, qu'au point de scellement dans le mur.[2])

---

[1]) En France, on place rarement les échasses à plus de 2 m l'une de l'autre et à 1,50 m du mur en construction. Au lieu de sceller leur pied dans le sol, on se contente souvent de le maintenir au moyen d'un massif en moellons et plâtre, auquel on donne le nom de patin.

[2]) Les boulins sont habituellement en aune, en chêne ou en frêne; les deux dernières essences de bois sont les meilleures, l'aune étant sujet à se rompre subitement.

Les planchers de l'échafaudage sont formés de madriers d'au moins 0,04 m d'épaisseur; ces madriers doivent être posés de façon à ne pouvoir ni basculer ni glisser horizontalement; les intervalles entre eux doivent être assez petits pour qu'il n'y puisse passer aucuns matériaux, ni outils.

L'entretoisement par des pièces de bois diagonales est toujours utile, car ces pièces s'opposent aux déformations longitudinales et transversales; cependant l'étançonnement des échasses devant la façade n'est admissible qu'autant qu'il ne gêne en rien la circulation dans la rue.

Les échelles qui relient les différents étages de l'échafaudage, doivent être faites avec du bois bien sain et doivent toujours avoir leurs échelons en bon état. Il faut les attacher solidement aux deux extrémités pour qu'elles ne puissent se mouvoir d'aucune manière. Lorsqu'on peut craindre que les montants fléchissent, on les consolide en renforçant d'un morceau de bois de brin leur partie médiane.[1]

En Autriche, on emploie pour réparer et nettoyer les façades, des échafaudages presqu'exclusivement formés d'échelles. Bien que commodes et simples, on ne les a pas encore adoptés en Allemagne. Ces échafaudages se font avec des échelles de grande longueur dépassant quelquefois la hauteur du bâtiment, c'est-à-dire 15 et même 18 m; il est rare de leur voir substitué deux ou plusieurs échelles entées. Elles ont de 0,58 m à 0,62 m de largeur et leurs montants ont une section carrée, à angles arrondis, mesurant de 0,08 m à 0,10 m de côté et un peu réduite à la partie supérieure. Leurs échelons sont de forme ordinaire. Pour dresser ces échelles, on les couche par terre, le long du bâtiment, puis on les soulève à l'aide d'un cable passant sur une poulie portée par une poutre projetant hors des combles. On en dresse une tous les 3,75 m à 4,50 m, faisant reposer son pied sur le pavage

---

[1] Un autre moyen de renforcer une échelle consiste à l'étançonner en son milieu au moyen de deux écoperches formant arcs boutants derrière elle. Les échelles se font de dimensions très-diverses, mais leurs échelons ont presque toujours un écartement de 0,28 m d'axe en axe.

de la rue ou sur une semelle en bois. A l'extrémité supérieure, elles sont retenues par de forts madriers qui projettent hors de la toiture immédiatement au-dessus de l'entablement. Des madriers (b) s'appuyant sur les échelons des échelles forment les planchers de l'échafaudage. La fig. 182 donne l'ensemble de la disposition. Bien que l'adjonction de contre-fiches diagonales augmente beaucoup la solidité de l'échafaudage, on les voit rarement appliquées; les maçons se contentent de clouer quelques madriers de champ contre les montants des échelles.

Fig. 182.

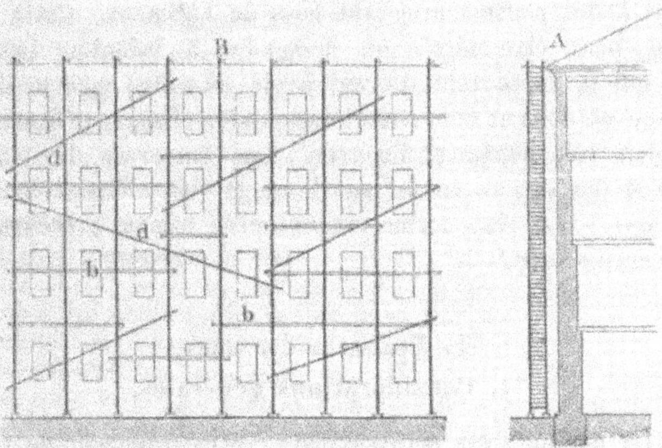

Les échafaudages sur tréteaux ne peuvent servir que jusqu'à 5 m de hauteur. Il faut avoir soin de bien assujettir le pied des tréteaux et de fixer les madriers du plancher afin qu'il ne puisse y avoir de mouvement de glissement. L'écartement des tréteaux et l'épaisseur des madriers se détermine d'après les charges à supporter, comme dans les échafaudages en bois de brin.

On appelle échafaudages volants ceux qui reposent sur des poutres ou madriers projetant hors du bâtiment, qui ne peuvent donc servir qu'à des travaux de réparation. Les madriers doivent butter contre des appuis parfaitement fixés à l'intérieur de la construction, pris soit dans les planchers, soit dans les murs ou même formés artificiellement au moyen de pièces de charpente. La plate-forme supportée par ces madriers est entourée d'un garde-corps d'un mètre de hauteur. Les échafaudages de cette nature ne servent qu'aux réparations et au nettoyage des façades et des combles; on ne doit les charger que des matériaux absolument nécessaires à l'éxécution du travail.

Les échafaudages suspendus s'emploient plus particulièrement pour le nettoyage des façades. Ils sont formés d'une plate-forme en charpente suspendue par des cordages à des poutres projetant hors du bâtiment. Cette plate-forme peut être hissée ou descendue à volonté. Les poutres qui la supportent doivent avoir au-moins 0,25 m d'équarissage et doivent être entretoisées entre elles; leur écartement ne doit pas dépasser 3 mètres. Les traverses du plancher portent des étriers en fer sur lesquels viennent s'attacher ces cordages. La plate-forme est entourée comme précédemment d'un garde-corps.[1])

E. Epaisseur des murs.
1. Considérations générales.

La pratique des constructeurs varie beaucoup en ce qui concerne l'épaisseur des murs; tandis que les uns la réduisent le plus possible en vue de diminuer la dépense, les autres

---

[1]) Avant de quitter l'étude des principales espèces de maçonneries, nous ajouterons quelques mots sur les maçonneries de meulières et de pisé dont l'usage est très fréquent en France.

Maçonnerie de meulières. La meulière est une pierre de texture caverneuse, formée de quartz, carbonate de chaux, alumine et oxyde de fer; sa dureté est presqu'égale à celle du silex. Elle fournit d'excellente maçonnerie, le mortier se liant intimément avec elle en pénétrant dans les trous de sa masse. Toutes les variétés de meulière ne sont cependant pas propres à la construction; ainsi, celle que l'on désigne sous le nom de „caillasse", qui sert à la fabrication des meules de moulins, doit être rejetée d'une manière absolue, car elle se lie mal au mortier.

croient préférable, au point de vue des conditions d'habitabilité et de durée, de forcer beaucoup les épaisseurs fournies par les calculs de résistance. Mais ces manières de voir sont toutes deux extrêmes et il faut adopter un terme moyen.

Dans beaucoup de villes la limite inférieure de l'épaisseur des murs est fixée par ordonnance de police. Ces ordonnances sont principalement destinées à prévenir les fautes que pourraient commettre les constructeurs inexpérimentés, ainsi qu'à empécher les abus de la spéculation. Mais comme il est impossible de prévoir tous les cas qui peuvent se présenter, cette garantie n'est que relative et l'on est, quand même, souvent livré à son propre jugement.

La détermination de l'épaisseur des murs est influencée par deux genres de considérations sur lesquels nous commencerons par appeler l'attention.

Le prix de la main-d'œuvre et des matériaux augmentant tous les jours, celui des maisons s'élève proportionellement

---

Le mode d'éxécution de cette maçonnerie est semblable à celui de la maçonnerie de moellons. La meulière peut être taillée et l'on peut la disposer par assises réglées comme le moellon dans la maçonnerie de moellons piqués. Cependant, le plus souvent, la pierre conserve sa forme irrégulière et alors, au lieu d'araser chaque assise, on pose les blocs dans tous les sens, en prenant soin seulement de faire l'épaisseur des joints aussi régulière que possible. Quand la meulière est terreuse, on doit la nettoyer avant d'en aire la pose, afin d'assurer sa parfaite adhérence au mortier. La maçonnerie de meulière s'emploie dans les travaux de fondation et d'égouts; pour les murs de fosse, massifs hydrauliques, etc.

Le pisé est une maçonnerie économique faite avec de la terre comprimée.

On peut employer pour le pisé toutes les terres qui ne sont ni trop grasses, ni trop maigres; il suffit qu'elles se prennent en mottes demandant une certaine pression pour s'écraser. Lorsqu'on ne dispose que de terres sablonneuses dépourvues d'argile, on peut encore s'en servir en y mélant un lait de chaux.

Pour éxécuter une maçonnerie de pisé, on commence par préparer la terre en la passant à la claye et en humectant également les différentes parties de la masse. La terre préparée est jetée dans un encaissement mobile, formé de deux parois latérales réunies par des traverses amovibles et y est pilonnée par couches successives d'environ 0,10 m d'épaisseur

à tel point que le loyer de l'habitation absorbe aujourd'hui, dans les cas ordinaires, de 20 à 25 pour cent du revenu total. Dans ces conditions, on comprend l'importance de l'économie dans la construction et combien il faut s'attacher à restreindre les quantités dans de justes limites.

D'autre part, les murs extérieurs et quelquefois aussi les murs de refend, devant garantir l'intérieur des habitations des intempéries, il ne faut pas que leur épaisseur soit telle que l'humidité et la chaleur les puissent traverser facilement. Weiss observe très justement à cet égard:

Il est faux de dire, comme on l'a fait en se fondant sur un calcul superficiel, qu'il est bon d'augmenter l'épaisseur des murs des habitations en vue de diminuer la déperdition de chaleur et, par consequent, la dépense de combustible. L'économie qui en résulte pour le chauffage est loin de compenser la dépense supplémentaire que représente le surcroit d'épaisseur.

Lorsqu'on emploie des poêles ou quelqu'autre mode de chauffage économique, on peut regarder 0,30 m comme la limite inférieure de l'épaisseur; quand le système de chauffage est dispendieux, tel que le chauffage à l'eau chaude ou à la vapeur, le minimum sera de 0,45 m.

Dans les constructions en pisé, les jambages des portes et croisées sont presque toujours en pierre et les linteaux en bois. La maçonnerie de pisé se recouvre d'un enduit en plâtre, en mortier de chaux ou en blanc de bourre. Bien que la terre soit à peine humectée, il faut toujours attendre quelques mois avant de faire cet enduit. Pendant cette période de dessication, il faut protéger le parement extérieur du pisé par des planches contre l'action de la pluie.

Au lieu de pilonner la terre dans un moule amovible comme nous venons de le dire, on lui mêle quelquefois de la paille hachée ou du foin et on l'entasse et la dresse en forme de mur, à l'aide de fourches. Ce genre de maçonnerie se nomme bauge ou torchis. Il ne peut servir qu'à la construction de bâtiments rurarns d'un ordre inférieur. Le pisé au contraire a été employé pour des constructions relativement importantes. Dans les départements de l'Ain, du Rhône et de l'Isère, on en a fait des maisons de plusieurs étages. Rondelet cite même un ancien château, qu'il fut appelé à restaurer en 1764, lequel était entièrement construit en pisé et existait déjà depuis plus de 150 ans.

Dans la plupart des cas, on déterminera l'épaisseur en se basant sur les conditions de résistance de la maçonnerie. Les enceintes entourées de murs épais ont d'ailleurs l'inconvénient de causer facilement des réfroidissements au moment des changements de saison, car ces murs permettent difficilement l'égalisation des températures intérieures et extérieures. Ils ont, en outre, le désavantage de restreindre la ventilation naturelle qui se produit au travers du mur. Le fait qu'il y a passage d'air par les pores mêmes du mur a été démontré par Pettenkofer, lequel est parvenu à éteindre une bougie à travers un mur de 0,45 m d'épaisseur. Si le mur est très-mince, l'introduction d'air par cette voie peut même devenir gênante et il faut alors y remedier en recouvrant le parement de tentures épaisses.

Ces observations de M. Weiss sont parfaitement justes, cependant nous croyons devoir les accompagner de quelques restrictions.

En premier lieu, il est clair que la ventilation par les pores cesse de se produire dès que ceux-ci sont bouchés; or cela arrive toujours par les temps de pluie, comme l'ont prouvé les expériences du Dr. Märcker, à Göttingue; il n'en faut pas moins tenir compte du fait, bien que l'action ne soit que périodique.

En second lieu, nous croyons qu'il faut éviter pour les murs extérieurs les épaisseurs inférieures à une brique et demie par la raison qu'en dessous de cette limite, l'humidité parvient à traverser la maçonnerie. L'auteur a eu souvent l'occasion de constater des suintements le long des parements intérieurs de pareils murs lorsque leur face extérieure venait à être frappée par la pluie. De plus la qualité des briques et l'éxécution de la maçonnerie laissent souvent à desirer, car le maçon ne garnit pas toujours parfaitement les joints, surtout à l'intérieur. Aussi faudra-t-il prendre de la brique de premier choix lorsqu'il s'agira d'épaisseurs inférieures à une brique et demie, et il sera même bon de la revêtir extérieurement d'un enduit en ciment.

Pour déterminer les conditions de résistance d'un mur, il faut connaître les données suivantes:

1° La nature et la qualité des matériaux.

2° La hauteur et le nombre des étages, et comme conséquence de cette dernière donnée,

3° Le poids propre de la maçonnerie, le poids de l'empoutrement et de ses surcharges; enfin celui du comble et de la couverture.

La hauteur des étages varie ordinairement de 3 à 5 mètres et dépend de la nature de l'édifice; dans les maisons bourgeoises, cette hauteur est généralement comprise entre 3,00 m et 3,75 m.[1])

---

[1]) A Paris la hauteur des bâtiments est soumise à des règlements arrêtés par ordonnance du 27 juillet 1859.

Voici ces règlements:

Section 1re. De la hauteur des façades des bâtiments bordant les voies publiques.

Art. 1r. La hauteur des façades des maisons bordant les voies publiques dans la ville de Paris est déterminée par la largeur légale de ces voies publiques.

Cette hauteur, mesurée du trottoir ou du pavé, au pied des façades des bâtiments, et prise dans tous les cas au milieu de ces façades, ne peut excéder, y compris les entablements, attiques et toutes les constructions à plomb du mur de face, savoir:

11,70 m pour les voies publiques au-dessous de 7,80 m de largeur;
14,60 m pour les voies publiques de 7,80 m et au-dessus jusqu'à 9,75 m
17,55 m pour les voies publiques de 9,75 m et au-dessus.

Toutefois, dans les rues et boulevards de 20 mètres et au-dessus la hauteur des bâtiments peut-être portée jusqu'à 20 mètres, mais à la charge par les constructeurs de ne faire, dans aucun cas, au-dessus du rez-de-chaussée, plus de cinq étages carrés entresol compris.

Art. 2. Les façades qui seront construites, sur la voie publique, soit en retraite de l'alignement, soit à fruit ou de toute autre manière, ne peuvent être élevées qu'à la hauteur déterminée pour les maisons construites à l'alignement.

Art. 3. Tout bâtiment situé à l'encoignure de deux voies publiques d'inégale largeur peut, par exception, être élevé du côté de la rue la plus étroite, jusqu'à la hauteur fixée pour la plus large.

Toutefois, cette exception ne s'étendra, sur la voie la plus étroite que jusqu'à concurrence de la profondeur du corps de bâtiment ayant face

Nous donnons dans le tableau ci-dessous la résistance à l'écrasement des principales pierres naturelles et artificielles dont on fasse usage en France.[1])

Ce tableau donne le poids du mètre cube des principaux matériaux de construction et les charges, par centimètre carré de section, qui écrasent ces matériaux après un temps très-court.

sur la voie la plus large, que ce corps de bâtiment soit simple ou double en profondeur.

Cette disposition exceptionnelle ne peut être invoquée que pour les bâtiments construits à l'alignement déterminé pour les deux voies publiques.

Art. 4. Pour les bâtiments autres que ceux dont il est parlé à l'article précédent, et qui occupent tout l'espace compris entre deux voies d'inégale largeur ou de niveau différent, chacune des deux façades ne peut dépasser la hauteur fixée en raison de la largeur ou du niveau de la voie publique sur laquelle chaque façade sera située.

Toutefois, lorsque la plus grande distance entre les deux façades n'excède pas 15 mètres, la façade bordant la voie publique la moins large, ou du niveau le plus bas, peut par exception, être élevée à la hauteur fixée pour la rue la plus large ou du niveau le plus élevé.

Section 2. — De la hauteur des bâtiments situés en dehors des voies publiques.

Art. 5. Les bâtiments situés en dehors des voies publiques, dans les cours et espaces intérieurs, ne peuvent excéder, sur aucune de leurs faces, la hauteur de 17,55 m. mesurée du sol.

L'administration peut toutefois autoriser par exception des constructions plus élevées pour des besoins d'art, de science ou d'industrie.

Dans ces cas exceptionnels, elle fixe les dimensions la forme et le mode de construction de ces surélévations.

Section 3. — De la hauteur des étages.

Art. 6. — Dans tous les bâtiments, de quelque nature qu'ils soient, il ne peut être exigé, en exécution de l'art. 4 du décret du 26 Mars 1852, une hauteur d'étage de plus de 2,60 m.

Pour l'étage dans le comble, cette hauteur s'applique à la partie la plus élevée du rampant.

[1]) Les coëfficients indiqués sont ceux donnés par M. M. Claudel et Laroque dans la Pratique de l'Art de Construire.

Désignation des matériaux	Poids d'un mètre cube	Charge produisant l'écrasement p. cm. q.
	kilg.	kilg.
Pierres volcaniques, granitiques, siliceuses et argileuses.		
Basaltes de Suède et d'Auvergne	2950	2000
Porphyre	2870	2470
Granit vert des Vosges	2850	620
„ gris de Bretagne	2742	650
„ de Normandie (Flamonville)	2711	707
„ gris des Vosges	2643	420
Grès dur de Fontainebleau	2570	895
Grès tendre	2491	»
Pierre porc ou puante (argileuse)	2663	680
Pierre grise de Florence (argileuse à grain fin)	2561	420
Pierre meulière de Châtillon, près Paris (compacte)	2423	»
Pierres calcaires.		
Marbre noir de Flandre	2722	790
Marbre blanc veiné, statuaire et turquin	2694	310
Pierre noire de Saint Fortunat, très dure et coquilleuse	2653	630
Roche de Châtillon, près Paris, dure et peu coquilleuse	2292	170
Roche de la butte aux Cailles	2400	325
Liais de Bagneux, près Paris, très dur, a grain fin	2443	440
Roche douce de Bagneux, près Paris	2085	130
„ d'Arcueil, près Paris	2304	250
„ de Saint-Nom, près Versailles	2394	263
Pierre de Saillancourt, près Pontoise, 1re qualité	2413	140
„ „ „ „ „ „ 2me qualité	2101	90
Pierre ferme de Conflans, employée à Paris	2077	90
Pierre tendre (lambourde et vergelet) employée à Paris, résistant à l'eau	1822	60
Pierre tendre de Carrière-sous-Bois, près Saint-Germain, remplaçant le vergelet	1791	58
Lambourde de qualité inférieure, résistant mal a l'eau	1564	20
Calcaire dur de Givry, près Paris	2362	310

Désignation des matériaux	Poids d'un mètre cube	Charge produisant l'écrasement p. cm. q.
	kilg.	kilg.
Calcaire tendre de Givry, près Paris	2070	120
Calcaire jaune oolitique de Jaumont, près Metz. 1re qualité	2201	180
Calcaire jaune oolitique de Jaumont 2me qualité	2009	120
Pierre de roche de Château Laudon	2632	350
Roche vive de Saulny, près Metz (non rompue)	2481	300
Roche jaune de Rosérieulle, près Metz	2400	180

Briques.

Briques bien cuites de Bourgogne	2195	150
» » » de Sarcelles	1997	125
» d'une cuisson ordinaire, de Montereau	1780	110
» rouges de pays (Paris)	1520	90

Plâtre et Mortier.

Plâtre au panier, gâché-très-serré, trente heures après l'emploi	1571	52
Plâtre au panier, gâché avec du lait de chaux	»	73
Mortier ordinaire de chaux et de sable, après six mois d'emploi	1651	35
Mortier ordinaire de chaux et ciment de tuileaux	1465	48
» » » » et de grès pilé	1683	29
Mortier de pouzzolane de Naples ou de Rome	1462	37
Mortier en ciment de Vassy avec moitié sable, quinze jours après le gâchage	2110	155
Béton en mortier de chaux hydraulique, six mois après la fabrication	1851	41

D'après les expériences de Vicat.

Pierre calcaire à tissu arénacé	»	94
» » » » oolitique (globuleuse)	»	106
» » » » compacte (lithographique)	»	285
Brique crue ou argile séchée à l'air libre	»	33
Plâtre ordinaire, gâché ferme	»	90
Plâtre moins ferme que le précédent	»	42

Désignation des matériaux	Poids d'un mètre cube	Charge produisant l'écrasement p. cm. q.
	kilg.	kilg.
Mortier en chaux grasse et sable ordinaire âgé de 14 ans	"	19
" " " hydraulique ordinaire	"	74
" " " éminemment hydraulique	"	144

D'après des expériences récentes faites au Conservatoire des Arts et Métiers.

1° Pierres calcaires.

Roche de Bagneux (cubes de 0,06 m sur 0,06 m)	2777	731
Laversine id.	2546	572
Vitry id.	2453	484
Moulin id.	2296	249
Saint-Nom id.	"	432
Forgel id.	2245	244
Marly-la-Ville (cubes de 0,082 m sur 0,082 m)	2065	246
Vergelet-Ferré id.	1887	125
Abbaye-du-Val id.	1727	64,3
Banc-Royal de Merry id.	1722	61,5
Vergelet fin id.	1497	41,9
Lambourde id.	1696	36,4
Calcaire de Caumont (Eure) id.	2020	424

2° Grès bigarré des Vosges.

Niederwiller (cube de 0,082 m sur 0,082 m)	2170	460
Witzbourg id.	"	412
Bréménil id.	"	442
Kibolo id.	"	419
Archeviller id.	"	362
Merwiller id.	"	294

3° Cubes artificiels en plâtre et silice.

Plâtre silicaté sans cailloux (cub. pleins de 0,20m de côté	"	49,50
id. avec cailloux id.		64,32
id. sans cailloux { cubes de 0,20 m de côté évi-		58,38
id. avec cailloux { dés de manière à diminuer de ¼ la section résistante		66,77

Dans la pratique ou admet généralement que la pression maxima que doive recevoir une pierre peut aller jusqu'au $1/10$ de la charge

A Berlin les règlements de police prescrivent comme charge maxima

pour la maçonnerie en briques, au mortier
de chaux ordinaire   7 kg. p. cm. q.

pour la maçonnerie en briques de choix,
au mortier de ciment   14 kg. p. cm. q.

En admettant pour la brique ordinaire courante le coëfficient de 6 kg par cm carré et un poids de 1600 kg pour le mètre cube de maçonnerie faite avec cette brique, la hauteur limite qui produirait dans une colonne de cette maçonnerie la pression de 6 kg par cm carré, serait donnée par la relation

$$\frac{1600 \times h}{10\,000} = 6 \text{ d'où}$$

$$h = 37{,}50 \text{ m.}$$

On peut déterminer de la même façon dans chaque cas particulier, la hauteur maxima de maçonnerie que puisse supporter l'assise inférieure du massif.

Ce calcul n'est utile que lorsqu'il s'agit de constructions élevées, telles que tours, cheminées, etc. Si une tour atteint par exemple 60 mètres de hauteur, on emploiera jusqu'à 20 mètres du sol une brique dure, pouvant supporter de 9 à 10 kg par cm carré. Il faut naturellement avoir soin dans ces calculs de bien faire entrer en ligne de compte toutes les charges qui agissent sur la base de la construction.

La hauteur des maisons bourgeoises excède rarement 20 mètres, la pression que le poids propre de la maçonnerie produit dans les assises inférieures n'atteint donc que 3 kg par cm carré environ.

Du reste dans les cas ordinaires la limite de 6 kg par cm carré est loin d'être atteinte. Prenons, par exemple, un corps de bâtiment d'un étage de hauteur, avec pièces de 6 m de largeur et supposons que le poids des combles équivaille à celui d'un plancher.

---

produisant son écrasement, cependant lorsque la maçonnerie est faite avec de petits matériaux, on réduit cette limite au $1/_{15}$ et même au $1/_{20}$ de la charge de rupture.

A Berlin les règlements prescrivent pour le calcul des planchers des maisons d'habitation la charge de 500 kg par mètre carré, chiffre comprenant le poids mort et la surchage accidentelle. Dans le cas particulier, le plancher et les combles apporteront donc une charge de

$$2 \times 500 \times \frac{6}{2} = 3000 \text{ kg par m courant}$$

de mur. Si le mur n'a qu'une brique d'épaisseur, la pression par cm carré de maçonnerie sera de

$$\frac{3000}{100 \times 22} = 1{,}35 \text{ kg}$$

Fig. 183.

Fig. 184.

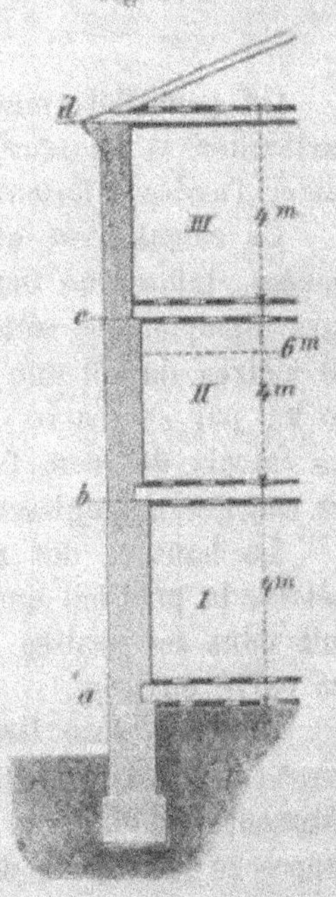

mais comme le mur est formé de pleins et de vides, la maçonnerie des trumeaux supporte en réalité une pression plus élevée. En admettant que la somme des vides égale celle des pleins, fig. 183, la pression se trouverait doublée et deviendrait 2,70 k[1]). Au point de vue de la résistance, l'épaisseur d'une brique est donc largement suffisante pour les murs d'un bâtiment

[1]) A ce chiffre il reste à ajouter la pression dûe au poids mort de la maçonnerie. D'après ce qui précède, cette augmentation n'atteindrait même pas 1 kg, soit en doublant pour tenir compte des vides, 2 kg.

à un seul étage. Mais comme nous l'avons déjà dit l'humidité, la chaleur et le froid traverseraient trop facilement les murs, aussi vaudra-t-il mieux adopter l'épaisseur d'une brique et demie.

Faisons maintenant le même calcul pour une maison de trois étages. Nous supposerons que les pièces aient 6 m de largeur fig. 184 et que la somme des vides égale la somme des pleins en sorte que la charge sur les trumeaux se trouve doublée.

La charge sur 1 mètre de longueur de mur serait alors, à la hauteur du 3me étage

$$c = 2 \times 500 \times \frac{6}{2} = 3000 \text{ kg}$$

à la hauteur du 2me étage

$$b = 3 \times 500 \times \frac{6}{2} = 4500 \text{ kg}$$

enfin au droit du 1^{r} étage

$$a = 4 \times 500 \times \frac{6}{2} = 6000 \text{ kg}$$

La charge dûe au poids mort de la maçonnerie, exprimée par cm carré, est.

en c (hauteur de maçonnerie 4 m) 0,6 kg
en b („   „   „   8 m) 1,3 k
en a („   „   „   12 m) 1,9 k

En admettant que la pression maxima ne doive point excéder 6 kg par cm carré, l'épaisseur théorique nécessaire serait

$$\text{au } 3^{me} \text{ étage } \frac{3000}{(6 - 0,6)\,100} = 5,5 \text{ cm}$$

$$\text{an } 2^{mo} \text{ étage } \frac{4500}{(6 - 1,3)\,100} = 9,6 \text{ cm}$$

$$\text{au } 1^{r} \text{ étage } \frac{6000}{(6 - 1,9)\,100} = 14,7 \text{ cm}$$

mais, par hypothèse la somme des baies égale celle des parties pleines, il faut donc doubler les épaisseurs trouvées, ce qui donne

au 3me étage 11 cm
au 2mo étage 20 „   à peu de chose près
au 1^{r} étage 30 „   „   „   „   „   „

Bien que théoriquement ces dimensions soient parfaitement suffisantes, en pratique on les forcerait encore parce qu'il arrive fréquemment qu'il se glisse quelque pierre ou brique défectueuse dans les massifs et parce que les murs de faible épaisseur sont exposés à prendre du dévers. Dans le cas particulier, on adopterait les épaisseurs suivantes

au 3me étage, 1 brique ou 1 brique et demie,
„ 2me   „ 1 brique et demie ou 2 briques,
„ 1^r   „   2 briques ou 2 briques et demie.

D'ailleurs, comme nous l'avons dit, les limites inférieures des épaisseurs sont souvent fixées par règlements de police.

Lorsque les murs sont faits avec d'autres matériaux que la brique les épaisseurs se modifient avec les coëfficients de résistance. A résistance égale, les épaisseurs seront à peu près dans le rapport des chiffres suivants:

Pierre de taille	Briques	Moellons smillés	Moellons bruts
5—6	8	10	15

Quand le travail est soigné, on peut considérer les épaisseurs suivantes comme des minima

Maçonnerie en pierre de taille 0,20 m
„   en moellons   0,45 m
„   en pierraille   0,65 m

2. Règles générales.

Voici d'abord les règles empiriques données par Rondelet:
Soit
s, l'épaisseur du mur, en mètres;
l, sa longueur libre, „   „
h, sa hauteur,   „   „
n, un nombre de parties aliquotes de la hauteur h,

tel que

$$s = \frac{h}{n}.$$

α. Murs complètement isolés.

On fera en ce cas n = 8, 10 ou 12, selon le degré de stabilité que l'on désire obtenir, et l'on aura

$$\text{épaisseurs fortes} \qquad s = \frac{1}{8} h$$

$$\text{,, \quad moyennes} \ s = \frac{1}{10} h$$

$$\text{,, \quad faibles} \qquad s = \frac{1}{12} h$$

β. Murs d'enceinte.

En ce cas, les extrémités s'appuient contre des murs transversaux.

1° Murs non chargés.

Quand le mur est droit, fig. 185, on prend sur une horizontale une longueur (ef) égale à la longueur libre du mur, puis on mène une perpendiculaire au point (e) et l'on porte sur elle (ea) égale à la hauteur du mur. On subdivise cette hauteur en 8, 10 ou 12 parties égales, selon qu'il s'agit d'un mur de grande, moyenne ou petite épaisseur, et l'on porte sur (ef) à partir de (a) une longueur (ac) égale à l'une de ces parties. Dans la figure

Fig. 185.

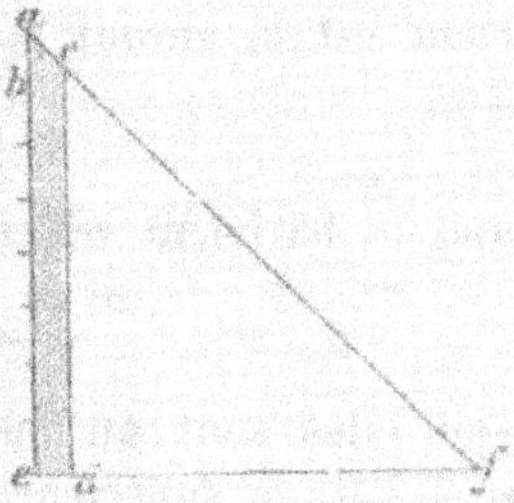

$$ac = ab = \frac{h}{n} = \frac{1}{8} h$$

En menant la parallèle (cd), on obtient en (ed) l'épaisseur cherchée (s). Sa valeur algébrique est

$$s = \frac{lh}{n\sqrt{l^2 + h^2}}$$

n étant égal à 8, 10 ou 12.

Quand le mur est circulaire, il faut faire ef = 1 = $^1/_{12}$ de la circonférence, ou bien approximativement = $^1/_4$ du diamètre D et opérer comme précédemment, fig. 185. On a alors

$$s = \frac{D \times h}{n\sqrt{D^2 + 16\,h^2}}$$

n prenant les valeurs 8, 10 ou 12.

2° Murs chargés.

Quand le mur n'a qu'un étage de hauteur et qu'il n'est maintenu qu'à sa partie supérieure par les solives du plancher, on a, si l'on appelle t la profondeur des pièces,

$$ s = \frac{t \times h}{12 \sqrt{t^2 + h^2}} $$

Si les murs trouvent un appui en un point intermédiaire de la hauteur, de manière à ce que la partie libre soit réduite à la hauteur h_1, alors

$$ s = \frac{t \, (h + h_1)}{24 \sqrt{t^2 + (h + h_1)^2}} $$

Les murs extérieurs des maisons de plusieurs étages, pour lesquels l'écartement est t et dont la hauteur de l'étage supérieur est h, auront pour épaisseur

$$ s_1 = \frac{2t + h}{48} $$

quand le bâtiment ne comprend qu'une pièce en profondeur; et

$$ s_1 = \frac{t + h}{48} $$

quand elles sont au nombre de deux, s_1 étant l'épaisseur du mur à l'étage supérieur.

Exemple. Une maison se compose de 3 étages de 4 m chacun, épaisseur de planchers comprise, et présente en profondeur deux pièces de 6 m chacune. Alors

$$ s_1 = \frac{t + h}{48} = \frac{(2 \times 6) + 4}{48} = \frac{16}{48} = 0{,}33 \text{ m} $$

γ. Murs intérieurs, supportant des planchers des deux côtés

$$ s = \frac{h + t}{36} \text{ } ^{1)} $$

D'après Redtenbacher, on doit calculer les murs des maisons d'habitation par les formules suivantes:

---

1) Cette formule ne s'applique qu'aux murs de refend dont la hauteur n'excède pas le premier étage. Lorsqu'ils s'élèvent plus haut, Rondelet prescrit d'ajouter à l'épaisseur trouvée autant de fois 0,014 qu'il

Soit

t la profondeur de la construction perpendiculairement à son
    axe;

h_1, h_2, h_3 . . . la hauteur des étages successifs à partir du haut

s_1, s_2, s_3 . . . les épaisseurs de mur correspondantes, alors

$$s_1 = \frac{t}{40} + \frac{h_1}{25}$$

$$s_2 = \frac{t}{40} + \frac{h_1 + h_2}{25}$$

$$s_3 = \frac{t}{40} + \frac{h_1 + h_2 + h_3}{25}, \text{ etc.}$$

C'est à l'aide de ces formules qu'a été déterminé le tableau suivant, en faisant

$$h_1 = h_2 = h_3 = 4 \text{ m.}$$

Nombre d'étages	Epaisseur des murs à la partie intérieure, la profondeur du bâtiment étant de			
	6 m	8 m	10 m	12 m
	m	m	m	m
1	0,31	0,36	0,41	0,46
2	0,47	0,52	0,57	0,62
3	0,63	0,68	0,73	0,78
4	0,79	0,84	0,89	0,94
5	0,95	1,00	1,05	1,10
6	1,11	1,16	1,21	1,26

3. Données pratiques sur l'épaisseur des murs.

Les murs extérieurs peuvent n'avoir qu'une brique d'épaisseur lorsque la construction ne présente qu'un étage et que
les pièces n'atteignent pas de grandes dimensions, c'est-à-dire,
que leur longueur n'excède pas 5,50 m. Cependant quand il

---

y a d'étages au-dessus du rez-de-chaussée. Si (n) représente le nombre
d'étages, la formule devient

$$s = \frac{h + t}{36} + n \times 0,014$$

s'agit de maisons d'habitation, il est préférable d'adopter l'épaisseur d'une brique et demie et, si la maçonnerie est en moellons, de ne pas descendre au-dessous de 0,45 m.

Les murs d'entablement ont ordinairement une brique d'épaisseur; cependant lorsque la charpente s'appuie exclusivement sur eux, on leur donne une surépaisseur d'une demi-brique, soit seulement à l'endroit des fermes, soit sur toute la longueur du mur. Il en est de même quand la saillie de la corniche est grande et que celle-ci est formée de pierres d'appareil.

Dans les constructions de plusieurs étages, on augmente d'une demi-brique l'épaisseur des murs à chaque étage et de 0,12 m environ lorsque la maçonnerie est en moellons. Cependant dans les conditions ordinaires de hauteur et de profondeur, soit 4 m pour la première et 5 m pour la seconde, si la longueur libre des murs ne dépasse pas 7,50 m, on peut conserver une épaisseur uniforme à travers deux étages, par exemple, une brique et demie pour les 4me et 3me, et 2 briques pour les 2me et 1er étages.

L'épaisseur des murs de cage dépend des dimensions et de la hauteur de l'escalier. Dans les escaliers droits à deux volées, avec palier intermédiaire s'appuyant contre le mur extérieur, ces murs ont dans une construction de 4 étages une brique et demie d'épaisseur dans les deux étages supérieurs et deux briques, dans les étages inférieurs. La retraite est dissimulée d'une part sous le palier et d'autre part sous le plancher des pièces contiguës à la cage.

Souvent on conserve pour ces murs la même épaisseur sur toute la hauteur de l'escalier, mais alors il faut bien les ancrer et exécuter leur maçonnerie au mortier de ciment. Cette même précaution doit être prise dans le cas où les marches sont encastrées dans le mur de cage, c'est-à-dire dans le cas d'escaliers suspendus.

Lorsque les murs intérieurs n'ont pas de charges à supporter, on les remplace par de simples cloisons en bois et pierre. Ces cloisons peuvent n'avoir qu'une demi-brique d'épaisseur; elles doivent être faites alors en brique de bonne qualité, au mortier de ciment et présenter moins de 6 mètres de longueur. Dans ces cloisons les baies de porte se repètent ordinairement à chaque étage au-dessus l'une de l'autre en sorte qu'on peut se servir des montants d'huisserie pour relier les solives des divers planchers.

Les murs de refend supportent habituellement des planchers et reçoivent des épaisseurs en conséquence; c'est dans ces murs qu'on peut le mieux loger les tuyaux de cheminée et les conduits de ventilation.

Quand la construction ne renferme qu'un seul mur de refend, on donne à celui-ci la même épaisseur qu'aux murs extérieurs sauf dans les fondations où l'épaisseur peut être un peu réduite. S'il y a deux murs de refend, on peut leur donner l'épaisseur uniforme d'une brique et demie sur toute la hauteur et si l'un des deux est à peu de distance du mur extérieur, tandis que l'autre se trouve à peu près dans l'axe du bâtiment, on peut réduire l'épaisseur du premier à une brique.

L'épaisseur des murs de clôture varie avec la nature des matériaux dont ils sont faits. Quand ils sont en briques, on leur donne une épaisseur égale au $\frac{1}{12}$, ou mieux au $\frac{1}{10}$ de la hauteur et quand ils sont en moellons, on fait l'épaisseur égale au $\frac{1}{8}$. Mais si leur longueur est grande, il faut en outre vérifier si cette épaisseur est suffisante pour que le mur résiste à la pression du vent. On peut réduire un peu l'épaisseur en renforçant le mur de contre-forts. Ainsi, dans un mur de 3 m de hauteur, avec contre-forts distants de 4 à 5 mètres, on peut conserver l'épaisseur d'une brique pour les parties courantes du mur et ajouter une surépaisseur d'une brique à l'endroit des contre-forts.

L'épaisseur de la maçonnerie des tours en briques se détermine en subdivisant simplement la hauteur totale en étages de 6 à 10 mètres et en donnant à l'étage supérieur une épaisseur uniforme de $2\frac{1}{2}$ ou 3 briques, et en ajoutant une demi-brique pour chacun des étages suivants. Ainsi, à l'église St. Thomas, à Berlin, les tours ont 41 m de hauteur et l'épaisseur de la maçonnerie est de 1,31 m auprès du sol; ces tours ne supportent pas de flèches.

Il est important pour la solidité des bâtiments de relier fréquemment les murs par des ancrages; ceux-ci s'établissent au niveau des planchers, près des poutres principales, avec un écartement variant de 3,00 m à 4,50 m.

Pour terminer, nous résumerons dans un tableau les données pratiques précédemment indiquées. On y distingue le cas de grandes et celui de petites pièces, les dimensions qui forment le point de passage étant à peu près

hauteur	3,50 m
largeur	6,00 m
et longueur	7,00 m

Désignation	Epaisseur du mur en longueurs de briques				
	3me étage	2me étage	1er étage	Rez-de-chaussée	Caves
Murs de face.					
4 étages, grandes pièces	1½	2	2½	3	3½
4 " petites "	1½	1½	2	2	2½
3 " grandes "	—	1½	2	2½	3
3 " petites "	—	1½	1½	2	2½
2 " grandes "	—	—	1½	2	2½
2 " petites "	—	—	1½	1½	2
1 " grandes "	—	—	—	1½	2
1 " petites "	—	—	—	1—1½	1½
Murs de refend.					
1 seul étage	—	—	—	1	1½
2 et 3 étages	—	—	1	1½	2
Lorsqu'il n'y a qu'un seul mur de refend, on lui donne les mêmes épaisseurs qu'aux murs extérieurs, sauf à la partie inférieure où il peut avoir ½ brique en moins, ainsi pour 4 étages, dans le cas de grandes pièces	1½	2	2	2½	3
Quand il y deux murs de refend, écartés de 3,00 m à 4,50 m	1	1½	1½	1½	2

Désignation	Epaisseur du mur en longueurs de briques				
	3me étage	2me étage	1re étage	Rez-de-chaussée	Caves
Quand ces deux murs sont à 1,50 m ou 2,50 m l'un de l'autre					
l'un	1	$1^1/_2$	$1^1/_2$	$1^1/_2$	2
l'autre	1	1	1	1	$1^1/_2$
Cloisons.					
Grandes pièces	$1/_2$	$1/_2$	1	1	$1^1/_2$
Petites pièces	$1/_2$	$1/_2$	$1/_2$	$1/_2$	1
Murs de pignon.					
Comme les murs de face quand ils sont chargés; s'ils ne supportent pas de charges					
4 étages	$1^1/_2$	$1^1/_2$	2	2	$2^1/_2$
3 "	—	$1^1/_2$	$1^1/_2$	2	$2^1/_2$
2 "	—	—	$1^1/_2$	$1^1/_2$	2
1 "	—	—	—	$1{-}1^1/_2$	2

4. Soubassements et murs de fondation.

On appelle soubassement la partie de mur qui s'étend depuis la surface du sol jusqu'au plancher du rez-de-chausssée. On lui donne toujours une surépaisseur tant pour élargir la maçonnerie en vue de répartir la pression sur une plus grande surface à la base que pour mieux garantir le pied du murs de l'humidité.

La hauteur du soubassement dépend de l'importance du bâtiment et de l'usage auquel l'on destine les caves. En général elle est comprise entre 0,50 m et 1,50 m. La fig. 83, nous a fourni l'exemple d'un soubassement de 1,25 m de hauteur.

Les murs de fondation se terminent ordinairement par une série de gradins destinés à répartir la charge sur une plus grande surface. Lorsque la construction ne renferme pas de caves, on donne une surépaisseur d'une demi-brique au soubassement (p) fig. 186, A. ou de 0,12 m à 0,15 m, si la maçonnerie est en moellons et un empatement plus ou moins grand au

Fig. 186 A—D.

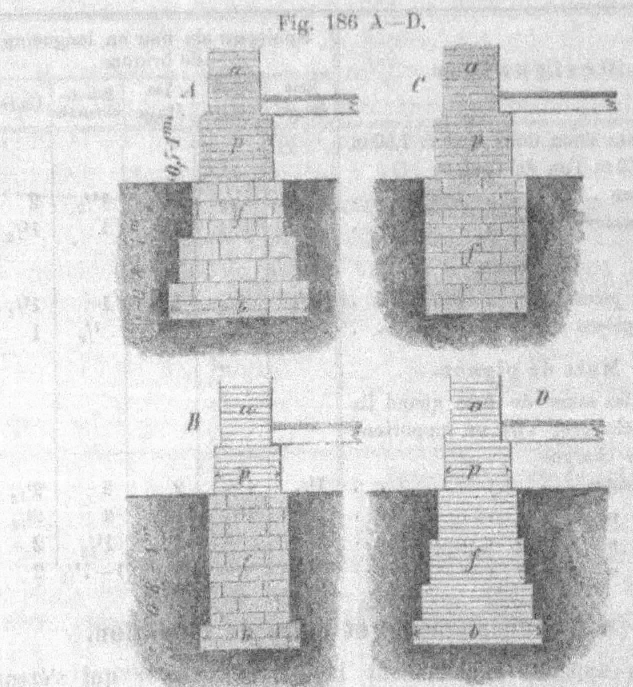

Fig. 187 A—C.

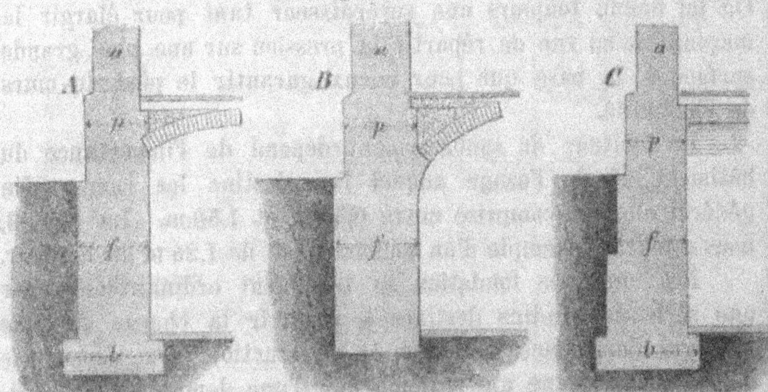

mur de fondation suivant la résistance du sol. Si la surface de l'assiette fournie par une surépaisseur d'une demi-brique est déjà telle que la somme des poids du mur et des surcharges accidentelles n'excède pas une pression de 25 à 30 000 kg par mètre carré, on peut se dispenser d'élargir la base et on la termine comme il est indiqué à la fig. 186, C. Dans le cas contraire, on ajoute soit une semelle (b) d'une demi-brique de saillie et de 0,20 m à 0,30 m de hauteur, fig. B, soit une série de gradins, comme dans les fig. A et D. Chacun de ces gradins (f) a de 0,30 m à 0,50 m de hauteur.

Le plus souvent le soubassement et les murs de fondation sont faits en moellons et l'on interpose entre le soubassement et les maçonneries supérieures une couche ou assise imperméable. Nous reviendrons sur cette question dans le 3me volume de cet ouvrage.

Quand la construction est établie sur caves, on ne peut avoir des gradins qu'à l'extérieur du mur; fig. 187, C. Il peut arriver alors qu'il ne soit pas nécessaire de donner d'empatement à la fondation, fig. 187, A. Tel est, par exemple, souvent le cas en Autriche où les règlements de police obligent à donner de grandes épaisseurs aux murs. Quelquefois même, on supprime la semelle inférieure, en sorte que le mur présente alors en coupe la forme de la fig. 187, B. A Vienne ces murs de fondation se font en briques et moellons, des couches de 2 à 4 assises de briques alternant avec des couches de 0,50 m de maçonnerie de moellons.

Les fondations des murs de refend sont analogues à celles des murs extérieurs. On fait reposer le pied de ces murs sur un empatement et on leur donne une surépaisseur d'une demi-brique dans la partie qui traverse les caves.

Les murs doivent toujours reposer sur le terrain cohérent; il faut donc enlever l'humus ou la partie superficielle du sol qui est toujours plus ou moins désagrégée par l'action des agents atmosphériques, pour aller regagner le terrain solide sous-jacent. Pour mettre la base à l'abri des effets de la gelée, on l'enterre de 0,80 m ou même d'un mètre. La pression de 30 000 kg par mètre carré doit être considérée comme un maximum, même quand le sol est parfaitement cohérent.

Nous terminerons par un exemple numérique.

On demande de calculer les dimensions des murs de fondation de la maison de 4 étages dont les hauteurs d'étage et les épaisseurs de mur sont données à la fig. 188.

Fig. 188.

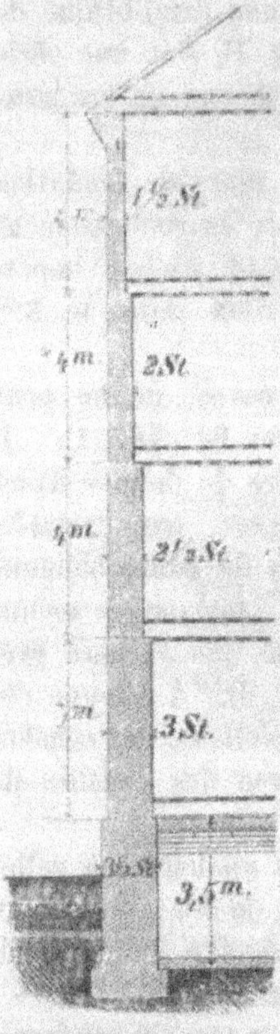

Nous commencerons par déterminer le poids mort de la maçonnerie et nous négligerons dans ce calcul pour plus de sécurité les vides des baies.

Dans ces conditions (en supposant la maçonnerie faite avec de la brique de Bourgogne de $0,22 \times 0,11 \times 0,054$, dont il va 630 au mètre cube et 140 par mètre carré de mur de 0,22 d'épaisseur) le mètre courant de mur renfermerait

au 3me étage $210 \times 4 \quad \times 1 = 840$ briques
" 2me " $280 \times 4 \quad \times 1 = 1120$ "
" 1er " $350 \times 4 \quad \times 1 = 1400$ "
au rez-de
chaussée $420 \times 4 \quad \times 1 = 1680$ "
dans les caves $490 \times 3,5 \times 1 = 1715$ "

total 6755 briques

630 briques correspondent à 1 mètre cube de maçonnerie et pesent environ 1900 kg. le poids de la maçonnerie, par mètre courant de mur au niveau du sol des caves, sera donc de

$$\frac{6755 \times 1900}{630} = 20\,330 \text{ kg.}$$

Reste à ajouter le poids du comble et des planchers. En admettant que le premier pèse à peu près autant qu'un plancher, soit 500 kg par mètre carré et que la largeur des pièces le long du mur soit de 6 m, on a pour poids des planchers et du comble, y compris les surcharges accidentelles

$$5 \times 500 \times 1 \times 3 = 7500 \text{ kg.}$$

Soit donc en tout par mètre courant de mur au niveau des caves

$$20330 + 7500 = 27830 \text{ kg}.$$

Si le terrain est cohérent, il suffira donc de donner à la base du mur une largeur d'un mètre. L'empatement nécessaire s'obtiendra facilement puisque la partie inférieure présente déjà une épaisseur de 3 briques et demie.

La base des murs de refend se calculera de la même façon.

Lorsque le terrain est de cohérence douteuse, on commence par déterminer au moyen de charges d'essai qu'elle est la pression qu'il peut supporter par mètre carré et l'on choisit en suite, selon le résultat obtenu, l'un des modes de fondation indiqués au 1ᵉʳ vol. de cet ouvrage, au chapitre: Fondations.

F. Enduits et Plafonds.

Pour parachever les parements intérieurs et pour garantir de l'humidité, dans certains cas, la surface extérieure des murs, on les recouvre d'un enduit au mortier de chaux ou au plâtre. Lorsque la maçonnerie est faite avec de la brique de choix, de forme bien régulière, ou avec de la pierre de taille, l'enduit extérieure devient inutile. En Allemangne, les constructions en briques apparentes ne s'emploient guère que dans le nord; il en était déjà ainsi au moyen âge, temoins les nombreux édifices en briques datant de cette époque que l'on rencontre encore aujourd'hui dans les villes de Lubeck, Danzig, Stettin, Brandebourg, Chorin, Brunswick. A Hambourg, Berlin et dans les villes du centre ainsi que dans toute l'Autriche, on recouvre presque toujours les murs extérieurs d'un enduit sauf quelques unes de leurs parties principales telles que entablements, corniches, encadrements de baies, seuils des portes et tablettes d'appui des fenêtres, colonnes etc., qui se font en pierre de taille.

Les constructions entièrement en pierre ne se rencontrent en Allemagne que dans le centre et dans le midi, où les carrières de pierres calcaire et silicense sont assez nombreuses Enfin dans la Prusse rhénane et dans le grand-duché de Hesse les constructions ordinaires sont en moellons et reçoivent un enduit extérieur.

Ainsi, l'enduit extérieur est souvent inutile; quant à l'enduit intérieur, il ne peut être supprimé, car sans lui la surface des murs serait impropre à recevoir la décoration qu'exigent d'ordinaire les pièces d'habitation.

Un mur ne doit recevoir son enduit que lorsqu'il a fini de se tasser et qu'il est complétement sec. Comme l'enduit extérieur est soumis à l'action des agents atmosphériques, on le fera de préférence avec de la chaux hydraulique. Cela est surtout nécessaire quand le bâtiment occupe une position exposée; si quelqu'une de ses parties se trouve en contact avec l'eau, on emploiera du ciment à la place de chaux.

En général, on exécute l'enduit pendant la saison chaude afin qu'il sèche plus rapidement; cependant lorsqu'il s'agit d'un enduit au ciment, il est préférable de choisir une saison fraiche et une journée humide. A l'intérieur du bâtiment on est plus libre à cet égard; il faut seulement éviter les temps de gelée et le moment où les pièces sont chauffées pour le séchage des maçonneries. Afin que l'enduit adhère mieux au parement du mur, on ne garnit les joints pendant le maçonage que jusqu'à 1 ou 2 centimètres des bords, laissant de la sorte des creux dans lesquels le mortier de l'enduit peut pénétrer. Lorsque les joints de la maçonnerie affleurent avec le parement[1]), on commence par les dégrader sur une petite profondeur et par nettoyer les creux ainsi formés. L'expérience démontre que

---

[1]) C'est ce qui a toujours lieu quand il s'agit de renouveler l'enduit d'une construction existante. En ce cas, l'ouvrier commence par piquer la surface à la pioche pour la garnir d'aspérités, puis il la nettoie avec un balai très-dur et la lave, en frottant à nouveau avec un balai ou une brosse, afin de bien enlever toute la poussière et tous les petits débris qui pourraient empêcher l'adhérence du mortier. Ce nettoyage préalable est d'une importance capitale pour la solidité de l'enduit. Quand il s'agit d'une surface horizontale, comme le radier d'un réservoir, par exemple, il est fort difficile de la nettoyer ainsi d'une manière complète; on peut alors quelquefois se servir d'une pompe foulante qui détache et chasse la poussière par la violence du jet.

l'enduit ne prend pas bien sur les briques qui ont déjà été recouvertes une première fois; pour réparer alors un enduit défectueux, il faut commencer par frotter avec une brique sèche la surface qu'il s'agit d'enduire à nouveau.

L'enduit ne doit pas avoir trop d'épaisseur, sans quoi il serait exposé à se détacher; l'épaisseur de 0,03 m peut être considérée comme une limite supérieure. Il doit en outre présenter une surface parfaitement plane; il est donc essentiel que le mur soit bien d'aplomb, et qu'il n'ait ni flaches, ni saillies, car elles détruiraient l'uniformité d'épaisseur de l'enduit.

Avant de faire la pose, l'ouvrier nettoie soigneusement avec le balai ou la brosse la surface à recouvrir, surtout au droit des joints, puis il la mouille et projette contre elle avec force le mortier au moyen de la truelle. Dans les parties dépourvues de saillies, l'ouvrier commence par éxécuter une série de bandes verticales, de 0,12 m à 0,16 m de largeur, dont les faces sont toutes bien exactement dans le même plan.

A cet effet, il fait d'abord les deux bandes extrêmes et s'assure de leur verticalité au moyen du fil à plomb, puis il passe aux bandes intermédiaires dont il détermine le plan de face au moyen de la régle, enfin il complète l'enduit en remplissant les intervalles. Le maçon dresse en suite la surface á la taloche et s'il rencontre des parties qui ont trop séché, il les mouille avant de faire le dressage.[1])

---

[1]) En France le maçon procède d'une façon un peu différente. S'il s'agit d'un enduit au mortier de chaux, il commence par mouiller légérement la surface, après avoir fait le nettoyage à la brosse et il remplit les creux des joints avec un mortier de gros sable, en ayant soin que ce remplissage ne fasse pas saillie par rapport aux autres parties du parement. Il pose en suite avec la taloche un enduit en mortier fin dont l'épaisseur est d'un centimètre environ. Après le premier dressage à la taloche, il lisse avec la truelle de maçon et fait disparaître les quelques coups de truelle qui pourraient être restés apparents au moyen d'un pinceau de crin légèrement mouillé. Le raccordement entre les différentes gachées se fait suivant des plans en biseau, mais avant d'appliquer le nouveau mortier, on mouille bien les bords des parties déjà posées. Quand les joints présentent de grands creux, on les remplit au préalable avec du rocaillage.

Quand l'enduit doit présenter une surface parfaitement unie, on le repasse une dernière fois avec une taloche recouverte de feutre, après avoir préalablement étendu sur la surface une couche mince de mortier fin ou de plâtre comme pour les plafonds.

Dans les parties secondaires d'un bâtiment telles que greniers, combles etc., et dans les constructions agricoles de tout genre, on se contente de dresser le mortier à la truelle sans l'aplanir à la taloche; on obtient de la sorte un crépi. Les parements conservent alors une certaine rugosité et sont impropres à recevoir les tentures en papier peint que l'on emploie d'ordinaire pour la décoration des pièces d'habitation.

On donne souvent à dessein de la rugosité à l'enduit des façades; à cet effet, on frappe sa surface à petits coups avec un balai à brins courts, pendant que le mortier est encore frais. Il se forme alors de petites cavités qui donnent à l'enduit l'apparence d'avoir été aspergé avec de l'eau[1]).

Lorsque l'enduit forme bossages, les maçonneries doivent être disposées en conséquence et présenter les saillies correspondant aux différents blocs. C'est ce qu'indique la fig. 189, A—C. Afin d'obtenir des arêtes parfaitement droites, on place

---

L'enduit au mortier de ciment se fait à peu près comme le précédent mais il faut l'éxécuter d'un seul trait et il faut mouiller plus abondamment la surface à enduire. Au lieu de finir d'étendre le mortier avec le plat de la truelle, le maçon enlève l'excès avec le champ de cet outil et le rejette à côté; l'operation doit se faire rapidement, la prise du mortier étant très-prompte.

La meilleure proportion des éléments constituants d'un mortier de ciment pour enduit est de parties égales de sable et de ciment; cependant si la surface à enduire est exposée au soleil, on forcera la proportion de sable jusqu'à 3 parties de sable pour 2 de ciment. Le ciment français qui convient le mieux à ce genre d'ouvrages, est le ciment de Vassy.

On emploie quelquefois un mélange de chaux, de ciment et de sable. Ces mortiers, dits batards, ont l'avantage de durcir moins rapidement que ceux au ciment, tout en donnant plus d'imperméabilité que les mortiers de chaux.

[1]) Ces sortes d'enduits lorsqu'ils sont faits avec du gros plâtre au panier se nomment crépis mouchetés.

aux deux bouts des rainures des planchettes découpées suivant
la moulure donnée, l, l, fig. 189, D et l'on fait glisser sur elles
un tailloir en fer blanc. Le maçon projette le mortier dans
les vides jusqu'à remplir complétement le profil décrit par le
tailloir. Les rainures faites, il remplit le champ des bossages.

Fig. 189.

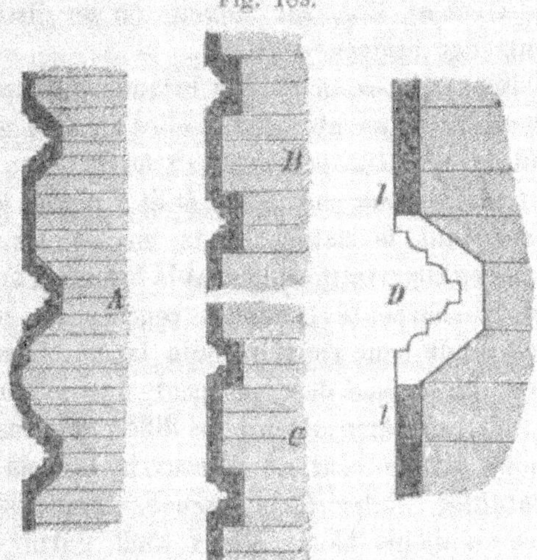

Il va sans dire que l'on commence toujours l'enduit par
la partie supérieure du mur.

Les murs en pierraille ne doivent recevoir un enduit
qu'autant que la pierre retient bien le mortier. Quand celle-ci
est de nature telle que le mortier n'y adhère qu'imparfaitement,
il vaut mieux se contenter d'un simple rejointoyement. Il faut
avoir soin alors d'éviter les bavures sur la pierre, car
en se détachant plus tard, elles emporteraient avec elles
une partie du mortier des joints. On les enlève avec la truelle pendant que le mortier est encore frais. Les rejointoye-
ments de cette nature se font de préférence avec du mortier
de ciment parce qu'il adhère mieux à la pierre que le mortier
de chaux.

Il est presqu'impossible de faire un enduit à la chaux

sur un mur en pisé et cela parce que l'argile et la chaux ne s'unissent point l'une à l'autre. Le meilleur procédé en pareil cas consiste à laver le parement du mur avec de l'argile délayée, puis à le frotter jusqu'à lui doner un certain degré de poli. Le même procédé est applicable aux massifs en briques crues; on mouille les parements et on les frotte jusqu'à obtenir une surface parfaitement lice, sur laquelle on ne distingue même plus les joints des briques.

Les cloisons mixtes en bois et brique ne s'emploient guère qu'à l'intérieur des bâtiments; quand elles forment un mur extérieur, il faut laisser leur parement extérieur sans enduit, car celui-ci ne tiendrait pas, même s'il était fait avec le plus grand soin. Si cependant la nature de la maçonnerie exigeait un revêtement, on en couvrirait seulement la brique et l'on donnerait aux pièces de charpente plusieurs couches de peinture. A l'intérieur, l'enduit peut couvrir toute la paroi, seulement il faut préparer la surface des bois pour que le mortier y adhère[1]). Ce but peut être atteint de différentes manières. Le moyen le plus simple consiste à couvrir le bois d'un grand nombre d'entailles, faites à la cognée, lesquelles retient l'enduit plus ou moins bien. Mieux vaut garnir la pièce de charpente de pointes en bois, de 0,03 m d'écartement et de 0,012 m de saillie que l'on noie dans l'épaisseur du mortier.

Le meilleur procédé consiste à couvrir préalablement le

---

[1]) A Paris et dans ses environs les pans de bois se hourdent le plus souvent au plâtre. Le maçon gâche pour cet usage son plâtre aussi serré que possible. Il commence par garnir les deux faces de la cloison d'un lattis espacé et remplit l'intérieur avec des platras et des débris de briques, placés à sec. Il garnit les vides entre ces matériaux avec du plâtre et le dresse grossièrement à la main jusqu'à le faire affleurer avec les lattes. Il recouvre en suite les deux faces d'un crépi, sur lequel il pose en dernier lieu l'enduit au plâtre au sas.

Les ouvrages faits en plâtre tels que pans de bois, cloisons, plafonds, crépis, enduits, moulures, etc., forment à Paris et dans ses environs une classe distincte de travaux que l'on désigne sous le nom collectif de légers ouvrages.

bois d'un revêtement en roseaux[1]) disposés parallèlement ou transversalement aux fibres du bois; la seconde disposition est la meilleure, car le revêtement n'est pas affecté alors par les changements de longueur résultant de la dessication des bois. Le petit bout des tiges de roseau est tourné tantôt dans un sens et tantôt dans l'autre pour conserver l'uniformité de direction de l'ensemble et le revêtement est fixé au moyen de fil de fer, tendu en zig-zag à la surface (voir la fig. 211 du vol. III).

Les plafonds se font d'une manière analogue; on commence par recouvrir les solives d'un revêtement en roseaux qu'il est bon de faire double, en croisant la direction des tiges, les bois étant toujours sujets à jouer. Chacun de ces revêtements est rattaché par un réseau indépendant de fil de fer.

L'enduit de la surface ainsi préparée, qu'il s'agisse d'un plafond ou d'un parement de cloison, s'exécute avec un mortier fin de chaux mélangé d'un peu de plâtre[2]). Il se compose

---

[1]) A Paris, ce revêtement se fait avec des lattis en chêne ayant de 0,03 à 0,045 de largeur et de 0,005 à 0,010 d'épaisseur. Ces lattes se clouent sur les pièces de charpente avec un écartement variable suivant la nature de l'ouvrage qu'il s'agit d'enduire. Ainsi pour les pans de bois on leur donne 0,18 m de vide, pour les plafonds 0,08 m, ou même seulement quelques millimètres; en ce cas on dit que le lattis est jointif.

Quand les bois ont reçu leur lattis, le maçon les recouvre d'un gobetage avant d'appliquer le crépi et l'enduit. On nomme ainsi le plâtre au panier gâché extrêmement clair, projeté sur la surface du lattis et des pièces de charpente au moyen d'un balai de bouleau. Le plâtre se dépose en gouttelettes qui facilitent l'adhérence du crépi.

[2]) En France, les plafonds se font presque toujours au plâtre pur et sont formés de deux couches: la première, le crépi, faite avec du plâtre au panier et la seconde, l'enduit, faite avec du plâtre au sas. Le crépi s'applique contre un lattis, jointif ou espacé, préalablement recouvert d'un gobetage.

Pour exécuter un crépi, le maçon commence par mouiller la surface qu'il veut enduire. Il fait gâcher du plâtre pas trop serré et le projette avec force à l'aide de la truelle contre la paroi à crépir. Dès que le plâtre commence à prendre dans l'auge, il abandonne la truelle et applique le plâtre avec la taloche. Il dresse d'abord grossièrement à

ordinairement de deux couches, exceptionnellement de trois. Avant d'appliquer la première, on nettoie bien les joints et l'on mouille la surface de la maçonnerie pour favoriser l'adhérence du mortier.

Ce dernier doit être fait avec de la chaux éteinte depuis plusieurs mois; il doit être bien corroyé et doit contenir moins de sable que celui qui a servi à éxécuter la maçonnerie. L'extinction de la chaux doit remonter à 3 mois au moins, mieux à 6 ou 9, pour que tous les grumeaux de chaux se soient bien délités. On projette le mortier avec force contre le parement du mur et l'on dresse la surface à la truelle. Quand cette première couche est sèche, on éxécute la seconde; on emploie pour elle un mortier moins gras que le précédent. Cette couche est lissée à la taloche et termine ordinairement l'enduit; cependant quand on desire obtenir un grand degré de perfection, on la recouvre encore d'une troisième couche, faite avec un mortier très-fin.

A l'intérieur des bâtiments, on ajoute au mortier de l'enduit une petite quantité de plâtre. Un mélange formé d'une partie de sable fin, de deux parties de plâtre et d'un peu de chaux fournit un enduit très-durable, applicable sur de fortes épaisseurs.

l'aide de cet outil puis en suite avec le tranchant de la truelle, ce qui produit une surface un peu rugueuse.

Avant de passer à l'éxécution de l'enduit au plâtre au sas, l'ouvrier s'assure que le crépi est bien plan et fait disparaître au moyen du riflard ou de la truelle brettée les irrégularités que celui-ci pourrait présenter. Dans le cas particulier, le plâtre s'applique à la taloche par bandes parallèles et l'ouvrier lisse la surface dès qu'il a terminé d'appliquer sa gâchée. Il faut autant que possible éxécuter un plafond en une seule gâchée; lorsque ce dernier est grand, on emploiera simultanément plusieurs ouvriers. On peut compter de 7 à 8 mètres carrés pour une gâchée. Quand l'enduit a fait prise, l'ouvrier le dégrossit avec le côté denté de la truelle brettée et termine finalement le dressage avec le tranchant uni de cet outil.

CHAPITRE IIme

Parties de maçonnerie servant à recouvrir.

Pour recouvrir en matériaux pierreux les baies de porte et de fenêtre et les enceintes entourées de murs, on fait usage de l'arc et de la voûte. L'arc n'est à vrai dire qu'une voûte de faible largeur.

A. Arcs en pierre.

Les arcs servent non-seulement a recouvrir les baies, mais aussi à supporter les naissances des voûtes, lorsque celles-ci portent à faux, et d'une manière générale à reporter sur les points d'appui, les charges qui agissent sur eux, en ne developpant dans les matériaux qui les composent que des efforts de compression. A cet effet, on les forme de blocs cunéiformes, dont les joints sont tous dirigés vers le centre de courbure de l'arc. La pression se transmet alors d'une pierre à l'autre, fig. 190, jusqu'aux appuis sur les pieds-droits.

1. Forme des arcs.

Les arcs se font de forme très-diverse. Celle qui se rencontre le plus souvent est, le demi-cercle, ou plein-cintre, par suite de sa facilité d'éxécution. Après le demi-cercle, les plus usuelles sont les arcs de cercle surbaissés, fig. 191, B et C. Le plein-cintre se raccorde tangentiellement avec les pieds-droits et ce raccordement est formé du côté de l'arc par

le sommier ou le coussinet et du côté du pied-droit par la
naissance ou l'imposte. Dans le cas particulier le joint de
raccordement est horizontal. Il en est de même pour tous les
arcs dans lesquels le raccordement avec les pieds-droits se fait
tangentiellement (comme, par exemple, dans l'anse de panier
l'ellipse, l'ogive). Dans les arcs formés d'un segment de cercle,
le joint aux naissances est incliné
et dirigé vers le centre du cercle.
La flèche (p) de l'arc plein-cintre
est égale à la demi portée; dans les
arcs en segment de cercle, elle
n'en est qu'une fraction. En ce
cas le rapport de l'ouverture à
la flèche est ordinairement compris
entre 3 : 1 et 5 : 1; cependant on
rencontre quelquefois des arcs surbaissés pour lesquels le rapport
descend jusqu'à 8 : 1 et 12 : 1.

Fig. 190.

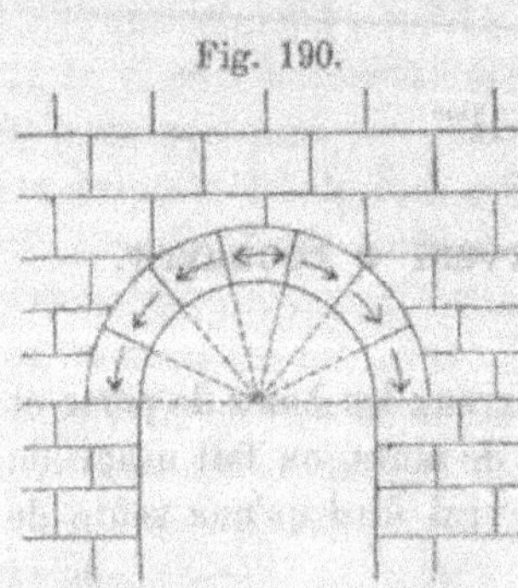

Fig. 191.

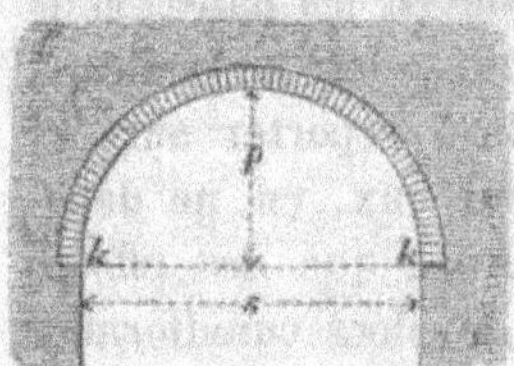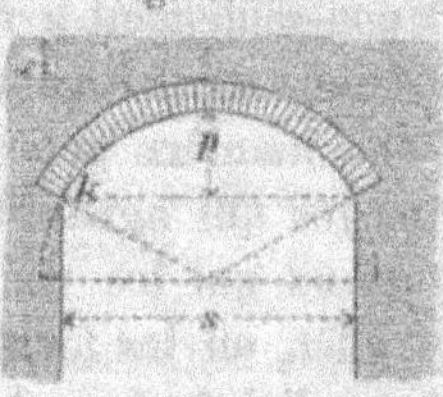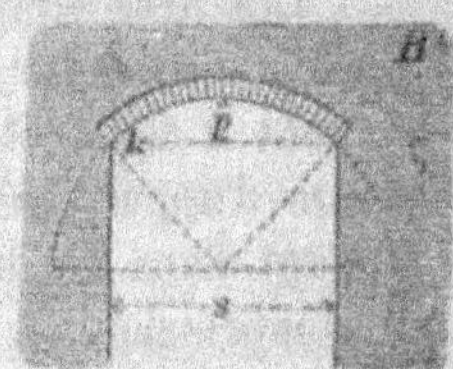

Lorsque la flèche est assez petite pour que la courbe se
rapproche beaucoup de la ligne droite, ou même se confonde
avec elle, l'arc prend le nom de plate-bande, fig. 192. Il
va sans dire qu'il est bon de donner toujours un peu de flèche
aux plates-bandes, même lorsqu'elles doivent former des linteaux
droits; on cache alors la cambrure du linteau par une sur
épaisseur de mortier ou de plâtre.

Les formes usuelles en dehors de celles que nous venons
d'indiquer sont les arcs surbaissés et surhaussés, avec
raccordement tangentiel aux pieds-droits.

a) Tracé des différentes formes d'arcs.

Au point de vue de leur tracé, les arcs peuvent se ranger en deux classes distinctes :

1° ceux qui sont composés de segments de cercle;

2° ceux que l'on construit à l'aide de foyers.

A la première classe appartiennent les arcs en ogive, en anse de panier et l'ovale; dans la seconde se placent les ellipses.

Fig. 192.

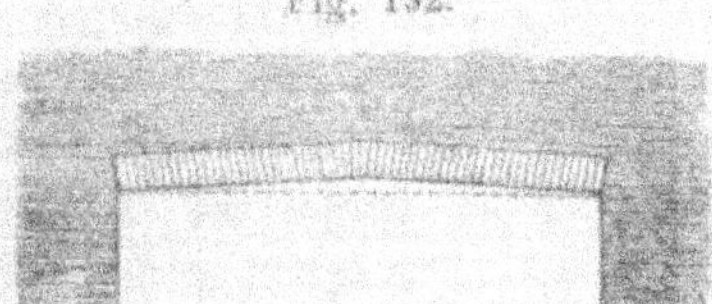

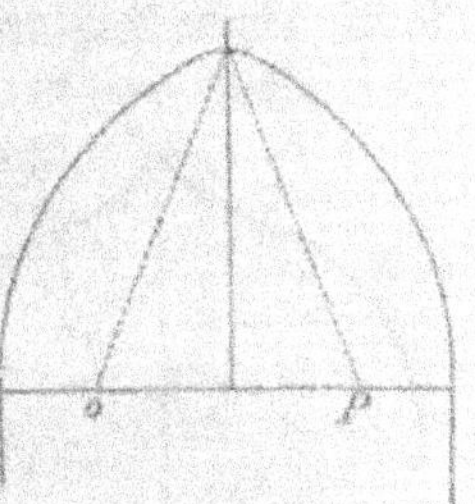

Fig. 193.

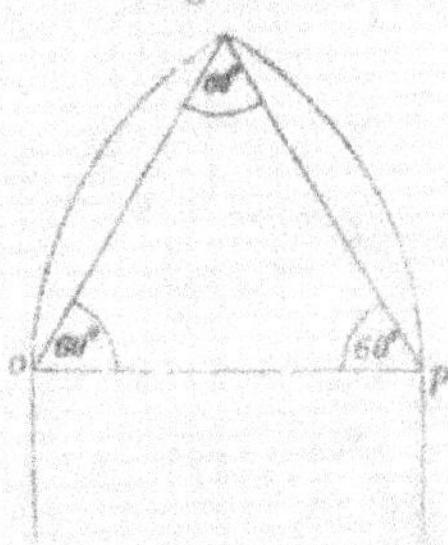

Fig. 194.

L'ogive ou l'arc gothique se distingue des autres formes d'arcs par son sommet angulaire. Son tracé varie avec les diverses époques du style gothique. Peu élevée dans le principe, elle prit bientôt des formes plus élancées. Au moment du plus grand développement de cette architecture, son tracé se rapprochait des formes indiquées aux fig. 193 et 194. Dans la première, la portée est divisée en 4 parties égales et les points de division (o) et (p) sont pris pour centre des deux arcs dont le rayon est égal à trois de ces divisions. Dans la

fig. 194, c'est la portée tout entière qui sert de rayon, en sorte
que l'ogive se trouve circonscrite à un triangle équilatéral.
Vers la fin de l'époque gothique, l'ogive prend des formes de
plus en plus élancées, fig. 195. L'ogive anglaise, appelée arc
à quatre centres ou arc Tudor, représentée à la fig. 196, A.

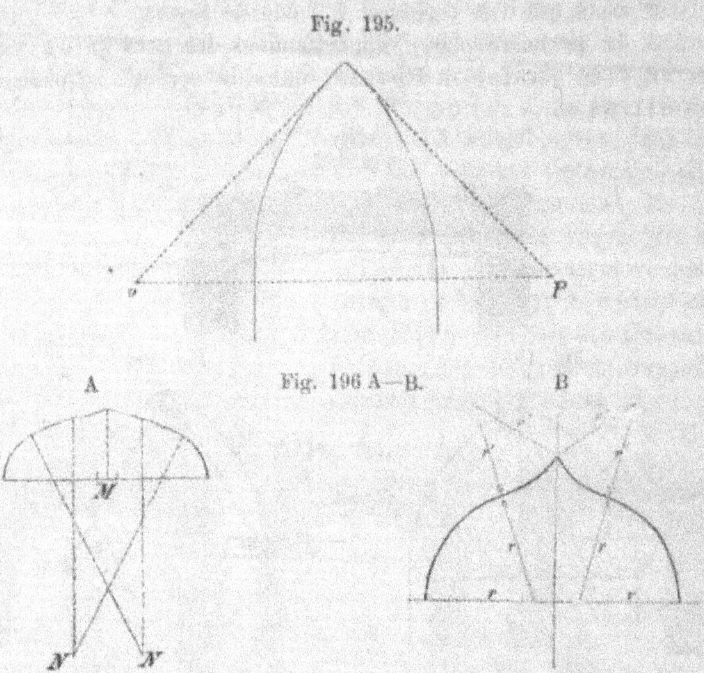

Fig. 195.

Fig. 196 A—B.

doit être considérée comme défectueuse au point de vue de la
résistance. Il en est de même de l'ogive en dos d'âne de la
fin de l'époque gothique, dont on trouve encore de nombreux
exemples en Allemagne, particulièrement à Nürenberg, fig. 196, B.

L'anse de panier ne s'emploie que pour les arcs surbaissés
dont la flèche est comprise entre le $\frac{1}{3}$ et le $\frac{1}{8}$ de la portée.

L'ovale symétrique peut servir pour les arcs surbaissés
aussi bien que pour les arcs surhaussés. Dans le premier cas,
c'est le grand axe qui sert de base et dans le second cas, c'est

le petit axe. L'ovale non-symétrique est plus pointu d'un côté que de l'autre; il ne s'emploie que pour les arcs très-surhaussés et le petit axe coïncide alors avec la portée, tandis que la flèche correspond au grand axe.

Tracé des ovales.

Les ovales sont des courbes fermées de forme ovoïde composées d'un certain nombre d'arcs de cercle.

L'ovale est symétrique quand ses deux axes principaux divisent la figure en quatre parties semblables; il est non-symétrique quand le petit axe le divise en deux moitiés inégales.

Soit à construire un ovale symétrique dont il n'est donné que le grand axe (ab). — 1ère Solution, fig. 197. On divise la droite (a b) en trois parties égales, puis on décrit avec (a 1) pour rayon et des points (1) et (2) comme centres, des cercles qui se coupent en (d) et (c). On mène les droites (d 1), (d 2) et (c 1), (c 2) qui coupent les cercles aux points (e). En décrivant des points (c) et (d) comme centres avec (ce) et (de) comme rayons deux arcs de cercle, l'ovale se trouve complètement tracé.

Fig. 197.   Fig. 198.

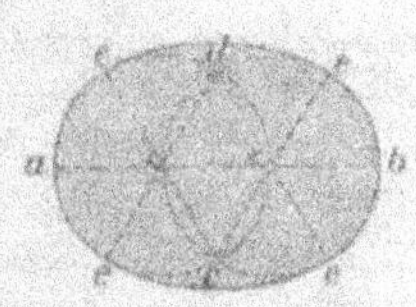 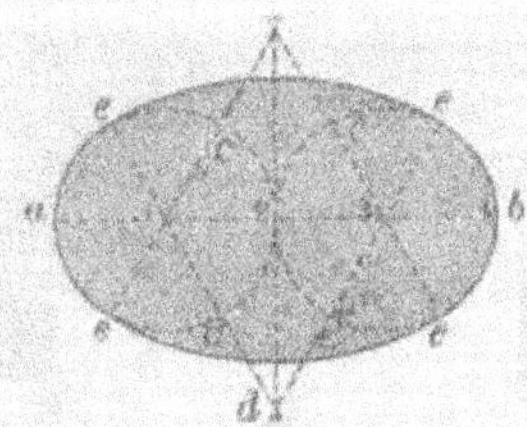

2me Solution; fig. 198 — On divise la droite (ab) en quatre parties égales et l'on décrit deux cercles des points (1) et (3) comme centres avec (a 1) pour rayon. En (2), on mène une perpendiculaire sur (ab), puis on trace les lignes (1 c) et (3 c) de façon à former deux triangles équilatéraux sur (1 3). Les points (d) et les lignes (de) donnent alors les centres et le rayon des grands arcs de cercle.

15*

Soit à tracer un ovale non-symétrique dont il n'est donné que le petit axe (a b), fig. 199.

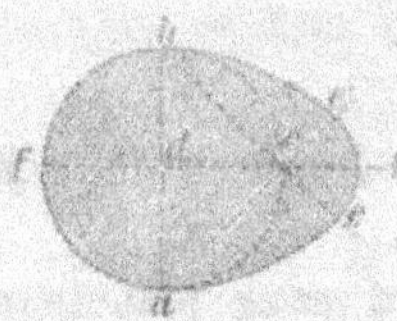

Fig. 199.

On divise la droite (a b) en deux parties égales en (d) et l'on décrit sur elle un cercle. On mène par (d) la perpendiculaire (fc) au petit axe (a b) et l'on joint (c b) et (c a). Des points (a) et (b) comme centres avec (a b) comme rayon, on décrit les arcs (b e') et (a e). Enfin on joint les points (e) et (e') par un arc de cercle dont le centre est (c). L'ovale cherché est alors représenté par la courbe (g e' b f a e).

L'anse de panier est une courbe surbaissée, composée de plusieurs arcs de cercle. On la construit avec 3, 5, 7, 9 ou 11 centres. Le grand axe donne la portée de la courbe et le petit axe sa flèche; en général ces deux éléments sont donnés.

Nous n'indiquerons ici que les tracés les plus usités.

Tracer une anse de panier à trois centres, dont il n'est donné que la portée, fig. 200.

Fig. 200.

Fig. 201.

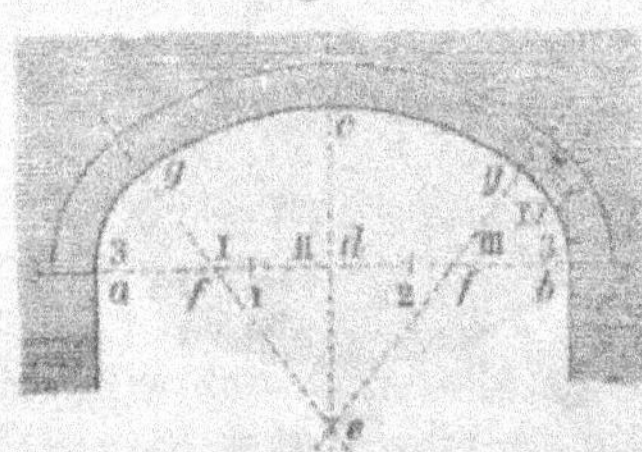

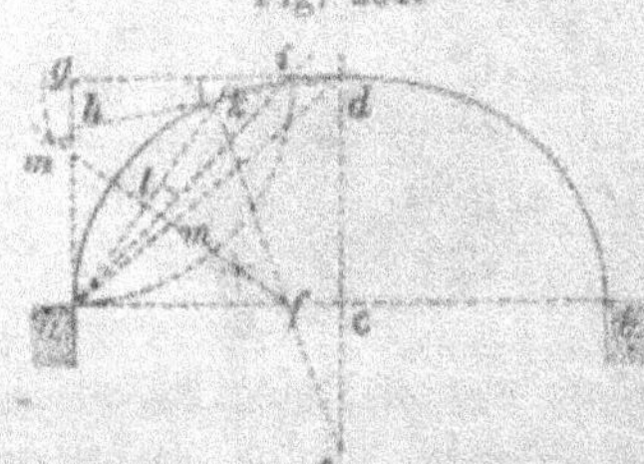

On mène par le milieu (d) de la droite donnée (a b) une perpendiculaire sur laquelle on prend $d c = d e = \frac{1}{3}$ ab. On divise en suite (a b) en quatre parties égales et l'on joint (e) avec (I) et (III). On décrit en suite des points (I) et (III) comme centres avec (a I) pour rayon, les arcs (a g) et (b g), jusqu'à la rencontre avec le prolongement de (e I) et (e III)

en g, puis du point (e) comme centre, avec (e g) pour rayon l'arc (g c) qui complète le tracé de la courbe.

Tracer une anse de panier à trois centres, la portée et la flèche étant données, fig. 201.

On porte sur la perpendiculaire menée par le milieu du grand axe (a b) une longueur (c d) égale à la flèche donnée, puis on complète le rectangle (a c d g) sur les lignes (a c) et (c d). On fait (g i) égal à (g a) et l'on porte en (g h) une longueur égale à la différence (i d). On joint les points (h), (d) et (a) (i) et l'on porte en (a) un angle i a k égal à g d h. Le côté de cet angle coupe (h d) en (k). Par le milieu de (a k), on mène une perpendiculaire (m m) qui vient couper (a b) en (f). En joignant (k) et (f) et en prolongeant cette droite jusqu'à son intersection avec (c d) en (e), on a aux points (f) et (e) les centres cherchés. Pour tracer la courbe il suffit alors de décrire l'arc (a k) du point (f) comme centre avec (a f) pour rayon et l'arc (k d) du point (e) comme centre avec (k e) pour rayon.[1])

Tracer une courbe en anse de panier à l'aide de neuf centres, la portée A B seule étant donnée, fig. 202.

On divise la demi-portée en 13 parties égales et l'on porte en dessous de A B sur la perpendiculaire menée par le milieu

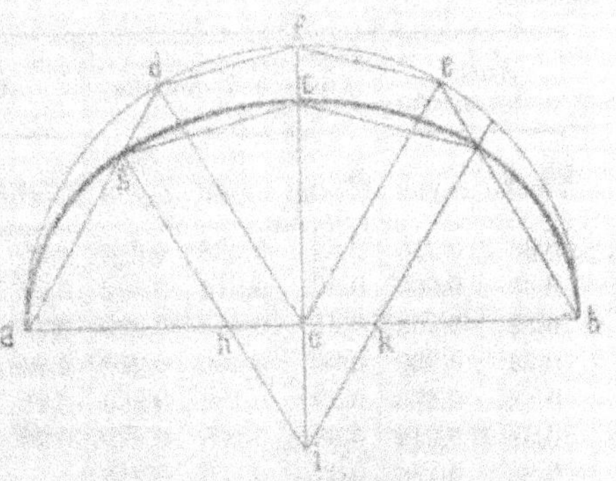

[1]) L'anse de panier dont la portée et la flèche sont données peut se construire plus simplement par le procédé suivant.

On décrit sur la portée (a b) un demi-cercle que l'on divise en trois parties égales (a d), (d e) et (e b). On élève sur le milieu (o) de (a b) la perpendiculaire (o f) et l'on marque sur elle la flèche donnée (o c). On joint (a d), (d f), (f e) et (e b). Par le point (c) on mène (c g) parallèle à (f d) jusqu'à sa rencontre avec (a d) en (g). Par (g) on mène (g i) parallèle à (o d); cette droite rencontre (a o) en (h) et (o f) en (i). Les trois centres cherchés sont alors les points (i), (h) et le symétrique (k) du point (h).

O, quatre longueurs (o I), (I II), (II III) et (III IV) égales chacune à quatre des subdivisions ci-dessus. On joint en suite les points I et 10, II et 9, III et 7, enfin IV et 4. Les intersections (a), (b), (c) de ces droites entre elles donnent les centres cherchés. Les arcs sont décrits successivement des points (10), (c), (b), (a) et (IV), l'extrémité du dernier arc décrit déterminant le point de départ du suivant.

Tracer une courbe en anse de panier au moyen de 7 centres, la portée seule étant donnée; fig. 203.

Plus la flèche d'une anse de panier est petite, plus il faut augmenter le nombre des centres, afin qu'il n'y ait pas de défaut de continuité dans la courbure de l'arc. Ainsi, l'anse de panier à trois centres n'est admissible que pour des flèches supérieures au $1/3$ de la portée; celles à cinq et à sept centres, pour des flèches supérieures au $1/4$ de la portée.

En supposant l'anse de panier construite au moyen d'une série d'arcs de cercle soustendant des angles égaux et en adoptant un tracé se rapprochant de celui de l'ellipse, M. Michal, inspecteur général des ponts et chaussées, a calculé les valeurs que prennent les rayons quand la flèche varie. Ces valeurs sont données dans le tableau suivant; elles sont exprimées en fonction de l'ouverture, prise pour unité. Pour tracer la courbe au moyen du tableau, il suffit de faire faire aux rayons successifs des angles égaux à $\dfrac{180}{n}$ degrés, n étant le nombre de centres adoptés pour le tracé et de donner à chacun des rayons la valeur prise dans le tableau.

Anses à 3 centres		Anses à 7 centres			Anses à 9 centres			
Flèche	rayon	Flèche	1r rayon	2e rayon	Flèche	1r rayon	2e rayon	3e rayon
0,36	0,278	0,33	0,228	0,315	0,25	0,130	0,171	0,299
0,35	0,265	0,32	0,216	0,302	0,24	0,120	0,159	0,278
0,34	0,252	0,31	0,203	0,289	0,23	0,111	0,148	0,268
0,33	0,239	0,30	0,192	0,276	0,22	0,102	0,138	0,252
0,32	0,225	0,29	0,180	0,263	0,21	0,093	0,126	0,237
0,31	0,212	0,28	0,168	0,249	0,20	0,083	0,114	0,222
0,30	0,198	0,27	0,156	0,236				
		0,26	0,145	0,223				
		0,25	0,133	0,210				

On prend sur la portée, de part et d'autre de son milieu, deux longueurs égales (O F) et (O F') que l'on divise chacune en 5 parties égales[1]).   On fait, sur la perpendiculaire, (O E) égal à trois de cas parties et l'on mène la droite (E 2).

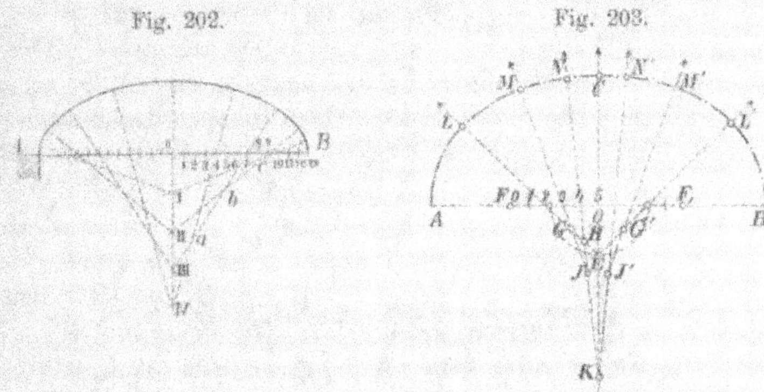

Fig. 202.   Fig. 203.

On divise (E 2) en deux parties égales et l'on joint son milieu (G) avec le point (3).   Enfin on divise (G E) en deux parties égales en (H) et l'on mène la droite (H 4), coupant (G 3) en (J) et (O C) en (K).   Les centres cherchés sont alors les points (2), (G), (J), (K) et les points symétriquement placés de l'autre côté de la perpendiculaire; les rayons sont (A 2), (G L), (J M) et (K N).

Tracer une courbe en anse de panier au moyen de 11 centres, la portée seule étant donnée, fig. 204.

On divise la portée en 43 parties égales et l'on fait (M a) égal à 5 de ces parties, c'est-à-dire $= \dfrac{5}{43}$ de la portée, a b $=$ $\dfrac{4}{43}$ b c $= \dfrac{3}{43}$, cd $= \dfrac{2}{43}$ et enfin d I $= \dfrac{1}{43}$.   Sur la perpendiculaire passant par le centre, on prend à la suite l'une de l'autre, 5 longueurs égales à 9 de ces divisions, soit n p $=$ p q $=$ q r $=$ r s $= \dfrac{9}{43}$ de la portée.   On joint les points (n) et

____

[1]) En augmentant la grandeur de cette longueur arbitraire (O F), on diminue la flèche de l'anse de panier.

(I); (d) et (p); (c) et (q); (b) et (r), enfin (a) et (s) et les droites
ainsi menées donnent alors, par leur intersection, les centres
cherchés (II), (III), (IV), (V) et (VI). On obtient de même leurs
symétriques et il ne reste plus alors qu'à tracer la courbe, en

Fig. 204.

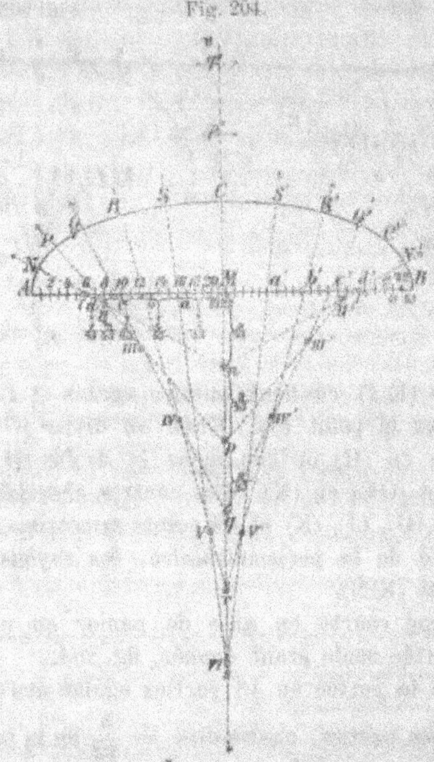

décrivant successivement les arcs (A N), (N P), (P Q) etc. avec
les rayons respectifs (A I), (N II), (P III) etc.

Tracé de l'ellipse.

L'ellipse est la courbe fournie par la section oblique d'un
cylindre droit à base circulaire. Le rapport du grand axe au
petit axe varie avec l'inclinaison du plan de section.

Au point de vue du tracé l'ellipse diffère des courbes

en anse de panier et des ovales en ce qu'elle n'est point composée, comme eux, d'une série d'arcs de cercles, mais d'une ligne courbe continue dont tous les points satisfont à une loi algébrique déterminée.

Si l'on considère l'un quelconque des points de sa périphérie, la somme des rayons menés de ce point à deux points fixes, situés sur le grand axe de l'ellipse, à égale distance des sommets, est toujours égale à la longueur totale du grand axe. Ces deux points fixes se nomment les foyers de l'ellipse. C'est sur cette propriété que repose le mode de construction suivant de la courbe.

Tracé de l'ellipse quand le grand axe (A B) et le petit axe (C D) sont donnés.

Il faut commencer d'abord par déterminer la position des foyers. A cet effet, on décrit du point (D) comme centre, avec le demi-grand axe pour rayon, un arc de cercle qui coupe le grand axe aux points (x) et (y). On divise (x y) en un nombre quelconque de parties de longueur arbitraire, fig. 205, puis on décrit un arc de cercle du foyer (y) comme centre, avec (B 1) pour rayon, et un autre arc, du foyer (x) comme centre, avec (A 1) pour rayon. Le point d'intersection de ces deux arcs est un point de l'ellipse. On opère de même pour tous les

Fig. 205.
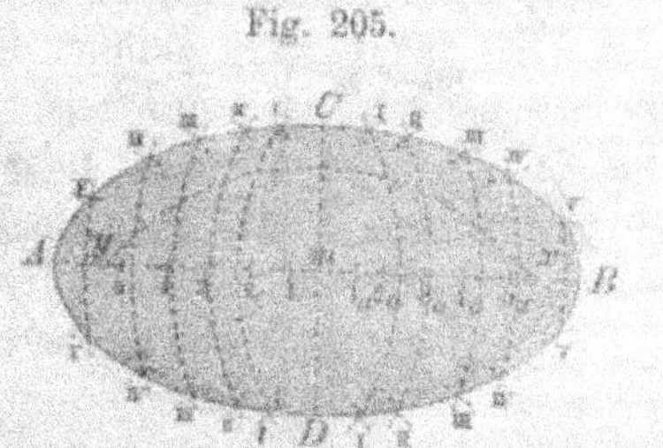
Fig. 206.
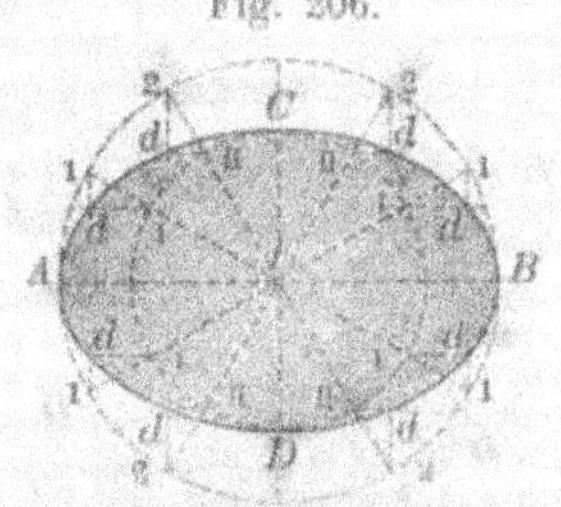

autres points (2), (3), (4) etc., et l'on obtient de la sorte une série de points (I), (II), (III), (IV) etc., appartenant à l'ellipse. Il suffit de les relier par une ligne continue pour avoir la courbe.

Construction de l'ellipse sans faire usage des foyers.

Soient (CD) le petit axe et (AB) le grand axe de l'ellipse.
On décrit sur les deux axes comme diamètres, des cercles concentriques, puis on mène un nombre quelconque de rayons coupant le cercle intérieur en (I), (II), (III) etc., et le cercle
extérieur en (1), (2), (3) etc. Par les premiers points on mène
des parallèles au grand axe (AB) et par les seconds, des parallèles
au petit axe (CD). Les points d'intersection (d) des droites
partant d'un même rayon sont des points de l'ellipse, et il
suffit alors de les relier à la main ou à l'aide du pistolet pour
obtenir la courbe.

Outre ces deux modes de construction, on emploie fréquemment celui qui consiste à considérer l'ellipse comme projection d'un cercle. Ce procédé s'applique surtout au tracé
des voûtes d'arête et des voûtes en arc de cloître, pour la
détermination du profil des arêtes.

Ainsi, s'il s'agissait de déterminer la courbure d'une série
d'arcs de portée différente, mais de même flèche, recouvrant
les ouvertures d'une enceinte polygonale, on adopterait, par

Fig. 207.
Fig. 208.

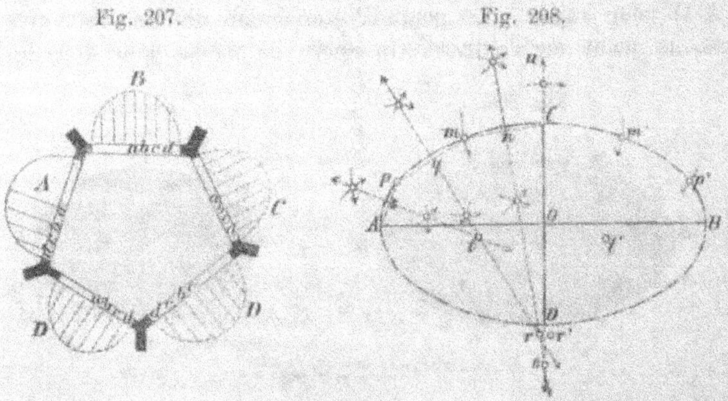

exemple, un arc plein cintre au-dessus de la portée moyenne
et des arcs légèrement surhaussés et surbaissés aux-dessus des
autres ouvertures. Pour déterminer ces arcs, on divise la

base du demi-cercle en un certain nombre de parties égales,
fig. 207, 8 par exemple, et l'on mène les ordonnées correspondant à ces points. On divise en suite la largeur des autres
ouvertures en un même nombre de parties égales et l'on mène
des perpendiculaires a a', b b' par ces points de division. En
portant sur ces perpendiculaires les longueurs des ordonnées
correspondantes du demi-cercle, on obtient une série de points
de chacune des ellipses.

Le moyen le plus rapide pour passer à l'encre une ellipse
déjà dessinée au crayon est le tracé à la main, mais il demande
une grande habitude pour arriver à faire le trait aussi net
et aussi pur que dans les lignes droites. Aussi beaucoup de
dessinateur se servent-ils du pistolet, mais son emploi conduit
facilement à des défauts de continuité dans la courbure. Nous
indiquons pour ce motif, à la fig. 208, un procédé approché qui
permet de faire usage du compas pour le tracé à l'encre.

Soit en A, B, C, D, fig. 208 une ellipse dont le tracé est
déjà fait au crayon. On divise l'arc d'ellipse A C, en un certain nombre de parties à peu près égales, ici trois, et l'on
mène les cordes (C m), (m p) et (A p). Sur le milieu de ces
cordes, on élève des perpendiculaires se coupant entre elles en
(r) et (t), et le petit axe (C D) en (O). Les arcs de cercle
tracés de ces points comme centres se confondront sensiblement
avec l'ellipse et pourront lui être substitués[1].

Si l'ellipse est donnée par un certain nombre de points,
on peut encore employer le même procédé; car les droites qui
réunissent ces points sont des cordes de la courbe et peuvent
servir à déterminer, comme précédemment, les centres et les
rayons du tracé approché.

---

[1] Dans les chantiers le tracé de l'ellipse se fait ordinairement par
le procédé suivant. On marque sur une règle, à partir d'un point (O)
et dans le même sens, le demi-grand axe (O A) et le demi-petit axe
(O B), A B représentant la différence des deux demi-axes. On fait glisser
cette règle sur l'aire de l'épure, en assujettissant les points A et B à
rester constamment sur deux droites se coupant à angle droit. Le point
(O) décrit alors l'ellipse cherchée.

Le plus souvent, on se sert d'ovales et de courbes en anse de panier de préférence à l'ellipse.

Il convient quelquefois de ne pas placer les naissances d'un arc au même niveau, comme, par exemple, dans le cas d'un arc-limon; le grand axe de la courbe prend alors une position inclinée et l'on dit que l'arc est rampant.

L'arc rampant peut se composer:

1° de deux, trois ou plusieurs arcs de cercle;

2° d'arcs d'ellipse.

La deuxième espèce convient plus particulièrement aux arcs-limons des escaliers intérieurs en pierre.

L'arc rampant peut être déterminé par sa portée et par une tangente inclinée, parallèle à la ligne des naissances, limitant la montée de l'arc; mais souvent on ne donne que la portée et la ligne des naissances.

Soit d'abord à tracer un arc rampant dont il n'est donné que la portée, fig. 209.

Fig. 209.

Fig. 210.

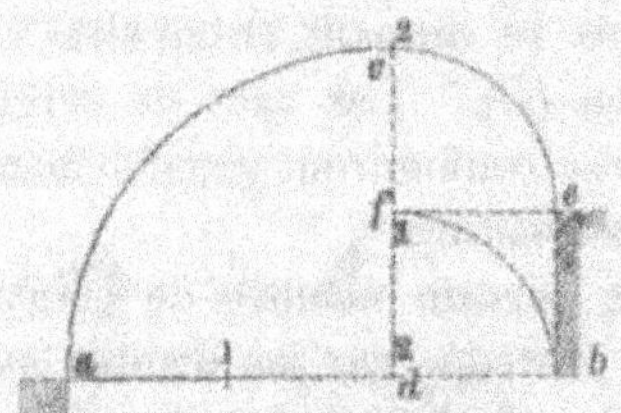

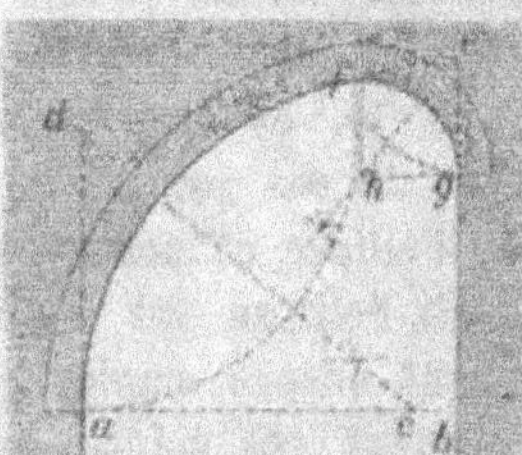

On divise la portée (a b) en trois parties égales et l'on mène la perpendiculaire (dc) au point (2), en faisant (dc) égal à (a 2). On élève en (b) la perpendiculaire (be) jusqu'à sa rencontre avec l'horizontale (fe), menée à la distance (a 1) de (a b). En décrivant un arc de cercle du point (f) comme centre, avec (fe) pour rayon, et un autre arc du point (d) comme centre, avec (da) pour rayon, on obtient une des solutions du problème posé.

Tracer un arc rampant dont la portée et une tangente sont données, fig. 210.

Soient (ab) la portée et (de) la tangente données. On élève en (a) et (b) des perpendiculaires coupant la ligne inclinée donnée en (d) et (e). On fait sur (de), af = ad, puis sur (eb), eg = ef. On mène la bissectrice (dc) de l'angle fda jusqu'à sa rencontre avec (ab) en (c), et la bissectrice (eh) de l'angle feg jusqu'à sa rencontre (h) avec l'horizontale menée par (g). Les points (c) et (h) sont alors les centres des deux arcs de cercle formant l'arc rampant cherché.

Tracer un arc rampant dont on connaît la portée et la tangente parallèle à la ligne des naissances, fig. 211.

Les données sont (ae) et la tangente (cd); la naissance (b) est donnée par la parallèle (ab) à (cd). Dans le cas particulier on a supposé eb = $\frac{1}{2}$ ae, rapport qui se présente fréquemment dans la construction des escaliers.

On détermine d'abord le sommet de l'arc en faisant sur (cd), cf = ca. On mène en suite la perpendiculaire (fk) sur (cd) laquelle coupe (ae) en un point (g). On prend arbitrairement un point (k) sur (fg) au-dessus de (g), duquel comme centre, avec le rayon (kf), on décrit un cercle qui coupe la perpendiculaire (eb) en (l) et (m) et la droite (fg) en (h). On fait bp = bo et bt = bl. On

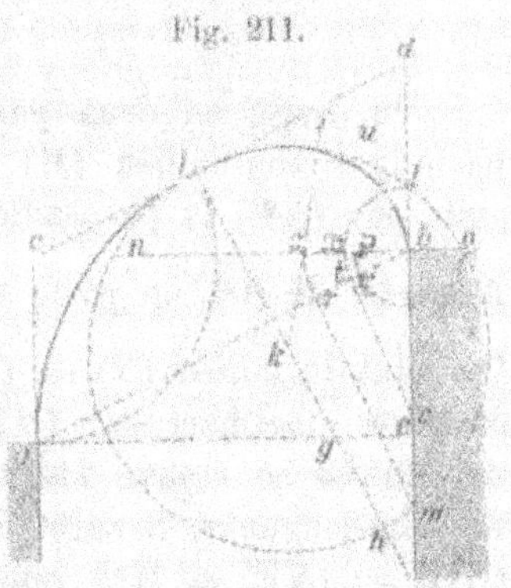

porte en suite la différence entre le diamètre (fh) et la longueur (np) de (b) en (v); on joint (v) et (t) et l'on mène par le point (m), la droite (mr) parallèle à (vt). Elle coupe la ligne (ab) en (r); on reporte alors la longueur (br) sur (nb) en (bs) et l'on mène (ks) qui, prolongée, rencontre le cercle en (i). Les points (g), (k), (s) sont alors les centres des arcs de cercle (af), (fi), (ib) formant l'arc rampant.

Tracer un arc rampant elliptique quand on connait sa portée, ses naissances et la tangente parallèle à la ligne des naissances, fig. 212.

Fig. 212.

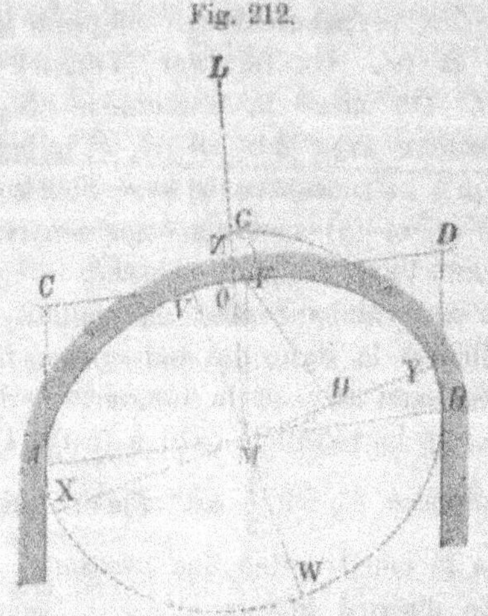

On divise en deux parties égales la droite (AB) et l'on mène par son milieu (M) une normale (FM). On élève ensuite sur (AB) la perpendiculaire (MO) coupant (CD) en (O).

A partir de (O), on porte sur (MO) $LO = \frac{1}{2} AB = MA$.

On joint le milieu (N) de (LM) avec (F) et sur cette droite, on porte une longueur (NH) égale à (NM). Le grand axe de l'ellipse se trouve alors dirigé suivant (MH). Pour avoir sa demi-longueur, il suffit de porter sur (ML) à partir de N, (NG) = (NE) et MG représente alors la longueur cherchée.

Pour obtenir le petit axe, on mène la perpendiculaire (MV) sur (XY). On prend sur (MN) une longueur (MO) égale à (MF) et avec (BO) pour rayon et (Y) pour centre, on trace un arc de cercle coupant (MV) en (V); (MV) représente alors le demi petit axe. L'ellipse peut donc se tracer par l'un des moyens précédemment indiqués[1].

---

[1] Le problème ci-dessus peut se résoudre plus simplement et plus

Lorsqu'on peut se contenter d'une solution approximative, on emploie toujours un tracé composé d'arcs de cercle, ce qui simplifie beaucoup la construction.

Soit à tracer à l'aide de deux arcs de cercle un arc rampant dont la portée et la différence de niveau des naissances sont données, fig. 213.

Fig. 213.   Fig. 214.

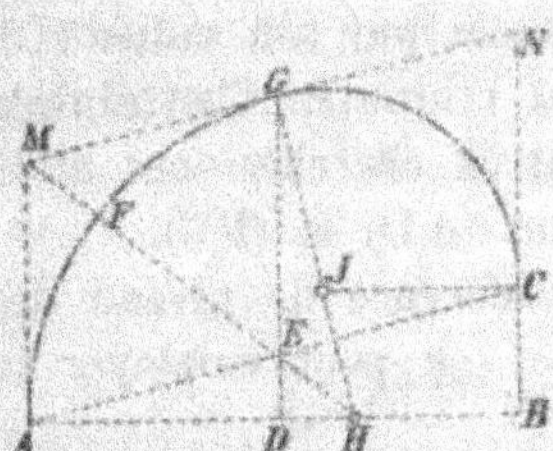 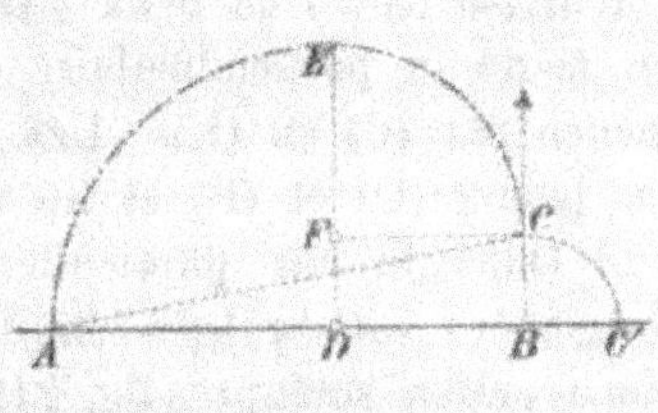

On mène par le milieu (D) de la portée (A B) une perpendiculaire; elle rencontre (A C) en (E). A partir de (E), on porte sur cette droite E G = E C et l'on mène par (G) une parallèle (M N) à (A C). On trace la bissectrice (M E) de l'angle A M G laquelle rencontre (A B) en (H). On joint (H G) et l'on mène par (C) une parallèle (C J) à (A B), coupant G H en J.

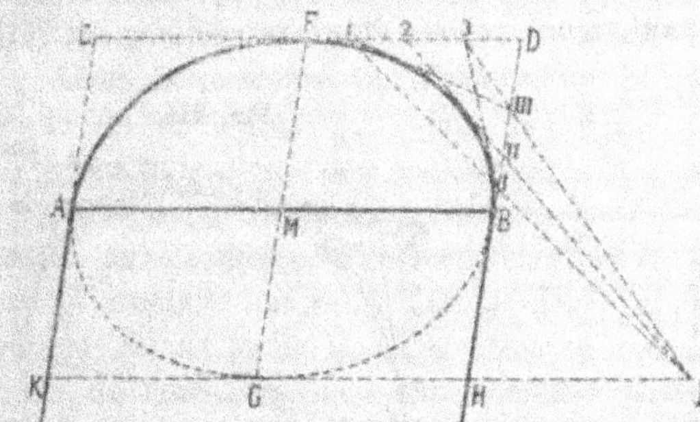

rapidement en déterminant l'ellipse par des enveloppantes.

Les droites données (A B) et (G F = 2 M F) sont en réalité des diamètres conjugués de l'ellipse et en menant par (G) la parallèle (K H) à (C D), KCDH est le parallélogramme circonscrit à l'ellipse.

Pour construire l'arc d'ellipse compris entre (F) et (B), on prolonge (K H) et l'on prend (H I) = (G H). On divise (F D) en un nombre arbitraire de parties égales, ici 4; on joint le point (I) avec les points de division (1), (2), (3), puis, en suite, les points (III), (II), (I), où ces droites coupent (B D) avec les points (1), (2), (3). Les droites (3 III), (2 II), (1 I) sont alors des enveloppantes de l'ellipse qu'il est par conséquent facile de tracer.

Les centres des arcs de cercle cherchés sont alors les points (H) et (I) et leurs rayons sont (AH) et (CJ).

Soit à tracer à l'aide de deux arcs de cercle un arc rampant dont il n'est donné que la portée, fig. 214.

La construction se simplifie en ce cas encore d'avantage. On porte sur (AB), à la suite de (B), une longueur (BC') égale à la différence de niveau (BC) adoptée pour les naissances. On divise (AC') en deux parties égales et par son milieu (D), on mène la perpendiculaire (DE) qui rencontre l'horizontale menée par (C) en (F). Les deux centres cherchés sont alors les points (D) et (F) et les rayons sont (AD) et (FC).

Dans le cas particulier où la différence de niveau des naissances est égale à la demi-portée, on peut employer la construction suivante, fig. 215.

On divise la différence de niveau (bc) en 4 parties égales et l'on fait $b\,g = \dfrac{1}{4}\,b\,c$. On mène la perpendiculaire (gf) jusqu'à l'horizontale menée par (o). Sur (gf) comme diamètre, on décrit un demi-cercle dans lequel on inscrit le demi-hexagone régulier. Les sommets (f), (i), (k) et (g) de cet hexagone sont alors les centres des 4 arcs de cercle (ol), (lm), (mn) et (na) formant l'arc rampant, leurs rayons étant respectivement (fl), (im), (kn) et (ga).

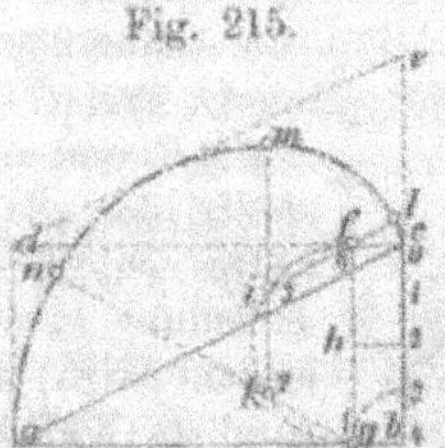

Fig. 215.

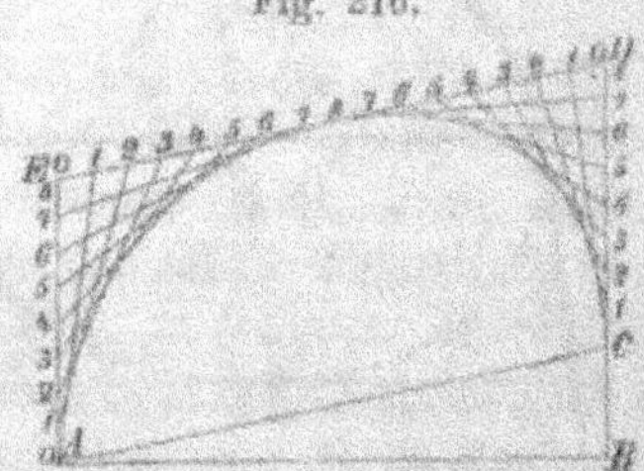

Fig. 216.

Lorsque l'arc rampant doit avoir la forme elliptique et que sa portée, la différence de niveau des naissances et sa montée sont données, on peut le tracer de la manière suivante au moyen de ses enveloppantes, fig. 216.

On divise la montée (AE) en un nombre arbitraire de

parties égales et la parallèle (ED) à la ligne des naissances AC, en un nombre double de ces parties. On joint par des droites le point (0) de (AE) avec le point (1) de (ED), le point (1) de (AE) avec le point (2) de (ED) et ainsi de suite. L'intersection de toutes ces droites fournit un polygone circonscrit à l'ellipse cherchée.

On peut encore tracer l'ellipse en la considérant comme donnée par la projection d'un cercle. C'est ce qui a été fait à la fig. 217, A—B.

Fig. 217.

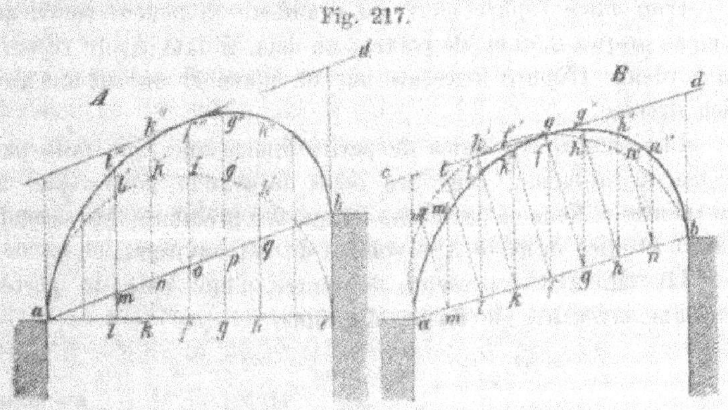

Dans la première, on a décrit sur la portée (ae) un demi-cercle et l'on a mené une série de perpendiculaires (l), (k), (f), (g) coupant la ligne des naissances (ab) et le demi-cercle. On a reporté à partir de (ab) des longueurs (ml″), (nk″), (of′)... égales aux ordonnées correspondantes du demi-cercle. La courbe continue qui relie les extrémités de ces ordonnées donne l'ellipse. Dans la fig. B, on a tracé le demi-cercle sur la base même de l'arc rampant. Ses ordonnées sont alors des perpendiculaires (mm′), (ll′), (kk′)... à (ab). On mène par les points de division (m), (l), (k)... de la base des verticales et l'on porte sur elles des longueurs égales aux ordonnées du cercle. La ligne continue qui relie les extrémités de ces droites représente l'ellipse cherchée.

2. Construction des arcs.

Bien que les ovales et les anses de panier aient l'avantage
d'avoir les joints montants dirigés vers un petit nombre de
points fixes et, par conséquent, de permettre de déterminer la
direction de ces joints au moyen du cordeau, on adopte souvent
la forme elliptique lorsque la portée de l'arc est grande,
parce qu'il est alors difficile de mettre à profit la propriété
sus-mentionnée.

Pour faire l'épure en vraie grandeur on peut se servir du
compas jusqu'à 2,50 m, de portée; au delà, il faut avoir recours
au cordeau. L'épure s'éxécute sur un plancher ou sur une aire
bien dressée.

Les cintres des baies de petite dimension, sont faits par
le maçon lui-même; ceux des baies de grande portée par le
charpentier. Nous ne parlerons ici que des premiers; les seconds
seront étudiés dans le 3me volume de cet ouvrage.

La fig. 218 représente le cintre d'une baie de portée
moyenne, avec arc de forme elliptique.

Fig. 218.

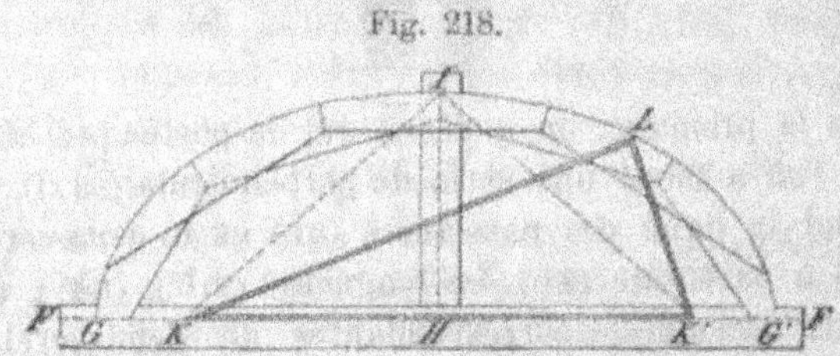

Pour construire ce cintre l'ouvrier commence par tracer
le profil de la courbe au moyen des deux axes donnés. A cet
effet, il détermine la position des foyers (K), (K') en décrivant
du sommet (I) avec un rayon égal au demi-grand axe un arc
de cercle. Cet arc coupe le grand axe aux points cherchés
(K), (K'). Il prend en suite un cordeau et attache ses extrémités aux points (K), (K'), en lui donnant une longueur égale
à celle du grand axe. En tendant le cordeau à l'aide d'une

pointe et en le faisant mouvoir autour des foyers, la pointe décrit l'ellipse cherchée. Quant au mode de construction du cintre, il sera plus ou moins simple suivant la grandeur de l'ouverture de la baie. Quand celle-ci est petite, il n'est formé que de quelques planches réunies par des traverses clouées sur l'un des côtes, comme dans les fig. 221, 225 et 226.

Quand la portée s'accroît, on le com-pose de deux ou plusieurs épaisseurs de planches, celles-ci se recouvrant l'une l'autre et s'arc-boutant entre elles, fig. 218 et 228. Un madrier ou une latte FF' forme entrait à la partie inférieure et est soutenue en son milieu par un poinçon IH.

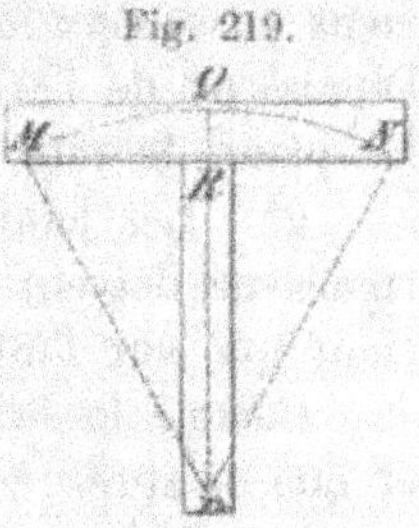

Fig. 219.

Quand les arcs sont très-surbaissés et de faible portée, le cintre peut se réduire à une simple planche que l'on découpe suivant le profil de l'arc et que l'on supporte en son milieu par un montant, fig. 219. Dans les arcs de cette espèce le rayon de courbure est ordinairement égal à la portée, en sorte que $PN = MN$; la flèche QR est alors à peu de chose près égale au $\frac{1}{8}$ de la portée.

a) Arcs en briques.

Lorsque l'arc dont il s'agit ne renferme pas de feuillure, son mode d'appareil est tout-à-fait analogue à celui des piliers carrés, tel qu'il a été indiqué à la fig. 55, A O. Mais comme quelques unes de ces dispositions occasionnent beaucoup de déchet, surtout quand l'épaisseur de l'arc est d'une brique et demie, on les rem-place par l'une de celles don-nées à la fig. 220, A, B. Ces appareils ne sont pas tout-à-fait corrects, car en cer-tains points les joints se continuent l'un l'autre, mais en

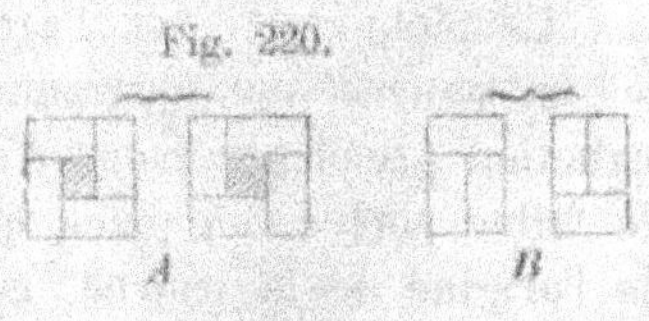

Fig. 220.

raison de ce que dans les voûtes c'est la qualité du mortier qui joue le rôle principal dans la résistance des joints et que l'économie apportée par ces modifications est très sensible, on peut parfaitement les admettre.

L'appareil des arcs doit satisfaire en général aux conditions suivantes:

1º. Les joints radiaux, c'est-à-dire ceux dont le prolongement passe par le centre de la courbe, doivent traverser toute l'épaisseur de l'arc. Ils forment par conséquent des rayons sur les plans de tête et des génératrices sur la surface d'intrados.

2º. Les joints montants transversaux de deux assises contiguës ne doivent point faire suite l'un à l'autre, tant à l'intérieur que sur l'intrados de l'arc.

Comme la brique ordinaire est de forme parallélipipédique et que, d'après ce qui précède, les briques doivent être disposées radialement, les joints auront plus d'épaisseur du côté de l'extrados que du côté de l'intrados. Si, à la douelle, le joint présente une épaisseur de 0,008 m ou 0,01 m, à l'extrados, il pourra avoir jusqu'à 0,02 m. Lorsqu'on peut se procurer facilement des briques spéciales, cet inconvénient peut être évité en employant des briques cunéiformes.

La pose avec bâillement des joints n'est admissible que dans les arcs de cercle surbaissés. Dans le plein-cintre la différence d'épaisseur des deux extrémités devient trop considérable pour qu'on puisse se contenter simplement de la rattraper par une surépaisseur de mortier; on taille alors légèrement la brique pour lui donner la forme en coin, fig. 221, A et B; mais comme cette taille complique le travail, le maçon ne la fait que de deux en deux briques.

Le plein-cintre est l'arc qui s'exécute le plus facilement; ses naissances sont horizontales et le cintre servant à sa construction prend son point d'appui à leur niveau. Dans les arcs de faible portée, on place quelquefois les sommiers au-dessus de l'origine de la courbe, celle-ci commençant sur les pieds-droits, fig. 222. Cette disposition devient même obligatoire quand deux pleins-cintres s'appuient sur un même pilier et

Fig. 221.

Fig. 222.

Fig. 223.

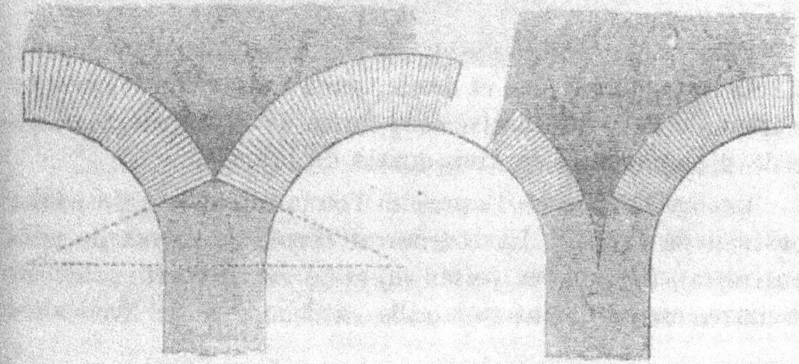

que celui-ci est de petite section; leurs coussinets ne trou-
veraient pas sans cela une surface d'appui suffisante, fig. 223.

Le cintre que nous avons représenté à la fig. 221 peut
servir jusqu'à 1,50m de portée. Il se compose de 3 ou 4 planches
superposées, réunies sur l'un des côtés par une barre montante et deux barres diagonales. Pour un arc d'une brique
d'épaisseur un seul de ces cintres suffit; au-delà d'une brique,
il en faudra deux. Ces cintres s'appuient à leurs extrémités
sur des planches posées debout contre les pieds-droits et étré-
sillonnées par une barre transversale (c). Quand l'arc est un
segment de cercle surbaissé, le cintre prend la forme représentée à la fig. 224. On voit qu'il se compose simplement de
planches découpées au profil voulu et supportées comme nous
venons de l'indiquer.

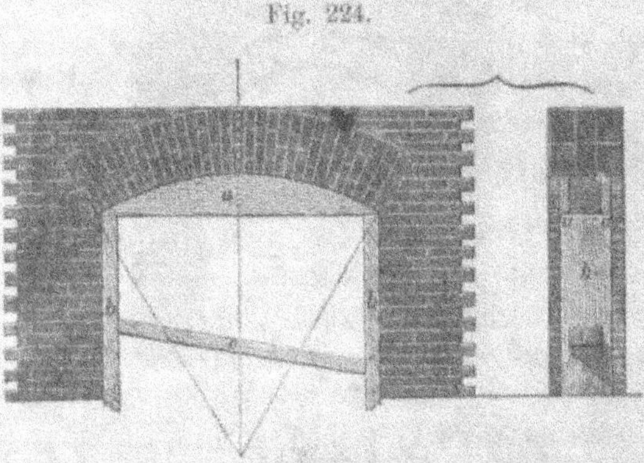

Fig. 224.

Dans la fig. 221 l'épaisseur de l'arc n'était que d'une brique;
ici, elle est d'une brique et demie; aussi voit-on dans l'élévation
le front de l'arc alternativement formé de 3 briques boutisses
et de 2 panneresses en trois-quarts de brique.

La fig. 225 donne l'exemple d'un arc en anse de panier
construit en briques. La courbe est tracée au moyen de trois
centres (a), (b), (c); les points (a) et (c) se trouvent encore sur
le cintre, mais le point (b) tombe en dehors. Pour avoir alors

un point fixe en cet endroit permettant de déterminer la direction des joints avec le cordeau, on place la barre transversale à hauteur de ce point. C'est ce que montre la fig. 226, A—B, qui représente deux arcs en construction.

Fig. 225.

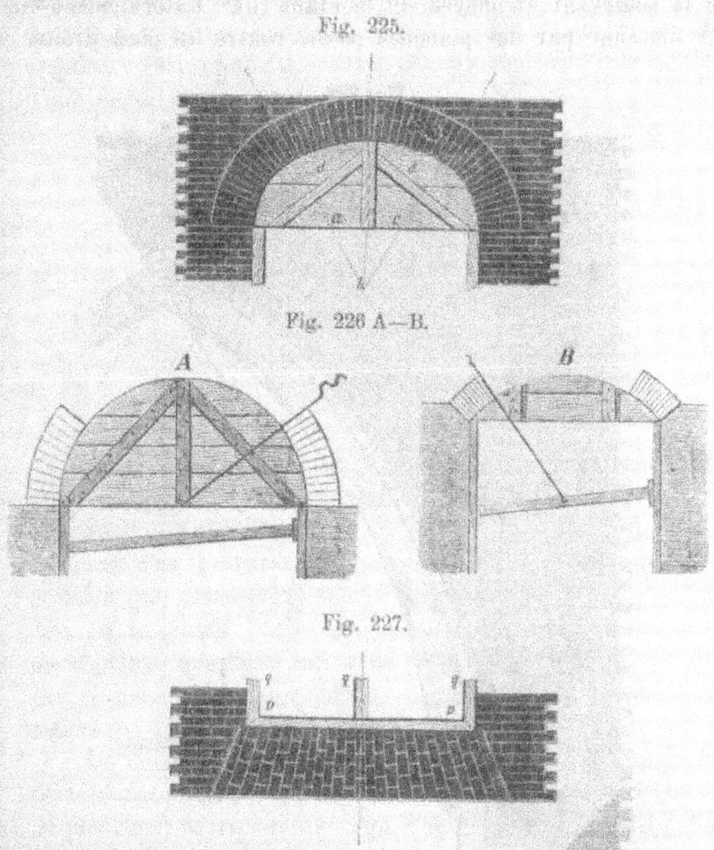

Fig. 226 A—B.

Fig. 227.

Les plates-bandes ne possèdent pas grande résistance; leur solidité dépend entièrement de la qualité du mortier avec lequel elles sont faites, aussi sera-t-il bon d'ajouter un peu de ciment à ce dernier. L'appareil d'un arc de cette espèce est représenté à la fig. 227. Le centre de rayonnement des

joints se trouve sur le montant d'appui (b) à une distance égale
à l'ouverture de la baie (voir la fig. 219). Le cintre se compose d'une simple planche, qu'on amincit même en son milieu
pour la rendre plus flexible et pouvoir lui donner du cambre,
en la soulevant au moyen du montant (b). Latéralement elle
est soutenue par des planches posées contre les pieds-droits.

Fig. 228.

L'éxécution des arcs en ogive demande des précautions
particulières à la partie supérieure de l'arc, fig. 228. Les
joints des reins de l'arc sont dirigés vers le centre de la courbe
d'intrados; à une petite distance du sommet, en p m et r n on

abondonne ce centre de rayonnement, pour un autre pris arbitrairement et voisin du sommet. Une disposition préférable à celle de la fig. 228 est représentée à la fig. 229, A. On porte le centre de rayonnement des joints à une plus grande distance du sommet, en p', par exemple et l'on dirige les joints de p' à p vers un nouveau centre x', puis on forme la partie angulaire (m p q r n) du sommet par des rouleaux concentriques, d'une demi-brique d'épaisseur.

Fig. 229 A – C.

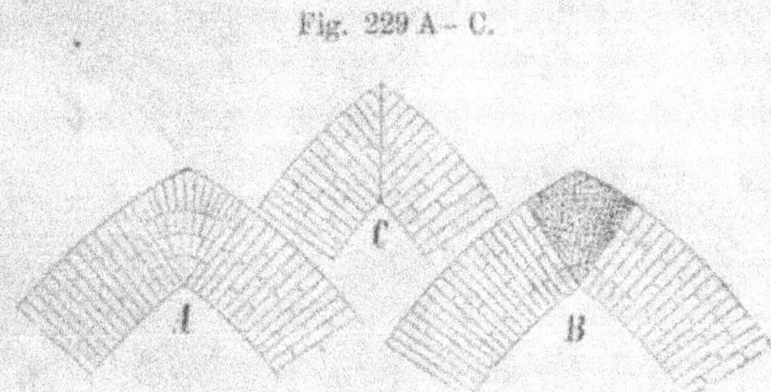

Beaucoup d'architectes préfèrent éxécuter les sommets des arcs en ogive en pierre de taille, fig. 229, B, mais ce mode de construction exige de la pierre d'excellente qualité et si l'on ne peut s'en procurer, il vaut encore mieux adopter la disposition que nous avons indiquée en dernier lieu. Au moyen âge, on terminait l'ogive comme en C, fig. 229, les briques formant joint dans l'axe même de l'arc. Cette disposition s'adopte encore quelquefois aujourd'hui, bien que moins bonne que les autres.

Le cintre représenté à la fig. 228 peut s'appliquer à des portées notablement supérieures à 1,50 m. Il est formé de bouts de planches, se recouvrant l'un l'autre à joints croisés, solidement cloués, et reliés à la partie inférieure par une latte formant entrait. Le cintre repose sur des montants étrésillonnés par des traverses. Nous reviendrons sur la construction des cintres dans le 3ᵐᵉ volume de cet ouvrage.

Lorsque l'arc présente trop de profondeur pour reposer directement sur deux cintres en planches, on monte près de chacun des plans de tête un cintre en charpente et on les recouvre d'une série de planches formant comme une petite voûte[1]). Il va sans dire qu'en faisant l'épure du cintre, il faut déduire deux fois l'épaisseur du couchis de la portée de l'arc.

Fig. 230 A—E.

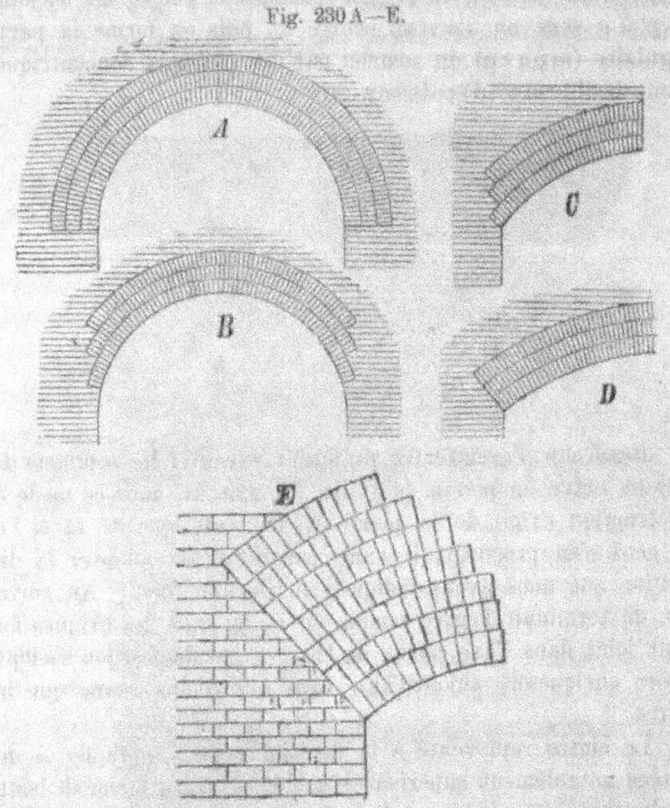

Dès que l'épaisseur d'un arc dépasse une brique et demie et que la courbure est forte, il faut fortement tailler les briques pour que les joints ne baillent pas trop. Pour éviter alors ce

____

[1]) Ces planches sont remplacées dans les cintres de grande dimension par des madriers et forment ce qu'on nomme le couchis.

surcroît de main-d'oeuvre, on dispose les briques par rouleaux concentriques, d'une demi-brique d'épaisseur, fig. 230, A—E.

Fig. 231.

Fig. 232.

Les arcs ainsi construits sont moins résistants que ceux disposés suivant un seul rouleau; aussi sera-t-il bon de leur donner relativement plus d'épaisseur.

Lorsque deux arcs en briques viennent s'appuyer sur un sommier commun et que le pilier qui les supporte n'a que peu de largeur, on place les coussinets de ces arcs un peu au-dessus de l'origine de la courbe, fig. 231, A, et l'on fait les sommiers en briques ou en pierre de taille, fig. 231, B. Cette disposition se rencontre souvent dans les murs de façade, fig. 232.

Fig. 233.

Une autre disposition du même genre, dans laquelle le plein cintre est remplacé par des segments de cercle et les piliers en briques par des colonnes en fonte, est donnée à la fig. 233.

Si deux arcs en briques prenaient un appui commun sur un pilier d'une seule brique de largeur, on pourrait adopter la disposition représentée à la fig. 234; mais il serait bon alors de faire la maçonnerie au mortier de ciment. Dans cet exemple, les joints sont dirigés vers les centres des arcs d'in-

trados, mais en prenant le centre de l'arc de droite pour point
de rayonnement des joints de l'arc de gauche, et vice-versa.
Au-dessus du pilier les joints forment une sorte de queue
d'hironde.

Fig. 234.

Fig. 235.

Lorsque de fortes charges agissent au-dessus d'arcs plats,
il faut recouvrir ceux-ci d'arcs de décharge. Il est clair
que ces arcs seront d'autant plus efficaces que leur forme
se rapprochera plus de celle du plein-cintre. Mais il est rare
d'avoir assez d'espace entre les baies de deux étages consé-
cutifs pour pouvoir donner à l'arc de décharge une flèche
aussi grande.

Nous représentons à la fig. 235 l'exemple d'un arc de
décharge de forme semi-circulaire; il recouvre deux petits arcs

Fig. 236.

Fig. 237.

plein-cintre supportés dans l'axe de la baie par un montant commun. En réalité, toute la charge est prise par l'arc de décharge; les petits arcs ne servent qu'à couronner la baie. La maçonnerie remplissant l'espace entre le premier et les seconds ne doit être faite que lorsque l'arc de décharge a fini de tasser; il sera toujours bon de faire ce dernier au mortier de chaux hydraulique.

D'ordinaire, la forme de l'arc de décharge se rapproche de celle représentée à la fig. 236. Le cintre de la baie est presque droit et son épaisseur n'est que d'une brique, tandis que celle de l'arc de décharge qui le recouvre est d'une brique et demie.

Dans la fig. 237, les pieds-droits sont en pierre de taille et la baie est divisée en deux parties égales par une colonne médiane en fonte; celle-ci supporte le sommier des deux arcs en plate-bande qui forment le linteau de la baie. Le poids de la maçonnerie supérieure est reporté sur les pieds-droits au moyen d'un arc de décharge.

Une disposition analogue est donnée à la fig. 238, seulement, dans le cas particulier, l'arc de décharge est reduit à de très-petites dimensions faute de place.

Lorsqu' au contraire sa portée et son épaisseur sont grandes, on peut le composer de rouleaux concentriques afin d'éviter le baillement des joints. C'est ce que montre la fig. 239. Les arcs inférieurs s'appuient contre des sommiers en pierre de taille et ont une forme en anse de panier.

On se sert quelquefois de l'arc de décharge pour supporter le linteau qu'il recouvre. A cet effet, la plate-bande formant le linteau repose en son milieu sur un fer plat (a a), fig. 240 que l'on suspend à l'aide d'un tirant et d'une clavette à la clef de l'arc de décharge. La clavette (c c) permet d'effectuer le serrage du tirant. Quand l'ouverture de la baie est grande, on remplace le fer plat par une pierre formant sommier laquelle est suspendue à l'arc de décharge supérieur, fig. 241. En pareil cas, il faut attendre que l'arc de décharge ait fini de tasser avant d'éxécuter le linteau.

Fig. 238.

Fig. 239.

Fig. 241.

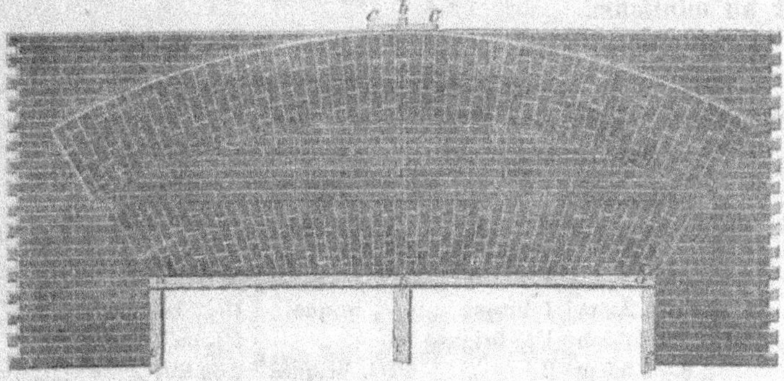

Fig. 242.

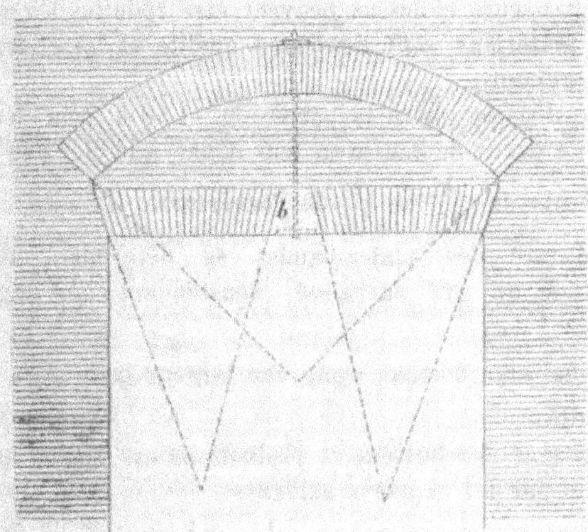

Pour la détermination de l'épaisseur des arcs, on peut s'appuyer sur les indications générales suivantes.

Les dimensions applicables à l'arc plein-cintre conviennent aussi aux arcs en segment de cercle, à condition de remplacer la portée de ces derniers par le diamètre du cercle dont ils sont une partie. Il faut toujours supposer les reins des arcs et des voûtes recouverts de maçonnerie jusqu'aux $\frac{2}{3}$ de la hauteur au minimum.

Voici quelles sont, dans uns bâtiment de 3 ou 4 étages, les épaisseurs usuelles des arcs recouvrant les baies; ces épaisseurs sont mesurées à la clef.

Ouverture dans oeuvre	Epaisseur à la clef		
	arc plein-cintre	arc exhaussée et ogive	arc surbaissé jusqu'à $\frac{1}{8}$ de flèche
jusqu'à 2,0 m	1 brique	$\frac{1}{2}$ brique	$1\frac{1}{2}$ briques
de 2,0 à 3,5 m	$1\frac{1}{2}$ briques	1 „	$1\frac{1}{2}$ ou 2 „
„ 3,5 à 5,5 m	2 „	$1\frac{1}{2}$ briques	2 ou $2\frac{1}{2}$ „
„ 5,5 à 8,5 m	$2\frac{1}{2}$ „	2 „	$2\frac{1}{2}$ ou 3 „

Les épaisseurs ci-dessus peuvent être réduites légèrement quand les matériaux sont de bonne qualité et les charges de grandeur ordinaire.

On ne dépasse guère la portée de 11,50 m pour les arcs en briques; à partir de 8,50 m on leur donne à la clef une épaisseur variant du $\frac{1}{15}$ au $\frac{1}{12}$ de l'ouverture.

L'épaisseur des plates-bandes se détermine, en les assimilant à un arc surbaissé, soustendant un angle de 60 degrés.

Tous les arcs doivent avoir une largeur supérieure au $\frac{1}{17}$ de l'ouverture.

L'épaisseur des buttées et pieds-droits est donnée approximativement par les rapports suivants:

Arc exhaussé et ogive . $\frac{1}{5,5}$ à $\frac{1}{6}$ de la portéé

Arc plein-cintre . . . $\frac{1}{5}$ à $\frac{1}{5,5}$ „ „ „

Arc avec flèche supérieure

au $\frac{1}{4}$ de la portée . $\frac{1}{4}$ à $\frac{1}{4,5}$ „ „ „

Arc avec flèche supérieure

au $\dfrac{1}{8}$ de la portée . $\dfrac{1}{3,5}$ à $\dfrac{1}{4,0}$ de la portée

Arc en plate-bande . . $\dfrac{1}{3}$ à $\dfrac{1}{4}$ " " "

Lorsque les pieds-droits ont plus de 2,50 m de hauteur, il faut augmenter les épaisseurs ci-dessus du $\dfrac{1}{6}$ de la portée; ils peuvent, au contraire, être un peu réduits, lorsqu'ils supportent de grandes charges.

b) Arcs en pierre de taille.

Les arcs en pierre de taille ne s'emploient que dans les contrées où l'on dispose de bonne pierre de construction. Ils sont fort coûteux et leur exécution exige le plus souvent l'établissement d'un échafaudage en bois de charpente. Leurs cintres doivent aussi se faire plus solidement que dans le cas d'arcs en briques; nous en parlerons dans le 3me volume, en traitant des ouvrages en charpente.

Les arcs en pierre sont surtout employés dans les ponts et viaducs; on établit alors, pour faciliter leur construction, un treuil roulant pouvant atteindre tous les points de l'arc. Les formes les plus faciles à éxécuter sont le plein-cintre, l'ogive et l'arc de cercle. Dans ces différents cas la taille des voussoirs se fait avec un petit nombre de gabarits. Il n'en est plus de même quand l'arc est une anse de panier ou une demi-ellipse; la forme variable des voussoirs complique alors sensiblement le travail; aussi évite-t-on souvent, pour cette raison, ces deux dernières formes.

Les arcs plats avec extrados arasé suivant un plan horizontal sont faciles à éxécuter. Les voussoirs ont chacun, il est vrai, une forme particulière, mais les pierres qui recouvrent l'arc conservent la disposition régulière des autres parties de la maçonnerie.

Les ouvertures des soubassements, c'est-à-dire, les soupiraux

sont toujours de petite dimension; aussi, peut-on, quand ils
sont arqués, ne composer l'arc que de deux ou trois voussoirs.

Fig. 242.

Fig. 243.

La fig. 243 donne un exemple dans lequel chaque arc est
formé de deux voussoirs qui traversent toute l'épaisseur du
mur, tandis que les autres parties du soubassement sont recouvertes de pierre en plaquis.

Au moyen âge les appareilleurs se contentaient souvent
de terminer la partie supérieure du voussoir par un plan incliné, comme l'indiquent les fig. 244 et 245. Dans ces exemples,
les voussoirs sont enclavés de deux en deux dans les assises
horizontales de la maçonnerie. Cette disposition facilitait la

subdivision des joints montants. On renonce quelquefois à donner aux joints une direction parfaitement radiale dans le but de conserver aux voussoirs une largeur à peu près uniforme. Pareille disposition est contraire aux règles générales, mais peut cependant s'admettre quand l'ouverture de l'arc est petite, fig. 246.

Fig. 244.

Le raccordement d'un encadrement de baie en pierre de taille avec des murs en briques ou en moellons se fait très facilement, surtout quand ces murs doivent être recouverts d'un enduit, fig. 247. On dirige les joints radialement et l'on donne à la queue des voussoirs la hauteur voulue pour que le déharpement corresponde à un multiple de la hauteur d'assise.

La fig. 248 représente un arc en ogive de 2,10 m de portée. L'arc est formé de voussoirs d'égale grandeur, avec arête abattue, du côté de l'intrados (voir la coupe indiquée

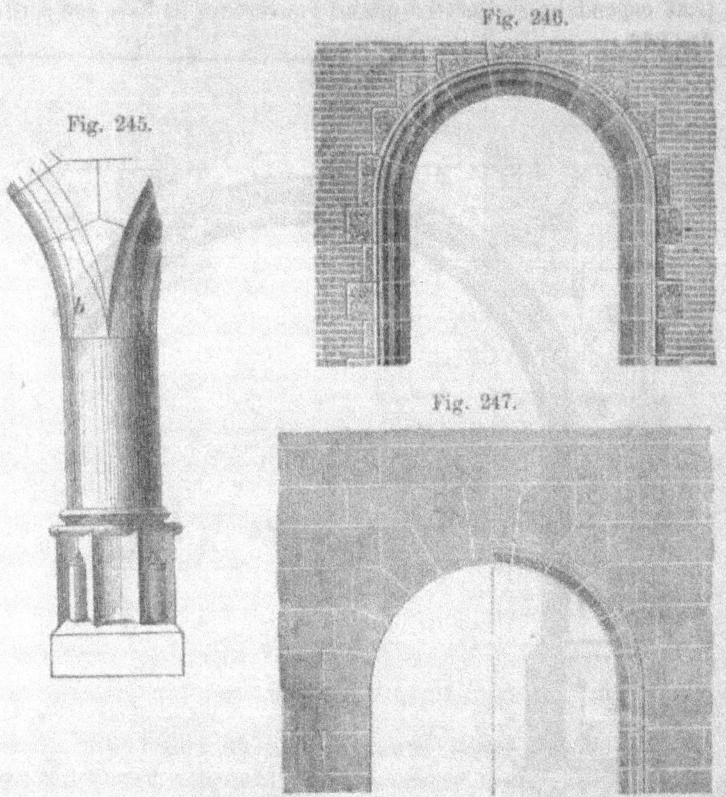

Fig. 245.

Fig. 246.

Fig. 247.

par des hachures). A l'extérieur il est entouré d'une moulure qui se continue horizontalement à la hauteur des naissances en forme de bandeau. La baie est décorée d'une rosace composée d'un cercle et de deux petites ogives dont les diverses parties sont reliées par des crampons.

Souvent les voussoirs ont une forme angulaire, afin de mieux se relier avec les assises de la maçonnerie environnante.

fig. 249. Mais ce mode de construction n'est pas à recommander parce que la partie en retour des voussoirs tend à se briser quand la maçonnerie se tasse.

Fig. 248.

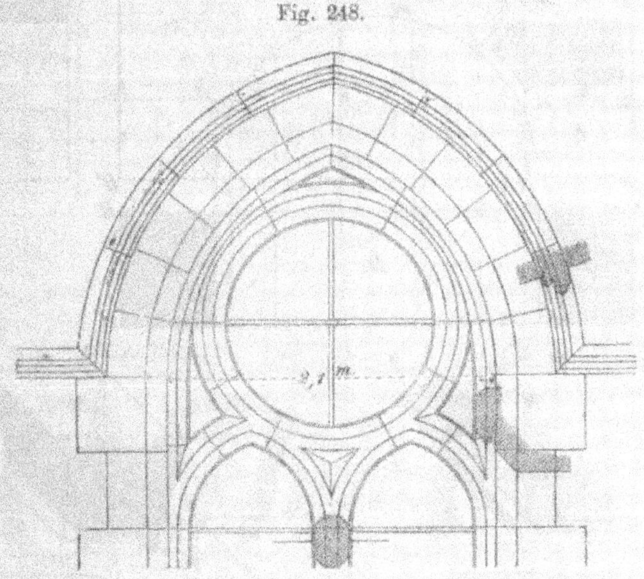

La fig. 249 indique du reste le tracé de l'appareil des différents voussoirs. On divise l'intrados de l'arc en un nombre impair de parties égales, 7 dans le cas particulier, puis on trace sur l'épure les différents joints de l'arc. Pour faire la taille de l'un des voussoirs (f, h, i, e, c), par exemple, on commence par exécuter les faces parallèles (f, u, s, t), et (p, q, r, v). L'épaisseur de la pierre (k′), correspond naturellement à la hauteur maxima (h, e) du voussoir (k). Les faces inclinées se déterminent en suite au moyen d'un gabarit.

B. Voûtes.

Dans les bâtiments les voûtes servent à recouvrir les caves, passages, cages d'escalier et quelquefois aussi des maga-

Fig. 249.

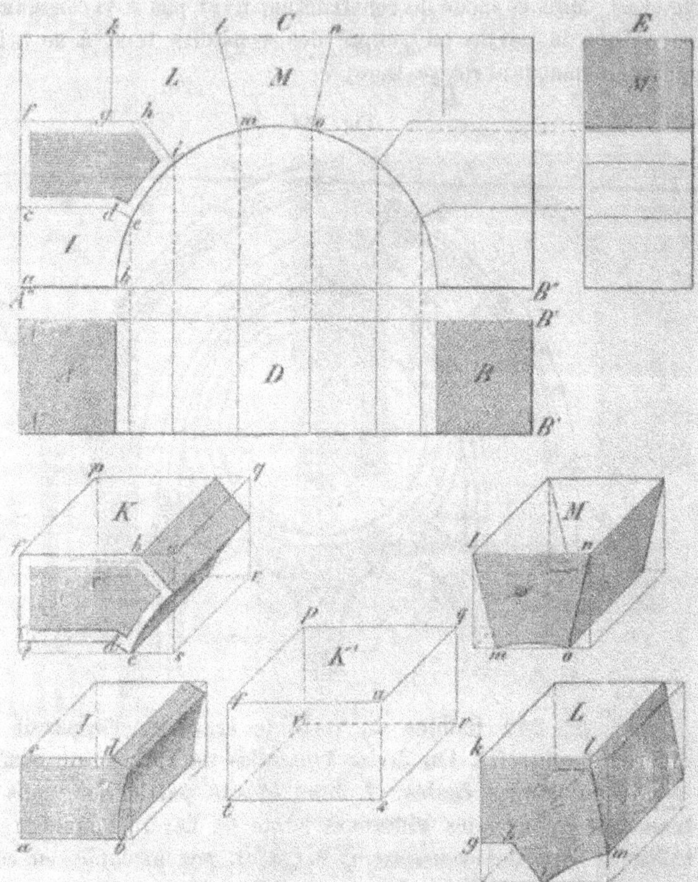

sins et boutiques; de construction légère, elles semploient pour former l'entrevous des planchers incombustibles.

1. Nom des différentes parties d'une voûte.

On donne le nom de ligne des naissances à la droite (k k'), fig. 250 A—B, formant le raccordement entre la voûte te les pieds-droits verticaux.

Fig. 250.

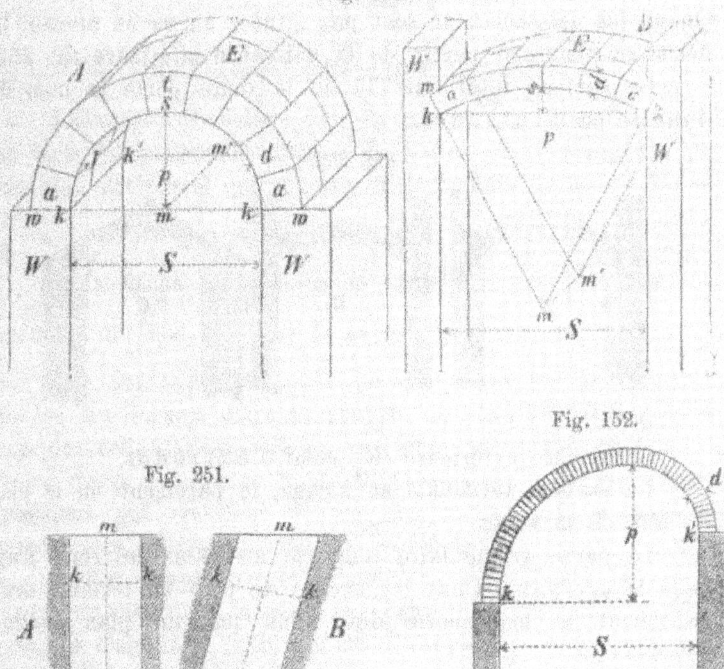

Fig. 152.

Fig. 251.

On appelle s o m m e t le point le plus élevé de la surface
intérieure de la voûte.

La ligne horizontale qui passe par tous ces points, parallèlement à l'axe de la voûte est la c r ê t e de la voûte.

L'arc (k s k) est la courbe directrice.

Les deux points déterminés sur les lignes des naissances
par le plan de la directrice, plan qui est perpendiculaire à
l'axe (m, m'), sont les naissances de la courbe directrice,
Fig. 251.

La distance entre ces deux points représente la p o r t é e
ou l'o u v e r t u r e de la voûte.

La normale (p) abaissée du sommet (s) sur l'horizontale
réunissant les naissances, s'appelle la f l è c h e ou la m o n t é e.

Quand les naissances ne sont pas situées au même niveau, la flèche se compte à partir de la naissance inférieure fig. 252.

La surface intérieure (T) de la voûte porte le nom de douelle ou d'intrados.

Fig. 253.

La surface extérieure (E), celui d'extrados.

La surface terminale se nomme le parement ou le plan de tête de la voûte.

La partie triangulaire comprise au-dessus des reins s'appelle le tympan. Dans les arches de pont on termine ordinairement la maçonnerie des reins par un plan incliné, fig. 253 C.

Le mur (W) contre lequel la voûte s'appuie se nomme le mur de buttée on pied-droit[1]).

Les pierres cunéiformes qui composent la voûte s'appelent voussoirs ou claveaux.

La première (a), sur l'imposte, est le coussinet; celle du milieu, au sommet, la clef.

La voûte est ordinairement symétrique par rapport à son sommet; cela n'a cependant pas lieu quand elle est rampante.

La voûte dont les faces restent apparentes est dite ouverte.

Celle dont les plans de tête sont adossés à des murs est dite fermée.

---

[1]) Dans le cas d'une arche de pont, les appuis extrêmes portent le nom de culées et les appuis intermédiaires celui de piles.

2. Espèces différentes de voûtes.

La voûte cylindrique semi-circulaire, dite en berceau, est la base des principales formes de voûtes. En la coupant par un plan horizontal qui réduise sa flèche dans la proportion du $\frac{1}{3}$ au $\frac{1}{5}$ de la portée, on obtient une voûte en arc-de-cercle.

Si la flèche est réduite de façon à n'être plus comprise qu'entre le $\frac{1}{6}$ et le $\frac{1}{12}$ de la portée, la voûte est dite plate[1].

Les voûtes cylindriques peuvent avoir pour directrice toutes les formes d'arc et couvrir en plan une figure quelconque; celle-ci peut être un carré, un rectangle, un trapèze, voire même un cercle. Nous entrerons dans le détail des dispositions qui resultent de ces combinaisons en traitant de chacun des genres de voûte en particulier.

Si l'on coupe une voûte cylindrique semi-circulaire couvrant un rectangle en plan, par deux plans verticaux passant par les diagonales (a, b) de ce rectangle fig. 254, on obtient quatre segments, dont les deux se faisant face sont égaux.

La combinaison de ces segments entre eux produit des voûtes de forme très-diverse. Si l'on réunit plusieurs parties (trois au moins) semblables aux segments (k), toutes de même flèche, on obtient ce qu'on appelle une voûte d'arête. Les arêtes peuvent former des arcs de portée inégale à condition que ces arcs soient tous des sections d'un même cylindre.

La forme de la courbe directrice de la voûte est toujours donnée par la section perpendiculaire à l'axe, que le plan de tête soit normal ou oblique par rapport à cet axe, fig. 256 D. Cette figure représente en plan et à petite échelle diverses formes de voûtes d'arête.

---

[1] Au-dessous du $^1/_{12}$ de la portée la voûte prend le nom de voûte en plate-bande.

Les projections horizontales des lignes de raccordement des segments constitutifs sont des lignes droites. Ces lignes de raccordement donnent sur l'extrados des parties rentrantes,

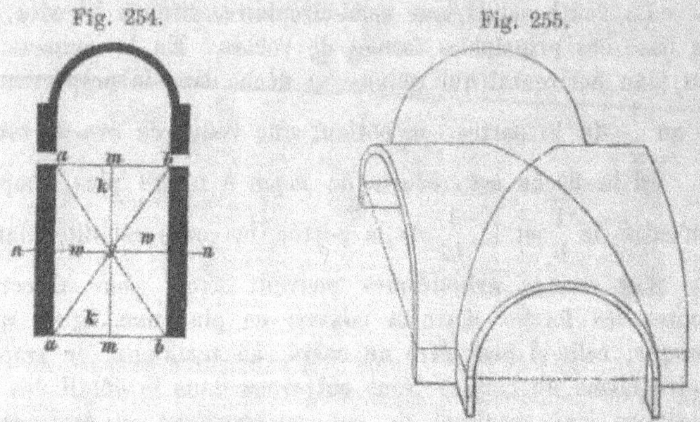

Fig. 254.

Fig. 255.

Fig. 256.

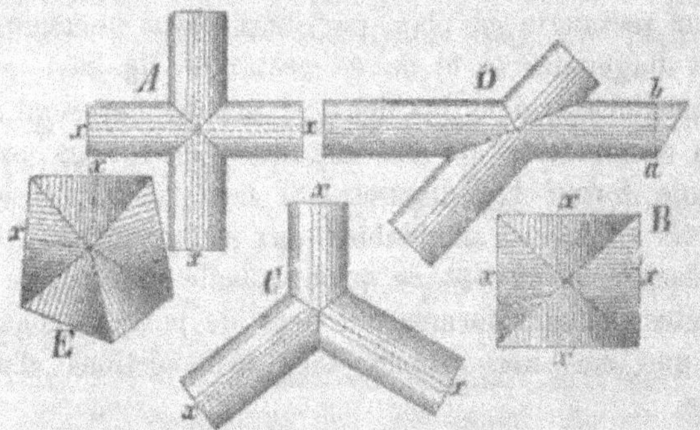

formant des courbes continues que l'on appelle noues. Ces courbes sont ordinairement des ellipses et l'on peut facilement les tracer en construisant la projection de l'arc générateur du berceau.

La multiplication du nombre de pénétrations conduit à des voûtes dans lesquelles les arêtes ou nervures forment

comme une étoile autour du point de rencontre des axes,
fig. 257.

La combinaison d'au moins trois
parties semblables aux segments (w)
fig. 254, ayant toutes même flèche,
fournit une voûte en arc de cloître.
Avec ce genre de voûte, on peut
couvrir des enceintes de forme polygonale quelconque, fig. 258.

A la rencontre des extrados il se
forme des saillies courbes que l'on
nomme croupes ou arêtiers.

Lorsque la montée de la voûte
en arc de cloître excède notablement
la demi-portée, la voûte change de
nom et devient une voûte en dôme.

Si la forme polygonale de la
base se transforme en une courbe
continue (cercle, ellipse ou ovale),
l'intrados se change également en
une surface continue. Quand le plan
et la section diamétrale sont circulaires, on a une voûte sphérique et quand on supprime la partie inférieure de cette dernière par un plan horizontal, la voûte se réduit à une calotte
sphérique.

Fig. 257.

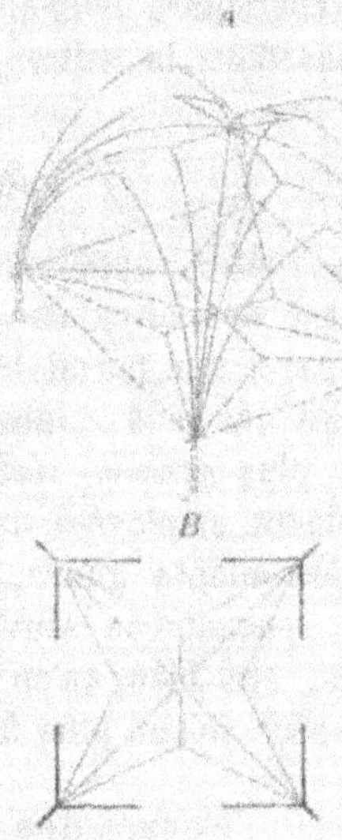

B

Fig. 258.

En coupant une voûte en forme de demi-sphère ou de
demi-ellipsoïde, par une série de plans verticaux formant en
plan un carré, un rectangle ou un polygone, on obtient:

Si le diamètre est supérieur à 4,50 m une voûte en dôme, à base polygonale et si le diamètre est inférieur à 4,50 m, la voûte en segment sphérique.

La combinaison de quelques unes des voûtes que nous venons d'indiquer, donne lieu à de nouvelles formes que nous étudierons dans la suite.

1. Voûtes cylindriques.

Ces voûtes, appelées aussi voûtes en berceau quand la section est semi-circulaire, s'emploient surtout dans les travaux publics parce que parmi les différentes espèces de voûtes, elles sont celles qui sont le plus faciles à appareiller et qui présentent la plus grande résistance. Anciennement elles étaient fréquemment employées dans les bâtiments, mais aujourd'hui, on ne les adopte guère, si ce n'est encore en Autriche où elles se rencontrent souvent au-dessus des caves, passages, sous-sols, etc. bien qu'en ces différents cas les voûtes d'une autre espèce soient plus à leur place.

Forme des voûtes cylindriques.

Les voûtes cylindriques sont des demi-cylindres couchés. Leur douelle peut donc être considérée comme engendrée par une droite se mouvant parallèlement à une droite fixe donnée, en s'appuyant constamment sur une courbe également donnée. La droite mobile s'appelle, comme on sait, la génératrice et la courbe fixe la directrice du cylindre. Lorsque la directrice est un demi-cercle ou une demi-ellipse et que la génératrice se meut perpendiculairement à son plan, on obtient un berceau circulaire ou elliptique et l'axe de ce berceau est la perpendiculaire qui passe par le centre de la courbe.

On peut aussi concevoir le cylindre comme engendré par la courbe, en supposant que celle-ci se meuve parallèlement à elle même pendant que son centre soit astreint à parcourir l'axe donné. En ce cas, l'axe devient la directrice et la courbe, la génératrice du cylindre. Ainsi, d'après cette dernière défini-

tion, la génératrice de la voûte en berceau est un demi-cercle.
De même le berceau elliptique serait engendré par une demi-
ellipse et l'on aurait une voûte surbaissée ou surhaussée,
suivant que ce serait le grand ou le petit axe qui coïnciderait
avec l'horizontale. La voûte cylindrique peut aussi être engendrée par une courbe en anse de panier; celle-ci présente
même, par rapport à l'ellipse, l'avantage de permettre de déterminer plus facilement la direction des joints des voussoirs et
de jouer avec la forme de la courbure de la douelle. Cependant, quand il s'agit de grandes ouvertures ces avantages
disparaissent, parce que les centres de l'anse de panier se
trouvent alors rejetés à une très-grande distance. Dans le
cas d'une construction en pierre de taille, il faut adopter de
préférence l'anse de panier.

Fig. 259.   Fig. 260.

La courbe génératrice peut aussi être une ogive; on a alors
une voûte cylindrique en ogive. Enfin la directrice au lieu d'être
horizontale, peut être une droite inclinée; on est conduit alors
à un berceau rampant, fig. 259. Dans ce cas, les naissances
s'élèvent parallèlement à la directrice. Ce genre de voûte
ne trouve son application que dans la construction des escaliers.

Toutes les voûtes indiquées jusqu'à présent sont ce qu'on
nomme des voûtes droites, c'est-à-dire que leurs plans de
tête sont perpendiculaires à la direction de l'axe. Lorsque
cela n'a pas lieu, la voûte est dite biaise, fig. 260. Ces dernières ne se rencontrent guère que dans les ponts et autres

ouvrages d'art et même là, seulement rarement, leur construction étant plus dificile que celle des voûtes droites.

Les diverses voûtes cylindriques que nous venons d'énumérer sont presque les seules employées. On en fait aussi

Fig. 261.

Fig. 262.

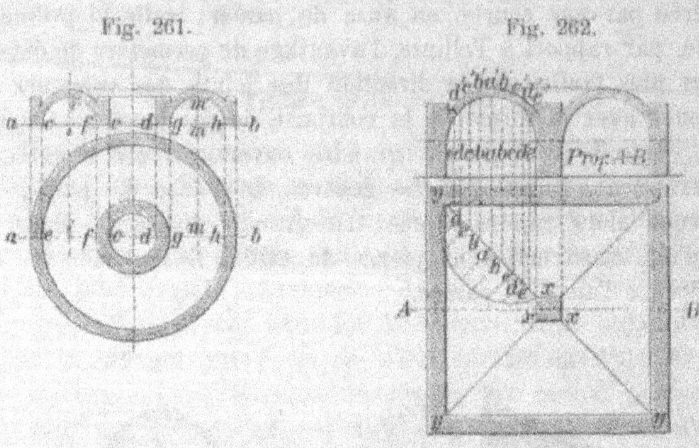

Fig. 263.

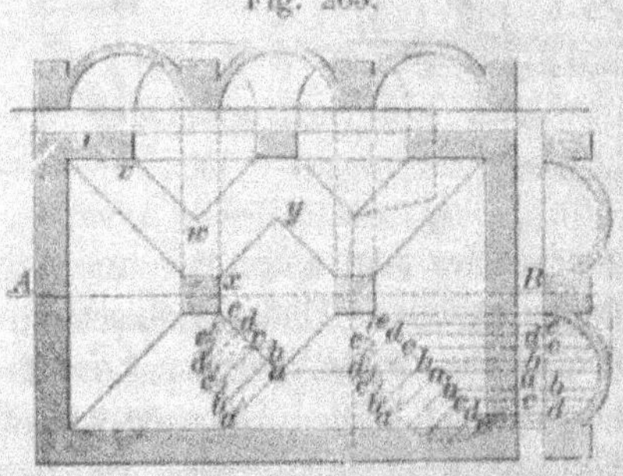

dans lesquelles l'axe au lieu d'être horizontal ou incliné a une direction verticale. Telles sont les voûtes destinées à résister à une poussée horizontale ou légèrement inclinée (poussée des terres, pression de l'eau). L'extrados de la voûte est alors opposée à la direction de la poussée. Dans ces derniers temps, on s'est servi de voûtes de ce genre pour écarter la poussée des points faibles d'un mur de fondation.

La voûte en berceau se transforme en voûte annulaire lorsque la ligne droite servant de directrice est remplacée par une courbe plane (cercle, ellipse ou spirale) et que le plan de la génératrice reste, pendant le mouvement, constamment perpendiculaire à la directrice.

2. Détermination des lignes de pénétration.

Avant de commencer l'étude de la construction des voûtes, nous rappellerons par quelques exemples, le mode de détermination des courbes de pénétration.

Les fig. 262 et 263, A—B, donnent des exemples de pénétration de voûtes en berceau. Dans le cas particulier les diverses voûtes ont toutes même diamètre et leurs axes sont dans le même plan horizontal. Dans ces conditions, la projection horizontale des lignes de pénétration est une ligne droite, car nous savons par la Géométrie descriptive que l'intersection de deux cylindres à base circulaire de même diamètre dont les axes sont situés en outre dans le même plan horizontal, se projette sur ce plan sous forme de deux lignes droites. Lorsque les axes ne se coupent pas, la projection horizontale est une courbe, fig. 265. Quant à la forme véritable de la ligne d'intersection, elle se trouve facilement en projetant divers points de la courbe génératrice du berceau sur le plan de la ligne d'intersection. Cette construction à été faite en rabattement sur le plan.

Ce que nous venons de dire sur la pénétration de deux cylindres à base circulaire de même diamètre, dont les axes se coupent, est vrai que les axes soient ou ne soient pas à angle droit.

Ainsi la fig. 264 représente la pénétration de deux berceaux dont les axes se coupent obliquement. Le point le plus élevé de la ligne de pénétration correspond évidemment au point de rencontre (x) des crêtes des deux berceaux; (X Y) et (X Z) seront alors les projections horizontales des lignes de pénétration. La forme véritable ainsi que la projection verticale de ces courbes, se déduisent facilement en construisant la projection des différents points du demi-cercle (m, a, o) sur les plans

(X Y) et (X Z). Pour faire le tracé, on suppose ces plans rabattus autour de leur trace qui coïncide avec la projection

Fig. 264.

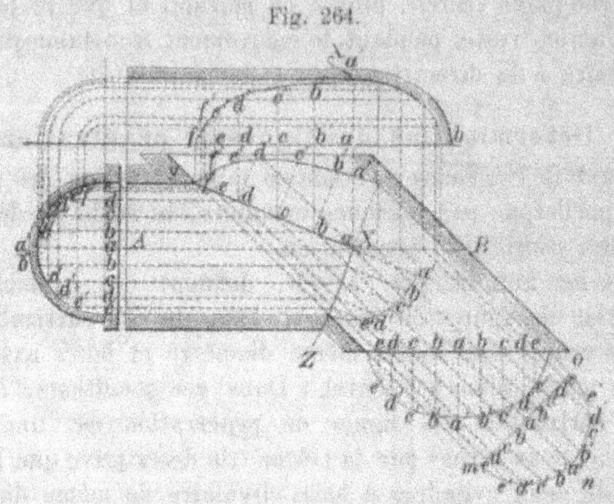

Fig. 265.

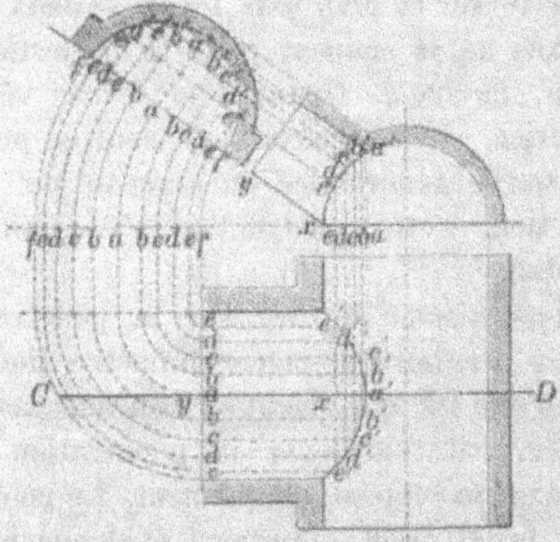

horizontale des lignes de pénétration. Le reste de la construction ressort de la figure.

Dans la fig. 265, on a représenté la pénétration de deux berceaux dont les diamètres sont égaux, mais dont les axes ne sont pas dans un même plan; l'un des berceaux est une voûte rampante.

Pour construire la projection horizontale de la ligne de pénétration, on a supposé les deux surfaces cylindriques coupées par des plans auxiliaires verticaux, parallèles à l'axe (C D). Ces plans donnent dans le berceau horizontal des demi-cercles, ayant tous même projection verticale, et dans le berceau rampant, des droites parallèles à l'axe (x, y). Les points de rencontre de la projection verticale de ces droites avec celle des demi-cercles, déterminent la position du points de la ligne de pénétration sur la trace des plans auxiliaires.

Ces quelques exemples donnent une idée générale du mode de détermination des lignes de pénétration. Une marche analogue conduirait au même résultat dans le cas plus général de la rencontre de voûtes cylindriques quelconques, que leurs axes se coupent ou non; que ceux-ci soient normaux ou obliques, horizontaux ou inclinés; que la courbe génératrice soit un demi-cercle, un arc de cercle, une ellipse ou une ogive, etc. D'une manière générale, les lignes de pénétration pourront toujours se déterminer à l'aide de plans auxiliaires, coupant les cylindres, ou au moins l'un des cylindres, suivant des droites.

La direction des plans auxiliaires donnant des droites sur les deux cylindres est déterminée par deux parallèles aux axes passant par un même point. Tout plan parallèle à celui de ces deux droites et rencontrant les deux cylindres, coupe ceux-ci suivant des droites.

3. Exécution des voûtes cylindriques.

Le mode de construction d'une voûte cylindrique dépend 1° de l'emplacement de la voûte; 2° de la nature de ses matériaux; 3° de la forme de sa courbe génératrice et 4° de son mode de raccordement avec les parties adjacentes de la construction.

A. Voûtes cylindriques en briques.

L'épaisseur des voûtes en briques employées dans les bâtiments civils varie d'une demi-brique[1]) jusqu'à deux briques.

Dans les travaux publics on dépasse de beaucoup cette dernière épaisseur.

Fig. 266 A—F.

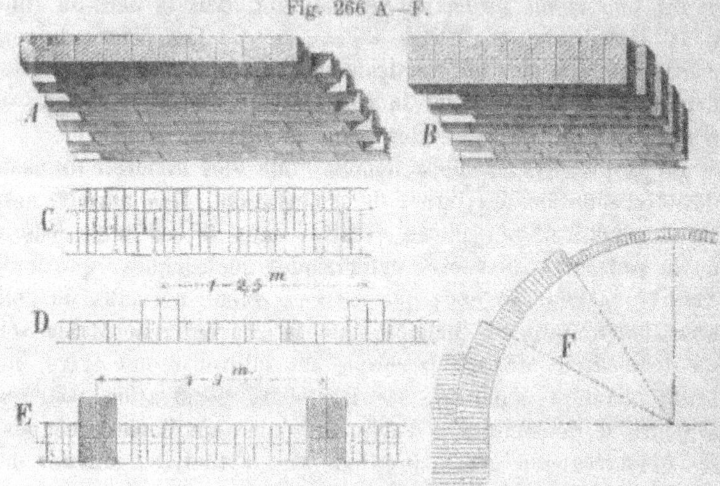

L'appareil de ces voûtes est analogue à celui des massifs de murs; le point important est toujours de bien croiser les joints. Les voûtes de faible épaisseur sont souvent renforcées de distance en distance par des arcs-doubleaux. — La fig. 266, A—C montre l'appareil dans le cas de voûtes d'une demi-brique, d'une brique et d'une brique et demie d'épaisseur. Les arcs-doubleaux s'appareillent comme les pilastres (voir la fig. 66) et projettent d'une demi-brique ou d'une brique entière soit du côté de l'intrados, soit du côté de l'extrados. La saillie en dehors se rencontre surtout dans les voûtes de cave; elle est représentée en E et D de la fig. 266.

---

[1]) On va même jusqu'à ¹/₄ de brique dans les petites voûtes formant l'entrevous des planchers.

Les voûtes de petite portée conservent une épaisseur uniforme sur toute la longueur; celles de grande portée augmentent d'épaisseur vers les naissances et cette augmentation se fait par ressauts successifs d'une demi-brique, fig. 266, F.

Fig. 267 A—D.

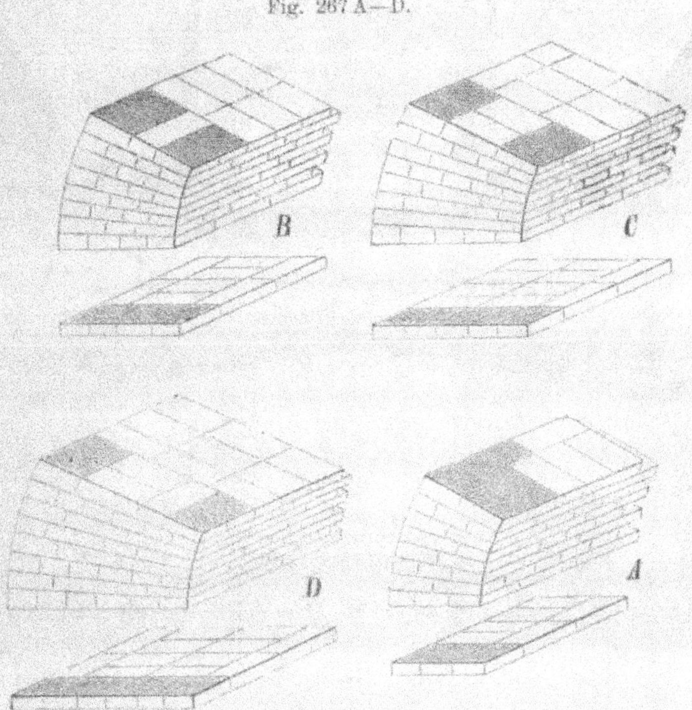

Lorsque les voûtes sont ouvertes comme dans une arche de pont, les briques des plans de tête doivent être appareillées d'une manière analogue à celle que l'on adopte pour les abouts de mur. L'emploi des briques fractionnaires, surtout de la brique trois quart, est alors obligatoire; c'est ce que montre la fig. 267, A—D.

1. La voûte en plein-cintre s'emploie quand les enceintes qu'il s'agit de recouvrir sont spacieuses et que les charges à sup-

porter sont grandes, telles sont les voûtes de cave de magasins, les arches de pont ou de viaduc, etc.

Un exemple de berceau en briques de grande portée, nous est donné dans le pont à trois arches plein cintre, représenté à la fig. 268. L'arche principale a 11,80 m d'ouverture et les arches latérales ont chacune 4,60 m. La largeur du pont ou la longueur des voûtes est de 10 m.

La voûte principale a une épaisseur de 0,90 m et s'appuie sur des piles en pierre de taille. Celles-ci supportent aussi, 2,50 m plus haut, les naissances des petites voûtes latérales dont l'épaisseur est de 0,60 m. Pour réduire le cube de la maçonnerie, on a ménagé au-dessus des piles des ouvertures circulaires (r) qui traversent toute la largeur du pont. La partie supérieure de la maçonnerie est disposée en pente à

Fig. 269.

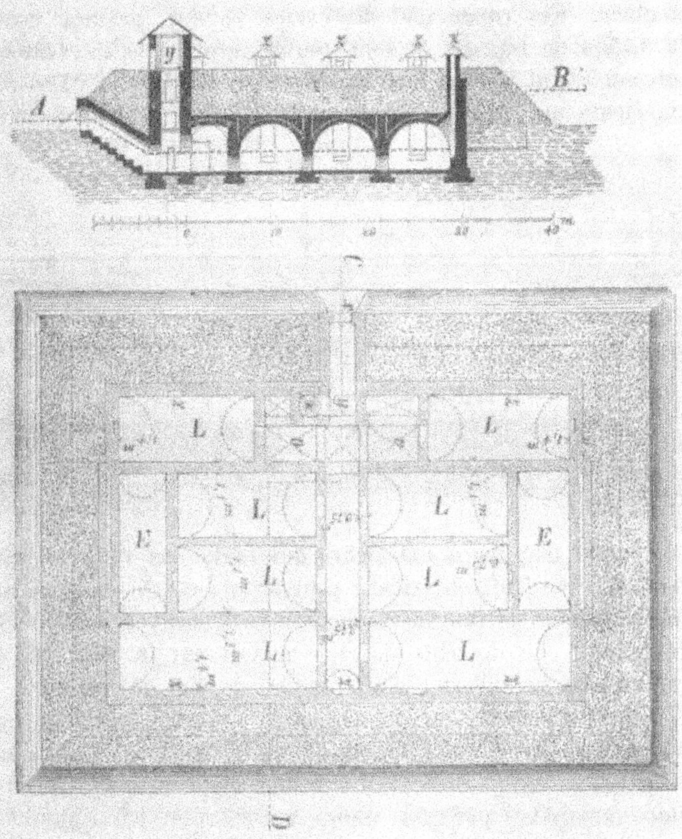

l'effet de faciliter l'écoulement des eaux d'infiltration. Les assises supérieures sont posées au ciment et sont recouvertes d'une chape en asphalte.

Un autre exemple de voûte en berceau semi-circulaire, nous est fourni par la fig. 269 qui représente, en plan et coupe,

les caves de la brasserie de Kleinbourg. Le plan est pris au
niveau A B et la coupe est faite suivant la ligne C D. L'ensemble se compose de 8 caves parallèles L, de 7 m de largeur,
formant le dépôt des bières, et de deux caves transversales E,
de même largeur que les précédentes, destinées à emmagasiner
la glace. Ces caves sont desservies par un passage central
de 3,75 m de largeur et sont toutes recouvertes de voûtes en
berceau ayant 5 m de hauteur du dallage à la clef. Les murs
extérieurs ont 1,40 m d'épaisseur et les murs intérieurs 1,10 m.

Fig. 270.

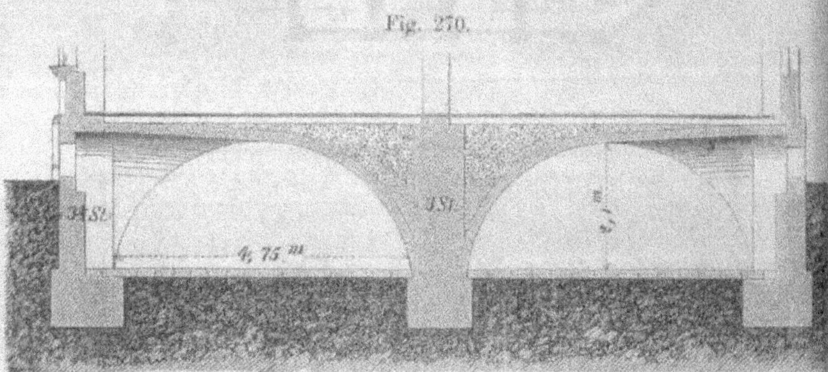

La partie des murs extérieurs qui borde les caves à glace,
renferme une fente intérieure pour former couche d'air isolante.
Des cheminées de ventilation facilitent le renouvellement de l'air
des caves. La descente des fûts se fait par la tour (y). Les
voûtes sont recouvertes d'un remblai de 5 m de hauteur.

Anciennement, on donnait aux voûtes de cave presque
toujours la forme en plein-cintre ou en anse de panier; mais
comme ces formes font perdre beaucoup de place, on les remplace aujord'hui par des voûtes surbaissées, particulièrement
dans les pays où les caves sont utilisées pour des usages com-
merciaux et où les règlements de police ne s'opposent pas à
ce que les sous-sols soient habités.

Le berceau est cependant encore fréquemment employé
pour voûtes de cave en Autriche et dans l'Allemagne méridionale; nous en donnerons donc quelques exemples.

La fig. 270 représente des caves avec voûtes en plein-cintre. Celles-ci s'appuient d'un côté sur le mur extérieur et de l'autre sur un mur de refend, dont les épaisseurs respectives sont trois briques et demie et trois briques. La voûte proprement dite ne commence qu'à 0,40m du sol et la partie inférieure de la courbe, formée d'assises horizontales, est construite sur gabarit, fig. 271.

Au droit de chaque soupirail la voûte est percée d'une lunette rampante.

Les détails d'un voûte de cave en

Fig. 271.

Fig. 272.

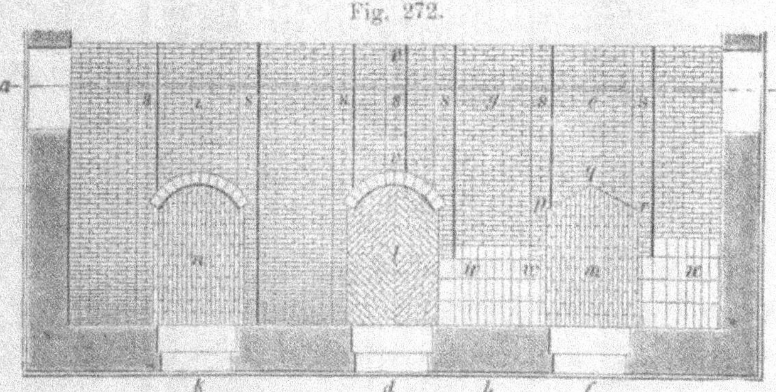

Fig. 273.

anse de panier sont donnés dans les fig. 272—275. La fig. 272 représente une partie du plan; la fig. 273, la section

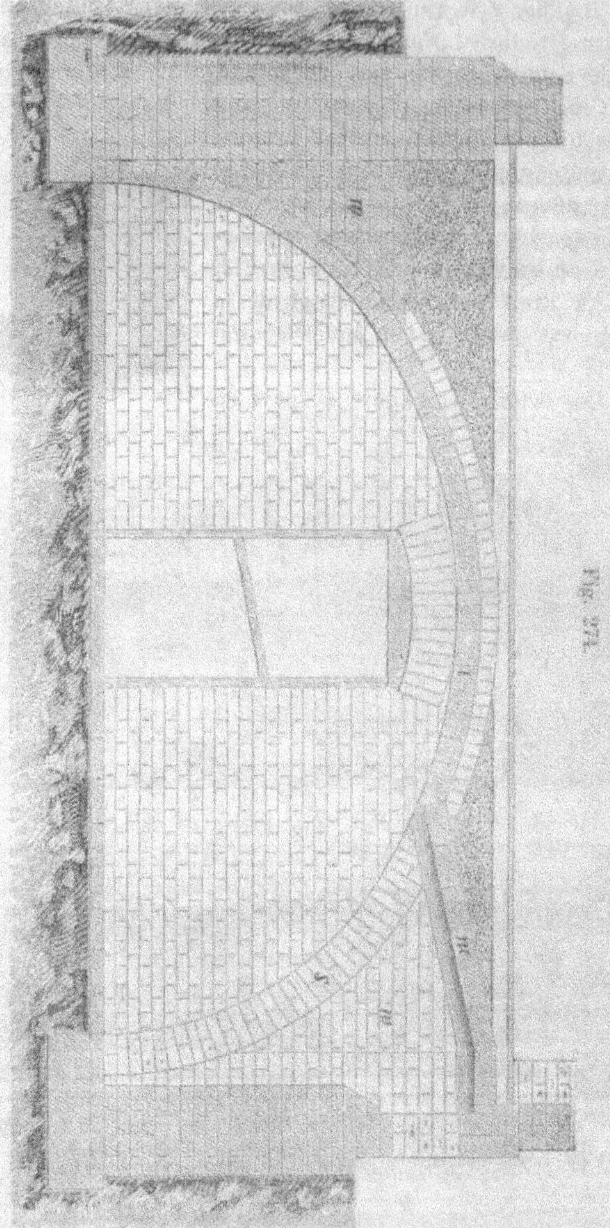

Fig. 271.

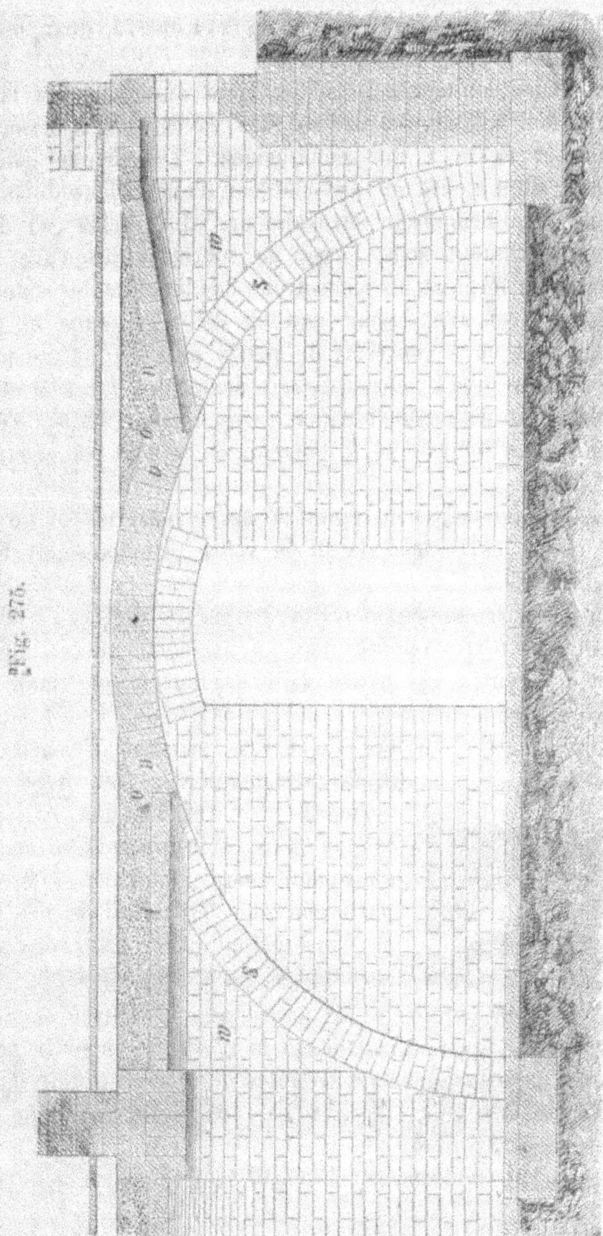

Fig. 275.

longitudinale suivant (a b) et les fig. 274 et 275, deux sections transversales.

La voûte commence immédiatement au-dessus des massifs de fondation, au niveau du sol des caves; son épaisseur est uniforme et égale à une demi-brique. De chaque côté des soupiraux, on a ajouté un arc-doubleau d'une brique de largeur et d'une demi-brique de surépaisseur. Les reins (w) de ces arcs se continuent sous forme de murettes jusqu'aux murs extérieurs et forment les pieds-droits des lunettes des soupiraux, fig. 272, 274 et 275. Pour soutenir la voûte dans la partie intermédiaire, on a construit de petits arcs de buttée (o) qui prennent leur appui contre les arcs-doubleaux, fig. 275 et dont l'épaisseur est d'une demi-brique. Ces arcs de buttée s'exécutent en même temps que le berceau et se font au mortier de ciment.

Les contre-voûtes ou lunettes, ne se construisent qu'après coup, quand les tassements de la voûte principale ont fini de se produire.

On renforce quelquefois la partie de berceau comprise entre deux lunettes opposés par un arc-doubleau (v), fig. 272, s'appuyant contre les petits arcs de buttée (o), mais cette addition est sans utilité.

Les lunettes en arc de cercle peuvent s'éxécuter de différentes manières: soit avec joints normaux et parallèles aux naissances, comme en (u), soit appareillées en queue d'hironde; comme en l, fig. 272. Nous parlerons plus en détail de ces modes de construction en traitant des voûtes surbaissées.

Fig. 276.

Parfois on supprime les petits arcs de buttée devant les lunettes et l'on appuie directement le berceau contre la lunette, en faisant correspondre l'appareil des deux voûtes, voir fig. 272, m; au point de raccordement les voûtes forment une arête saillante (p q).

La voûte en berceau convient bien aux passages élevés

et étroits dont l'ouverture n'excède pas 3 m. Ainsi la fig. 277, A—C donne, en coupe et en plan l'entrée voûtée d'un hôtel particulier. La largeur est supposée d'environ 2,50 m. Le berceau qui la recouvre est percé d'une série de contre-voûtes rampantes, de forme conique (s) qui servent de moyen de décoration, tout en reportant la pression aux points où les pieds-droits se trouvent renforcés de pilastres.

Fig. 277 A—C.

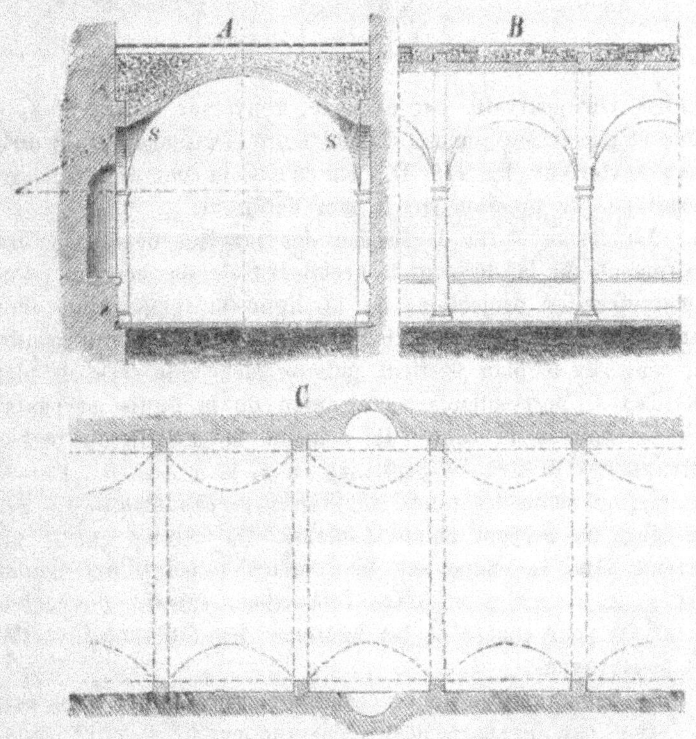

La voûte principale pourrait être de forme elliptique ou ogivale et l'on aurait alors les dispositions des fig. 278 et 279. Les contre-voûtes pourraient de même avoir une forme diffé-

rente. On pourrait, par exemple, renverser la direction, du cône et placer son sommet à l'intérieur, l'évasement étant dirigé vers l'extérieur, fig. 279, D. En ce cas, la contre-voûte n'exercerait pas de pression sur le mur extérieur.

La forme et la disposition des lunettes dépendent ordinairement de la décoration architecturale du berceau. Pour construire les projections de la ligne de pénétration d'une lunette conique, fig. 280, on commence par tracer le contour du cône sur le plan vertical, puis on mène une série de plans auxiliaires, perpendiculaires au plan de la figure et passant par le sommet du cône. Ils coupent la douelle du berceau suivant des droites se projetant en 1, 2, 3 .... 8. Par ces droites, on mène des plans auxiliaires perpendiculaires à l'axe du cône; ils coupent celui-ci suivant des cercles qui se projettent dans la coupe sur les verticales pointillées passant par 1, 2, 3 .... 8 et, dans l'élévation, suivant des cercles ayant (z) pour centre et les hauteurs des différentes verticales pour rayon.

Les génératrices du berceau sont représentées dans cette élévation par les horizontales passant par h, i, k, l ... La rencontre de ces horizontales avec les arcs de cercle correspondants donne une série de points I, II, III .... VIII de la courbe de pénétration, que l'on peut alors facilement tracer. Sa projection sur le plan s'obtient en figurant par des parallèles, a, b, c .... g la trace des plans auxiliaires et en re-

portant, à partir de l'axe de la voûte, des longueurs h1', i2', k3',
l4' ... égales aux longueurs hI, iII, kIII, lIV .... de l'élévation.

Les voûtes coniques, à base circulaire ou elliptique, sont
surtout employées au-dessus des baies de porte ou de fenêtre,
particulièrement quand les jambages sont ébrasés.

Fig. 279 A—D.

Pour plus de clarté, nous donnons un second exemple de
pénétration de lunette conique, fig. 281. Ici, comme précédemment, l'axe du cône et celui du plein-cintre sont placés dans
un même plan horizontal dont la trace est représentée en AX
sur la section verticale. Pour trouver la ligne de pénétration,

on mène encore une série de plans auxiliaires normaux à l'axe A X du cône. Ils coupent le cône suivant des cercles et le cylindre suivant des lignes droites. L'intersection de ces cercles et des lignes droites fournit une série de points de la ligne

Fig. 280 A—C.

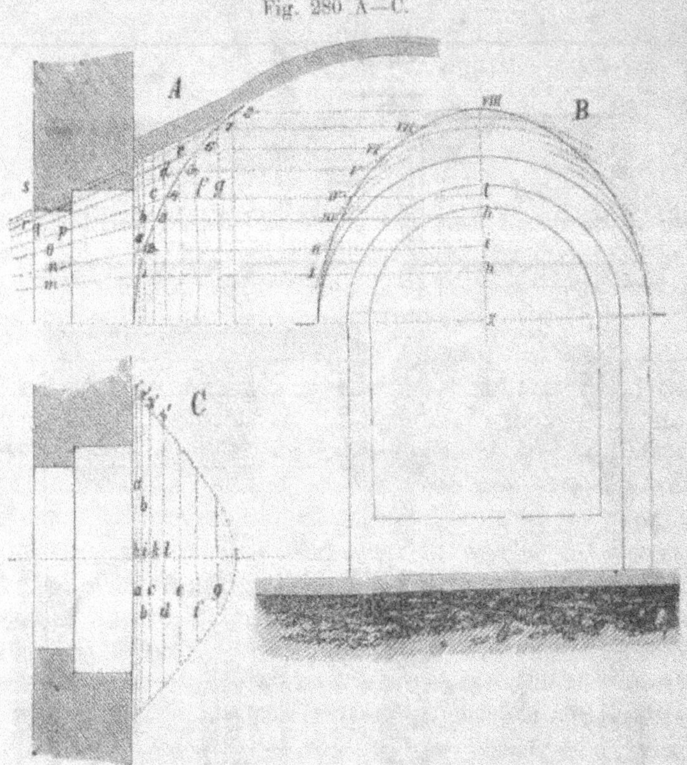

de pénétration. Si l'on considère, par exemple, le plan auxiliaire I, il coupe la surface conique suivant un demi-cercle projeté en (f″ e″) sur la section verticale et le cylindre suivant une génératrice projetée en (m″). Dans l'élévation le premier est représenté par un demi-cercle, tracé de (Q‴) comme centre avec (f″ e″) pour rayon et la seconde par l'horizontale

Fig. 281.

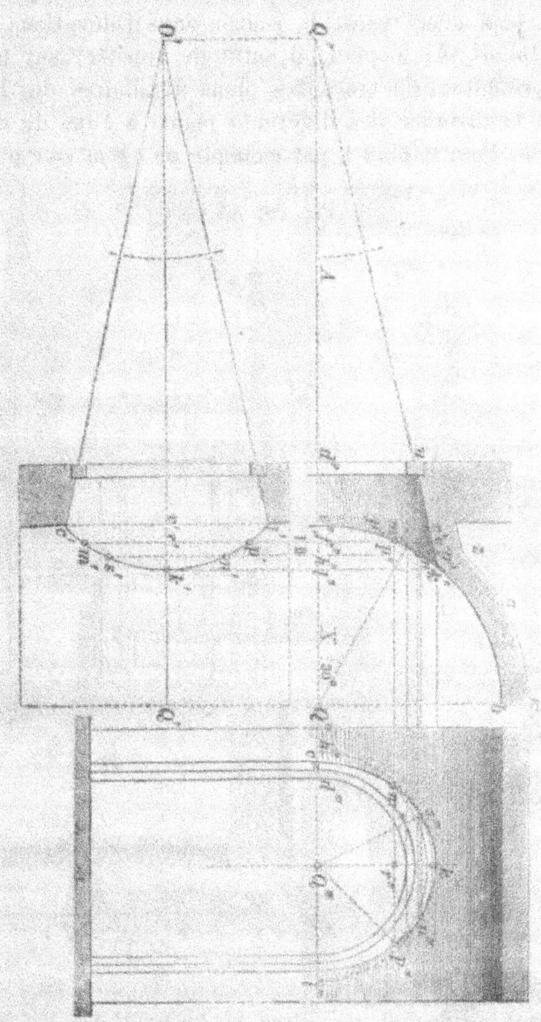

menée par m''; les points d'intersection de ces deux lignes en (m'''') et (p''') sont des points de la ligne de pénétration.

Le plan auxiliaire II donne de même les points (s″) et
(n″); le sommet est déterminé par l'horizontale passant par
(k″); on peut donc tracer la courbe dans l'élévation. Pour la
projeter aussi sur le plan, il suffit de reporter sur les parallèles représentant la trace des plans auxiliaires des longueurs
égales à la distance des différents points à l'axe du cône dans
l'élévation. Pour le plan I, par exemple, on a r′m′ = r′p′ = r″m″.

Fig. 282 A—C.

La fig. 282, A—C, donne le plan et les coupes longitudinale et transversale d'une petite chapelle recouverte par un

berceau en ogive, et construite sur un caveau voûté. L'ogive est tracée des points (a) comme centres. La voûte proprement dite ne descend pas jusqu'aux naissances de la courbe, mais s'appuie contre les murs de pourtour à mi-hauteur des reins. Il en résulte d'une part, une meilleure buttée des coussinets

Fig. 283.

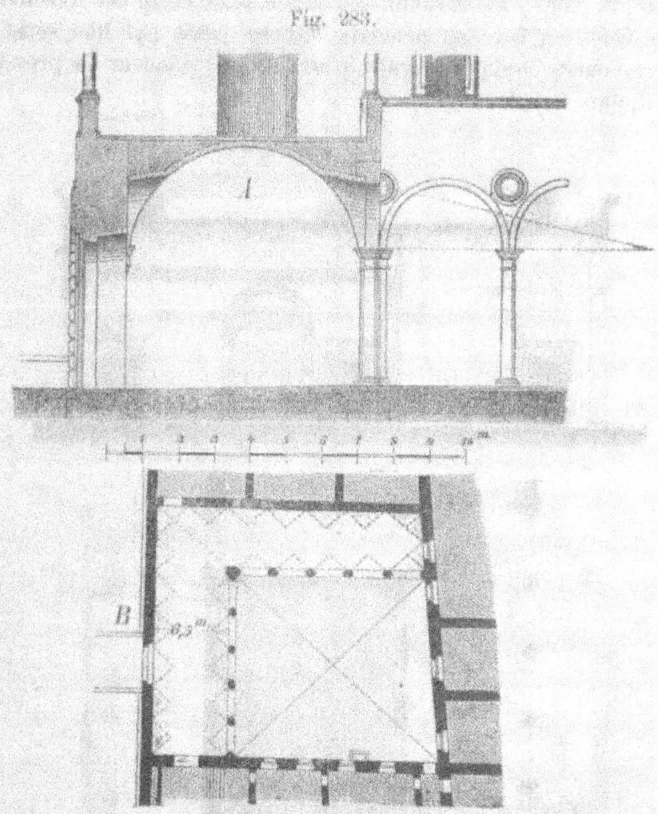

et d'autre part, une diminution de la poussée, car cette disposition réduit sensiblement la portée de la voûte. Cette dernière n'a qu'une demi-brique d'épaisseur, et est renforcée à ses extrémités d'arcs-doubleaux faisant saillie sur l'intrados pour servir à la décoration de l'intérieur.

19*

Pendant la renaissance italienne, on faisait souvent usage de la voûte en berceau. Nous en faisons suivre quelques exemples.

A la fig. 283, on a représenté, en plan et en coupe, le portique de la villa S. Giustino. Ce portique contourne en partie la cour; sa largeur est de 6,50 m et il est recouvert d'une voûte en berceau pénetrée sur les côtés par une série de contre-voûtes coniques, ayant pour but de reporter la pression des appuis sur les colonnes.

Fig. 284.

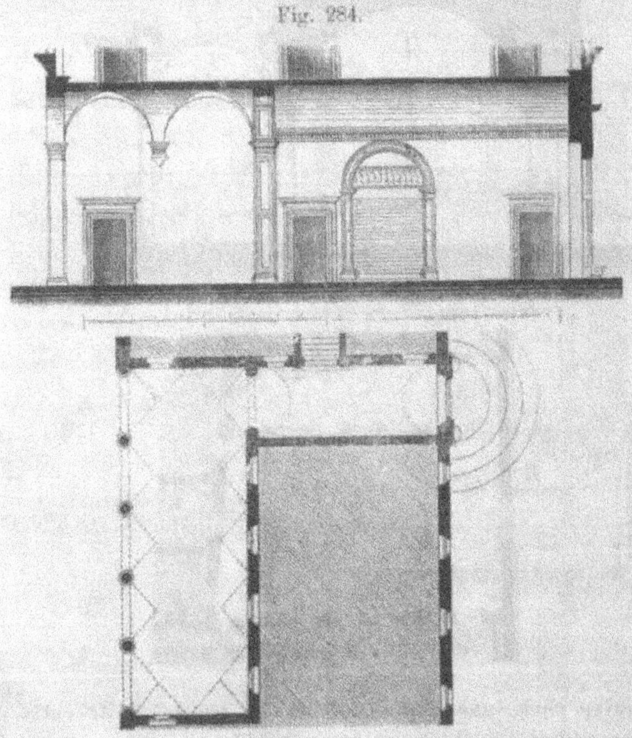

La fig. 284 A—B représente le portique et le grand vestibule du palazzo Vitelli à Città di Castello en italique. Les deux enceintes sont recouvertes de voûtes en plein-cintre; elles sont percées

Fig. 285.

de contre-voûtes latérales, dont les sommets sont de niveau avec celui de la voûte principale. La fig. 285 donne un autre exemple également tiré du palais Vitelli.

Fig. 286.

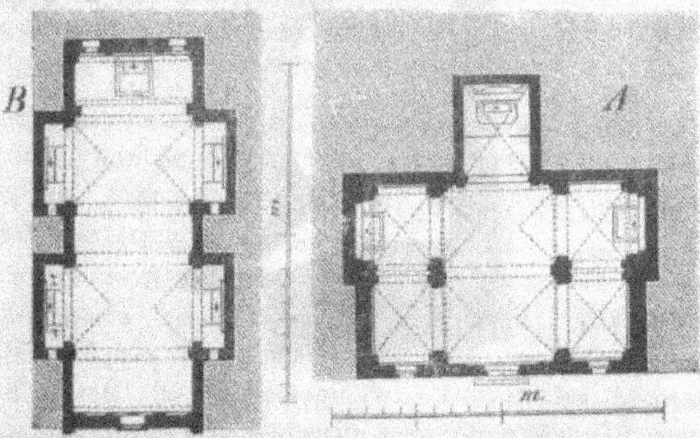

Enfin dans la fig. 286, on a les plans de deux petites églises italiennes dont les plafonds sont voûtés; le sens de la voussure est indiqué par les lignes pointillées.

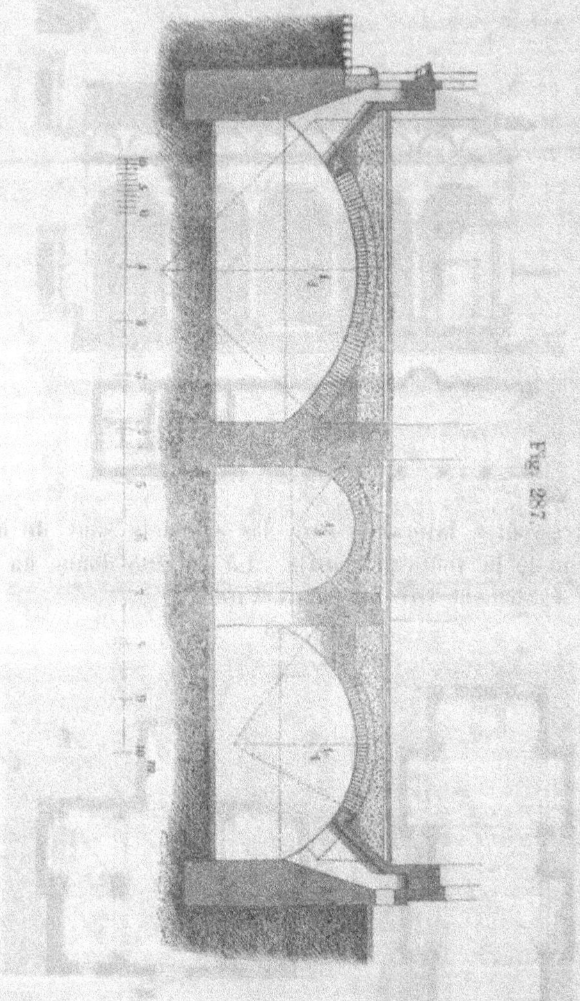

Fig. 287.

De nos jours les caves se recouvrent le plus souvent avec
des voûtes d'un type surbaissé. Ce sont soit des berceaux en
anse de panier, soit des voûtes en arc de cercle, de plus ou
moins de montée. Les voûtes surbaissées ont l'avantage de

permettre de donner de 1,50 m à 2,50 m de hauteur aux pieds-droits tout en conservant à la voûte une flèche comprise entre le $^1/_3$ et le $^1/_5$ de la portée, et de rendre, par conséquent, les caves plus spacieuses. C'est ce que montre la fig. 287.

De chaque côté du passage central, les voûtes sont disposées en arc de cercle; les flèches sont respectivement égales au $^1/_3$ et au $^1/_4$ des portées. Le passage lui-même est recouvert d'une voûte en plein-cintre; de cette façon les naissances de toutes les voûtes se trouvent à peu près à même hauteur. Les voûtes ne s'engagent pas dans la maçonnerie mais s'appuient sur des sommiers en saillie sur les pieds-droits. Ces voûtes ont une demi-brique d'épaisseur au milieu, et une brique sur les côtés et sont renforcées, tous les 1,50 m à 2 m d'arcs-doubleaux d'une demi-brique de surépaisseur. De petits arcs de buttée (v) retiennent les reins de la voûte devant les soupiraux.

Les berceaux en anse de panier ont sur les voûtes en arc de cercle l'avantage de mieux transmettre la poussée aux appuis, par suite du raccordement tangentiel de la voûte avec les pieds-droits. Quand la hauteur de la construction atteint 3 ou 4 étages, on peut adopter l'une ou l'autre forme; car alors les murs de cave sont toujours assez épais pour supporter sans inconvénient la poussée produite par l'arc de cercle.

Un exemple détaillé d'un berceau en anse de panier sur cave est donné aux fig. 288 et 289. La première de ces figures représente une coupe transversale et la seconde une partie de l'élévation intérieure.

Les sommiers de la voûte sont placés en (a) et reposent sur des retombées construites avec un gabarit, par assises horizontales. Après l'exécution de la voûte, on recouvre les reins d'un massif de remplissage (w). Devant les soupiraux la voûte est soutenue par de petits arcs de buttée (b) contre lesquels s'appuient également les lunettes rampantes (h). Des arcs de décharge (c) recouvrent ces dernières pour éviter que les maçonneries supérieures ne pèsent sur elles. Le mode de

Fig. 288.

construction que nous venons de décrire est l'un des plus usités en Autriche.

Fig. 289.

Quand le haut du soupirail est de niveau avec le sommet de la voûte principale, on peut donner à la contre voûte la disposition de la fig. 290, dans laquelle, le sommet de la lunette reste horizontal.

Dans la fig. 291, la voûte est en arc-de-cercle et a une portée égale au quart de l'ouverture. Son épaisseur est d'une demi-brique à la clef et d'une brique aux naissances. Tous les 1,50 m à 2,50 m, elle est renforcée d'arcs-doubleaux faisant saillie sur l'intrados et prenant leur apui sur des pilastres. Afin de ne pas affaiblir les murs de buttée, les sommiers sont disposés en gradins d'une demi-brique de largeur. Du côté du mur extérieur, la voûte est traversée par des contre-voûtes qui reportent une partie de la pression sur les points renforcés de pilastres. La voûte est recouverte d'une couche de sable sur laquelle reposent les lambourdes du parquet.

Une construction très-analogue est représentée à la fig. 292. Elle diffère de la précédente par la forme de la voûte, ici, une anse de panier dont la flèche est égale au $\frac{1}{3}$ de la portée. Les épaisseurs de la voûte sont encore une demi-brique à la clef et une brique sur les côtés; des arcs-doubleaux la renforcent de distance en distance. Les sommiers sont en

Fig. 290.

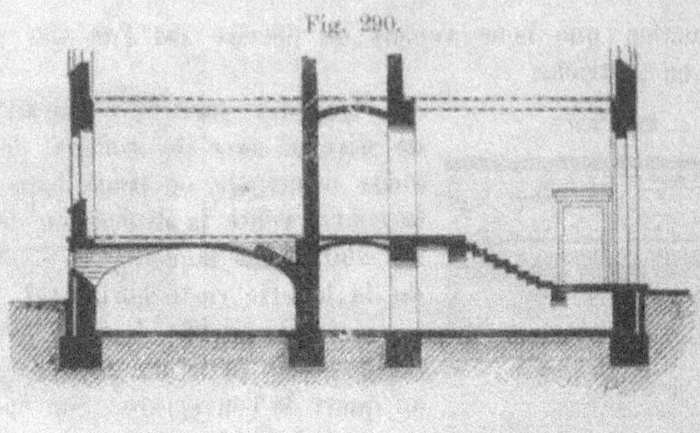

Fig. 291.

saillie et forment ressaut comme tout-à-l'heure. Les lunettes
sont plates et rampantes; leur mode de raccordement avec la

voûte principale est figuré dans le plan. Les reins sont recouverts d'un petit massif de maçonnerie et l'ensemble de la voûte d'une couche de sable sur laquelle repose le plancher.

Fig. 292.

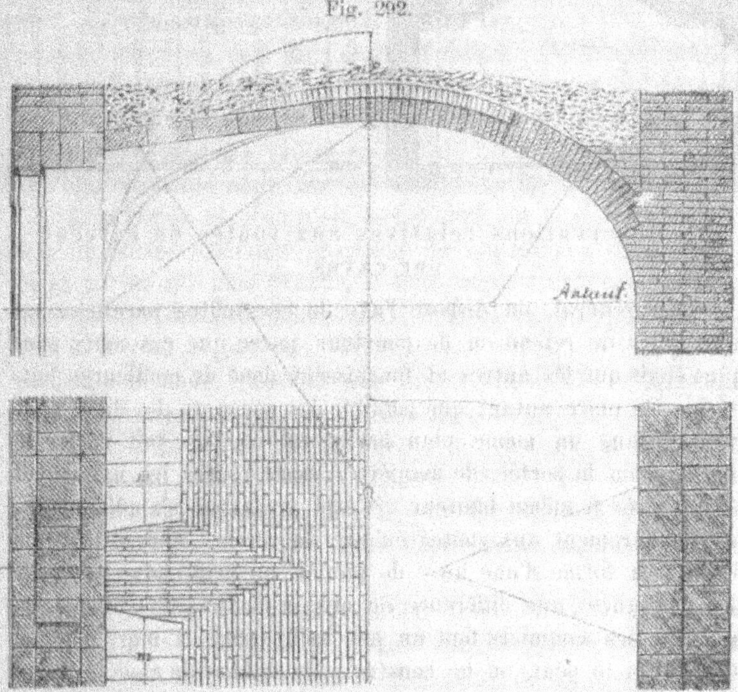

Enfin, la fig. 293 donne encore une disposition que l'on rencontre fréquemment en Autriche au-dessus des magasins et des pièces du rez-de-chaussée. L'enceinte est recouverte dans toute sa longueur par une voûte en berceau dans laquelle pénètre, au droit de chaque fenêtre, une contre-voûte presque plate dont les naissances s'appuient sur les massifs de remplissage, au-dessus des reins. La largeur des trumeaux étant à peu près de 2 m, les retombées de la voûte principale forment comme des arcs-doubleaux entre les fenêtres. La pression se trouve ainsi reportée à distance des baies, ce qui facilite la construction de ces dernières.

Fig. 293.

3. Observations relatives aux voûtes en berceau sur caves.

En général, on dispose l'axe de ces voûtes parallèlement aux murs de refend ou de pourtour parce que ces murs sont plus épais que les autres et fournissent donc de meilleures buttées. On place autant que possible les sommets des différentes voûtes dans un même plan horizontal et l'on fait varier la flèche selon la portée, de manière à avoir toutes les naissances à peu près à même hauteur. Cette remarque s'applique plus particulièrement aux voûtes en arc de cercle. Quand la courbure a la forme d'une anse de panier, on peut admettre pour les naissances une différence de niveau maxima de 0,60 m. En général, les sommiers font un peu saillie sur les murs d'appui. Quand on le peut, on ne construit les voûtes de cave qu'après éxécution des planchers supérieurs et de la couverture, afin d'attendre que les murs aient fini de tasser et pour que la voûte ne soit pas exposée à la chûte d'outils ou de matériaux.

L'expérience démontre que les voûtes se rompent presque toujours suivant un joint déterminé, appelé joint de rupture. Dans les voûtes en plein cintre, d'épaisseur uniforme, ce joint est situé à environ 50 degrés du sommet; dans les voûtes surbaissées il se trouve en un point plus éloigné et dans les voûtes surhaussées en un point plus rapproché.[1) Pour mieux s'op-

---

[1) Dans les voûtes en anse de panier, décrites avec trois arcs de cercle de 60° environ et surbaissées au tiers ou au quart, la rupture tend

poser à la rupture, on recouvre les reins de la voûte, jusqu'en un point voisin de ce joint, d'un massif de maçonnerie. Les briques de ce massif se disposent par assises horizontales et se terminent quelquefois suivant un plan incliné, tangent à l'extrados en un point situé au delà du joint de rupture. Cette maçonnerie de remplissage n'est nécessaire que dans les voûtes qui se raccordent tangentiellement avec les pied-droits; quand cela n'a pas lieu (comme dans les voûtes en arc de cercle), il faut l'éviter, car elle constitue alors une surcharge inutile et nuisible.

Lorsque le berceau n'est pas chargé, on peut aller jusqu'à 5 m de portée avec une épaisseur de voûte d'une demi-brique. Si la portée est plus grande, il faut augmenter l'épaisseur ou bien ajouter des arcs-doubleaux. Ceux-ci se placent tous les 1,50 m à 2 m, et ont pour largeur une brique ou une brique et demie et pour épaisseur une brique, la saillie se trouvant soit sur l'extrados, soit sur l'intrados.

Quand la voûte doit être ornée de caissons, la saillie est naturellement tournée vers l'intérieur et l'on dispose en outre, de distance en distance et dans le sens longitudinal, des assises de briques faisant saillie d'une demi-brique comme les arcs-doubleaux, fig. 294.

Les voûtes en anse de panier peuvent avoir l'épaisseur uniforme d'une demi-brique jusqu'à 3 m de portée; au-delà, on porte à une brique l'épaisseur des reins de la voûte et l'on ajoute des arcs-doubleaux. Il en est de même des voûtes en

---

a se faire vers l'angle de 45° ou de 55° à compter de la naissance du petit arc.

Les angles ci-dessus indiqués supposent que la rupture a lieu par le renversement en dehors des pieds-droits et la chute vers l'intérieur des parties supérieures de la voûte. C'est le cas qui se présente ordinairement en pratique. Mais sous l'effet de dispositions particulières de la charge, la rupture peut aussi se faire autrement. Ainsi, la voûte peut se fendre aux reins et à la clef et tomber par suite d'un écartement des pieds-droits, ceux-ci glissant sur leur base; ou bien encore, elle peut s'ouvrir à la clef et dans les reins et le renversement des pieds-droits se faire vers l'intérieur, tandis que les parties supérieures de la voûte tournent en sens contraire.

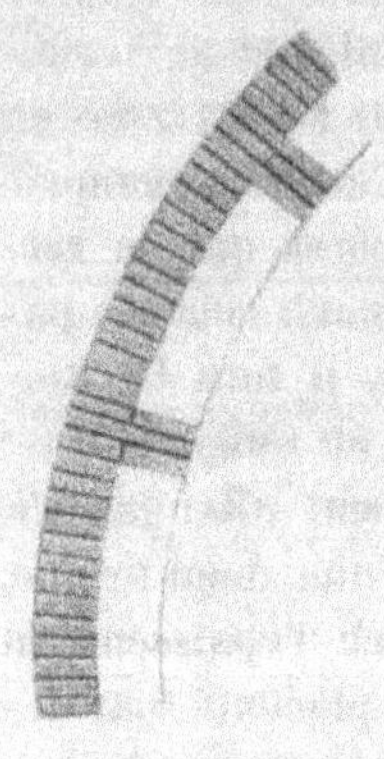

Fig. 294

arc-de-cercle dans lesquelles la flèche est inférieure au $1/_5$ de la portée.

Quand le berceau supporte des charges, on fait croître son épaisseur du sommet vers les naissances. Dans les voûtes en pierre de taille cet accroissement peut avoir lieu d'une manière continue, l'extrados étant formé d'un arc dont le centre est abaissé du quart ou de la moitié du rayon de l'intrados. Lorsque les voûtes sont construites en briques, on augmente l'épaisseur par ressauts successifs d'une demi-brique, le sommet n'ayant dans les cas ordinaires qu'une demi-brique d'épaisseur.[1])

B. Berceaux en moellons et en pierre de taille.

Dans tous les exemples que nous avons donnés jusqu'à présent les voûtes étaient faites en briques. Lorsqu'on dispose de bonne pierre de construction, on peut aussi employer le moellon ou la pierre de taille. La voûte en pierre de taille ne se rencontre que rarement dans le Bâtiment; elle est, pour ainsi dire, spéciale aux ouvrages d'art.

1. Dans la voûte en pierre de taille, les joints montants des voussoirs doivent avoir exactement la forme déterminée dans l'épure; le travail des plans de tête et de la face de douelle peut être moins soigné sans nuire pour cela à la solidité de la construction. Il est cependant désirable, au point de vue de l'aspect, de donner à ces faces un certain degré de fini. Les formes qui conviennent le mieux à la voûte en pierre de taille sont le plein-cintre et l'arc de cercle; dans les deux cas, les voussoirs se taillent à l'aide d'un seul gabarit. Quand la voûte est en anse de panier, il en faut plusieurs et lorsqu'elle est elliptique, chaque voussoir devient spécial. Dans le cas

---

[1]) Nous reviendrons un peu plus loin sur cette question et nous parlerons alors des dimensions à donner aux pieds-droits.

de grandes portées, on emploie des grues roulantes pour la mise en place des voussoirs (voir fig. 162 et 163).[1]

2. La voûte en moellons s'emploie beaucoup au-dessus des caves dans les contrées où la pierre de construction est abondante. Pour ces voûtes, comme pour les précédentes, la forme la meilleure est celle de l'arc de cercle. On taille légèrement le moellon pour le rendre cunéiforme et bien gisant et l'on place dans une même assise les pierres de même épaisseur. On dispose les plus grosses près des naissances et les plus petites près de la clef. Il faut avoir soin de bien croiser les joints montants. Les voûtes de cave de cette espèce ont ordinairement de 0,30 m à 0,40 m d'épaisseur à la clef. Il est bon de les faire avec un mortier un peu hydraulique, car le mortier de chaux grasse n'adhère pas aussi bien à la pierre. Si les moellons laissent des vides entre eux, on remplit ces parties d'éclats de pierre, posés au mortier de ciment

Il est important de bien serrer la pierre formant la clef

---

[1] L'exécution des voûtes en pierre de taille exige des précautions particulières pour réduire dans une juste limite les tassements qui se produisent toujours après le décintrement. L'une des principales conditions consiste à ne pas donner trop d'épaisseur aux joints et à veiller à ce que celle-ci soit uniforme: elle est ordinairement comprise entre 0,008 m et 0,015 m, suivant la portée de la voûte. Il est d'usage de faire bâiller un peu les joints, au sommet, du côté de l'extrados, et sur les reins, du côté de l'intrados, afin que l'affaissement qui se produit après le décintrement ramène l'uniformité d'épaisseur. Pour suivre exactement le tracé de l'épure, on marque sur le couchis, à l'aide de pointes ou d'encoches, la trace des lits et l'on s'assure, en outre, que les joints des voussoirs sont bien normaux à la surface de douelle, en appliquant sur le couchis une fausse équerre relevée sur l'épure.

La pose des voussoirs doit avancer symétriquement par rapport au sommet, afin de charger également le cintre et d'obtenir des pressions égales sur le mortier des joints correspondants. La partie la plus difficile du travail est la fermeture de la voûte; suivant qu'elle est faite dans de bonnes ou mauvaises conditions, elle réduit plus ou moins l'abaissement subséquent du sommet. Pour s'assurer du contact parfait des joints de la clef avec ceux des voussoirs contigus, on enfonce cette clef à coup de maillet, jusqu'à faire refluer le mortier de toute part,

de la voûte; on la prend un peu plus grosse que les voussoirs
adjacents et on l'enfonce avec un maillet en bois. Un marteau
en fer pourrait la fendre ou l'écorner.

C. Berceaux à reins inégaux.

Ces voûtes se distinguent des berceaux ordinaires par la
différence de niveau de leurs naissances; mais leur construc-

Fig. 296.

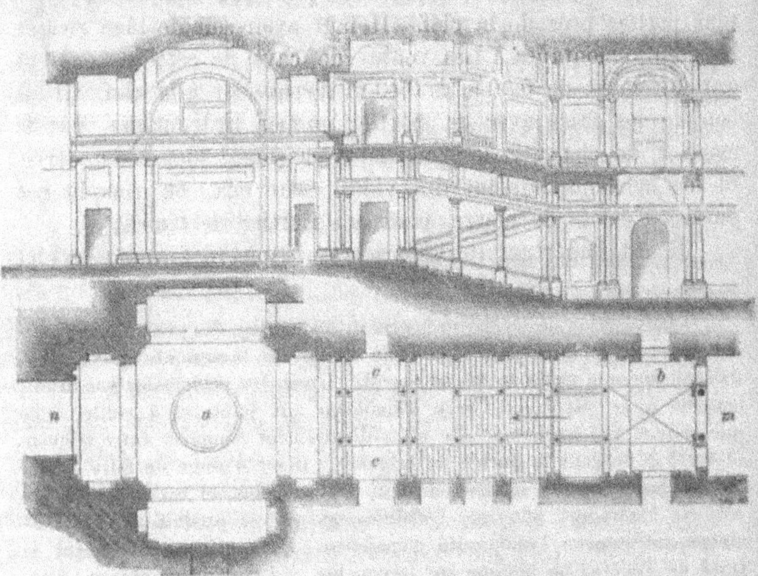

tion est analogue, si ce n'est que l'épaisseur du petit côté peut
être un peu moindre que celle du côté le plus grand.

D. Berceaux rampants.

Ils servent, comme la voûte précédente, à supporter des
volées d'escalier, mais comme ils sont d'un aspect plus agréable,
on les emploie de préférence dès qu'il s'agit d'une construction
de luxe. Un exemple remarquable de ce genre nous est fourni

Fig. 296.

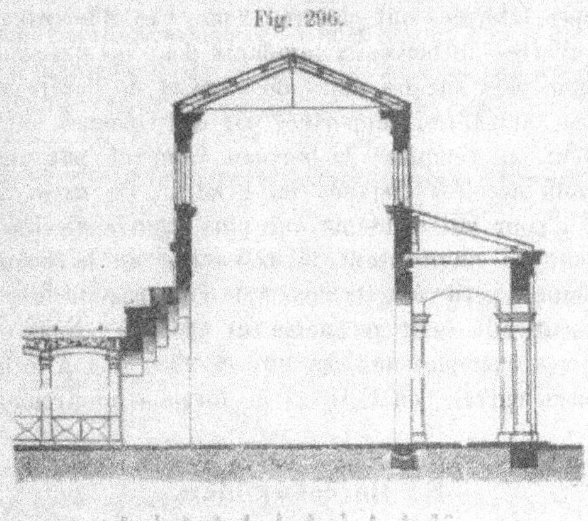

par l'escalier de la du palais du Vatican, Sala a croce greca
en italiques fig. 295.

Fig. 297.

Une rampe centrale s'élève du vesti... ...ule (b) à la salle d'entrée (a), puis deux rampes latérales ...conduisent de celle-ci à la
sala della Biga. La rampe du mil... ...en a 3,45 m de largeur et les

deux rampes latérales ont chacune 2 m. Ces différentes volées
sont recouvertes de berceaux rampants dont les naissances reposent d'une part sur les murs de cage et de l'autre sur des
architraves rampantes, supportées par des colonnes.

Souvent on remplace le berceau rampant par une série
d'arcs droits accolés, disposés en gradin. Ce mode de construction a pour but d'obtenir une plus grande facilité d'éxécution, tout en augmentant la résistance de la voûte. La
fig. 296 donne, à petite échelle, l'exemple d'une pareille disposition;
anciennement elle était fréquemment adoptée. Nous en donnons d'autres exemples aux fig. 297 et 298. En A le berceau
est de forme ogivale, en C il est de forme semi-circulaire.

E. Berceaux biais.

Ces voûtes ne se rencontrent presque jamais dans les constructions civiles; leur éxécution est d'ailleurs assez difficile
surtout quand elles sont en pierre de taille. Comme elles
ne rentrent pas à proprement parler dans le cadre de cet
ouvrage et que leur étude ne se peut traiter brièvement, nous
renverrons le lecteur aux publications spéciales et nous nous
bornerons à faire remarquer que dans une construction en
briques, leur éxécution peut être simplifiée dans une certaine
mesure par l'adoption de l'appareil hélicoïdal.[1]

---

[1] Les voûtes biaises peuvent s'appareiller de différentes manières,
mais quel que soit le mode employé le but proposé est toujours d'éviter
la poussée au vide qui tend à se produire aux extrémités de la voûte par
suite de l'obliquité des plans de tête. Si l'on disposait les joints comme
dans un berceau droit, c'est-à-dire en formant les joints continus de plans
passant par l'axe du cylindre et les joints discontinus de plans perpendiculaires à cet axe, il n'y aurait que l'adhérence du mortier et l'enche-
vêtrement des voussoirs pour s'opposer à la poussée au vide. En donnant
aux joints continus une forme courbe convenable, on ramène plus ou
moins les poussées qui agissaient dans les plans des sections droites,
dans des plans parallèles aux têtes.

Pour éviter d'employer des modes d'appareil spéciaux, on adopte
quelquefois la disposition suivante. On remplace le cylindre biais con-

Dans ces voûtes biaises, il importe de suivre très-exactement les dispositions de l'épure. A cet effet, on emploie pour les voûtes de petite portée des feuilles de papier sur lesquelles

tinu par une série d'anneaux de voûte droite, accolés l'un à l'autre et disposés suivant l'axe biais du cylindre. Chaque anneau s'appareille alors comme une voûte droite ordinaire. Ce moyen, comme on voit, ne fait que tourner la difficulté, il ne la résout pas. Pour atteindre ce but, on a recours à l'un des appareils suivants (nous ne citons que les plus usuels).

1. L'appareil hélicoïdal ou appareil anglais est formé d'assises d'épaisseur uniforme disposées de telle manière que les joints continus décrivent sur la douelle des hélices parallèles, se terminant à peu près normalement aux plans de tête. Le tracé de ces hélices se détermine facilement en développant la surface cylindrique de la douelle et en portant sur elle une série de droites parallèles d'écartement égal à l'épaisseur des à assises et perpendiculaires la droite qui joint les extrémités du développement de l'arc de tête. Dans l'appareil hélicoïdal tous les voussoirs peuvent avoir mêmes dimensions, c'est pourquoi il convient particulièrement aux voûtes biaises en briques.

2. L'appareil orthogonal parallèle. Dans ce mode d'appareil les joints continus forment sur la douelle des courbes appelées trajectoires orthogonales lesquelles sont menées perpendiculairement à des sections parallèles aux plans de tête. Ces sections donnent dans la surface developpée une série de courbes parallèles, du genre sinusoïde et les joints continus sont alors représentés par des courbes perpendiculaires à ces lignes. Les faces des voussoirs sont engendrées par une droite se mouvant le long de ces courbes en restant perpendiculaire à la surface de douelle. Il est facile de voir que dans ces conditions les dimensions et la forme des voussoirs varient d'un point à un autre.

3. Appareil orthogonal convergent. Il s'applique aux voûtes biaises de grande longueur lorsqu'on veut éviter l'appareil orthogonal parallèle que l'on serait obligé de continuer d'une extrémité à l'autre de la voûte. Dans ce troisième mode d'appareil la voûte est divisée en trois parties: l'une centrale, appareillée comme une voûte droite et les deux extrêmes se raccordant avec la première et disposées suivant l'appareil orthogonal convergent. Cet appareil suppose donc des plans de tête convergents. Au lieu de diviser alors la voûte, comme tout-à-l'heure, par des sections parallèles, on la coupe par une série de plans verticaux passant par la ligne d'intersection des plans de tête. Les trajectoires orthogonales sont encore des courbes perpendiculaires à ces sections qui. sont alors convergentes au lieu d'être parallèles comme précédemment.

Fig. 298.

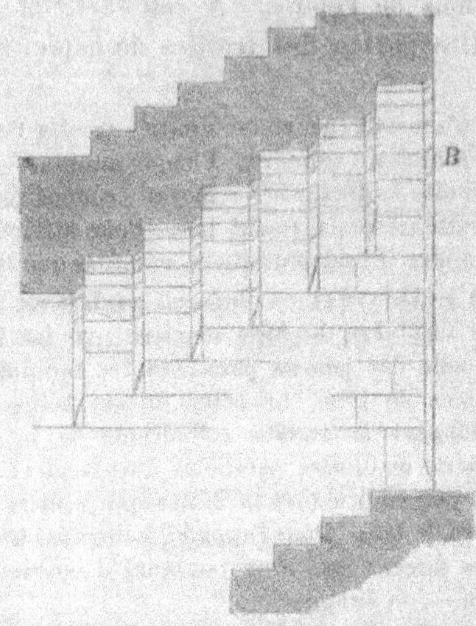

on trace la position des joints en développement. On applique ces feuilles sur le couchis et l'on marque à l'aide de pointes une série de points de chacun des joints. Ces patrons peuvent naturellement servir à plusieurs reprises. Les points une fois marqués, on les relie par une courbe continue que l'on trace au moyen de longues règles flexibles en bois de sapin.

Quand la portée de la voûte est grande, on fait le tracé des joints directement sur le couchis des cintres, en prenant sur l'épure les mesures nécessaires.

Dans les plans, on a coutume d'indiquer par le rabattement de la section droite la forme et le sens des voûtes. L'ouvrier peut alors en déduire facilement tous les éléments dont il a besoin, tels que, par exemple, la forme et la position des cintres. Lorsque deux voûtes se pénètrent, il faut aussi indiquer sur le plan leur ligne de pénétration. Ces courbes diagonales ne se rabattent pas, car on peut toujours les construire à l'aide des sections droites données.

F. Cintres.

Les cintres doivent reposer sur des appuis solidement établis, particulièrement quand la voûte est en moellons ou en pierre de taille. Ils se composent ordinairement d'un certain nombre de fermes en charpente, régulièrement espacées, et recouvertes de planches formant l'enveloppe cylindrique sur laquelle s'appuient les voussoirs de la voûte. Ces planches ou madriers constituent le couchis.[1])

Dans les contrées voisines du Rhin, on emploie depuis long-temps pour la construction des voûtes de cave des cintres de forme très-simple. Chaque ferme se compose d'une poutre grossièrement corroyée et d'équarrissage variable selon la portée. Dans cette poutre sont percés une série de trous de 0,08 m à 0,10 m de profondeur et de 0,025 m à 0,05 m de diamètre. Ces trous rayonnent dans la direction du centre de la voûte et sont écartés de 0,30 m à 0,45 m. On y enfonce des morceaux de bois de brin de 0,05 m à 0,08 m de grosseur, coupés de longueur suivant l'arc de la voûte. Leurs extrémités sont recouvertes de lattes en sapin de 0,02 m d'épaisseur et de 0,04 m de largeur, que l'on plonge préalablement de 12 à 24 heures dans l'eau pour leur donner plus de flexibilité. Les fermes ainsi construites se placent à 0,60 m l'une de l'autre et supportent le couchis qui se compose ordinairement de planches de 0,02 m d'épaisseur, semblables aux voliges des couvertures en ardoises. Ces cintres peuvent supporter des voûtes en moellons ayant jusqu'à 0,60 m d'épaisseur à la clef, 11,00 m de portée et 5,00 m de flèche.

---

[1]) Lorsque l'ouverture d'une voûte est petite, on peut remplacer le cintre en planches ou en pièces de charpente par des massifs en moellonnaille, posés à sec. Ces massifs s'appellent des pâtés. Ils se recouvrent d'un enduit de mortier ou de plâtre et quand on désire obtenir un profil bien régulier, d'un couchis en madriers.

Pour les voûtes en béton on fait quelquefois usage de cintres en briques. Ceux-ci sont formés de voûtes légères construites en briques de champ. On établit ces premières voûtes sur des cintres très-légers en planches et on les démolit quand le béton a acquis une dureté convenable.

Ils sont très-simples et économiques. La poutre peut servir après coup comme bois de charpente, les montants comme bois de chauffage et les lattes, comme voliges, en sorte que la dépense occasionnée par le cintre n'est représentée en réalité que par la main d'oeuvre de confection.

Quand l'ouverture de la voûte est grande on est obligé de remplacer la poutre par une véritable ferme formée d'un en-

Fig. 298.

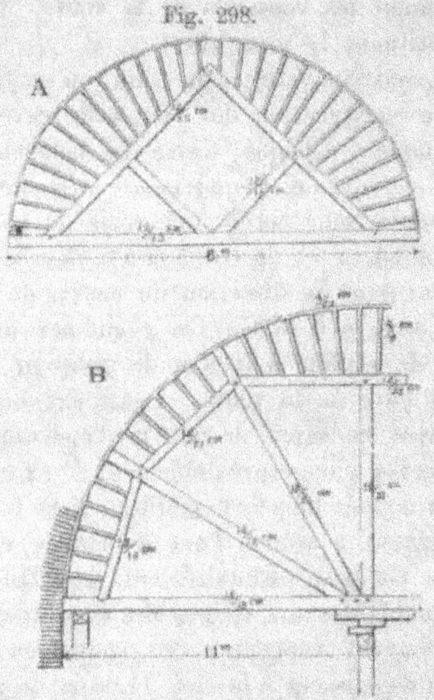

trait, d'arbalétriers et de contrefiches, fig. 298 A et de fixer alors les bouts de bois rayonnants sur les arbalétriers. Dans ces conditions les pièces de charpente conservent des sections réduites et les morceaux de bois de brin, de faibles longueurs. Ces fermes reposent sur des montants aux extrémités et au milieu de la portée et l'on interpose des cales aux appuis pour pouvoir décintrer facilement. Comme l'effet du tassement est le plus grand au mileu de la voûte, c'est là que le desserage doit pouvoir se faire le plus facilement.

Nous ne donnons pas ici d'exemples de cintres en charpente, parce que nous revenons sur la question en traitant des ouvrages en bois (voir le chapitre 5, vol. III).

Habituellement les fermes de cintre sont espacées de 1 à 2 mètres; elles se disposent perpendiculairement à l'axe de la voûte. Cette remarque s'applique surtout aux voûtes biaises qui, comme nous l'avons vu, se rencontrent rarement dans les édifices. Dans les voûtes annulaires on donne aux cintres une direction radiale. Les cintres des voûtes rampantes s'établissent verticalement; si la voûte est un berceau à section circulaire, le cintre aura donc une forme elliptique.

Le décintrement des voûtes demande des précautions particulières. Il faut veiller à ne pas ébranler la voûte par des chocs en retirant les coins et les cales. Avant de décintrer complètement, on observe le tassement qui se produit, lorsqu'on dégage un peu les coins et l'on décide d'après celui-ci si les cintres peuvent déjà s'enlever.

Quand la maçonnerie est faite au mortier de chaux, le décintrement ne peut s'opérer qu'après 2 ou 3 semaines; quand elle est faite au mortier de ciment, on peut l'effectuer au bout de 3 à 5 jours.

G. Dimensions usuelles des voûtes en berceau employées dans les bâtiments.

Les voûtes plein-cintre ou les voûtes en anse de panier à grande flèche n'ont, lorsqu'elles ne supportent qu'un seul étage, qu'une demi-brique d'épaisseur jusqu'à 4,50 m d'ouverture. Au delà de cette portée, il faut leur donner une brique à la clef, et même faire augmenter l'épaisseur vers les naissances ou bien les renforcer, tous les 2 m ou 2,50 m, d'arcs-doubleaux faisant saillie sur l'intrados ou sur l'extrados.

L'épaisseur des pieds-droits varie avec la forme de la voûte. Elle est:

dans les voûtes en ogive . . . . $\frac{1}{6} - \frac{1}{7}$ de l'ouverture dans les voûtes plein-cintre . . . . . . $\frac{1}{5,5} - \frac{1}{6}$ de l'ouverture

„   „   „   surbaissées avec flèche
au moins égale au $\frac{1}{4}$

de l'ouverture . . . . $\frac{1}{4} - \frac{1}{4,5}$ „   „

„   „   „   surbaissées, flèche $\frac{1}{8}$

de l'ouverture . . . . . $\frac{1}{3} - \frac{1}{3,3}$ „   „

Lorsque les pieds-droits ont plus de 5 m de hauteur, on augmente leur épaisseur du $\frac{1}{6}$ ou du $\frac{1}{8}$ de la hauteur.

D'après Rondelet, l'épaisseur (d) à la clef est donnée:

Dans le cas de berceaux en briques:

par $d = \frac{1}{36}\, l$, si les reins de la voûte son recouverts de maçonnerie jusqu'à mi hauteur, et par

$d = \frac{1}{48}\, l$, si la voûte est entièrement recouverte de maçonnerie.

Dans ces formules l désigne la portée.

Dans le cas d'une voûte en moellons:

Les formules restent les mêmes, mais l'épaisseur trouvée est à remplacer par autant de fois 0,40 m qu'elle renferme de longueurs de brique.

D'après Peronnet l'épaisseur à la clef d'une voûte en pierre de taille est donnée par

$$d = 0,035\, l + 0,32$$

jusqu'à 2,26 m de portée, et par

$$d = \frac{1}{24}\, l$$

pour les portées supérieures.[1]

[1] Ces données et formules empiriques suffisent parfaitement pour les ouvertures qui se présentent ordinairement dans les bâtiments. Mais dès qu'il s'agit de la voûte d'un ouvrage d'art de quelqu'importance, on doit recourir au calcul direct et vérifier, par une construction graphique,

II. Voûtes coniques.

Ces voûtes présentent au point de vue de la construction une certaine analogie avec les voûtes en berceau. Leur douelle a une forme conique et les joints continus des voussoirs sont situés dans des plans passant par l'axe du cône, tandis que les joints discontinus ou transversaux sont donnés par des sections de forme conique, ayant leur sommet sur l'axe du cône, quand celui-ci est à base circulaire.

On voit que dans le sens longitudinal les voussoirs sont cunéiformes ce qui complique beaucoup l'appareil de la voûte.

Les voûtes coniques ne s'emploient pas seules; elles forment toujours une partie secondaire d'un système de voûtes. Nous en avons déjà rencontré quelques exemples dans les fig. 276, 279 et 280. Elles servent encore à passer d'une forme d'enceinte à une autre, par exemple, de l'octogone à l'hexagone ou au carré, la voûte formant alors console sous la partie saillante de la maçonnerie.

III. Voûtes plates.

Nous appellerons ainsi les voûtes cylindriques en arc-de-cercle, dans lesquelles la flèche n'atteint au maximum que le cinquième de la portée. Ordinairement on reste même en-dessous de cette limite. Ainsi les montées usuelles sont comprises entre le $\frac{1}{6}$ et le $\frac{1}{8}$ et la limite inférieure descend jusqu'au $\frac{1}{10}$ et même jusqu'au $\frac{1}{12}$. Le rapport à adopter pour la flèche dépend du reste, dans une certaine mesure, de la grandeur des charges qui agissent sur la voûte. En général, pour les charges ordinaires des pièces d'habitation et pour une faible épaisseur de matériaux de remplissage, on donne à la flèche les valeurs suivantes

---

si la courbe de pression qui correspond aux charges agissant sur la voûte se trouve bien renfermée dans les limites qui assurent la stabilité de la voûte et de ses culées.

$$\text{jusqu'à } 2{,}50 \text{ m de portée, de } \frac{1}{8} \text{ à } \frac{1}{10}$$

$$\text{„} \quad 3{,}00 \text{ m „ „ „ „ } \frac{1}{6} \text{ à } \frac{1}{8}$$

$$\text{„} \quad 4{,}00 \text{ m „ „ „ „ } \frac{1}{6}$$

Au contraire, quand la portée n'atteint que 2,00 m et que la voûte ne supporte pas de charges, comme p. ex. quand elle forme le plafond d'une cage d'escalier ou quand elle se trouve sous un plancher qui repose sur solives sans s'appuyer sur la voûte, on peut réduire la flèche jusqu'au $\frac{1}{12}$; mais en ce cas, il faudra faire la maçonnerie au mortier de ciment.

Épaisseur et portées usuelles.

L'épaisseur de la voûte plate est toujours d'une demi-brique quand la portée n'excède pas 2,50 m; quand elle atteint 3,00 m, on ajoute des arcs-doubleaux et pour 4,00 m, on donne à la partie des reins qui avoisine les pieds-droits une brique d'épaisseur. Enfin, quand la voûte a une portée supérieure à 4,00 m, on augmente l'épaisseur successivement d'une demi-brique au sommet jusqu'à une brique et demie aux naissances. Les voûtes de cave de forme plate ont rarement plus de 3,00 m de portée. Lorsque l'espacement des murs est plus considérable, on subdivise la largeur en plusieurs portées au moyen de poutrelles en fer.

En ce qui concerne la disposition de ces voûtes au-dessus des caves, on peut indiquer les principes généraux suivants:

Il faut placer les naissances des différentes voûtes dans un même plan horizontal.

Il faut éviter que les portées soient par trop différentes les unes des autres.

Il est bon, autant que possible, de diriger les voûtes dans un même sens, c'est-à-dire, de disposer les sommets parallèlement, afin que les poussées aux naissances soient opposées l'une à l'autre.

Vu le peu de flèche de ces voûtes, il n'est guère possible de disposer des lunettes en avant des soupiraux; il faut donc faire correspondre le sommet de la voûte à l'axe de la baie.

Les voûtes plates employées dans les caves ont ordinairement $\frac{1}{7}$ ou $\frac{1}{8}$ de flèche; quand la voûte est très-chargée, il vaut mieux prendre le rapport du $\frac{1}{6}$.

Lorsque la voûte a plus de 5 m de longueur, on la renforce d'arcs-doubleaux réduisant sa longueur libre à 3 ou 4 mètres.

Le remplissage recouvrant les reins monte seulement jus-

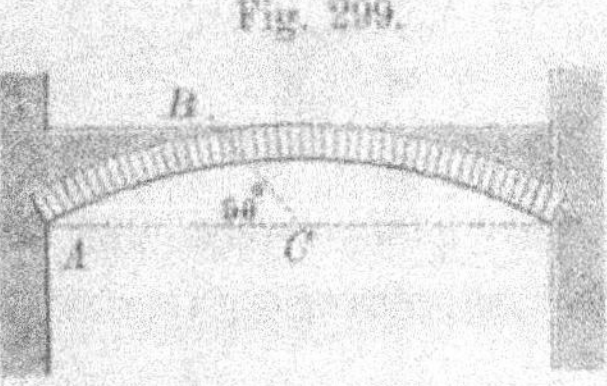

Fig. 299.

qu'à hauteur du joint de rupture, soit environ jusqu'à 50° de l'horizontale des naissances, fig. 299, mais il est préférable de l'omettre tout-à-fait, car il ne constitue dans le cas particulier qu'une charge inutile.

Le plan d'appui des coussinets doit toujours être dirigé vers l'axe de la voûte.

Les lambourdes du plancher s'appuiront soit sur des arcs-doubleaux soit sur un remplissage en sable. Dans le premier cas la voûte ne reçoit qu'indirectment la charge du plancher et dans le second, la charge se trouve repartie sur toute sa surface. En Autriche, on adopte ordinairement la seconde disposition; les lambourdes ont alors 0,08 m $\times$ 0,08 m et sont espacées d'un mètre.

Nous faisons suivre quelques exemples à l'appui de ces remarques générales.

Les fig. 300 et 301 donnent en plan et en coupe verticale la disposition ordinaire des voûtes de cave. Les arceaux principaux A A supportent un mur de refend et les autres, de moindre épaisseur, subdivisent la largeur pour réduire la portée des voûtes. La voûte qui recouvre le couloir central a une direction longitudinale; les autres sont dirigées transversalement.

On s'arrange presque toujours pour faire correspondre les axes des soupiraux et des voûtes qui leur font face.

Fig. 300.

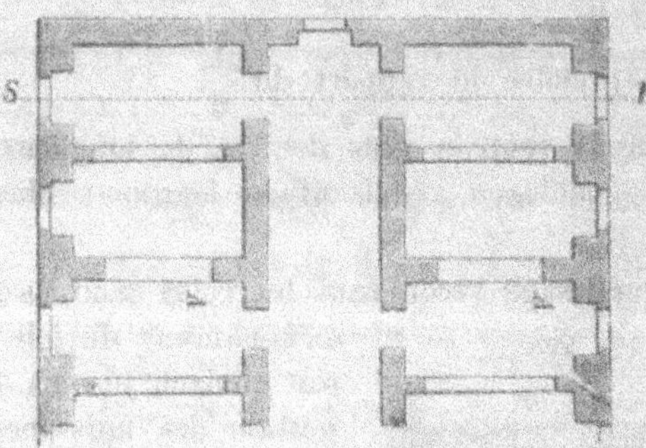

L'épaisseur des arceaux et de leurs pieds-droits doit être proportionnée aux charges qu'ils ont à supporter. Ces charges

Fig. 301.

varient considérablement; elles peuvent se borner au poids des voûtes de cave ou bien comprendre le poids d'un mur de séparation de plusieurs étages. En ce cas, on évitera l'arceau, s'il est possible, et on le remplacera par un mur plein.

Si l'on désigne par

   w, l'épaisseur aux naissances,

   s, la portée de l'arceau,

   h, sa flèche,

   b, sa largeur,

d, son épaisseur.

a, la largeur d'un pilier,

fig. 302, alors les dimensions des arceaux sont données par les relations suivantes:

Quand l'arceau ne supporte que la voûte,

$$h = \frac{1}{5} \text{ à } \frac{1}{4} s$$

$$w = \frac{1}{5} \text{ à } \frac{1}{4} s$$

$$d = 1\frac{1}{2} \text{ on } 2 \text{ briques}$$

Fig. 302 A—C.

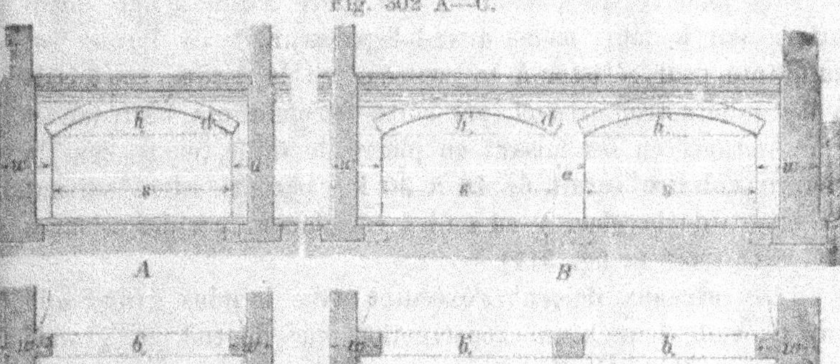

$$b = 1 \text{ brique et demie}$$

$$a = 1\frac{1}{2} \text{ on } 2 \text{ briques}$$

Quand il supporte aussi un mur,

$$h = \frac{1}{3} \text{ à } \frac{1}{2} \text{ (la forme étant celle d'un arc-de-cercle,}$$

d'une anse de panier ou du plein-cintre),

$$w = \frac{1}{3} s,$$

$$d_1 = 1\frac{1}{2} \text{ ou 2 briques}$$

$$b = 1 \text{ brique ou 1 brique et demie en plus de l'épais-}$$
seur du mur soutenu.

(a) doit être tel que le pilier, quand il est en briques, ne supporte que 6 kg par centimètre carré.

Le pilastre du pied-droit doit faire saillie d'une demi-brique sur le mur, même quand l'épaisseur de ce dernier est suffisante pour résister à la poussée. Si la brique conduisait à des piliers trop gros et, par suite, encombrants, on réduirait leur section, en les faisant en pierre de taille (en ce cas, la charge unitaire serait de 16 à 30 kg. par cm. carré suivant la nature de la pierre), ou en les remplaçant par des colonnes en fonte (voir la fig. 311).

Les arceaux doivent s'exécuter avec le plus grand soin car c'est de leur bonne construction que dépend en grande partie la solidité de l'ensemble des voûtes.

Application de la voûte plate au recouvrement des caves. Nous donnons ici une suite d'exemples présentant des dispositions variées de voûtes de cave.

Une construction fort simple est celle de la fig. 303 A—C. En (B) on a représenté le plan des caves et en (A) celui du rez-de-chaussée. Le plancher recouvrant les salles (s) est supporté par une rangée de colonnes, placées à 4 m de distance l'une de l'autre et correspondant en position aux piliers des caves. Toutes ces voûtes, sauf celle du couloir, sont disposées dans le sens transversal, c'est-à-dire, normalement aux murs extérieurs. Ces voûtes ont 3,60 m de portée et s'appuient sur des arceaux en anse de panier qui ont une brique et demie d'épaisseur. Entre les piliers on a établi des arcs-

Fig. 303 A—C.

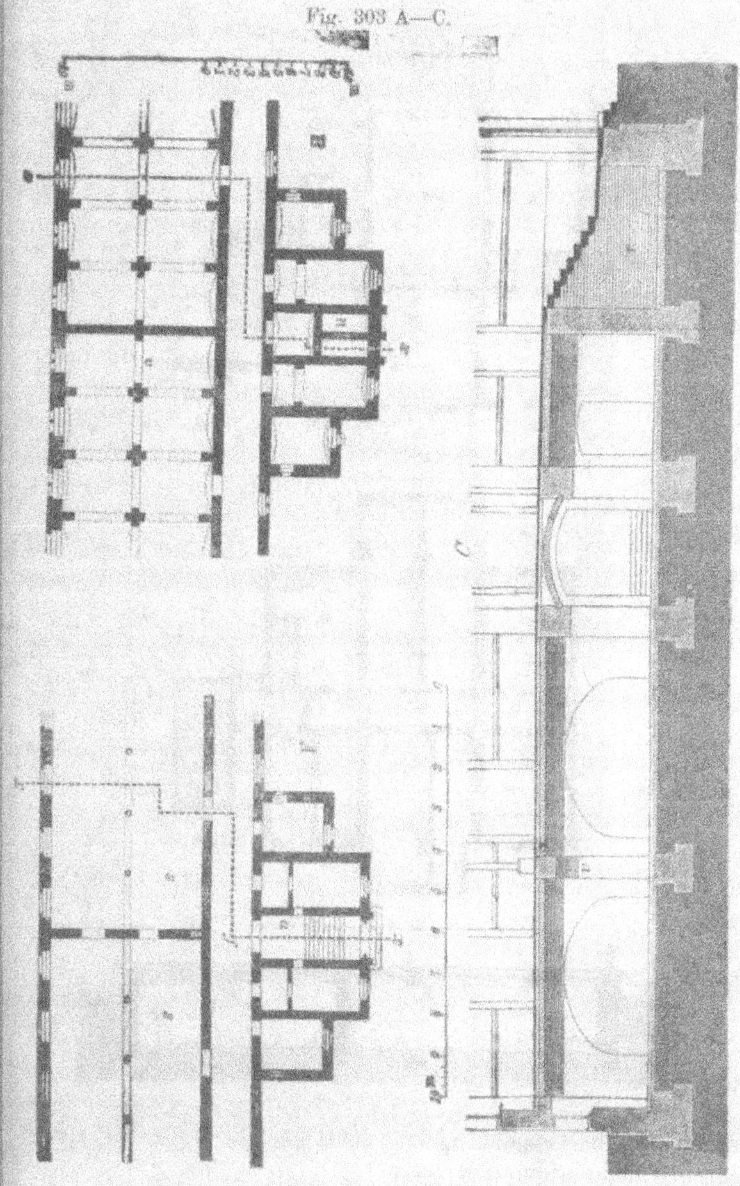

Fig. 304.

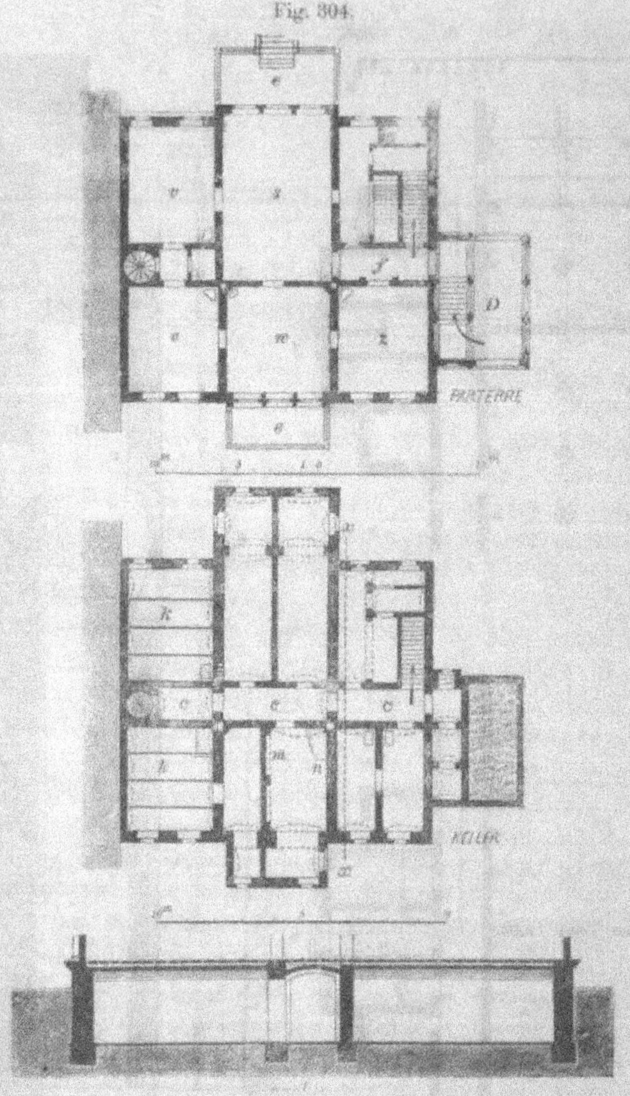

doubleaux qui s'opposent à leur déversement. Toutes les voûtes ont une demi-brique d'épaisseur.

Un autre exemple très-simple est donné à la fig. 304. Comme précédemment la disposition des voûtes est figurée sur le plan des caves par des arcs pointillés. Un couloir central (c) dessert les diverses caves dont la subdivision correspond à celle des étages supérieurs. La cloison (m) contre laquelle s'appuie une voûte de portée plus grande est renforcée d'un arceau pour augmenter sa résistance.

L'entrée D forme portique et repose sur un terre-plein. Sous les pièces (v, v) les voûtes n'ont que 1,50 m d'ouverture et s'appuient sur des rails à la manière indiquée dans le premier volume de cet ouvrage.

L'addition d'arceaux sur le parement du mur d'appui a souvent aussi pour but de ramener la portée à une dimension uniforme, afin d'éviter les voûtes d'ouverture inégale. C'est ce qu'indique la fig. 305.

La forme du terrain sur lequel on doit construire, conduit quelquefois à des dispositions assez irrégulières. En pareil cas, on subdivise les surfaces polygonales par des arceaux ou des poutrelles pour les ramener à des figures simples que l'on peut recouvrir de voûtes cylindriques. Les fig. 306 et 307 en donnent des exemples.

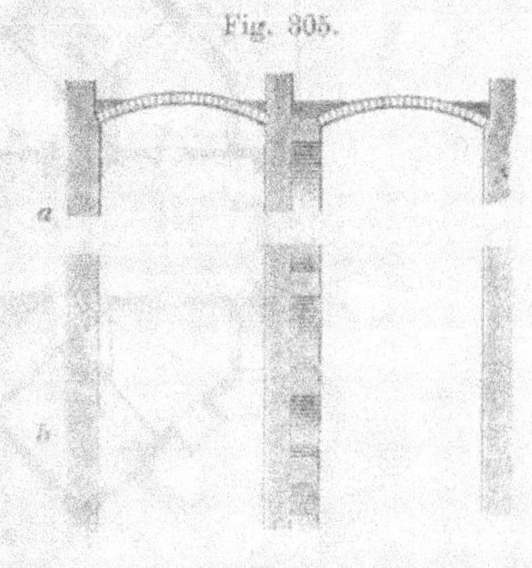

Fig. 305.

Dans la disposition de la fig. 308 le rez-de-chaussée renferme une grande salle ovale (s) qui repose aussi, malgré sa forme, sur des voûtes cylindriques. A cet effet, on a établi sous la salle deux solides arceaux, partageant la surface en trois segments dont chacun correspond à une voûte plate.

Dans la fig. 309, on a adopté une solution différente. Les surfaces polygonales (l) et (k) sont recouvertes de voûtes en

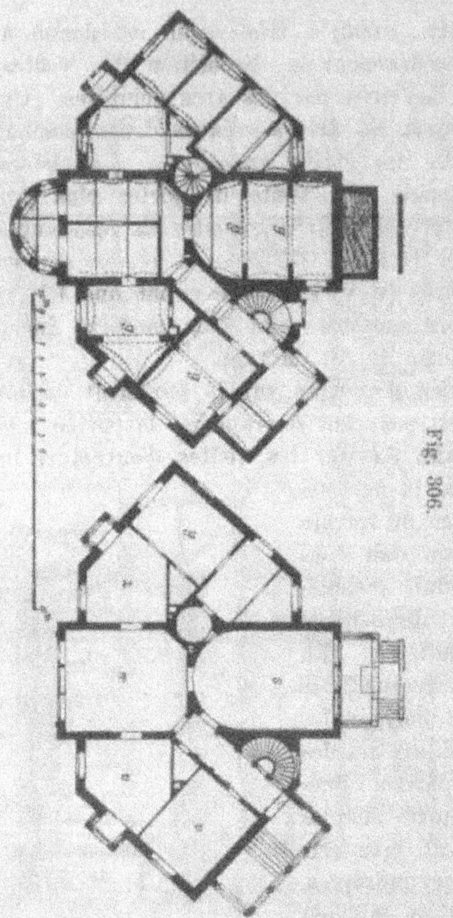

Fig. 306.

arc de cloître et non par des voûtes cylindriques comme précédemment.

Quand le terrain a beaucoup de valeur, on établit quelquefois des caves sous les cours intérieures des maisons. Tel
est le cas à Berlin, par exemple, où l'on a su tirer un très-
bon parti de ces caves additionnelles. Ordinairement les
voûtes reposent alors sur des arceaux ou sur des poutrelles en

Fig. 307.

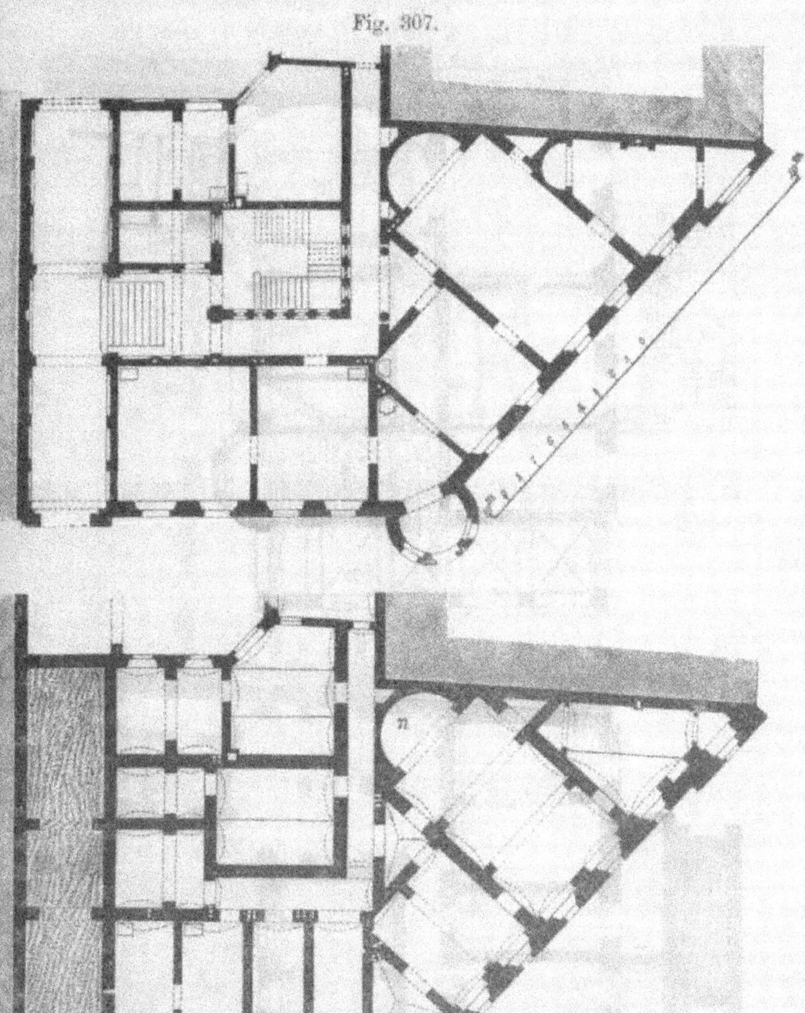

Fig. 308.

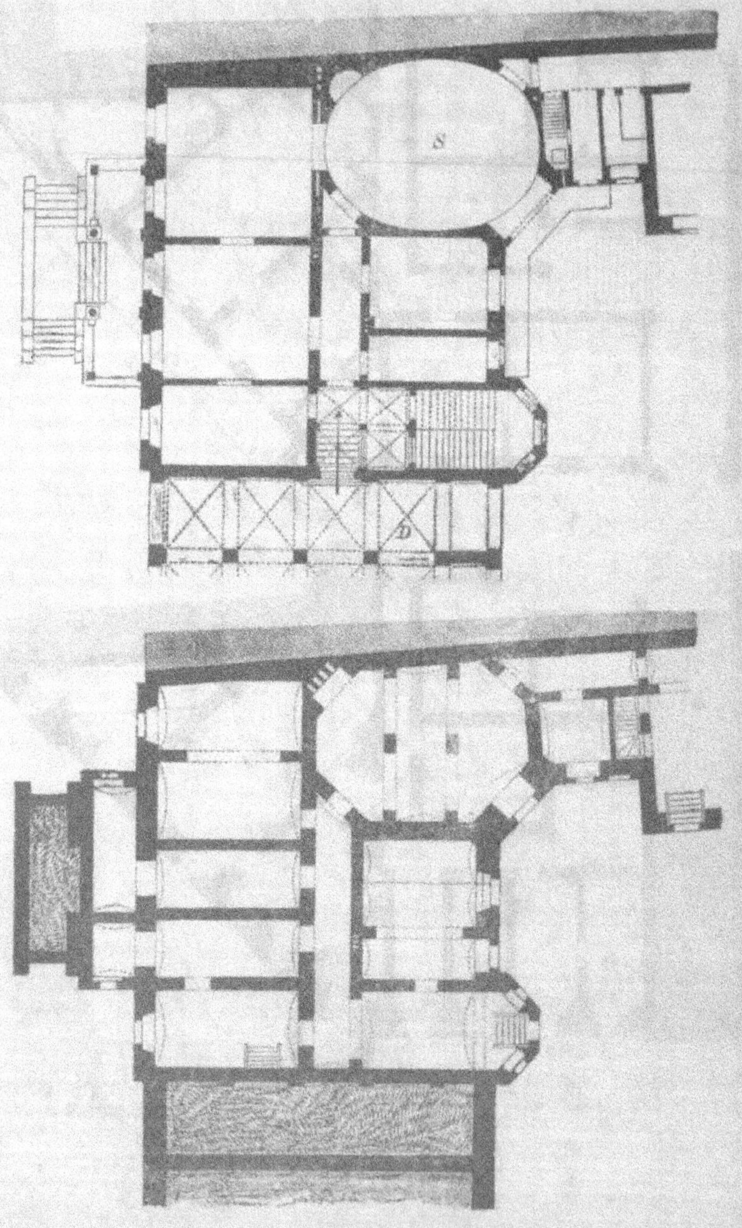

rails, mais il est préférable, pour gagner de la place et diminuer la dépense, d'adopter le mode de construction suivant.
On établit une série de piliers intérieurs sur lesquels portent

Fig. 309.

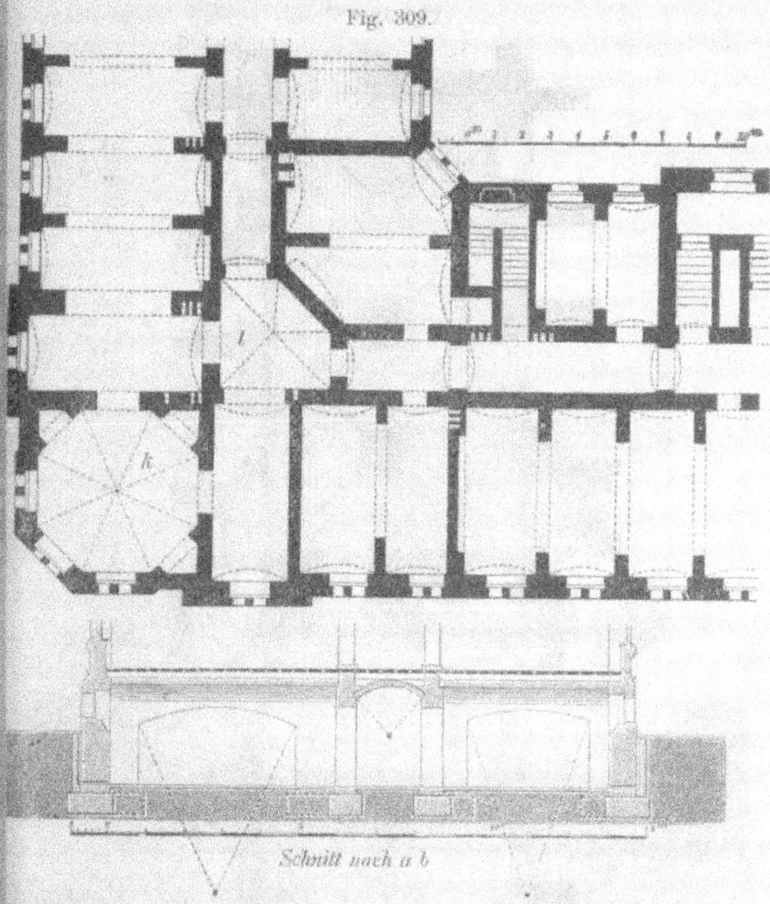

des voûtes plates longitudinales et transversales. Si, au lieu
de s'appuyer contre ces dernières, les voûtes longitudinales
reposaient sur des arceaux la maçonnerie descenderait plus
bas et prendrait par conséquent plus de place. Les voûtes

principales forment une série d'arêtes avec les voûtes transversales, fig. 310. Les cintres que nécessite cette construction
sont un peu plus compliqués que d'ordinaire, mais cet incon-

Fig. 310.

vénient est largement compensé par les avantages que nous
avons signalés plus haut. On commence par poser les cintres
des voûtes principales, puis on intercale ceux des voûtes trans-

versales.   Il n'est pas nécessaire de faire simultanément le
cintrage de toute la surface; on peut, si l'on veut, procéder
par travée, mais à condition de bien étayer les piliers. Ces
voûtes n'ont qu'une demi-brique d'épaisseur et sont faites au
mortier de ciment. Ce genre de construction s'est montré assez

Fig. 311.

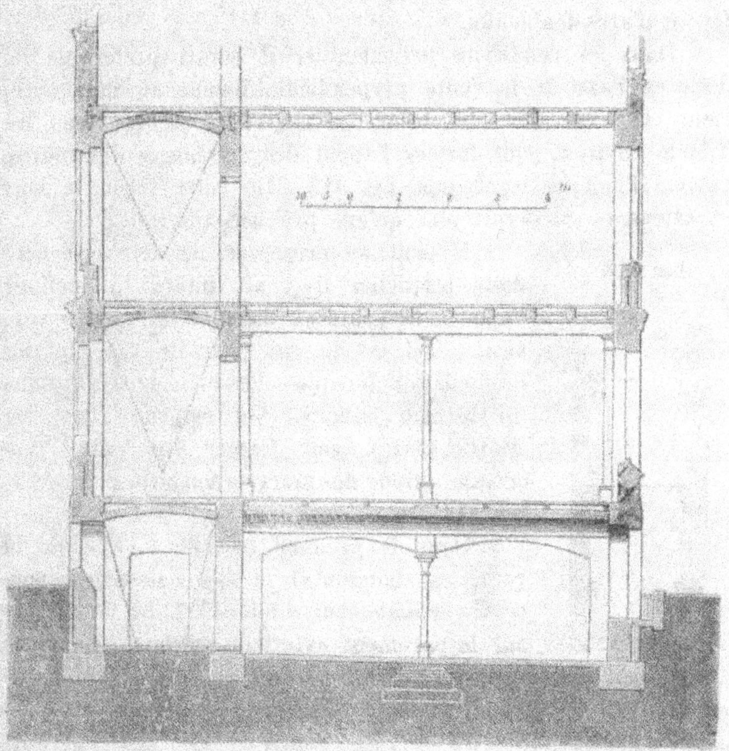

résistant pour permettre de faire entrer de lourds camions
dans la cour.

Les voûtes plates recouvrant des couloirs, pièces d'habita-
tation, etc. ne diffèrent pas au point de vue de la construction
des voûtes de cave. En général, on évite de leur donner plus de
2,50 m de portée parce qu'il faudrait alors trop augmenter

l'épaisseur des murs d'appui. Nous avons dans la fig. 311 un exemple qui se présente souvent en pratique. Une série de pièces contiguës sont desservies par un couloir latéral, recouvert d'une voûte plate. Les murs contre lesquels ces voûtes s'appuient n'ayant que peu d'épaisseur, on les a rattachés l'un à l'autre, de deux en deux mètres, par des tirants en fer. La voûte n'a qu'une demi-brique d'épaisseur et n'est pas renforcée d'arcs-doubleaux.

Dans les conditions précédentes, il serait préférable de disposer l'axe de la voûte perpendiculairement au mur extérieur et, à cet effet, de placer des poutrelles en fer, tous les 1,50 m environ, pour former l'appui des naissances des voûtes, comme l'indique le croquis, fig. 312. De cette façon le mur extérieur ne recevrait plus qu'une pression verticale.

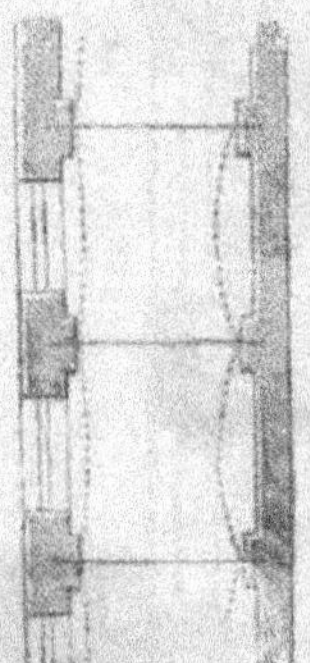

Fig. 312.

Il peut se présenter des circonstances dans lesquelles il y ait intérêt à incliner l'axe de la voûte ou même à le rendre vertical. Tel est le cas pour les maçonneries de fondation lorsque celles-ci se trouvent dans un terrain humide. On emploie alors les voûtes plates pour former une gaine protectrice autour des murs de fondation, fig. 313. et 314.

Dans le premier exemple, l'axe de la voûte est horizontal et les naissances portent verticalement au-dessus l'une de l'autre sur le parement extérieur du mur. La voûte forme ainsi une gaine d'air, de section lenticulaire, s'étendant tout le long du mur, et s'opposant au passage de l'humidité du terrain contigu. De loin en loin, on ménage des conduits mettant la gaine d'air en communication avec l'extérieur, afin de permettre la circulation et le renouvellement de l'air intérieur. Lorsqu'il pleut, on ferme l'orifice supérieur de ces conduits. Pour empêcher le passage de l'humidité à travers la maçonnerie de fondation, on interpose une couche d'asphalte (a) au-dessus de la base des murs.

Dans la fig. 314, les voûtes isolantes sont disposées verticalement et s'appuient contre de petits pilastres adossés au parement du mur. On donne à ces voûtes isolantes, suivant la poussée des terres, de $\frac{1}{10}$ à $\frac{1}{6}$ de flèche et une demi-brique d'épaisseur. Quand leur hauteur dépasse 1 m, on porte l'épaisseur à une brique et même à une brique et demie. Il faut avoir soin d'isoler, comme tout-à-l'heure, par une couche d'asphalte les massifs de fondation de la maçonnerie supérieure. A la surface du sol ces petites voûtes sont recouvertes de dalles.

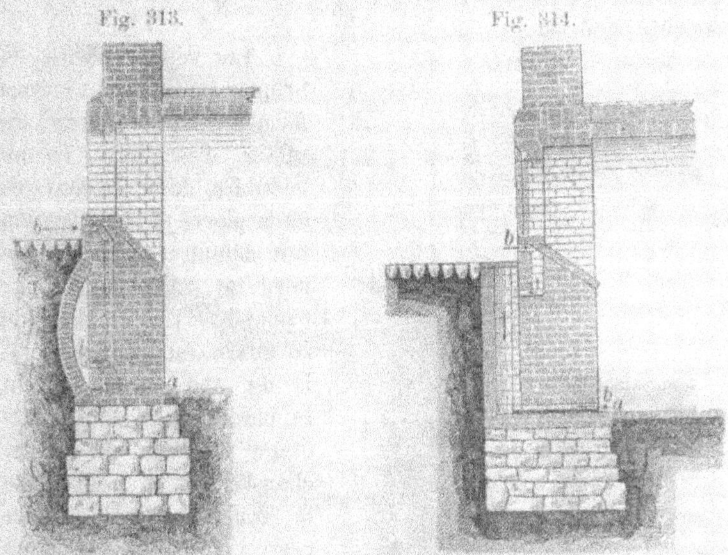

Fig. 313.

Fig. 314.

Lorsque le niveau du sol de la cave est inférieur à celui des crues d'une rivière voisine, on ne peut se contenter d'un simple revêtement en carreaux ou en dalles, quand même celui-ci serait encore recouvert d'une aire en ciment; car l'eau, en s'élevant, ne tarderait pas à soulever cette aire et à envahir la cave.

Le meilleur moyen pour s'opposer à l'entrée de l'humidité

en pareil cas, consiste à garnir les parements des murs d'un
bon enduit en ciment; à isoler les maçonneries supérieures par
une couche d'asphalte et à construire sous le sol de la cave
une voûte plate renversée s'étendant d'un mur à l'autre. Cette
disposition est représentée à la fig. 315. Pour obtenir la parfaite imperméabilité de la voûte, on la forme de deux rouleaux que l'on isole par une couche d'asphalte laquelle se
continue jusqu'au parement extérieur du mur.

Il va sans dire que ces voûtes, ainsi que toute la partie
souterraine de la maçonnerie, sont exécutées au mortier de
ciment.

Fig. 315.

Les voûtes plates en
briques s'emploient sous
forme rampante sous les
volées d'escaliers incom-
bustibles, dans les contrées
où la pierre de construction
fait défaut, comme dans le
nord de l'Allemagne, par
exemple. Un escalier de
ce genre est représenté à
la fig. 316 A—C. A est
le plan au niveau du 1er
étage; B, celui du rez-de-
chaussée et C représente
la coupe verticale de la
cage d'escalier. Chaque
étage comprend deux vo-
lées; un mur plein inter-
médiaire sépare ces volées et s'élève depuis la cave jusqu'au
grenier où la cage d'escalier est recouverte par une voûte
plate à axe horizontal. Au-dessous de chaque marche de départ et d'arrivée se trouvent des arceaux contre lesquels s'appuie
la voûte rampante; ces derniers ne sont pas bien nécessaires,
car la poussée est reçue directement par les murs de cage et
par le mur intermédiaire. Les paliers reposent également sur

Fig. 316 A—C.

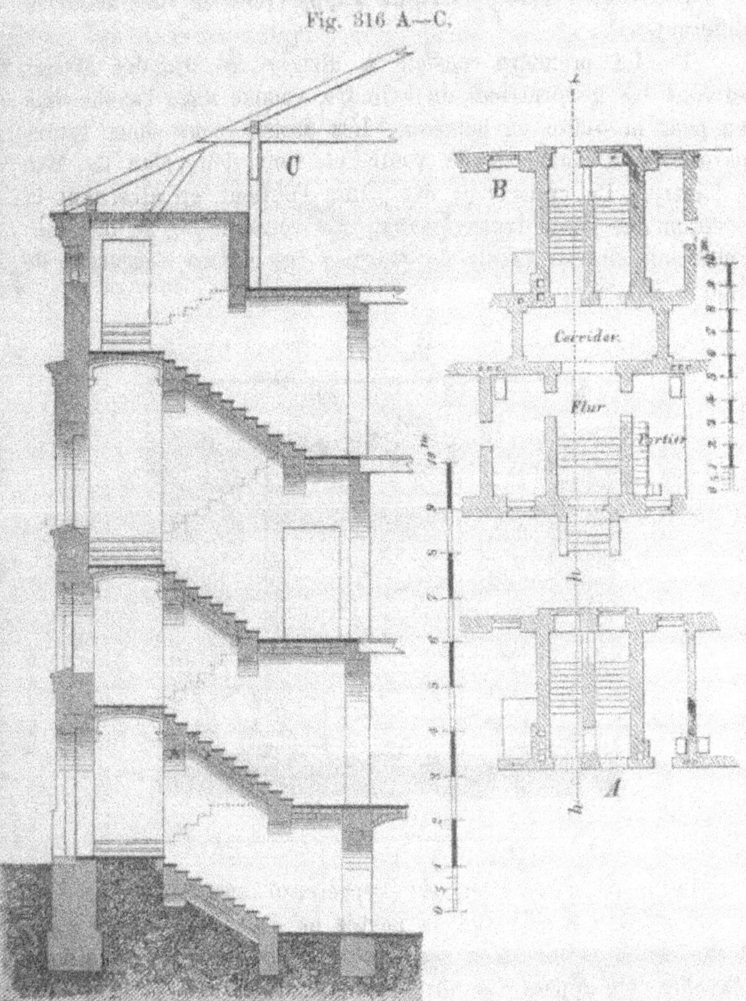

des voûtes plates. Nous avons déjà parlé de constructions
de ce genre dans le premier volume de cet ouvrage, à l'occasion de l'étude des escaliers; nous n'insistons donc pas.

Appareil et exécution des voûtes plates.

Les voûtes plates peuvent s'appareiller de cinq manières différentes.

1° La première consiste à diriger les lits des assises suivant les génératrices du cylindre, comme nous l'avons déjà vu pour la voûte en berceau. Les assises sont donc toutes parallèles à l'axe de la voûte et vont d'un plan de tête à l'autre. Le croisement des joints s'obtient en alternant la position des joints transversaux. La construction se fait toujours sur cintres garnis de couchis; ces cintres s'espacent de 1,00 m à 1,50 m.

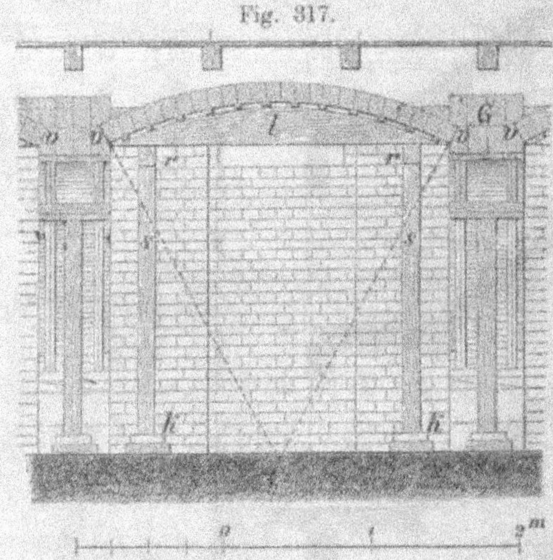

Fig. 317.

Ce mode d'éxécution est représenté aux fig. 317, 318, A—B et 319 A. Quand la portée ne dépasse pas 2,15 m, la flèche est si petite qu'on peut former les cintres d'une simple planche. On appuie ces cintres sur des longerons (r), supportés par des montants (s), et on les espace d'un mètre environ. Les montants reposent à la base sur des coins destinés à faciliter le décintrement de la voûte. La fig. 318 B représente une coupe longitudinale et la fig. 319 A, une partie du plan

de la voûte et des cintres. Le plan des naissances v
(voir fig. 317) est naturellement dirigé vers le centre (c) de
l'arc de cercle.

Fig. 318 A—B.

Les arceaux sur lesquels les voûtes s'appuient peuvent
avoir une forme quelconque; le plus souvent on adopte l'arc
de cercle. Dans l'exemple précédent ils ont une forme en

Fig. 319 A—B.

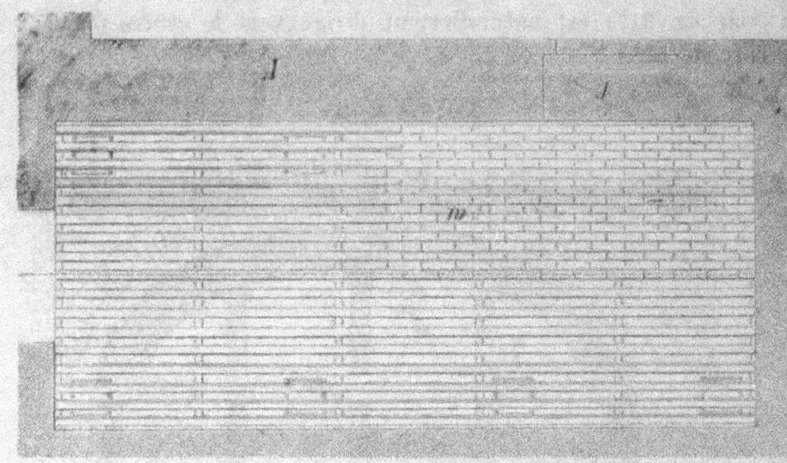

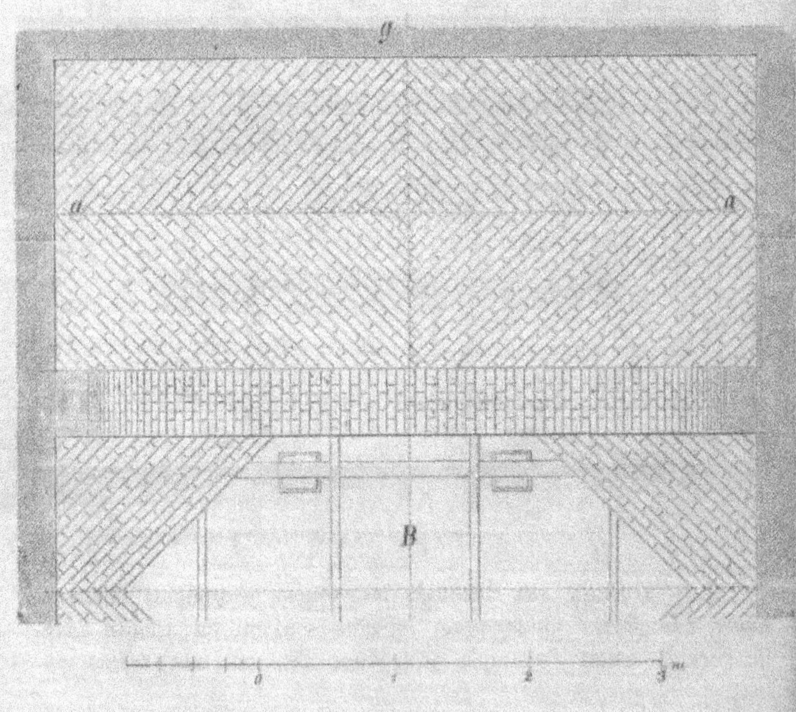

anse de panier. Le détail de l'arceau et des cintres est donné
en élévation et en coupe aux fig. 317 et 318 A. Ces cintres
reposent sur trois poteaux intermédiaires et sur des cales
adossées aux pieds-droits. Des coins permettent de les abaisser
ou de les élever à volonté. La maçonnerie (m m), au-dessus
des reins de l'arceau, s'exécute en même temps que ce dernier,
afin de former l'appui des coussinets de la voûte. L'évidement
du sommier se détermine à l'aide d'un gabarit. Dans les
constructions de ce genre, il faut avoir soin de ne pas trop
rapprocher la ligne des naissances de la voûte de l'intrados
de l'arceau. La distance de cette ligne au sommet de l'arceau
doit être d'au moins 0,08 m.

L'appareil par assises radiales que nous venons d'indiquer
était presque le seul employé anciennement; aujourd'hui d'autres
modes de construction ont pris sa place et on ne l'applique
plus guère qu'aux berceaux ouverts et aux voûtes plates de
plus de 4 mètres de portée. Il donne lieu d'ailleurs aux inconvénients suivants:

La maçonnerie présente peu de liaison dans le sens longitudinal de la voûte.

Les cintres doivent être recouverts d'un couchis ce qui
représente une certaine dépense.

En construisant plusieurs voûtes contiguës, on est obligé
soit de faire toutes les voûtes en même temps, soit d'étayer
les buttées pour que celles-ci ne soient pas exposées à être
renversées par la poussée.

2°. L'appareil en queue d'hironde se distingue du
précédent par la direction oblique des joints continus. On commence la voûte par les angles et l'on procède obliquement par
rapport à l'axe, fig. 319 B. La voûte se compose alors d'une
série de petits arcs, d'un quart de brique d'épaisseur s'appuyant d'abord sur les murs de pourtour puis, l'un contre
l'autre, en formant un joint en zigue-zague le long du sommet
(a, a). Le vide compris dans le milieu va graduellement en
se rétrécissant jusqu'à ce qu'il ne reste plus que la place pour

fermer la voûte au moyen de quelques fragments de briques. Ce mode de construction est représenté en détail à la fig. 319 B.

A vrai dire, les joints continus ne se projettent pas sur le plan suivant des droites, mais suivant des courbes; cependant comme, dans le cas de voûtes plates ces dernières se rapprochent beaucoup de la ligne droite, on ne se donne pas la peine en pratique d'en faire rigoureusement le tracé. On voit que dans ce mode d'appareil les murs ou arceaux de tête supportent aussi une poussée et que celle-ci agit obliquement à leur direction. La maçonnerie doit progresser également des 4 coins vers le centre et les lits doivent se rencontrer suivant la ligne de sommet et suivant la ligne médiane qui lui est perpendiculaire.

Ce mode d'appareil présente sur le précédent les avantages suivants:

La voûte ne renferme pas de ligne de rupture continue.

Les lits des assises ont moins de longueur ce qui réduit les tassements.

La poussée se répartit sur tous les murs de pourtour; on peut donc diminuer un peu l'épaisseur des murs longitudinaux, tout en obtenant un ensemble plus rigide.

Le constructeur peut, s'il le desire, donner un peu de cambrure tant aux naissances qu'au sommet de la voûte, dans le but de réduire les tassements de la partie centrale.

On peut se passer de couchis sur les cintres.

3°. Une autre espèce d'appareil en queue d'hironde a été indiquée par Breymann. Ici, l'ouvrier commence la voûte en son milieu et procéde du centre vers les côtés, disposant les lits suivant deux directions diagonales, à angle droit entre elles. La méthode se comprend facilement à la vue de la fig. 320. Ce mode de construction convient aux voûtes dans lesquelles les murs de buttée s'arrêtent au niveau des naissances.

4°. Dans l'appareil annulaire les joints continus sont dirigés transversalement, d'une naissance à l'autre, et les joints discontinus dans le sens longitudinal, fig. 321 A—C. Ce mode de construction, très usité aujourd'hui, offre les avantages suivants :

Fig. 321.

Fig. 322 A—C.

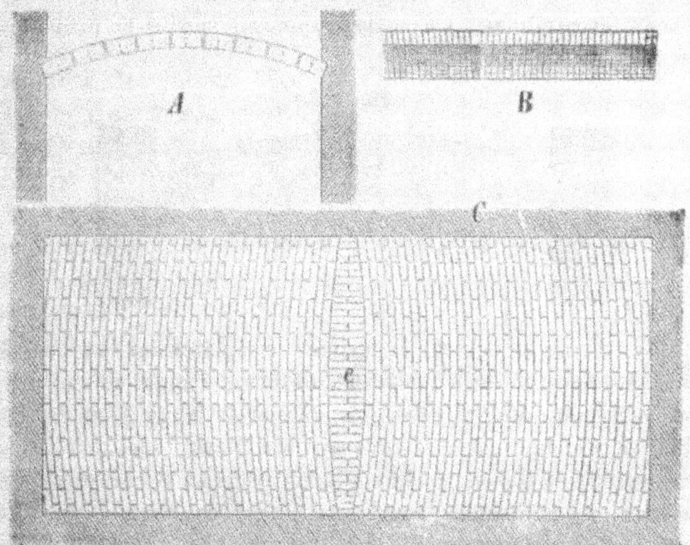

La maçonnerie ne présente pas de ligne de rupture continue.

Les joints dis continus longitudinaux n'ont que le quart du développement qu'ils présentent dans la disposition par assises radiales; le tassement qui résulte de la compressibilité du mortier se trouve donc réduit d'autant.

Il y a une plus grande surface de contact dans le sens de la poussée; le frottement et l'adhérence du mortier tendent en conséquence à réduire la poussée.

On peut se passer de couchis et l'on peut même éviter l'emploi de plusieurs fermes; car la pose des assises se peut faire sur un seul cintre que l'on déplace au fur et à mesure que la voûte avance. On fait glisser ce cintre sur des longerons, fixés contre les murs par des pattes en fer, fig. 323. Les lits des assises ne sont pas tout-à-fait plans, mais forment une surface légèrement convexe. Il en résulte une faible poussée contre les murs de tête, et, au milieu de la voûte, un vide lenticulaire dont la plus grande largeur est égale à une brique et que l'on ferme par des briques disposées dans le sens longitudinal. Ce mode d'appareil mérite la préférence sur tous les autres.

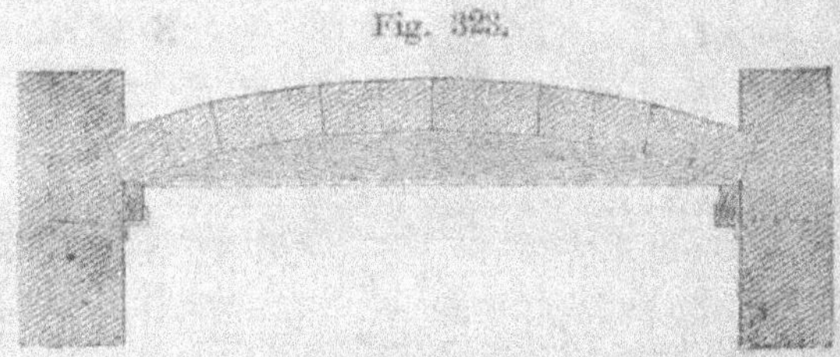

Fig. 323.

5⁰. Dans le but de supprimer complétement la poussée des naissances et de n'avoir sur les murs d'appui qu'une pression verticale, Moller relie par l'appareil la maçonnerie des reins et de la voûte. Il dispose les joints continus transversalement et forme les lits alternativement de briques panneresses et de briques boutisses, posées de champ, fig. 324. Dans l'assise en panneresses les briques de la voûte continuent la maçonnerie du mur d'appui; dans celle en boutisses, le sommier est formé de briques indépendantes et sa résistance n'est due qu'à l'adhérence du mortier. Cette remarque s'applique d'ailleurs à l'ensemble de la voûte; il faut donc toujours faire la maçonnerie au mortier de ciment. Moller a construit des voûtes de ce genre ayant jusqu'à 3,00 m d'ouverture et 0,40 m de flèche, l'épaisseur à la clef étant d'une demi-brique. Des pieds-droits n'ayant qu'une brique d'épaisseur ont été trouvés parfaitement suffisants dans ces conditions.

Ouvertures dans les voûtes.

Il arrive souvent qu'il faille prendre du jour en un point déterminé d'une voûte ou bien ménager une ouverture pour le passage d'un escalier, d'un monte charge, etc. En pareil cas, il faut toujours reconstituer une buttée de résistance convenable au point où la continuité de l'appareil se trouve interrompue. A cet effet, on circonscrit l'ouverture de parties arquées d'une brique ou d'une demi-brique d'épaisseur; ces parties forment une ligne fermée, comme en A, fig. 325 ou s'appuient contre les murs de pourtour, comme en B et C. Le plus souvent la prise de jour doit se faire par le milieu même de la voûte; l'ouverture peut

Fig. 324.

alors avoir une forme ronde ou carrée, fig. A et D. Dans le premier cas, la buttée est formée d'un anneau en briques et dans le deuxième, d'un châssis en fer, lequel fait fonction de clef de voûte. Pour le passage d'un monte-charge, une ouverture se rapprochant de la forme rectangulaire, fig. E sera plus appropriée.

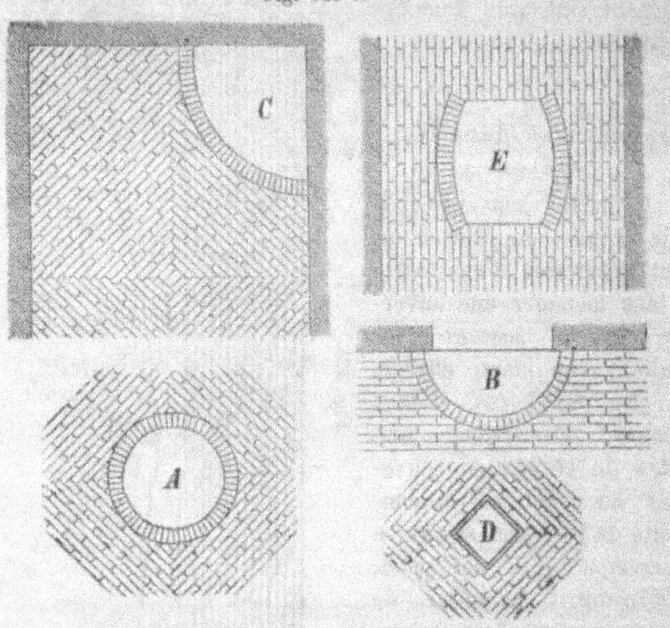

Fig. 325 A—E.

Ces petits arcs de buttée sont également nécessaires quand la naissance de la voûte se trouve croiser une baie. On donne alors l'épaisseur d'une brique à ces arcs et l'on recouvre la baie d'une lunette rampante fig. 326.

IV. Voûte en arc de cloître.

Nous avons défini plus haut la voûte en arc de cloître et nous avons vu qu'elle peut avoir pour base un polygone quelconque, régulier ou irrégulier.

Tracé. — Il résulte du mode de formation même de la voûte qu'elle repose toujours sur autant de murs d'appui qu'elle présente de côtés, c'est-à-dire d'onglets; elle est donc toujours une voûte fermée. Pour faire l'étude d'une voûte en arc de cloître dont la base a une forme irrégulière, on commence par arrêter la section droite de l'un des onglets et l'on en déduit, par projection, la forme des autres et celle des arêtes diagonales. fig. 327.

Fig. 326.

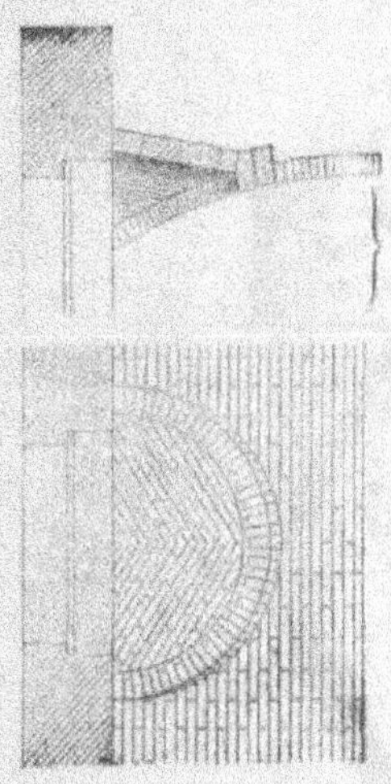

Fig. 327.

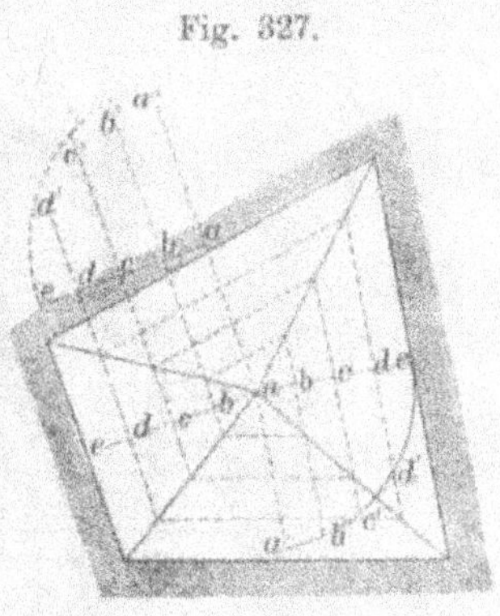

Ainsi la section droite étant donnée en A B, fig. 328, on divise la demi-corde (a B) en parties égales, 7 par exemple, de (a) en (h); on mène par les points de division des perpendiculaires a a', b b', etc. On divise en suite la projection horizontale (a x) de l'une des arêtes en un même nombre de parties égales et l'on porte sur les normales menées par ces points, des longueurs égales à (a a'), (b b') etc., prises sur le rabattement de la section droite. La courbe qui relie ces points donne alors le rabattement de l'arête de la voûte. Pour tracer sa projection verticale, on mène des verticales par les

points de division (a. b ..) de la projection horizontale (a, x) et
l'on porte sur ces lignes, à partir de (x x'), des hauteurs égales
aux ordonnées correspondantes de la section droite. La ligne
continue qui joint les extrémités de ces ordonnées est la projection cherchée.

Dans le cas particulier la section droite suivant A B est
un arc de cercle. Si l'on donne alors simplement sa corde
A B et sa flèche (a a'), on commence par déterminer son centre
au moyen de la perpendiculaire élevée sur le milieu de a' B.

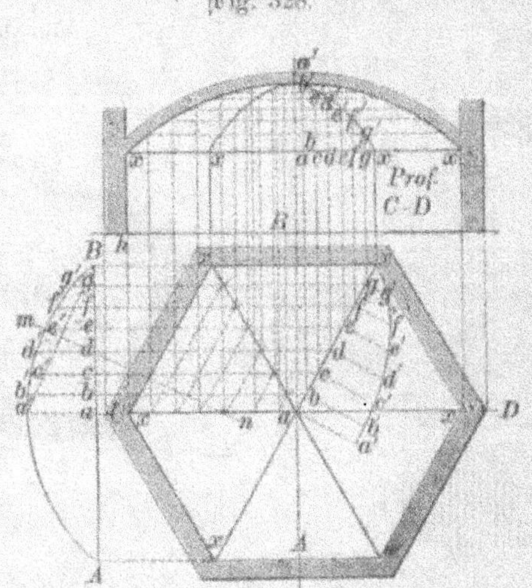

Fig. 328.

Emploi des voûtes en arc de cloître.

Cet emploi est assez restreint, car la voûte en arc de
cloître ne produit un bon effet qu'autant qu'elle recouvre une
enceinte de forme polygonale régulière. Elle a d'ailleurs l'inconvénient de ne point admettre facilement les ouvertures
de porte et de fenêtre. Nous avons déjà rencontré dans la
fig. 311, en (l) et (k) des voûtes de cette espèce; la première
avait en plan une forme pentagonale irrégulière et la seconde
une forme octogonale régulière.

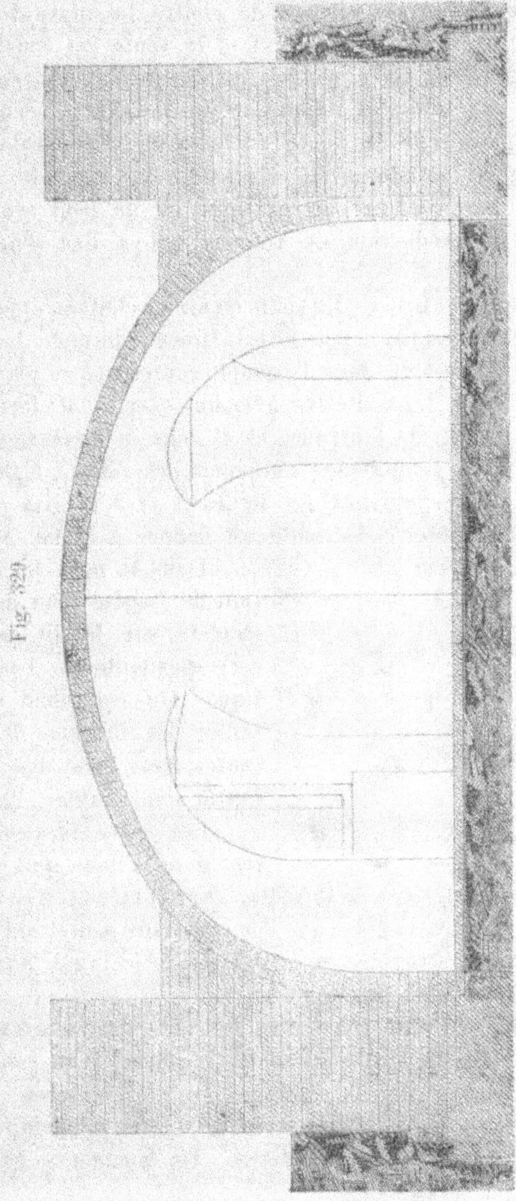

Fig. 324.

Dans les voûtes en arc de cloître les murs de pourtour supportent tous une poussée et si la voûte est construite par assises radiales, cette poussée augmente des extrémités vers le milieu des côtés. La voûte en arc de cloître occupe encore plus de place que la voûte en berceau. Les pieds-droits du murs d'appui ont la même épaisseur que dans le cas d'une voûte en berceau, car en pratique on ne peut tenir compte de la petite réduction de poussée qui a lieu d'un point à l'autre.

Construction. — La voûte en arc de cloître s'appareille par assises radiales ou par assises formant queue d'hironde. La première méthode est illustrée dans l'exemple représenté en plan et coupe à la planche II. La voûte recouvre une enceinte de forme carrée. A donne la vue de l'intrados et B celle de l'extrados avec la maçonnerie de remplissage au-dessus des reins. Enfin C et D sont des coupes suivant les lignes S et S T. La coupe suivant la diagonale de la voûte est donnée à la fig. 329.

Fig. 330.

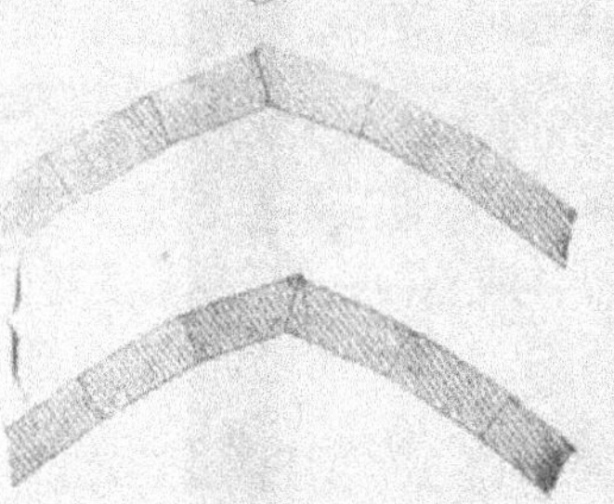

Dans la noue le joint montant de l'assise d'un des onglets empiète sur le lit de l'assise correspondante de l'onglet contigu. On est donc obligé de tailler les briques de contact, tantôt dans l'une des assises et tantôt dans l'autre, fig. 330.

Les petits vides qui en résultent dans la noue sont dissimulés par l'enduit intérieur de la voûte. Sur l'extrados il se forme par contre de petites saillies que l'on peut faire sauter si l'on tient à rendre les arêtes régulières; ordinairement cela est inutile, parce que l'extrados n'est pas apparent.

Quand on veut construire la voûte par assises radiales, il faut établir un cintre complet, recouvert d'un couchis dans toute l'étendue de la voûte. On le compose de deux fermes principales et d'une série de fermes secondaires venant s'appliquer contre les premières. On commence par mettre

en place la ferme diagonale (b) que l'on soutient en son milieu
par un poteau, puis on applique contre elle, les deux demi-
fermes (a) dirigées suivant l'autre diagonale. On ajoute les
demi-fermes normales (c) et les liernes (s), lesquelles sont également supportées par des poteaux aux points où elles se raccordent avec les fermes principales. L'ossature étant ainsi formée
on la recouvre de lattes ou d'un conchis, fig. 331.

2. Avec l'appareil en queue d'hironde on peut se
passer d'un conchis. Il faut alors tailler les briques le long
des arêtes, car les assises se rencontrent suivant un angle
plus ou moins ouvert. Au milieu des onglets, les assises but-
tent l'une contre l'autre. En ce qui concerne la direction des
joints ce qui a été dit pour les voûtes plates appareillées en
queue d'hironde s'applique aussi au cas présent, mais ici la

courbure des joints continus est
encore plus sensible parce que
le rayon de la voussure est moindre. L'appareil en queue d'hironde produit une meilleure liaison des briques d'arête; quant à
l'économie sur le cube des matériaux, elle est insignifiante.

Un exemple de ce mode de
construction est donné dans la
hotte de fourneau représentée aux
fig. 332 et 333. Cette hotte se

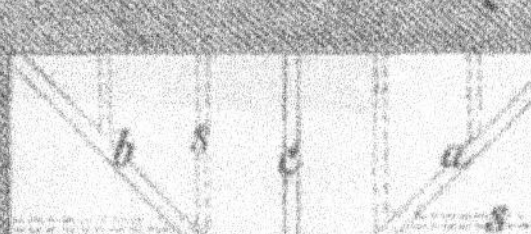

Fig. 331.

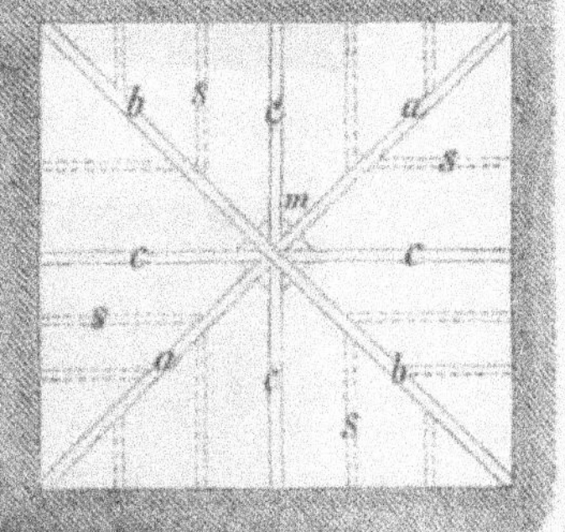

compose en réalité d'une demi-voûte en arc de cloître; elle
aboutit en haut au tuyau de cheminée, et s'appuie à la base
sur un cadre en chêne. Les fourneaux ouverts du genre de
celui de la figure ne s'emploient plus guère que dans les campagnes; nous ne le donnons qu'au point de vue de la construction de sa hotte.

3. Si l'on coupe les angles d'une voûte en arc de cloître
à base carrée par des plans verticaux perpendiculaires aux
diagonales, on obtient une voûte de forme particulière, laquelle
présente plutôt l'aspect d'une voûte d'arête et transmet aux

Fig. 332.

Fig. 333.

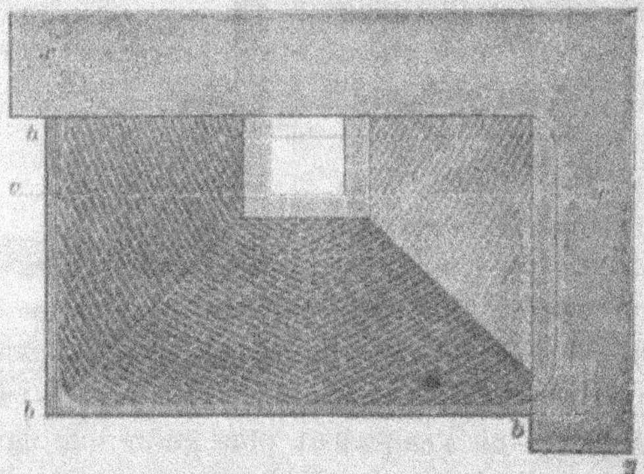

angles de la surface couverte, la majeure partie de la poussée
fig. 334. Quand la section droite de la voûte élémentaire est
un demi-cercle, les plans de tête forment des ogives et les
noues de la donelle sont des ellipses. Il va sans dire qu'on
peut prendre pour courbe élémentaire toute autre forme que

le cercle; les courbes des plans de tête et des noues se déterminent alors par des projections. Ce genre particulier de

Fig. 334.

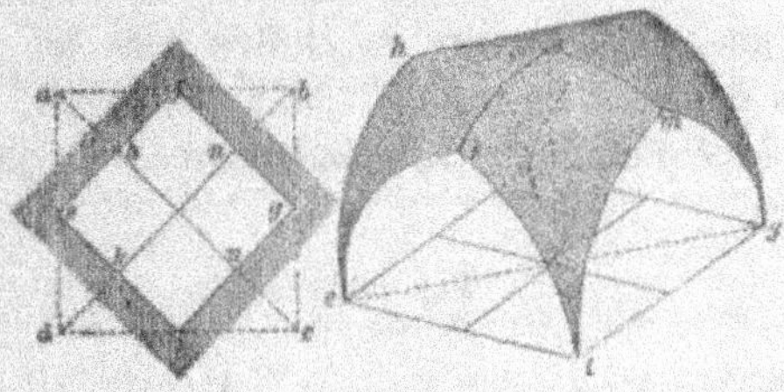

Fig. 335.

voûte en arc de cloître convient aux enceintes carrées dont
les murs sont peu épais, la majeure partie de la poussée se
trouvant reportée aux angles; en l'adoptant il faut se rappeler que son caractère est plutôt celui de la voûte d'arête,

Pour terminer nous citerons encore deux exemples de
voûte en arc de cloître. Le premier, fig. 335 représente la
voûte du plafond de la chapelle Vitelli dans l'église S. Fran-
cesco à Città di Castello. Cette chapelle, de forme carrée, est
recouverte d'une voûte en arc de cloître dont les onglets sont
des segments de plein-cintre de 7,50 m de portée. Chacun des
onglets est percé d'une lunette aboutissant à un jour de forme
semi-circulaire.

Fig. 336.

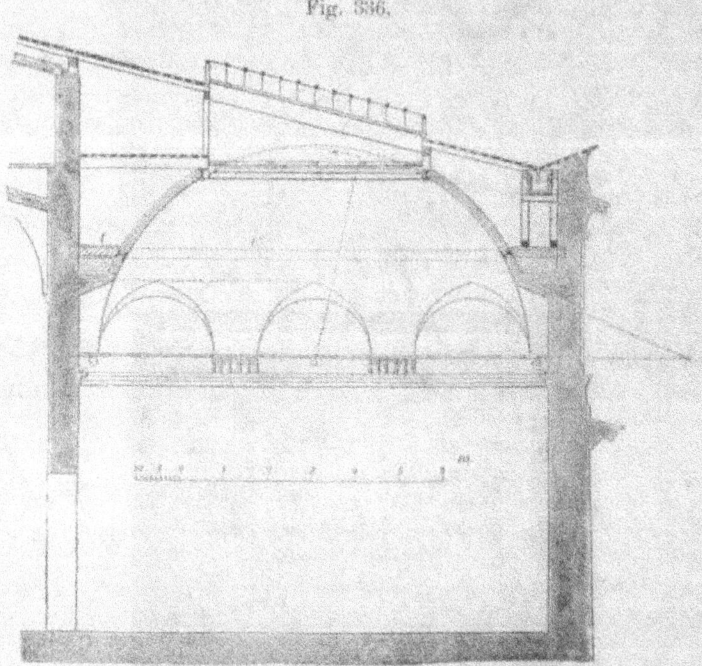

L'autre exemple représente le plafond d'une des salles du
Musée des Arts à Hambourg. Il est formée d'une voûte en
arc de cloître laquelle diffère des formes précédentes en se
qu'elle est percée d'un jour à sa partie supérieure. La forme
de sa courbure est le demi-cercle. A l'effet de rompre l'uniformité des surfaces intérieures ainsi que pour transmettre

la poussée à des points déterminés, la partie inférieure
de la voûte est traversée d'une série de lunettes dont les
naissances prennent leur appui sur de larges consoles. Ces
lunettes ne reçoivent presque pas de charge, car une ossature
métallique, formée de poutres longitudinales et transversales,
supporte toute la partie supérieure de la voûte et rend la
poussée à la partie inférieure tout-à-fait insignifiante.

V. Voute en arc de cloitre barlongue.

Lorsque la surface à couvrir est un rechangle ou un trapèze allongé, la voûte en arc de cloître ordinaire ne convient
plus; on la remplace alors par la voûte en arc de cloître barlongue.

Cette voûte se compose de trois parties; les deux extrêmes sont des demi-voûtes en arc de cloître, celle du milieu
est une voûte en berceau. Ces trois parties ont même courbe
génératrice, fig. 337.

Les formes plates ne conviennent pas comme parties élémentaires de cette espèce de voûte; on adopte toujours soit le
plein-cintre, soit une voûte en anse de panier à grande montée.
Comme nous l'avons dit, la base de la voûte peut être un

Fig. 337.

rectangle ou un trapèze en sorte que les extrémités de la
voûte peuvent être de forme régulière ou irrégulière.

La fig. 338 représente une voûte barlongue à base trapez-
oïdale. Sa section droite (m n) est un demi-cercle. Les lignes
d'intersection des diverses surfaces cylindriques, c'est-à-dire
les arêtes se projettent suivant des droites sur le plan. Pour

donner aux voûtes des extrémités la même courbe génératrice, on mène dans le plan, à une distance égale au rayon du cercle, deux parallèles aux côtés obliques du trapèze. Ces parallèles déterminent sur la ligne du sommet (a a) les points d'où partent les projections horizontales des lignes d'arête (a e). La véritable forme des courbes d'arête s'obtient facilement en les rabattant autour de leur projection sur le plan horizontal. A cet effet, on divise la demi-portée en un nombre arbitraire de

Fig. 338.

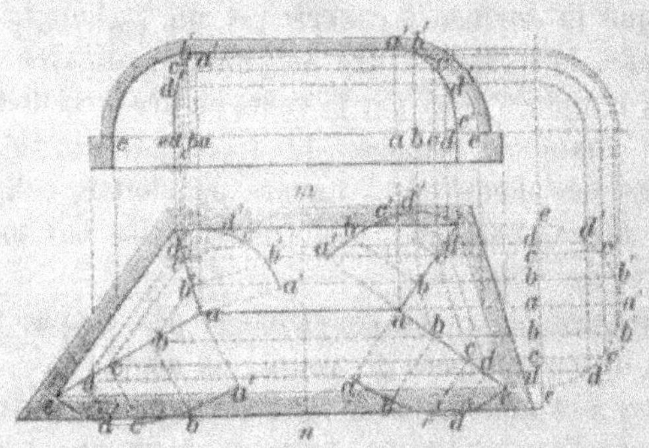

Fig. 339.

parties et l'on élève des perpendiculaires d d', c c', b b' et a a' aux points de division. On détermine sur les diagonales les divisions correspondantes et l'on y élève des perpendiculaires sur lesquelles on prend des longueurs égales aux hauteurs a a', b b', c c' et d d'. Il ne reste plus alors qu'à joindre les points a', b', c', d' par une courbe continue pour avoir le rabattement cherché. La construction des voûtes barlongues est analogue à celle des voûtes en berceau et des voûtes en arc de cloître. Elle exige un cintrage complet, dans lequel les fermes se disposent comme indiqué à la fig. 339.

VI. Voute en arc de cloitre avec plafond.

Cette voûte se compose de deux parties: l'une inférieure, l'autre supérieure.

La partie inférieure est une demi-voûte en arc de cloître, de petit rayon, encadrant la voûte centrale supérieure. Celle-ci a aussi la forme en arc de cloître, mais elle est très-aplatie ce qui la fait paraître presque plane. La fig. 340 donne le principe d'une voûte avec plafond à base irrégulière. La voûte du milieu est limitée en plan par des parallèles aux murs de pourtour, menées toutes à la même distance de ces murs.

Mode de construction. Les voûtes encadrantes sont formées d'assises radiales; quant à la voûte centrale, elle s'appareille de préférence par assises formant queue d'hironde. Sa flèche doit être au moins égale à $\dfrac{1}{36}$ de la diagonale.

Fig. 340.

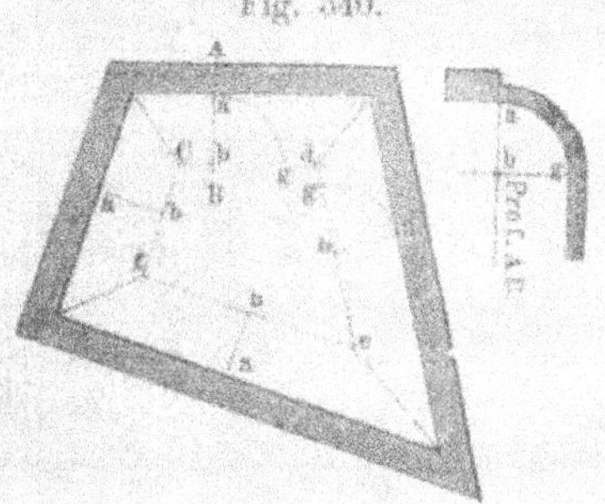

Pour déterminer le profil d'un voûte avec plafond, on commence par tracer une courbe en anse de panier et l'on y substitue, dans toute la partie qui correspond à la voûte centrale, un arc de grand rayon aux différents arcs qui composent l'anse de panier. En général, le raccordement des deux voûtes est indiqué par une petite moulure et le creux de la voûte centrale est rempli par une surépaisseur de plâtre. Ces voûtes s'éxécutent sur des cintres couvrant toute la surface. La soli-

dité de la construction dépend du soin apporté à l'éxécution
et du plus ou moins d'adhérence du mortier employé. On fera
bien de ne se servir que de mortier de ciment.

Fig. 341.

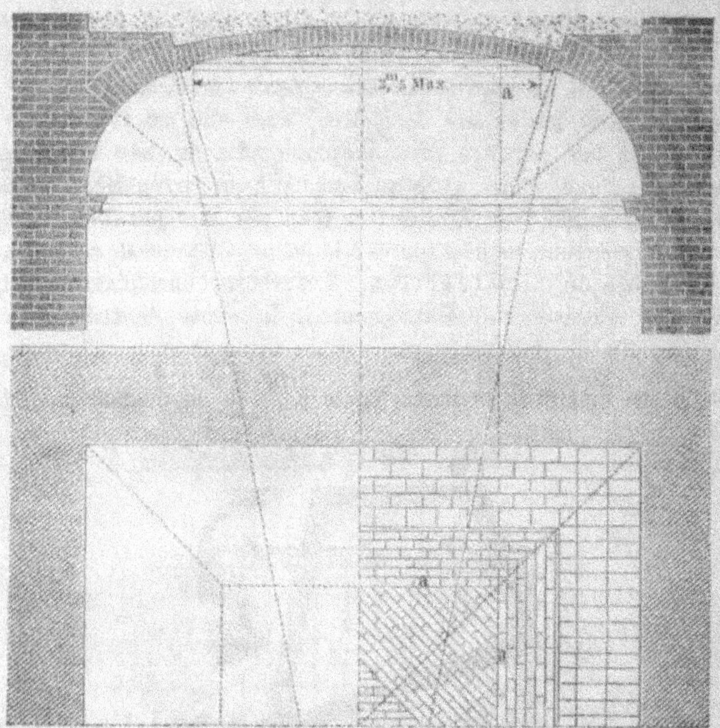

L'épaisseur des voûtes encadrantes est ordinairement
égale à une brique et celle de la voûte encadrée, égale à une
demi-brique. Le mode de construction est du reste représenté
en détail à la fig. 341. L'appareil par assises radiales monte
jusqu'à la ligne (a a); plus haut commence la voûte centrale,
appareillée en queue d'hironde. Construites en briques, les
voûtes de cette expèce ne doivent pas dépasser la portée de
3,50 m. Quand leur ouverture est plus considérable, il vaut

mieux avoir recours à un plancher ordinaire en bois et si la
construction doit être incombustible, à un plancher en fer.
Dans le cas d'une grande ouverture, on peut renforcer la voûte
centrale d'arcs-doubleaux s'étendant d'une voûte encadrante à
l'autre.

Il va sans dire qu'avec les épaisseurs que nous venons
d'indiquer, la voûte ne peut supporter que son propre poids
et qu'il ne faut faire porter sur elle aucune surcharge.

Lorsqu'il s'agit d'une construction d'un caractère décoratif,
on dispose sur la douelle des voûtes encadrantes des arcs saillants formant caissons entre eux ou bien l'on interrompt la
continuité de la surface par une série de petites lunettes
latérales.

VII. Voûtes en dôme.

Définition et tracé. — Lorsqu'une courbe simple, située
dans un plan vertical, se meut autour d'une droite verticale
contenue dans ce plan, chacun de ses points décrit un cercle
et elle engendre un corps de révolution. La courbe (a c) est
la génératrice et la verticale (a b), l'axe de rotation, fig. 344.

Quand la douelle d'une voûte
a la forme d'un corps de révolution,
la voûte prend le nom de voûte
en dôme. Une génératrice semi-circulaire, limitée par un diamètre
horizontal et tournant autour d'une
verticale passant par son centre
engendre un dôme sphérique. Si
la courbe (ac) a la forme elliptique
ou parabolique, la voûte est un
dôme ellipsoïdal ou parabolique.

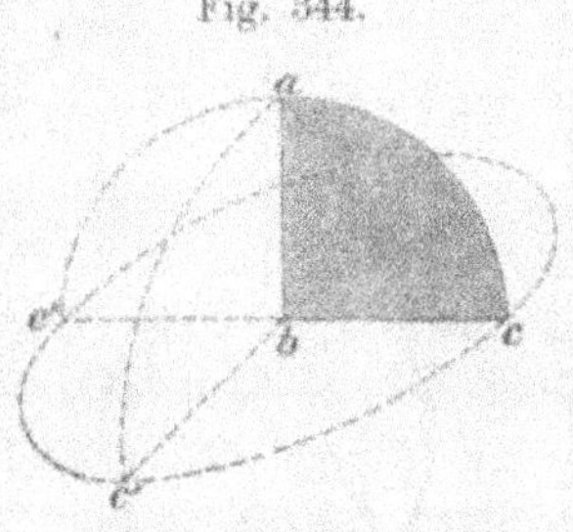
Fig. 344.

Le dôme ellipsoïdal peut être engendré également par la
révolution d'une demi-ellipse autour d'un axe fixe horizontal
xx, fig. 345. En ce cas, toute coupe perpendiculaire à l'axe
donne un demi-cercle et toute coupe verticale parallèle à cet
axe, une demi-ellipse.

Il est clair que tous les dômes engendrés par la rotation autour d'un axe vertical ont toujours un cercle pour ligne de naissance, c'est-à-dire, une base circulaire. Mais on peut aussi adopter un dôme pour couvrir une base polygonale comme nous le verrons tout-à-l'heure dans les exemples que nous allons donner.

Fig. 345.

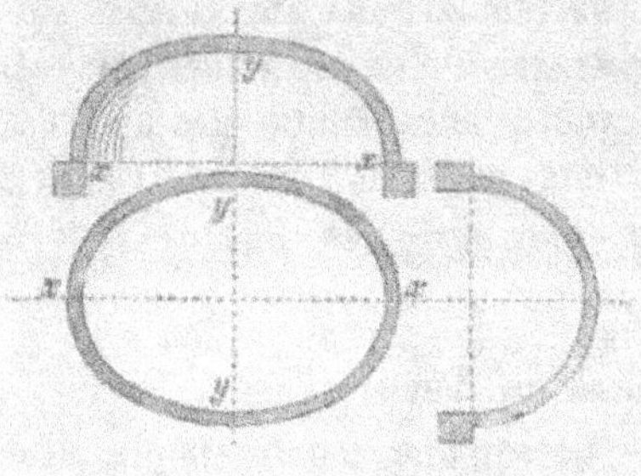

Fig. 346.

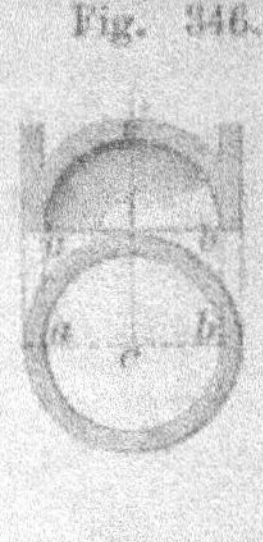

Fig. 347.

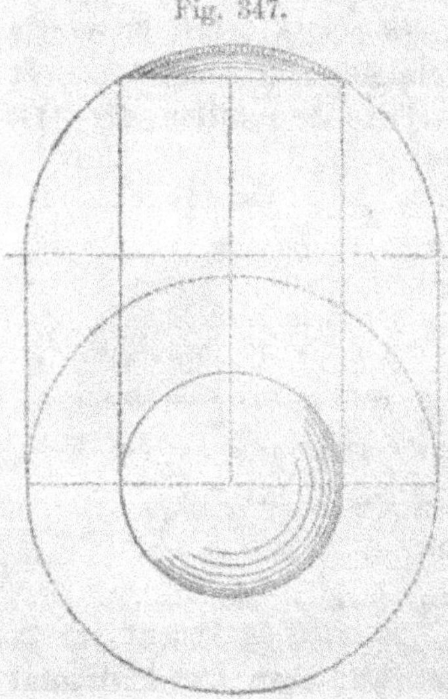

La fig. 346 représente le dôme sphérique; sa génératrice ou ligne de voussure est un demi-cercle (a c b). Si l'on coupe une surface sphérique de grand rayon par un plan horizontal légèrement sécant, on détache une calotte dont la flèche est très-petite. Une voûte présentant la forme de cette calotte est appelée dôme plat, fig. 347. Mais, en ce dernier cas, le dôme peut aussi s'engendrer par la révolution d'une courbe plate autre que l'arc de cercle.

Lorsqu'une voûte sphérique est décorée de nervures sur l'intrados, on détermine leur projection verticale et leur véritable forme de la façon suivante.

Soit en A et B, fig. 348, le plan et la coupe d'une voûte sphérique. On se propose de la décorer de moulures rapportées ou peintes dont la disposition est donnée en plan par la figure géométrique inscrite dans le cercle de base.

Rappelons d'abord quelques principes généraux relatifs à la sphère.

Fig. 348.

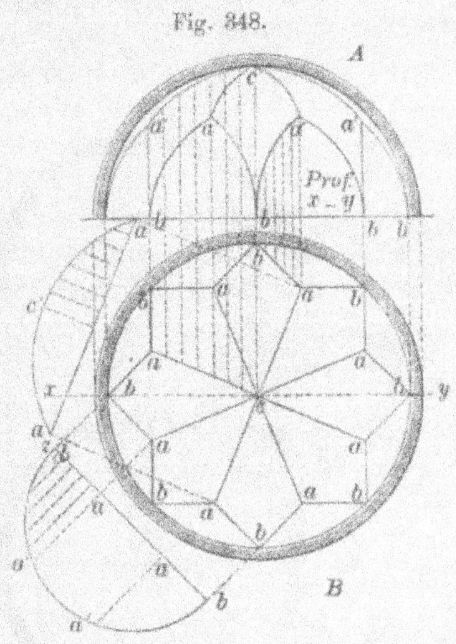

Toute section plane d'une sphère, quelle que soit la direction du plan sécant, est un cercle. Lorsque le plan passe par le centre de la sphère, la section est un grand cercle. Quand cela n'a pas lieu, mais que le plan sécant est vertical, le diamètre du cercle est représenté en plan par la corde que donne la trace du plan sécant.

Dans le dôme donné, fig. 348, nous avons deux sortes de nervures; les unes projetées suivant (ac) et les autres suivant (ab). Les premières se trouvent dans un plan vertical passant par le centre; elles sont donc formées de segments de grand-cercle. Les secondes se projettent suivant la corde (bb); ce

23*

sont donc des arcs d'un cercle dont le diamètre est égal à la
corde reliant les points opposés (b).   Ces arcs sont représentés
en rabattement en (a' c') et (b' a').

La projection des nervures sur le plan vertical s'obtient
en reportant sur les ordonnées correspondantes les hauteurs
déterminées dans le rabattement.

Nous donnons à la fig. 349 un autre exemple du même
genre de construction graphique.

Fig. 349.

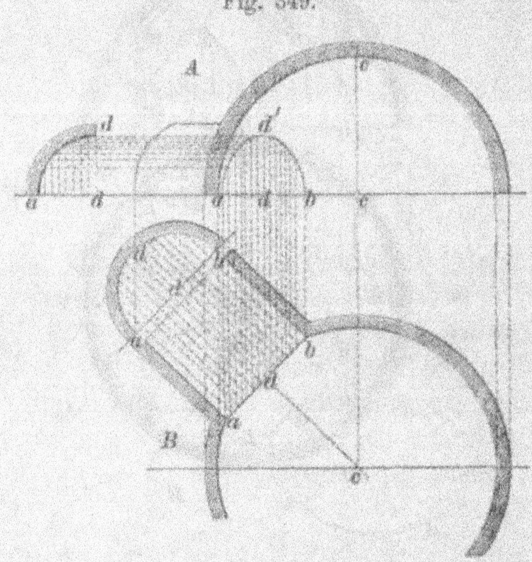

Il s'agit ici de la pénétration d'un dôme sphérique par un
berceau dont l'axe est horizontal et passe par le centre de
la sphère.

La courbe de pénétration est un demi-cercle dont le plan
est perpendiculaire à l'axe du berceau, et par consequent vertical. Il a pour trace sur le plan horizontal une ligne droite
(a b) et se projette sur le plan vertical suivant une demi-
ellipse. Cette dernière se construit facilement par points en
reportant sur le plan vertical les ordonnées prises sur la section
droite du berceau.

S'il s'agit de la pénétration par une voûte autre que celles de forme cylindrique, on appliquera la méthode générale, c'est-à-dire qu'on mènera une série de plans auxiliaires qui couperont les deux voûtes suivant des lignes de forme simple dont les intersections seront des points de la courbe cherchée. Quand les plans auxiliaires sont des plans verticaux, les sections dans la voûte sphérique sont des demi-cercles qui se projettent en plan suivant des droites.

Nous avons représenté à la fig. 350 le cas particulier où une voûte sphérique recouvre une enceinte carrée.

La génératrice de la coupole est un quart de cercle dont le rayon est égal à la demi-diagonale du carré. Les naissances sur les murs de pourtour se composent alors d'arcs plein-cintre qui se rejoignent à chacun des angles de la base. Lorsque les plans de tête restent ouverts, la charge porte entièrement sur ces arcs. Ceux-ci se placent alors un peu en retraite par rapport aux côtés du carré, afin d'offrir un meilleur appui à la voûte.

Quand les piliers sont de forme carrée, fig. 350, A—C, on donne au cercle générateur de la coupole, un diamètre un peu plus grand que la diagonale du carré, afin que l'intrados de l'arc fasse un peu saillie sous celui de la voûte sphérique. Lorsque cette saillie (a b) est donnée, on détermine par projection la grandeur du rayon de la coupole.

Pour construire la coupe suivant la diagonale du carré, on commence par tracer celle faite parallèlement à l'un des côtés et l'on en déduit par points la projection oblique des arcs.

La voûte précédente n'est plus une voûte sphérique simple;[1] elle sert de passage aux formes composées suivantes.

Souvent, en effet, on interpose entre la calotte sphérique supérieure et les arcs qui la supportent soit une simple monlure, soit une partie cylindrique limitée au point de raccordement par une moulure, fig. 351 A et B.

---

[1] Les portions triangulaires comprises entre les arcs d'appui et l'anneau circulaire formant la base de la calotte se nomment pendentifs.

Fig. 350.

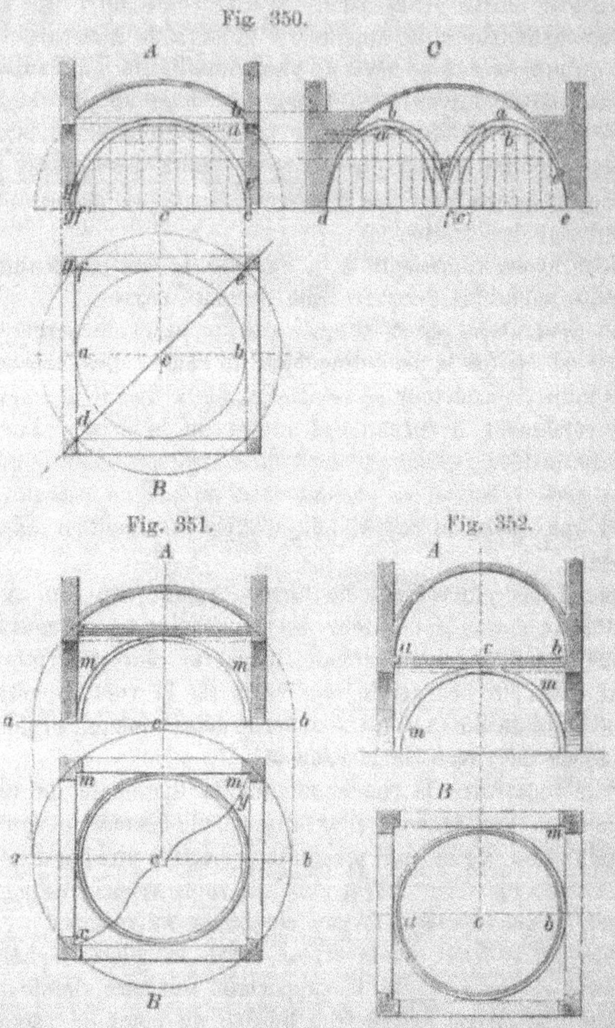

Fig. 351.   Fig. 352.

On donne alors au cercle générateur des quatre pendentifs (m) un diamètre égale à la diagonale (x y) du carré, tandis
qu'on fait le diamètre de la calotte égal à (a b), fig. 351, c'est-

à-dire un peu plus grand, la différence de diamètre variant plus ou moins suivant l'importance de la moulure.

Quelquefois, on exhausse le centre de la calotte par rapport à celui des pendentifs, au point même de donner à la première la forme demi-sphérique, comme dans la fig. 352, A, B. La calotte est alors tout-à-fait indépendante des pendentifs qui servent simplement à passer d'un base carrée à une base circulaire. La partie cylindrique que l'on interpose entre la calotte et les pendentifs se nomme tambour. Une disposition avec tambour est représentée aux fig. 353 et 354. La hauteur du tambour varie; quelquefois elle n'atteint pas 1 mètre, généralement elle est plus grande pour permettre de placer des jours dans cette partie.

Quand la coupole est construite en pierre de taille, le mode d'appareil le plus simple consiste à disposer les lits suivant des surfaces coniques dont le sommet coïncide avec le centre de la sphère, les joints montants étant dirigés suivant des plans méridiens. Il en résulte alors que chaque assise

Fig. 353.

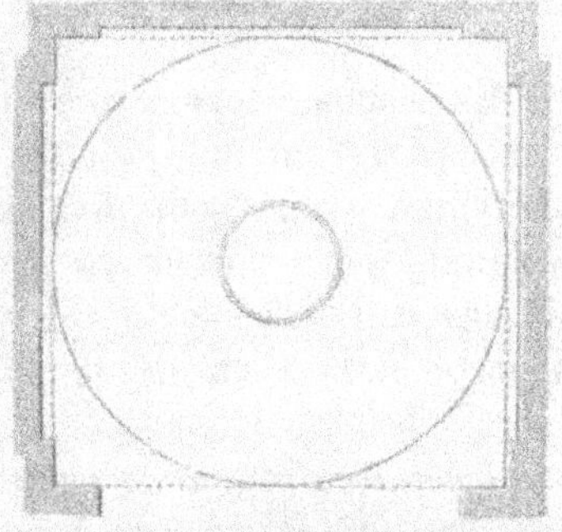

forme un anneau fermé qui se maintient en équilibre une fois son dernier voussoir posé, sans qu'on ait pour cela besoin de continuer la maçonnerie jusqu'à la clef comme dans les voûtes en berceau.

C'est cette propriété particulière qui permet d'arrêter la

voûte sphérique en un point quelconque de sa hauteur et de
la percer au sommet d'une ouverture ordinairement surmontée
d'une tourelle appelée lanterne. Cette tourelle est elle-même
percée d'ouvertures pour l'éclairage et est recouverte d'un petit
dôme, fig. 355. Quelquefois on remplace sa murette cylindrique par une série de colonnettes disposées en cercle.

Fig. 354.   Fig. 355.

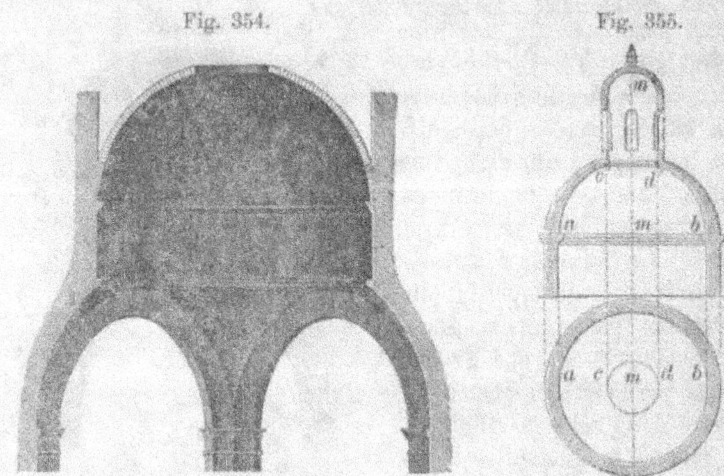

En somme, nous voyons d'après la fig. 351, que les coupoles recouvrant une surface carrée se composent d'onglets
sphériques, ayant pour diamètre la diagonale du carré et se
rejoignant pour former un anneau circulaire sur lequel repose
soit une deuxième voûte sphérique, soit un mur circulaire qui
supporte alors à un niveau plus élevé la voûte du dôme. Ces
diverses formes de voûte trouvent surtout leur application dans
les dômes d'église, mais on les rencontre aussi dans les constructions ordinaires, par exemple, au-dessus de cages d'escalier
de grande dimension.

Souvent on passe d'abord du carré à l'octogone avant
de commencer le dôme ou la voûte en arc-de-cloître qui recouvre l'enceinte. Nous en avons donné un exemple à la
fig. 356. Le passage d'une forme à l'autre peut s'effectuer

de différentes manières. Dans la fig. 356, on l'a fait au moyen
d'une voûte cylindrique engendrée de la façon suivante: Une
droite horizontale se meut parallèlement à la diagonale (1 o)
du carré en s'appuyant constamment sur les arcs plein-cintre
qui recouvrent les côtés du carré. On obtient de la sorte au-

Fig. 356.

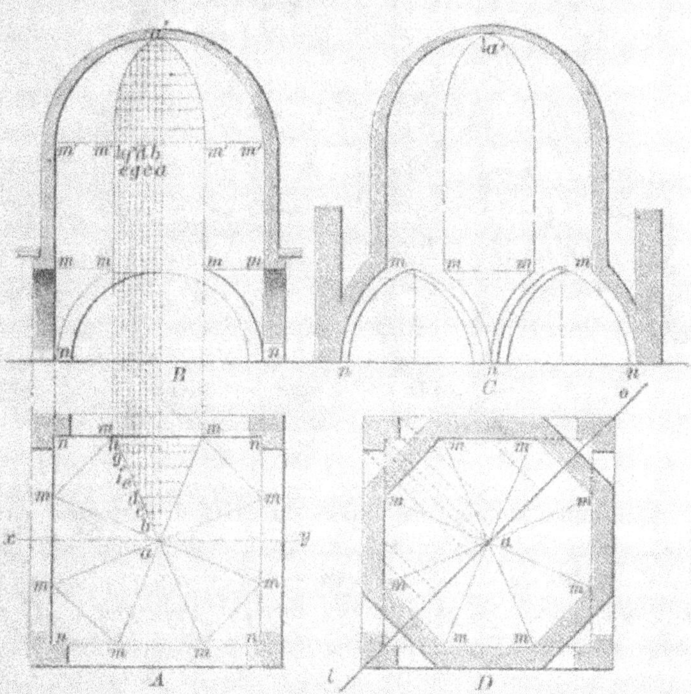

dessus des angles du carré des espèces de pendentifs qui forment avec la partie centrale des plein-cintres la base octogonale. Une coupe perpendiculaire à l'axe de ce cylindre, c'est-
à-dire parallèle à la deuxième diagonale du carré, donne un
arc d'ellipse qui peut se déduire facilement du cercle d'intrados
(m m) du plein-cintre.

Dans la figure le tambour octogonal est recouvert d'une
voûte en dôme à huit pans.

Fig. 357.

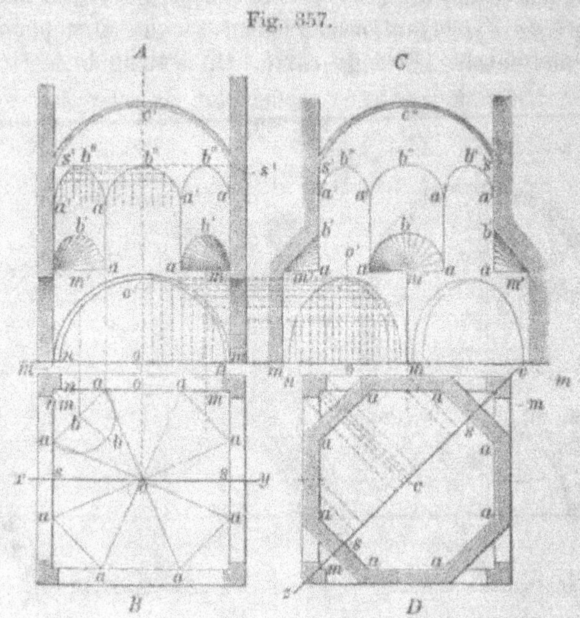

Une autre manière de passer du carré à l'octogone consiste, comme dans la fig. 357, A—D, à établir au-dessus des
quatre angles du carré de petites voûtes coniques sur lesquelles s'appuient les pans coupés formant l'octogone.[1] L'enceinte octogonale est surmontée d'une voûte sphérique dont
la voussure à pour diamètre la diagonale de l'octogone. On
a désigné par les mêmes lettres les parties correspondantes des
différentes figures.

Ces combinaisons de voûtes en dôme ainsi que toutes leurs
analogues s'appliquent principalement aux voûtes de grande
ouverture et par conséquent surtout aux coupoles d'église.

---

[1] Ces voûtes coniques portent le nom générique de trompes.

b) **Coupoles anciennes des 4ᵐᵉ, 6ᵐᵉ et 15ᵐᵉ siècles.**

Avant de passer à l'étude de la construction des voûtes en dôme, nous citerons quelques exemples remarquables datant des époques romanes et byzantines et du moyen âge. Ces exemples sont intéressants tant au point de vue de la disposition des coupoles qu'à celui du mode de construction employé.

La fig. 358 représente l'église *S. Constanze*, située sur la *Via Nomentana*, à proximité de Rome; c'est une construction fort ancienne; remontelle au commencement du quatrième siècle et fut exécutée sous Constantin le grand. Elle est encore assez bien conservée et se compose d'une partie centrale circulaire, de 11,50 m de diamètre, entourée d'une large galerie, fig. 358.

La partie centrale est surmontée d'un tambour cylindrique sur lequel repose une voûte sphérique. Le sommet

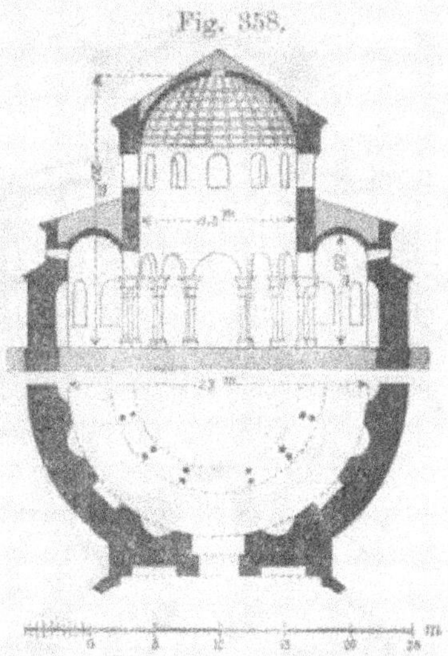

Fig. 358.

de cette dernière se trouve à environ 20 m du sol. La galerie de pourtour est recouverte d'une voûte annulaire. Le tambour repose sur des arceaux supportés par douze paires de colonnes en granit. La coupole est de construction relativement légère et diffère à cet égard avantageusement des rares exemples datant de cette époque reculée. Elle est faite suivant une méthode que les Romains ont fréquemment adoptée pour la construction de leurs voûtes. Celle-ci consiste à établir d'abord une sorte d'ossature de la voûte, en élevant une série d'arcs se réunissant au sommet de la voûte et reliés, de distance en distance, par des pierres transversales. Ces pierres subdivisent les vides triangulaires entre les arcs en un certain nombre de compartiments quadrangulaires que l'on remplit d'une maçonnerie de béton. Dans ces vieilles construction le béton était formé d'un mélange de mortier et de débris de briques et se pilonnait par couches horizontales. Les lignes réticulaires figurées dans la coupole sont supposées indiquer ce mode de construction. Dans le cas particulier le nombre des arcs montants est de 24 et celui des chaines horizontales de 7. La coupole a la forme d'une demi-sphère, son centre se trouvant dans le plan de raccordement avec le tambour.

L'église *S. Vitale* à Ravenne, fig. 359, construite dans la première moitié du 6me siècle présente en plan une forme octogonale et est entourée d'une galerie à deux étages. La partie centrale est recouverte d'un dôme sphérique percé de huit ouvertures. Celles-ci divisent la partie inférieure de la coupole en huit piliers qui correspondent chacun à l'un des côtés de la base octogonale, comme le montre la fig. 360.

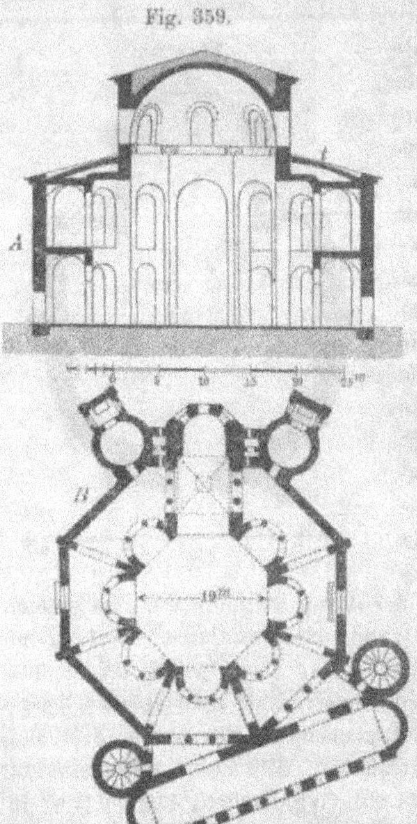

Fig. 359.

La coupole elle-même est construite d'une façon toute particulière. Elle se compose de poterie creuse, comme nous l'avons déjà dit en parlant des maçonneries en briques creuses. Chaque assise est formée de deux ou de trois files de pots suivant qu'elle

se trouve à la partie supérieure ou à la partie inférieure de
la voûte. Les pots s'emboîtent l'un dans l'autre; ils ont une
forme cylindrique; leur diamètre est de 0,08 m et leur longueur
de 0,15 m à 0,18 m. A l'un des bouts ils sont ouverts, tandis
qu'à l'autre ils se terminent par une pointe conique munie d'un
pas de vis. Les naissances et la maçonnerie de remplissage derrière la partie inférieure des reins,
sont construites avec des pots
semblables, mais de plus grande
dimension. Ils ont 0,21 m de diamètre et 0,62 m de longueur et
portent deux anses sur le côte,
fig. 362. Le détail de la partie
inférieure de la coupole est représenté à la fig. 363.

La pose de ces pots, tant dans
la maçonnerie de remplissage que

Fig. 360.

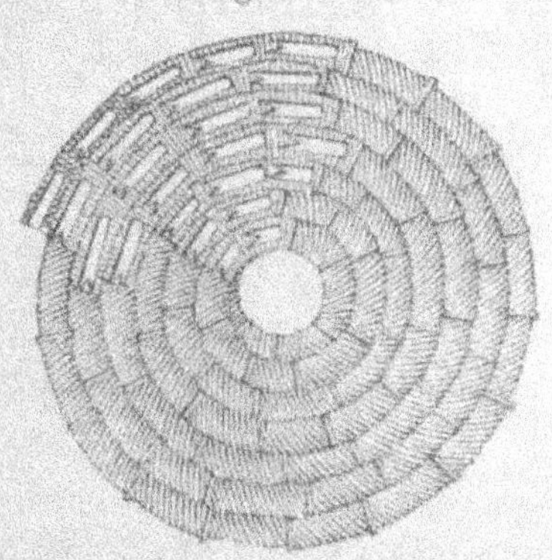

Fig. 361.

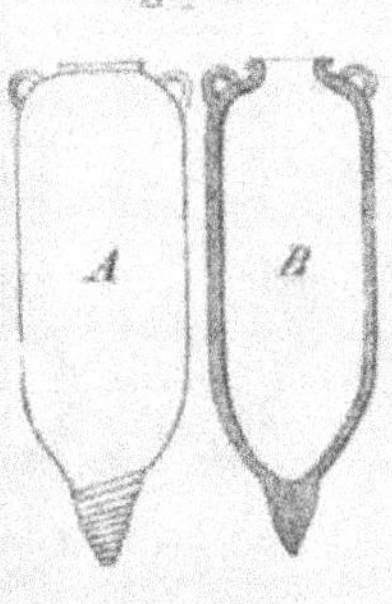

Fig. 362.

dans celle de la voûte, a été faite avec un coulis de pouzzolane.

Au droit de chacun des angles de l'octogone se trouvent
des arcs-boutants (t), fig. 359, pour augmenter la résistance des
buttées de la voûte.

L'église Sainte Sophie à Constantinople, construite sous
l'empereur Justinien, date presque de la même époque que S.
Vitale. La hardiesse de sa coupole excite encore aujourd'hui
l'admiration du constructeur. Comme le montre le plan de la
fig. 364, la partie centrale de l'édifice est formée d'un espace
carré, de 31,50 m de côté, auquel est adossé, de part et d'autre,
un demi-cercle (b).

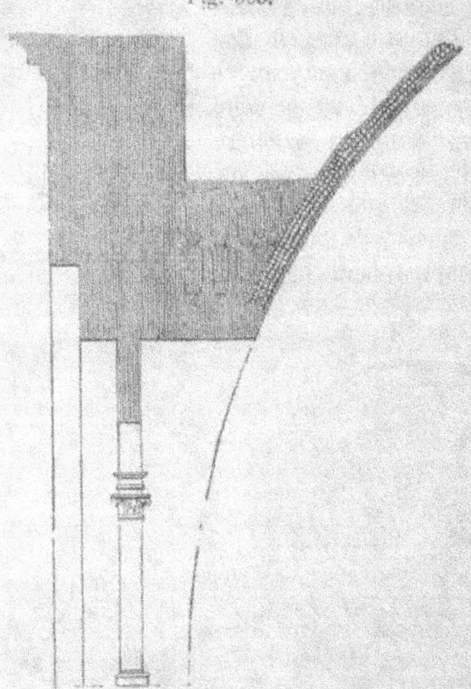

Fig. 363.

Pour obtenir un appui de forme circulaire, on a surmonté
les quatre piliers d'angle de la base carrée de pendentifs
couronnés d'une moulure en pierre de taille sur laquelle reposent
les naissances de la coupole. Le principe de cette disposition
a été indiqué aux fig. 356—358. Une meilleure idée de l'ensemble des voûtes de l'édifice est donnée par la fig. 365.

Fig. 364.

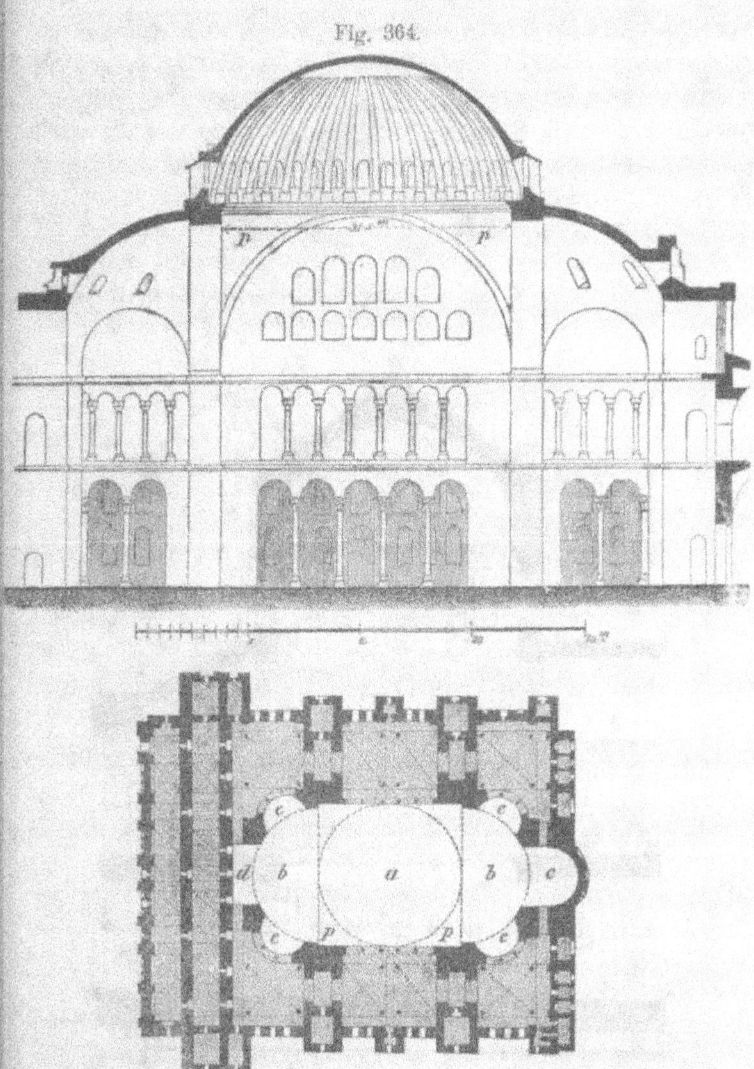

(a) est la calotte principale et (p) sont les pendentifs. Les autres voûtes portent les mêmes lettres que les parties correspondantes du plan.

Fig. 365.

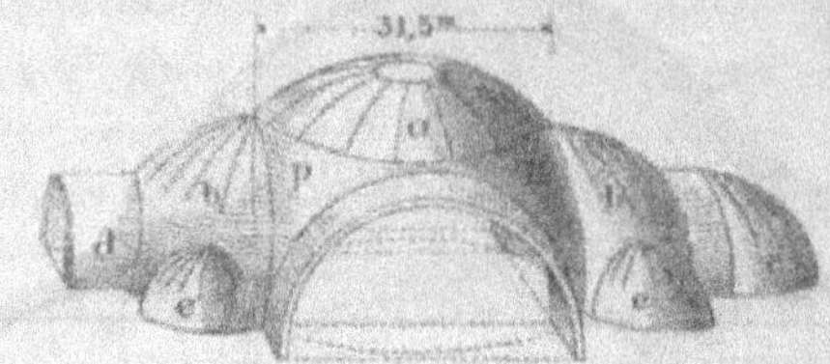

Fig. 366.

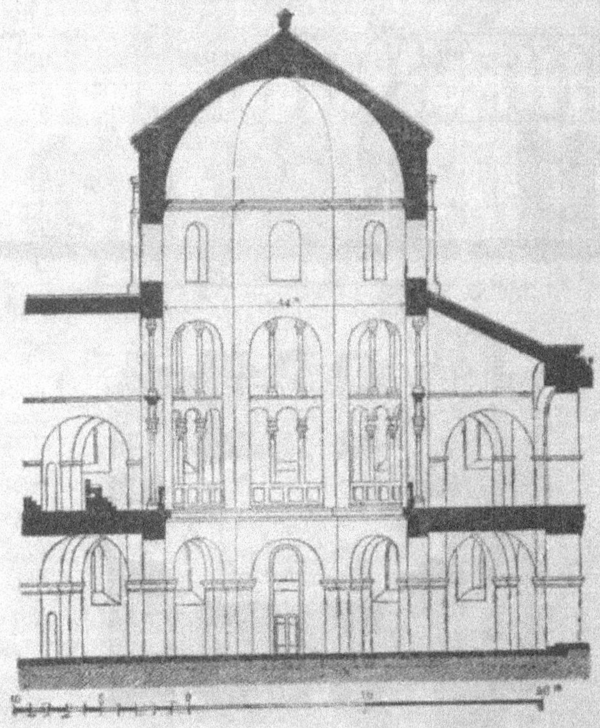

La coupole présente 40 nervures faisant saillie sur l'intrados, mesurant à la base 1,10 m de largeur et ayant 4,75 m

de hauteur. Ces nervures constituent les trumeaux de fenêtres de 1,50 m de largeur qui se trouvent placées à la partie inférieure de la voûte. Elles font saillie de 0,16 m à la base et finissent par se confondre avec l'intrados près du sommet de la voûte. L'épaisseur de la voûte est de 0,60 m à la clef et de 0,83 m immédiatement au-dessus des fenêtres. La voûte est faite en briques de 0,62 m de longueur, 0,23 m de largeur et 0,05 m d'épaisseur. Les pendentifs sont recouverts d'une maçonnerie de blocage et l'ensemble de la coupole repose sur des piliers en pierre dure.

Fig. 367.

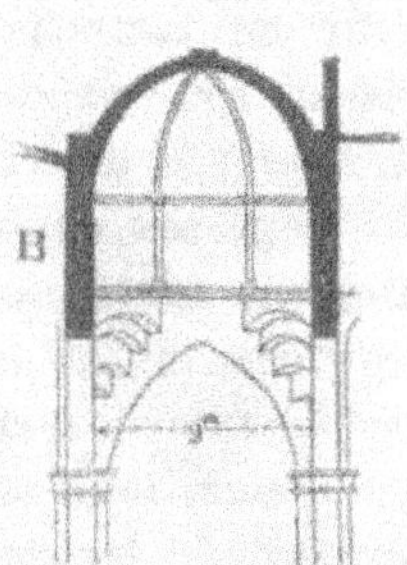

La voûte en dôme se rencontre fréquemment aussi dans les édifices de l'époque romane. Un exemple intéressant de cette époque nous est fourni par la cathédrale d'Aix-la-Chapelle, construite sous Charlemagne, de 796 à 804. En plan, l'église ressemble beaucoup à celle de S. Vitale. La partie octogonale centrale est entourée d'une galerie présentant deux étages, fig. 366; l'étage inférieur est recouvert de voûtes d'arête et l'étage supérieur de voûtes coniques. La coupole est formée d'une voûte en arc de cloître à huit pans, de cintre semi-circulaire.

Deux autres exemples également de l'époque romane sont indiqués à la fig. 367, A, B. Ils représentent les coupoles des cathédrales de Spire et de Fribourg. Dans ces deux édifices (A représente la coupole de Spire et B celle de Fribourg) on paraît s'être inspiré du dôme d'Aix-la-Chapelle. La coupole se compose encore d'une voûte en arc de cloître à huit pans, mais de cintre ogival. Ces deux exemples sont interessants par le mode de raccordement de la partie carrée sous le dôme avec la partie octogonale formant tambour (voir la figure).

Mais les applications les plus remarquables de voûte en dôme datent de la Renaissance. Nous citerons d'abord la coupole de la cathédrale de Florence terminée en 1454 et bâtie d'après une méthode adoptée déjà pour le baptistère de la même ville, lequel remonte au 6me siècle. Dans ces deux édifices la coupole est double; la voûte extérieure un peu conoïde, forme le dôme. La voûte intérieure de la cathédrale a une section droite ogivale, l'ogive ayant 39^m de rayon, et repose sur un tambour octogonal; l'ouverture de cette voûte est de 40 m; son épaisseur est de 2,26 m et celle de la voûte extérieure de 1,20 m. Les deux coupoles sont reliées par des murettes disposées en gradins. Le mode de construction de ces voûtes est analogue à celui de la coupole de S. Constanza. De chacun des angles de l'octogone part une double membrure, et l'espace entre ces membrures est subdivisé par trois autres arcs plus legers, tous ces arcs se réunissant à la clef en allant en diminuant de largeur. Ils sont reliés dans le sens horizontal par sept anneaux de 0,60 m d'épaisseur. La coupole est percée d'un oeil à la clef et porte une lanterne.

La vaste coupole de l'église Saint Pierre à Rome, édifice construit pour la majeure partie par Michel Ange, fut également faite d'après une méthode analogue.

En fait de coupoles doubles, nous citerons encore le dôme des Invalides à Paris (construit par Mansard) et le dôme de Saint Paul, à Londres (de Cristopher Wren).

Les deux voûtes sphériques du dôme des Invalides sont indépendantes l'une de l'autre. La voûte intérieure est ouverte dans le haut de façon à laisser voir la partie supérieure de l'intrados de la seconde voûte laquelle est richement décorée de peintures. Le jour pénêtre par des ouvertures percées à la partie inférieure de la coupole extérieure. Cette coupole est encore recouverte d'un comble en bois sur lequel repose la couverture métallique du dôme.

La coupole de Saint Paul est formée d'une voûte demi-sphérique intérieure s'appuyant aux naissances contre une seconde voûte de forme ovoïde. La voûte intérieure présente une ouverture laissant voir le haut de la voûte extérieure. Le jour est admis par de petites baies dans la deuxième coupole. Une troisième enveloppe construite en bois entoure les deux autres et supporte la lanterne supérieure.

c) Exécution des voûtes en dôme.

Dans les voûtes en dôme les assises sont toujours disposées suivant des surfaces radiales. Examinons, par exemple,

Fig. 368.

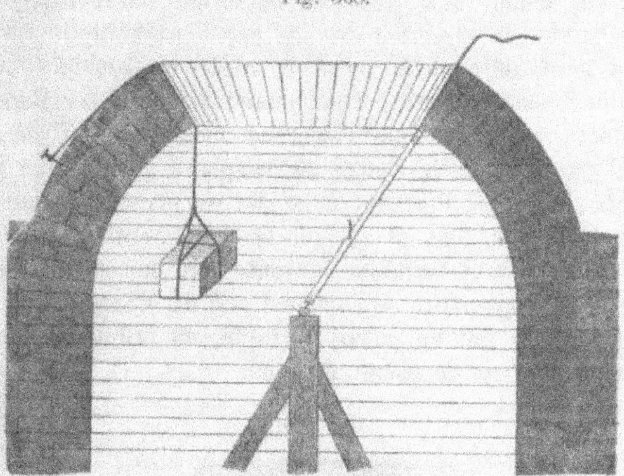

la voûte sphérique simple. Puisque tous les lits doivent avoir une direction radiale, il en résulte qu'ils seront tous dirigés vers le centre de la sphère et qu'ils formeront une surface conique. En pratique on se conforme strictement à cette condition. A cet effet, on marque le centre de la sphère sur un échafaudage et l'on y fixe l'une des extrémités d'une règle

(1) ou d'un cordeau dont la longueur est égale au rayon de la sphère d'intrados, fig. 368. En posant les voussoirs il suffit de les faire toucher à l'extrémité de la règle pour engendrer exactement la surface sphérique. Il n'est point nécessaire d'établir de cintrage pour cette pose, car les pierres se maintiennent d'elles-mêmes par suite du frottement et de l'adhérence du mortier. D'ailleurs une fois l'assise terminée, il ne peut plus y avoir de glissement, puisque l'assise forme un anneau fermé dont les parties se coincent l'une l'autre. C'est pour cette raison qu'on peut interrompre à une hauteur quelconque la maçonnerie d'une voûte sphérique. En réalité, tout claveau doit donc avoir ses lits et ses joints montants convergents. C'est, en effet, ce qui se fait dans les voûtes sphériques de petite dimension, mais quand le diamètre de la voûte est grand, on donne aux claveaux la forme paralléllipipédique et l'on corrige la direction des lits par l'épaisseur de mortier.

La pose au cordeau ou à la règle ne convient qu'aux voûtes en dôme de petite portée; quand l'ouverture est grande on emploie un cintre que l'on rend mobile autour de l'axe vertical passant par le centre de la sphère. Dans une voûte sphérique la partie touchant à la clef est presque horizontale; aussi préfère-t-on souvent arrêter le cours régulier des assises avant le sommet et terminer la voûte par une ouverture circulaire; cette ouverture se nomme l'œil du dôme. L'anneau qui l'encadre se fait en pierre de taille, en briques, ou même quelquefois en bois de chêne, fig. 369.

Fig. 369.

Les baies ménagées dans une voûte en dôme peuvent avoir une forme quelconque, mais on s'arrange autant que possible à opposer à la poussée une partie arquée.

Nous avons représenté aux fig. 370 et 371 un exemple

donnant en détail la construction d'une voûte en dôme.   Il
s'agit dans le cas particulier de la coupole qui recouvre le vestibule de l'Etablissement des Bains, à Carlsruhe. Son diamètre
est de 11,40 m et l'appui de ses naissances se compose d'assises en pierre de taille dont les blocs sont reliés entre eux

Fig. 370.

par des ferrements. La façade de l'édifice, ornée de pilastres
et de niches, est en pierre de taille, celle-ci ne formant qu'un
revêtement extérieur, comme l'indique la coupe, fig. 376.
L'épaisseur de la voûte en dôme n'est que d'une brique à la
partie inférieure et d'une demi-brique à la partie supérieure
où elle se trouve renforcée d'arcs doubleaux d'une demi-brique

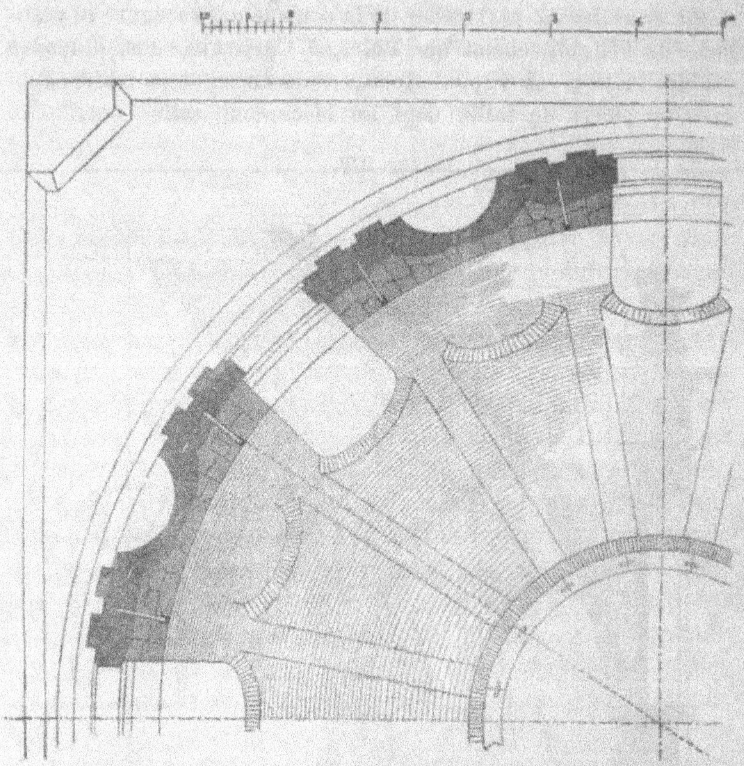

Fig. 371.

de surépaisseur. Les baies des fenêtres de la coupole sont
formées de jambages verticaux surmontés d'un arc plein-
cintre. L'ensemble de ces arcs constitue avec une série d'arcs
intermédiaires, noyés dans la maçonnerie de la voûte, l'appui
du pied des arcs-doubleaux. Toute la partie inférieure des
reins de la voûte, à partir du sommet des ouvertures, est re-
vêtue d'une maçonnerie de blocage. La toiture a une pente
très faible et est supportée par une charpente métallique qui
repose sur l'entablement A, fig. 370.

Une particularité interessante de cette construction est la
disposition prise pour contre-buter la poussée des naissances

de la voûte. On a scellé, à cet effet, dans l'assise qui forme le sommier de la voûte, une ceinture en fer forgé, fig. 372. Les coussinets de la voûte s'appuient contre cette ceinture et n'exercent qu'une pression verticale sur la maçonnerie inférieure.

Fig. 372.

L'appareil des voûtes en dôme de forme elliptique ou ovale se fait aussi par assises annulaires. Lorsque la douelle est engendrée par la rotation d'une demi-ellipse autour de son grand axe, celui-ci étant horizontal (voir fig. 345), les lits sont des surfaces gauches, au lieu d'être des surfaces coniques; car, en effet, l'inclinaison du lit varie alors d'un point à un autre. Mais généralement cette variation est si petite pour deux claveaux voisins qu'on peut la négliger en pratique. Le défaut de forme se perd alors dans l'épaisseur du mortier.

Nous avons déjà vu à plusieurs reprises que les voûtes sphériques servent aussi à recouvrir des enceintes carrées. La sphère est alors coupée par des plans verticaux qui donnent sur chacun des côtés des naissances arquées. Les parties triangulaires s'étendant des angles jusqu'à la hauteur du sommet des arcs de tête constituent comme nous savons les pendentifs. Ces pendentifs se construisent par assises horizontales, chacune faisant saillie de la quantité voulue pour donner sa courbure à la voussure. Il n'est besoin pour l'éxécution de ces voûtes que de deux cintres suivant les plans diagonaux, et d'un cintre sous chacun des arcs de tête. La maçonnerie des pendentifs fait corps avec celle des appuis.

Par leur forme et leur mode de construction les pendentifs ont une tendance à tomber en avant, c'est-à-dire vers

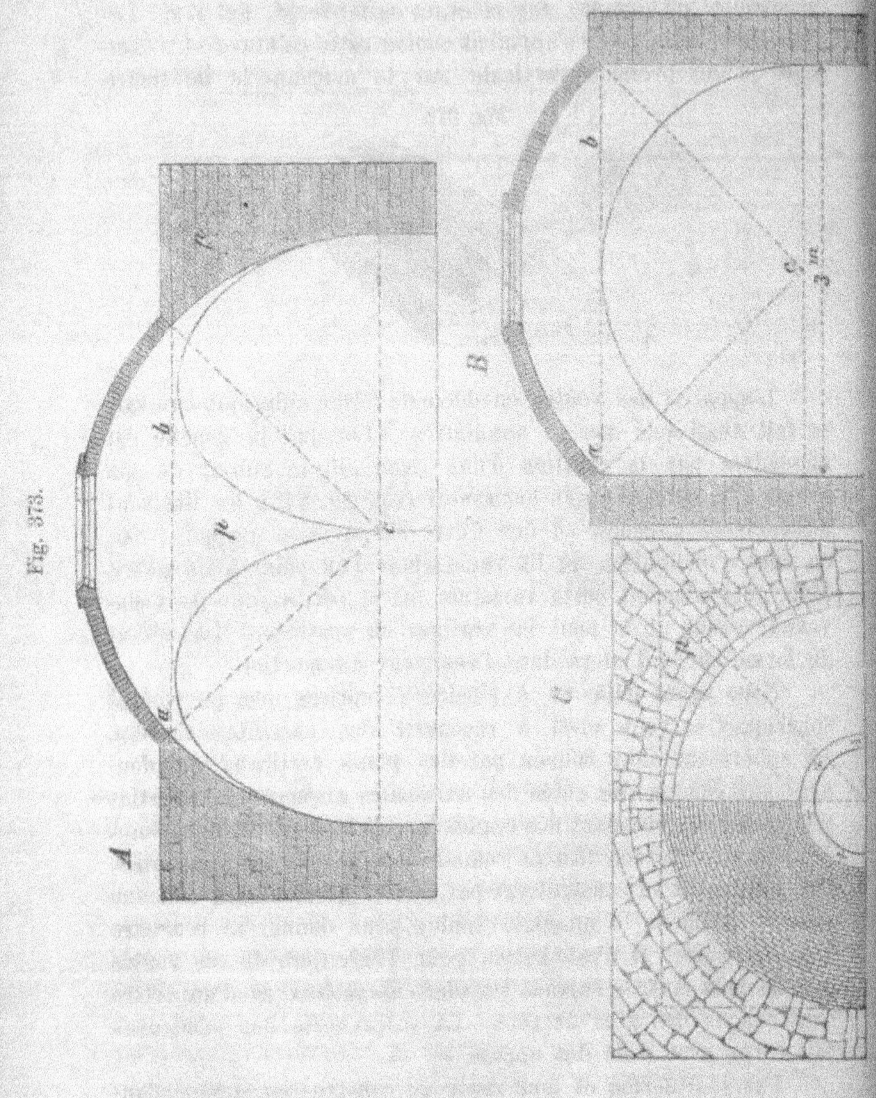
Fig. 373.
A
B
a
b
c

l'intérieur de la voûte. Les naissances de la calotte au contraire exercent une poussée vers l'extérieur. Ces actions en sens contraire amènent un état d'équilibre qui réduit à rien, ou presqu'à rien, la poussée aux appuis lesquels n'ont plus alors qu'une pression verticale à supporter.

La fig. 373 A—C nous donne encore un exemple de voûte en pendentifs. L'ouverture de la voûte est d'environ 3 mètres. La maçonnerie des pieds-droits est en moellons et fait corps, comme on voit, avec celle des pendentifs, toutes deux montant jusqu'à la ligne (ab). La fig. C représente le plan à hauteur de la ligne (ab); la fig. B la coupe transversale et la fig. A une coupe suivant la diagonale.

Lorsque l'épaisseur des pieds-droits est relativement petite, il est bon d'éxécuter les différentes maçonneries au mortier de ciment.

Moller a construit des voûtes de ce genre sur des murs d'appui n'ayant que 0,30 m d'épaisseur, bien que l'enceinte de forme carrée, eût 5,25 m de côté et que la hauteur des murs fut égale à celle de deux étages. La calotte sphérique avait une brique d'épaisseur.

Dans une autre construction du même architecte, au théâtre de Mayence, une voûte analogue recouvre la cage d'escalier dont la forme est celle d'un carré de 9,00 m de côté; les murs d'appui ont 15 m de hauteur et 0,75 m d'épaisseur et sont construits en moellons, comme les pendentifs. La calotte est en briques et n'a qu'une brique d'épaisseur.

On sépare souvent la calotte et les pendentifs par une moulure, comme nous l'avons déjà vu aux fig. 351 et 352. En pareil cas, il faut soit augmenter le diamètre de la calotte d'une quantité déterminée par la hauteur de la moulure, soit exhausser plus ou moins son centre. Cette dernière solution peut conduire à une calotte surhaussée ou bien même à une voûte demi-sphérique complète.

Quelquefois on décore la douelle de nervures rapportées ou peintes. La manière de déterminer leur tracé a déjà été indiquée à la fig. 348. Cette détermination suppose la forme des nervures donnée en plan par une figure géométrique inscrite dans le cercle des naissances. Nous en donnons un nouvel exemple à la fig. 374, A B.

Fig. 374.

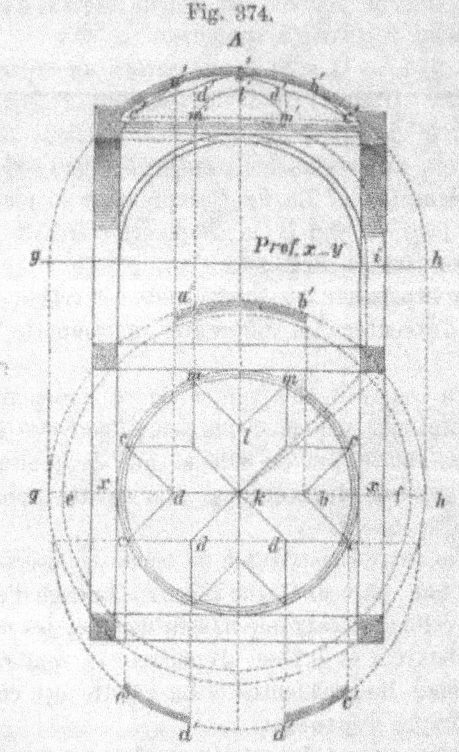

Dans le cas particulier les pendentifs sont couronnés d'une moulure sur laquelle viennent porter les nervures de la calotte. Ces nervures étant figurées dans le plan, on déduit leur projection verticale, en supposant des plans auxiliaires menés par la projection horizontale. Ces plans coupent la calotte suivant des arcs de cercle qui donnent par leur rabattement les ordonnées des différents points des projections verticales. La figure se comprendra sans autres explications, car la construction est la répétition de celle qui a déjà été décrite.

Un des moyens de décoration les plus fréquents des voûtes sphériques consiste à garnir leur intrados d'une série de caissons. Leur tracé se fait par la méthode suivante, dûe a Emy.

Fig. 375.

On commence par arrêter le nombre des caissons d'une même rangée horizontale, leur largeur et celle de la nervure intermédiaire. Cela fait, on marque en plan, fig. 375, A B sur le cercle des naissances la position de la rangée inférieure

de caissons, et l'on mène les rayons M'y et M'x qui limitent
chaque rangée montante. On marque en suite, sur la projection
verticale, fig. 375, A, la hauteur à laquelle doit se trouver
l'arête inférieure de la première rangée de caissons, ce qui
donne le point (t). On inscrit dans les lignes M'y et M'x,
en dehors de la base de la coupole, un cercle (wegd) de rayon
arbitraire. Par le centre de ce cercle, on mène une verticale
(I II); cette droite sera le lieu des centres de tous les cercles auxiliaires servant à la détermination des caissons sur la
projection verticale. Le premier cercle est décrit tangentiellement à la droite (M't) et a un rayon égal à celui de (wegd).
En menant en suite de M' une tangente (M'e') à ce cercle,
elle coupe la voûte en un point (s) qui donne l'arête supérieure du premier caisson.

La rangée inférieure des caissons se trouve donc déterminée et leur tracé est une simple question de report de points
d'une projection à l'autre. Ces caissons ont (xy) pour largeur
et (ts) pour hauteur et peuvent être considérés comme formés
de tangentes menées au cercle qui est donné par l'intersection
de la coupole et du cône projeté suivant (M'e) et (M'd) d'une
part, et (M'p) et (M'o) d'autre part, cône qui serait circonscrit à la sphère (wegd). On détermine en suite sur la projection verticale la largeur de la nervure entre les deux premières
rangées horizontales. A cet effet, on prend une partie (x'y')
de (xy) et l'on détermine avec elle, comme précédemment avec
(xy), en menant les deux tangentes M'x' et M'y', le cercle
(abfc). Avec un rayon égal à (ac), d'un point placé sur la
verticale (I, II) et tangentiellement à (M'O), on décrit un cercle
et l'on mène en suite la droite (M'n) tangente à ce cercle.
Son intersection avec la voûte détermine l'arête inférieure de
la deuxième rangée de caissons.

En procédant d'une manière analogue, on déterminera les
points l, v, etc., jusqu'à ce que les caissons deviennent si petits
qu'ils ne produisent plus un effet satisfaisant. La clef de la
voûte reste alors unie, on se perce d'une ouverture, comme
au Panthéon de Rome et dans ce cas, on recouvre l'œil

d'une petite voûte surbaissée que l'on décore de moulures ou de peintures.

Un autre exemple remarquable est celui de l'église Saint Thomas à Berlin, construite par Adler en 1867. Nous avons représenté, sur la planche III, la partie supérieure de la nef centrale.

La coupole repose sur douze forts piliers, réunis par de petites voûtes en berceau (t), lesquelles supportent une galerie circulaire (z) donnant accès aux combles de la coupole. Cette galerie rend la visite de cette partie de la construction relativement facile. Pour y arriver on a disposé extérieurement, dans l'une des baies comprises entre les piliers, une échelle en fer. De la galerie (z) on pénètre d'abord dans les combles, où l'on peut visiter l'extrados de la voûte, puis dans la flèche. Entre les piliers du tambour du dôme, on a ménagé des fenêtres pour l'éclairage de la coupole.

Les quatre arcs inférieurs qui soutiennent les pendentifs sont disposés suivant les côtés d'un carré. Ils supportent une charge considérable, car c'est sur eux que repose tout le poids du tambour et de la coupole. Dans la crainte que leurs buttées ne soient insuffisantes, on a eu recours à une disposition particulière qui transforme la poussée oblique en une pression verticale. On a entouré d'un chaînage le massif quadrangulaire formé au niveau de la partie supérieure des arcs d'appui des pendentifs; ce chaînage est composé de trois anneaux en fer forgé (r), de 0,16 m de hauteur et 0,026 m d'épaisseur.

La charge des parties supérieures est transmise aux quatre piliers inférieurs par l'intermédiaire de piliers inclinés adossés à l'extrados des pendentifs et s'élevant jusqu'à la base annulaire sur laquelle repose le tambour de la coupole. Cette disposition, que l'on ne voit point sur la figure parce qu'elle se trouve cachée par les pendentifs, a permis de décharger ceux-ci du poids du tambour et de la coupole et de le reporter directement sur les gros piliers du bas.

Le tambour se compose de douze piliers, faisant saillie intérieurement entre les baies et surmontés, au-dessus des fenêtres, de petites voûtes sur lesquelles repose un anneau de maçonnerie formé d'assises régulières. Cet anneau constitue la base de la coupole. La section droite de cette dernière est ogivale et se compose de deux arcs de cercle dont les rayons sont tels que la voussure se rapproche sensiblement de la courbe d'équilibre correspondant aux poids de la flèche et de la voûte. Les piliers et les voûtes sont en briques de dureté variable, suivant le point où elles sont employées.

A l'effet d'améliorer les conditions acoustiques de l'édifice, on décora la coupole et les arcs et piliers de nervures et moulures fortement en relief, lesquelles ont pour but d'empêcher la concentration des ondes sonores. L'extrados de la coupole est garanti contre les infiltrations et le passage des particules de neige par un enduit en ciment et par un revêtement en carton bitumé. Enfin, un comble en charpente, couvert en ardoises, recouvre la coupole.

La plupart des voûtes en dôme que nous avons étudiées jusqu'à présent avaient une base circulaire et une surface d'intrados sphérique. Mais cela n'est pas toujours le cas. Ainsi la coupole peut être polygonale, c'est-à-dire présenter suivant la section horizontale une forme polygonale. C'est ce que nous montrent les exemples suivants.

La fig. 376 représente la chapelle du cimetière israélite de Dresde. Cette chapelle est de forme carrée à la base et se termine par un dôme à huit pans. Pour passer du carré à la forme octogonale, on a construit dans chacun des angles une petite voûte conique formant encorbellement et servant d'appui aux quatre pans obliques, fig. 377.

La chapelle a 9,50 m de largeur; elle est éclairée par des fenêtres ménagées à la partie inférieure de la coupole. Celle-ci a partout une demi-brique d'épaisseur; elle est munie sur les arêtes d'arcs doubleaux qui se terminent à une couronne en pierre de taille encadrant l'œil du dôme. Extérieurement la forme octogonale ne s'accuse qu'au-dessus des encorbellements coniques:

Fig. 376.

Une construction plus importante est donnée aux fig. 378 —380. Ces figures représentent en plan, coupe et élévation latérale, un mausolée éxécuté à Wolfsberg par l'architecte Stühler.

L'entrée (e) donne sur un vestibule d'où une série de marches ascendantes conduisent à la chapelle (c), fig. 378. Celle-ci est terminée par une grande niche semi circulaire dans laquelle est placé l'autel. Les volées latérales descendent à un caveau voûté qu'on n'a pu représenter sur la figure, faute de place.

La chapelle est de forme carrée et a 8,50 m de largeur. Sur la base carrée s'élève un tambour octogonal qui s'appuie partie sur les murs inférieurs et partie sur des voûtes coni-

Fig. 377.

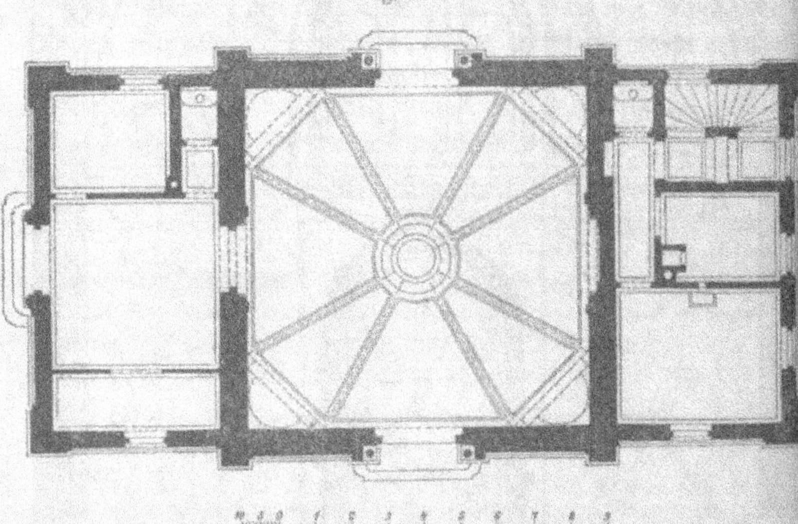

ques en encorbellement dont les sommets sont placés dans les angles du carré.

Une galerie ornée de colonnettes contourne l'intérieur du tambour. L'entablement de ces colonnettes supporte le dôme octogonal dont la section droite est semi-circulaire et dont les arêtes sont ornées de nervures.

L'éclairage de la coupole se fait par des jours circulaires placés à sa partie inférieure et surmontés de petites voûtes en lunette.

Fig. 378.

Les voûtes coniques des angles sont recouvertes de petits toits à deux pans, au-dessus des quels se trouve extérieurement, à la hauteur des jours, une seconde galerie de colonettes (voir fig. 379).

Fig. 379.

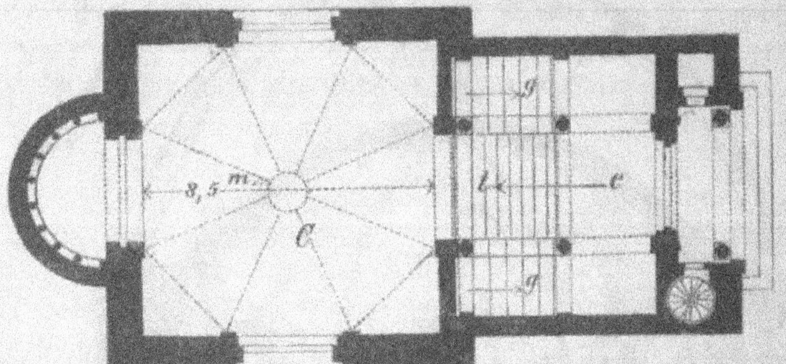

Un dôme en charpente, avec couverture métallique, couronne la coupole.

d. — Nous terminerons l'étude des voûtes en dôme par l'indication de quelques données empiriques relatives à leurs dimensions.

Quand la voûte est sphérique, sur base carrée et qu'elle est construite en briques, on peut adopter les épaisseurs suivantes.

Portée	Epaisseur de la voûte	
	à la clef	aux naissances
jusqu'à 5 m	$^1/_2$ brique	$^1/_2$ brique
de 5 à 8 m	$^1/_2$ „	1 „
de 8 à 10 m	1 „	$1^1/_2$ „

L'épaisseur à la clef dans la coupole du Panthéon de Rome est de $\frac{1}{30}$ de l'ouverture; celle des naissances de $\frac{1}{7}$. Sainte

Fig. 380.

Sophie à Constantinople a pour épaisseur à la clef $\frac{1}{52}$ du diamètre.

Les pieds-droits ont de $\frac{1}{6}$ à $\frac{1}{8}$ du diamètre.

D'après Rondelet l'épaisseur des pieds-droits d'une voûte en dôme doit être égale à la moitié de celle des appuis d'une voûte en berceau de même ouverture.

Les appuis de la coupole de Saint Pierre de Rome ont une épaisseur égale au $\frac{1}{11}$ de la portée; ceux de l'église Saint Nicolas à Potsdam ont $\frac{1}{9}$, ceux de Sainte Sophie à Constantinople $\frac{1}{8}$ et enfin ceux du Panthéon de Rome $\frac{1}{7}$ de la portée.

VIII. Voûte en segment sphérique ou ellipsoïdal.

Cette voûte se compose comme le montrent les fig. 381 et 350 d'un segment sphérique ou ellipsoïdal, détaché de la

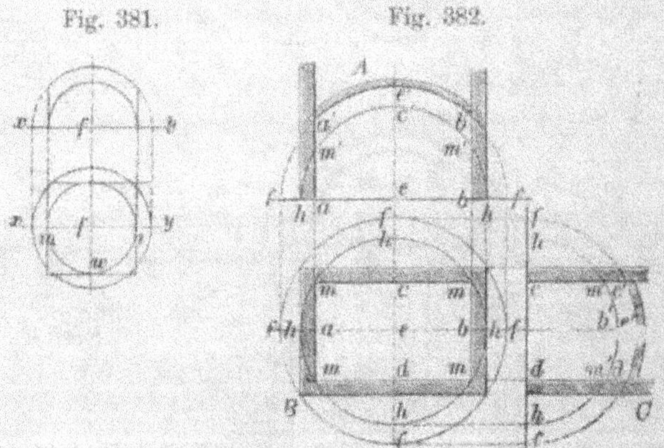

Fig. 381.　　　　Fig. 382.

sphère ou de l'ellipsoïde par les plans verticaux limitant l'enceinte. Les angles de l'enceinte se trouvent ordinairement tous sur un même parallèle de la sphère fig. 382; mais on

peut aussi voûter de cette manière des enceintes dont la
base n'est pas symétriquement placée par rapport au centre
de la sphère.[1])

a) **Tracé des naissances.** — La détermination des
arcs de tête ou des lignes de naissance est fort simple. Elle
se fait d'après les principes généraux que nous avons rappelés
plus haut à la fig. 350, en parlant des différentes sections
sphériques.

Les voûtes en segment sphérique peuvent aussi recouvrir
des bases polygonales, mais il faut alors avoir soin de faire
coïncider la projection du centre de la sphère avec le centre
de gravité de la figure donnée. Dans le cas d'un polygone
régulier, le rayon de la voussure sera égal à la demi-diagonale
du polygone.

Fig. 383.

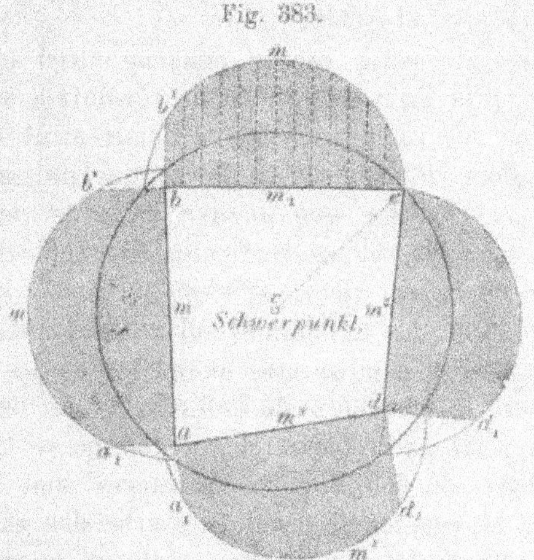

[1]) D'après ce qui précède, on voit que les naissances de la voûte
en segment sphérique sont toujours formées d'arcs de cercle, comme dans
la voûte en pendentifs. Ces deux voûtes se rapprochent du reste beaucoup l'une de l'autre, car, en réalité, elles se composent toutes deux
d'une calotte et de quatre pendentifs; mais dans la voûte en segment sphérique les pendentifs ne sont pas toujours égaux et n'ont, comme la calotte, que très peu de montée.

Si l'on veut recouvrir une enceinte de forme irrégulière par une voûte de cette espèce, fig. 383, il faut d'abord chercher la position du centre de gravité (c) du polygone donné, puis prendre pour rayon de la sphère la distance de ce point à l'angle le plus éloigné du polygone. On mène en suite par (a b), (b c), (c d), (d a) des plans verticaux qui coupent la sphère suivant des demi-cercles. On rabat ceux-ci sur le plan horizontal et l'on mène par les points (a), (b), (c) et (d) des perpendiculaires; elles limitent, sur les cercles rabattus, les parties correspondant aux arcs de tête (a' m b'), (b' m c'), (c' m d') et (d' m a').

Ainsi donc, pour obtenir les lignes de naissance, on mène des plans verticaux par les côtés de la base donnée; ils coupent la sphère suivant des cercles dont le rabattement sur le plan donne les arcs cherchés.

Les voûtes de cette espèce peuvent aussi être formées d'un segment pris dans un solide de révolution autre que la sphère. Parmi ces solides le plus ordinairement employé est l'ellipsoïde. Pour déterminer la forme des naissances en ce cas, il faut se rappeler que lorsque l'axe de révolution est horizontal, toutes les coupes verticales perpendiculaires à cet axe sont des cercles; alors, si c'est le grand axe qui est l'axe de révolution, les naissances suivant les petits côtés de l'enceinte seront des demi-cercles quand les angles de la base se trouvent sur la périphérie de l'ellipse et que ses côtés sont parallèles au petit axe. Quand les angles ne se trouvent pas sur la périphérie de l'ellipse, les naissances sont des arcs de cercle. Dans le sens longitudinal la courbe des naissanses est une ellipse; elle se détermine par points au moyen de plans auxiliaires e, e' e"... menés parallèlement au petit axe. Ces plans coupent la surface suivant des demi-cercles dont les rayons sont (r r), (r' r')... fig. 384. En rabattant ces cercles sur le plan, on a en h, h', h"..., les ordonnées des points situés dans les différents plans auxiliaires. La jonction de ces points par une ligne continue donne la courbe des naissances dont la forme est celle d'une ellipse. La hauteur du sommet

des arcs de tête (x) (x) des petits côtés est égale à la demi-
longueur de ces côtés (voir aussi la voûte, fig. 345).

Fig. 384.

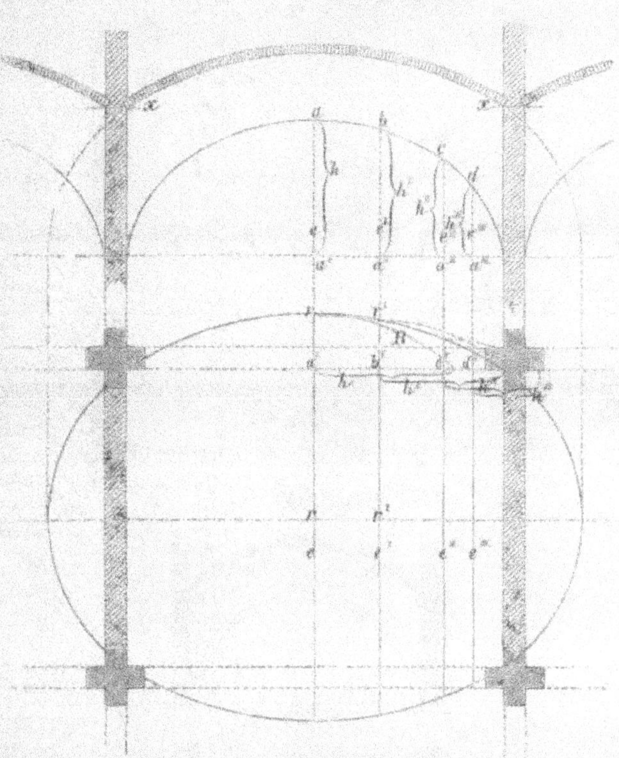

Les naissances des voûtes de forme ovoïde se déterminent
de la même manière, fig. 385. Mais l'ovale sert rarement de
courbe génératrice pour la voussure d'une voûte en segment,
parce qu'il donne des naissances courbes rampantes et une
voûte qui n'est point symétrique. Ce n'est que dans la construction des escaliers, qu'on en trouve l'application. La fig. 385
montre le parti qu'on peut en tirer. Comme dans le cas précédent, les coupes perpendiculaires au grand axe donnent des

Fig. 385.

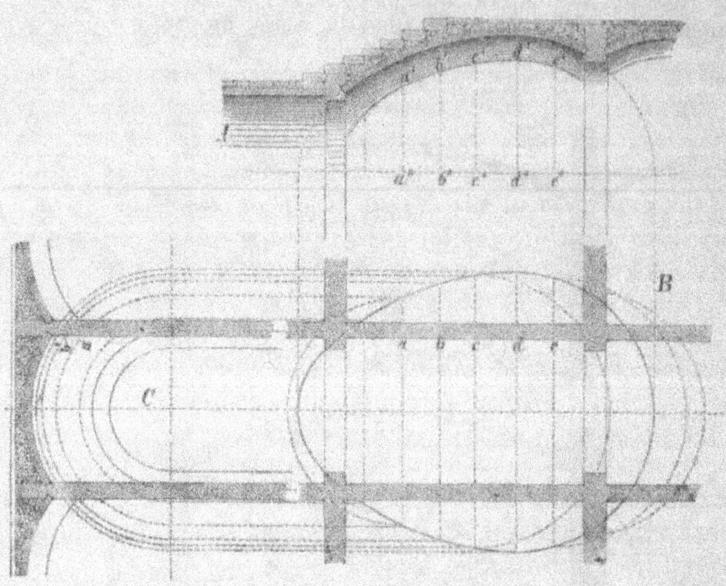

Fig. 386.

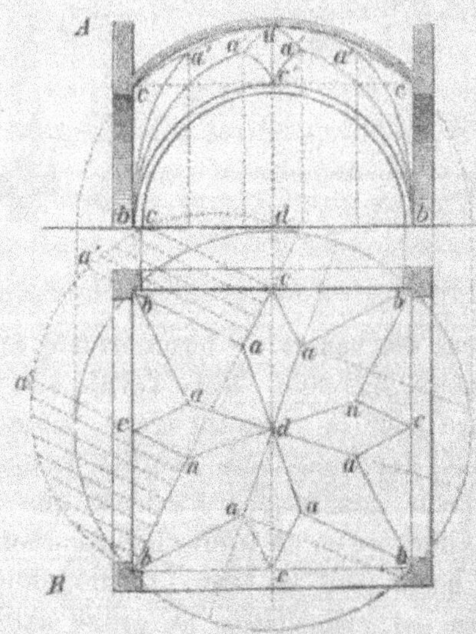

cercles (voir la coupe C, fig. 385). Quant aux naissances dans le sens longitudinal, elles se construisent comme tout-à-l'heure. Au-dessus des petits côtés du rectangle, on a toujours des demi-cercles ou arcs de cercle.

Fig. 387.

L'intrados des voûtes en segment sphérique, comme celui des voûtes sphériques, se décore quelquefois de moulures peintes ou rapportées, fig. 386. Ces moulures sont alors indiquées sur le plan par une figure régulière, de forme étoilée, inscrite dans le polygone formant la base de la voûte. Pour tracer leur projection verticale, on mène par les côtés de cette figure des plans auxiliaires; ils coupent la sphère d'intrados suivant des demi-cercles qui, rabattus sur le plan, donnent la grandeur des ordonnées des différents points des nervures.

b. — Au point de vue de son mode de construction, la voûte en segment sphérique diffère sensiblement de la voûte sphérique proprement dite. Cette dernière, comme nous savons, s'appareille par assises annulaires dont les lits forment des surfaces coniques convergeant vers un même sommet, tandis que la première se construit par assises obliques formant queue d'hironde. Ces assises sont dirigées normalement aux dia-

Fig. 388.

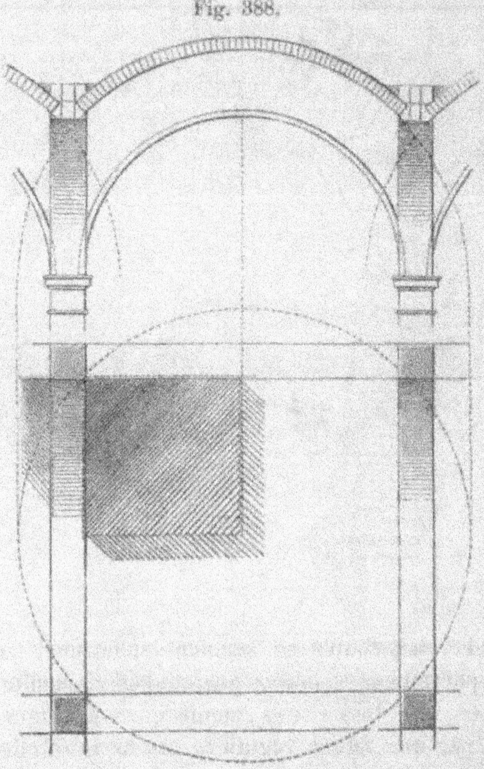

gonales et se rencontrent suivant les axes de l'enceinte recouverte. C'est ce que montre la fig. 387. Les assises décrivent sur l'intrados des arcs concentriques dont la rencontre se fait suivant une ligne en zig-zag. Quand l'espace à recouvrir est de forme carrée, les extrémités (a) d'une même assise se trouvent à même hauteur sur les arcs de tête. Il faut pour que les naissances conservent un appui convenable qu'il y ait au moins un quart de brique de la naissance de la voûte à l'intrados de l'arc de tête, fig. 388.

En faisant le dessin d'une pareille voûte, on commencera donc par marquer, sur la coupe verticale faite par l'axe de l'enceinte, des points à 0,08 m au-dessus du sommet de l'intrados des arcs de tête; c'est de ces points que partira l'intrados de la voûte. Le cercle de base de la sphère aura le même rayon que l'arc d'intrados de la coupe verticale et ne passera donc pas par les angles mêmes du carré, mais un peu en dehors (voir aussi la fig. 350.)

Ordinairement on représente sur le plan les assises de l'appareil en queue d'hironde par des lignes droites; mais en

Fig. 389.

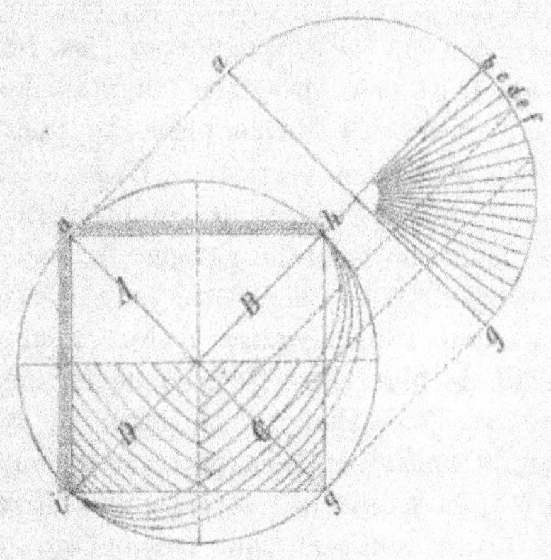

réalité, cela n'est pas exact, car chaque assise décrit un arc sur la surface de la sphère. Si l'on menait un plan par le centre de la sphère et par les points (a, a) fig. 387, ce plan contiendrait dans son entier le lit dont les points (a) sont les extrémités. Les divers lits au-dessus d'un même angle sont tous dans des plans passant par un même diamètre du cercle de base. Cette remarque fournit le moyen de construire la courbe suivant laquelle les lits se projettent sur le plan.

Dans la fig. 389, on voit, en effet, que les différentes assises correspondent à une série de plans passant par un même diamètre. On commence la pose des assises aux extrémités des diagonales (a g) et (i h). Considérons, par exemple, le quartier (c) de l'enceinte à recouvrir. On divise la demi-circonférence du plan diagonal (a g) en parties égales de l'épaisseur des assises de claveaux ou de briques, en (b c), (c d), (e f) etc. On décrit sur la diagonale (i h) du carrée un cercle qui représente la base de la surface sphérique d'intrados. Pour avoir la projection horizontale des lits, il suffit de supposer le demi-cercle (i h) occupant successivement les positions (c), (d), (e), (f) . . . et de construire l'arc d'ellipse suivant lequel il se projette en plan. On obtient ainsi la projection des assises pour le quart (c) de la voûte. Pour les autres quarts, on opérerait de même, en observant que ceux qui portent les lettres B et D, ont la diagonale (a g) pour directrice du plan des assises.

Quand on a tracé les lits en plan, on passe à la détermination de leur projection verticale. Dans le cas de la fig. 390, par exemple, les extrémités de ces projections seront toujours sur une même horizontale puisque la base de la voûte est de forme carrée. Ainsi, pour l'arc (a, a), les ordonnées des points (a') sont toutes deux égales à (h). Pour trouver l'ordonnée du point le plus élevé (b'), on mène le plan diagonal passant par (b) et l'on rabat sur le plan le cercle suivant lequel il coupe la sphère. Ce rabattement donne l'ordonnée cherchée (b b'). Les points (a') se reportent directement. Ces trois points a', b, a' suffisent pour tracer l'arc. On détermine de même la projection verticale des autres lits de l'intrados.

Le cintrage des voûtes en segment sphérique peut être réduit à deux fermes disposées dans les plans diagonaux.

c. Emploi. — Les voûtes de cette espèce conviennent aussi bien aux enceintes carrées qu'à celles de forme rectangulaire. C'est ce qui ressort de l'exemple suivant.

La fig. 391 donne la coupe longitudinale de l'église évan-

gélique de Boppard sur le Rhin, construite il y a une vingtaine d'années par Althof, sur les plans de Lassaul. En plan,

Fig. 890.

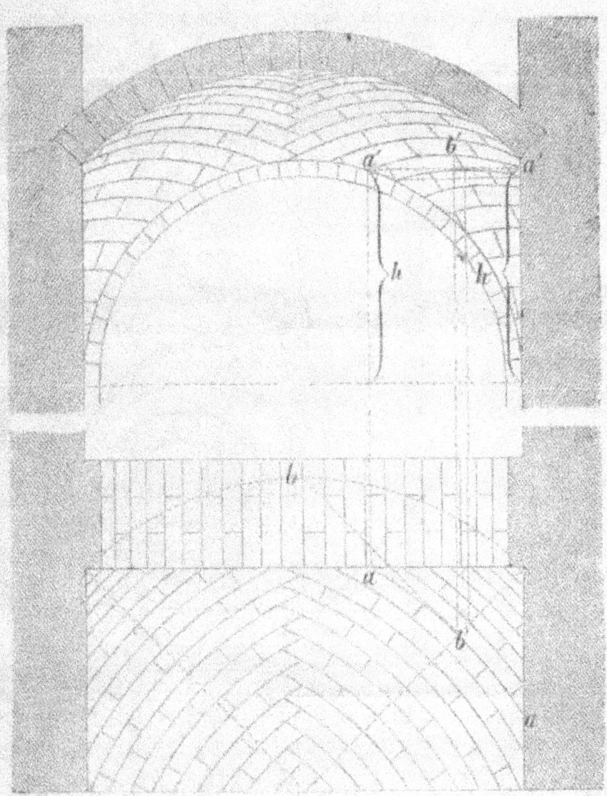

cette petite église présente la forme carrée et sa largeur
est de 13,0 m dans œuvre. Son plafond est formé d'une série
de voûtes reposant sur quatre colonnes intérieures et sur
les murs de pourtour. Un portique et un chœur semi-circulaire sont adossés au bâtiment principal.

Les colonnes sont équidistantes des angles et les arcs
plein-cintre qui les relient entre elles et aux murs, subdivisent
la surface en neuf compartiments. Celui du milieu est carré

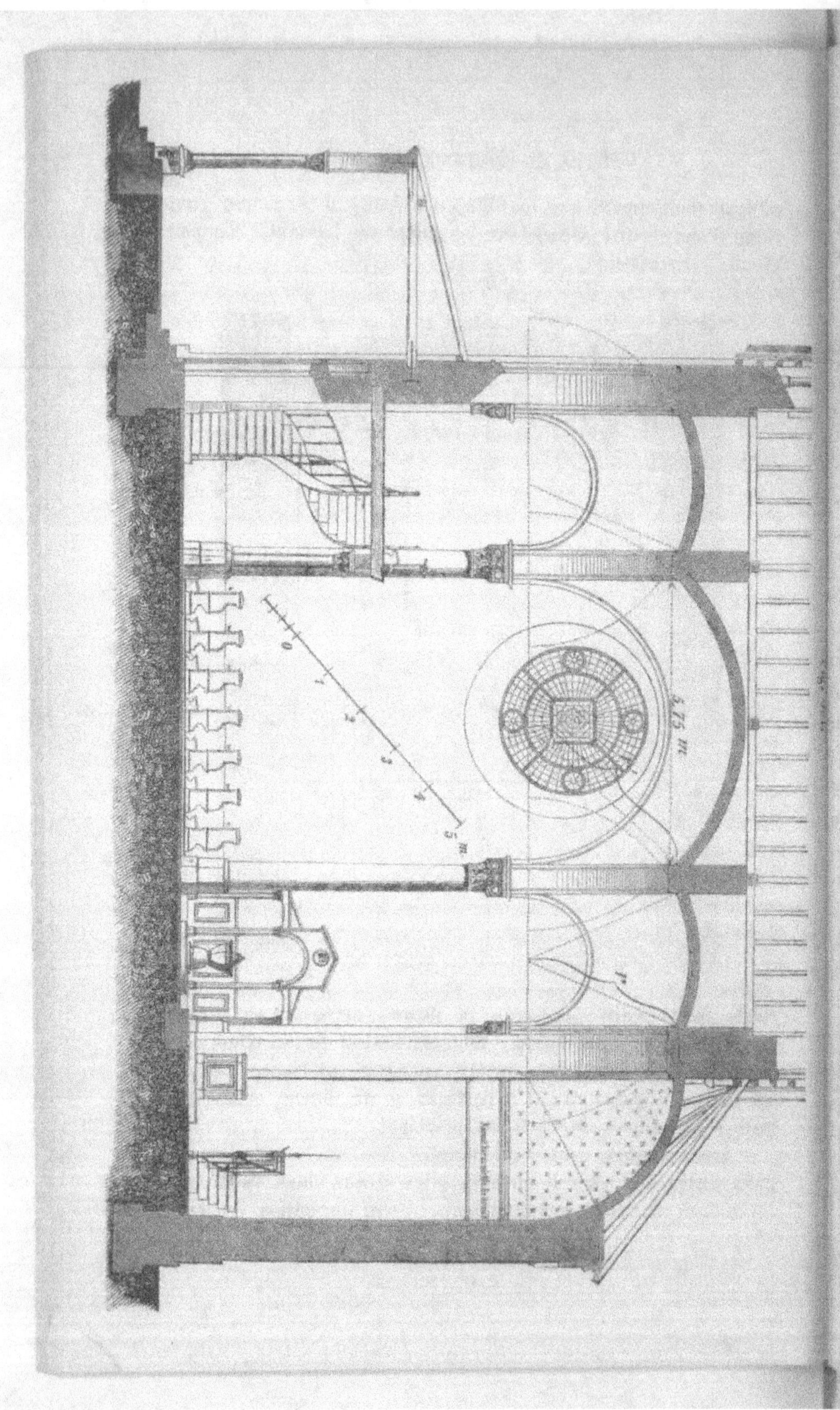

et a 5,75 m de côté; ceux des angles sont également carrés,
mais n'ont que 2,75 m de côté; enfin les quatre compartiments intermédiaires sont rectangulaires et ont 5,75 m sur
2,75 m. Les 9 voûtes couvrant ces compartiments sont des
voûtes en segment sphérique prises dans deux sphère de grandeur différente.

Fig. 392 A—D.

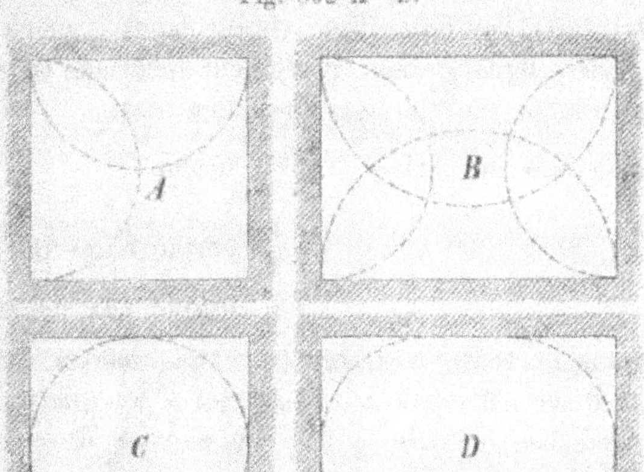

La longueur des rayons (r) et (r') de ces deux sphères se
détermine comme il a été indiqué à la fig. 386. Les cercles
de base des segments sphériques doivent tous se trouver dans
un même plan pour que les naissances des voûtes contiguës
soient parfaitement semblables.

Dans les plans, on indique la voûte en segment sphérique
par le rabattement de ses arcs de tête, comme le montre la fig.
392 en-A et B (en-A pour une enceinte carrée et en B pour
une enceinte rectangulaire). Ces rabattements sont soit des
demi-cercles, soit des arcs de cercle à grande flèche. En Autriche, on a coutume d'adopter le mode d'indication figuré en
C et D; mais cette méthode est mauvaise, car elle n'indique
pas la forme véritable de la voussure. La fig. C ne donne une

idée juste de la courbure que dans le cas d'une voûte sphérique sur pendentifs (voir fig. 351 et 352). Mais dans la voûte que nous considérons en ce moment, la voussure peut aussi provenir d'un solide de révolution autre que la sphère; il faut donc pour bien indiquer sa forme, donner le rabattement des lignes de naissance, et cela d'autant mieux que ces courbes sont nécessaires pour la construction des cintres.

e. Dimensions usuelles. On ne dépasse guère la portée de 6 ou 7 m pour les voûtes en segment sphérique ou ellipsoïdal. Dans ces limites les épaisseurs usuelles sont:

jusqu'à 5 m de portée $\quad\cdot\quad \dfrac{1}{2}$ brique

„ 7 m „ „ $\quad \begin{cases} \dfrac{1}{2} & \text{brique à la clef.} \\[2mm] 1 & \text{brique aux naissances.} \end{cases}$

Lorsque la voûte n'atteint pas trois mètres d'ouverture, on peut réduire son épaisseur à la clef à un quart de brique, mais à condition de faire la pose au mortier de ciment et de ne point faire porter de charges sur la voûte.

IX. Voûte en segment sphérique surbaissée.

Cette voûte ne diffère de la précédente, comme son nom l'indique, que par la petitesse de sa flèche; celle-ci est ordinairement comprise entre le $\dfrac{1}{5}$ et le $\dfrac{1}{12}$ de l'ouverture.

a) Tracé des naissances. Dans la pratique les voûtes en segment surbaissées prennent souvent la place des voûtes cylindriques plates parce que la forme courbe de leurs naissances est d'un effet agréable et que ces voûtes peuvent facilement s'appliquer aux enceintes de forme irrégulière, si les dimensions n'excèdent pas 5 m. En général, les données dont on dispose sont la forme et la grandeur de l'enceinte à recouvrir et la flèche de la voûte. Si l'on adopte la forme sphérique pour l'intrados, on déterminera la grandeur du rayon de la sphère de la manière suivante, fig. 391.

Soit RSTU la surface à voûter et (z) son centre de gravité; soit (ge) la montée donnée, égale dans le cas particulier au $\frac{1}{6}$ de la diagonale fh = SU. On joint (fe) et l'on élève en son milieu la perpendiculaire (ik) laquelle rencontre la verticale (ke) en (k). (ke) est alors le rayon de la sphère cher-

Fig 893.

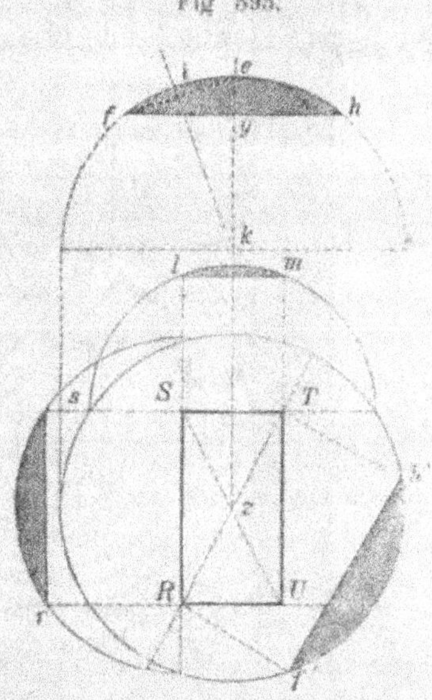

chée. Du point (z) comme centre, avec (ke) pour rayon, on décrit un cercle; on prolonge ST de part et d'autre jusqu'à sa rencontre avec ce cercle et l'on élève sur la corde ainsi tracée un autre demi-cercle. En menant les perpendiculaires (Sl) et (Tm), on obtient sur ce cercle, en (lm), l'arc de tête correspondant au côté ST. En opérant de même pour le côté SR, on obtient en (sr) l'arc de tête correspondant à ce côté. Si l'on décrit le demi-cercle ayant (k) pour centre et (ke) pour rayon, (feh) est l'arc fourni par un plan sécant diagonal. Cet arc est aussi donné en (f' h') par les perpendiculaires en R et T sur RT.

Fig. 394.

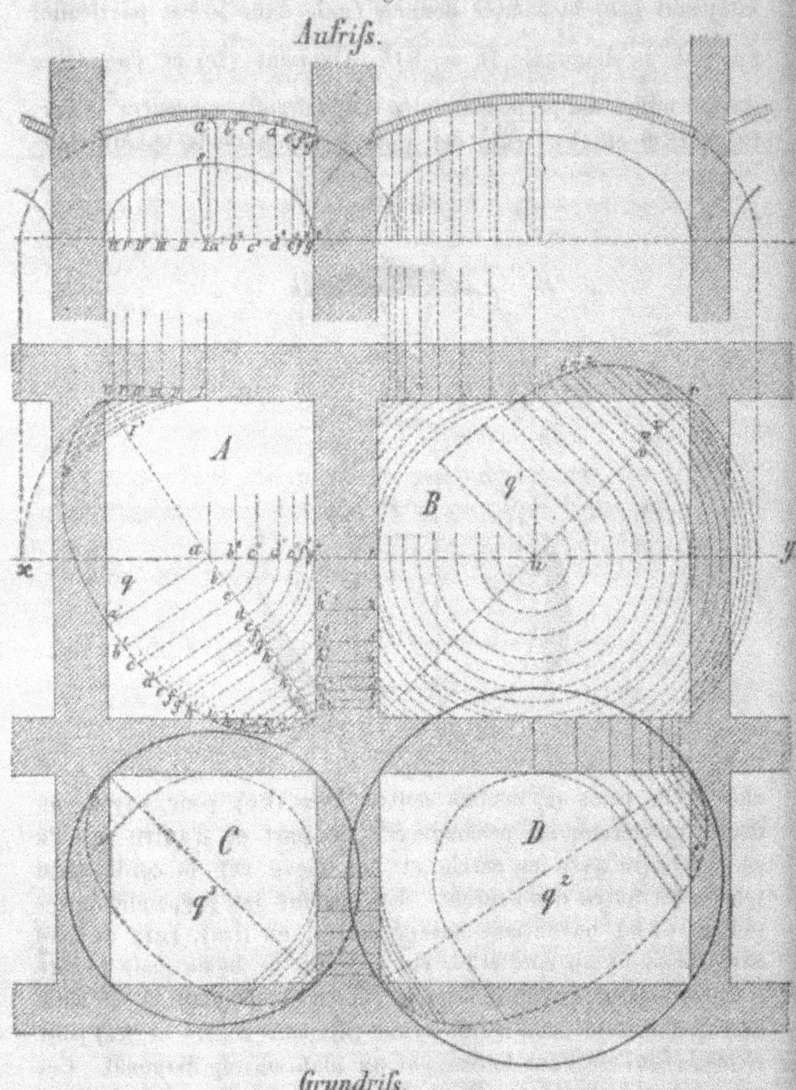

En Autriche ce genre de voûte a souvent la forme d'un segment ellipsoïde; l'ellipsoïde est de révolution ou a ses axes inégaux. Dans le premier cas la base de la voûte est circulaire si l'axe de rotation est dirigé verticalement. Alors toutes les sections par des plans horizontaux sont des cercles, et toutes les sections verticales passant par l'axe, des ellipses ayant même grandeur.

Lorsqu'il s'agit de recouvrir plusieurs enceintes contiguës par des voûtes de cette espèce, on prend les diagonales de ces enceintes pour diamètres des cercles de base, fig. 394. Les courbes de naissance partent alors toutes d'un même niveau. On pourrait aussi prendre pour base de l'ellipsoïde d'intrados un cercle passant en dehors des angles; la section diagonale de la voûte ne formerait pas en ce cas une demi-ellipse complète. Dans l'exemple que nous considérons, fig. 394, on a adopté la première hypothèse.

Pour que les poussées réagissent directement l'une contre l'autre, il faut faire correspondre en forme et en position les naissances des voûtes contiguës. A cet effet, on commence par arrêter la forme de l'une des voûtes, c'est-à-dire par tracer sur le plan la demi-ellipse représentant la section verticale de l'intrados de la voûte. S'il s'agit de la pièce A, par exemple, on divise le demi-côté du rectangle en un nombre quelconque de parties arbitraires I II, II III, etc. On rabat les points de division sur la diagonale par des arcs de cercle décrits du point (a) comme centre, et l'on élève par les points ainsi déterminés des perpendiculaires qui donnent dans l'ellipse rabattue les ordonnées de la ligne de naissance aux points I, II, III, IV etc.

On procède d'une manière analogue pour déterminer la coupe suivant la ligne médiane (x, y). On prend sur (x y) un certain nombre de points (b″), (c″), (d″), (e″) etc. que l'on rabat sur la diagonale en (a), (b), (c), (d), etc., et l'on mène dans l'ellipse rabattue les ordonnées correspondant à ces points. Il suffit en suite de reporter ces ordonnées sur la projection verticale, en (a′ a″), (b′ b″), (c′ c″) etc., et de joindre par une courbe continue les points (a″), (b″), (c″).

Du côté de la pièce A, la naissance de la vôute B doit correspondre parfaitemant en forme et en hauteur à celle de la vôute A. Il faut donc que l'intrados de cette deuxième vôute forme un solide de révolution qui, à la distance (u l) de centre (u), fournisse une section identique à celle donnée par l'ellipsoïde A à la distance (ag"). On renversera donc l'ordre des opérations et au lieu de déduire la ligne des naissances de la section droite (q) de l'ellipsoïde, on déduira la section (q') de la ligne des naissances.

A cet effet, on prend un certain nombre de points (g'), (h'), (k') . . . . sur l'ellipse (q) et l'on déduit par des arcs de cercle les points (g"), (h"), (k") . . . qui ont sur la courbe des naissances les mêmes ordonnées. On détermine par des horizontales les points correspondants de la courbe des naissances de la voûte B, puis par des arcs de cercle les points de la section (q') dont les ordonnées sont les mêmes. Ces ordonnées déterminent donc la section droite q' de la vôute B.

On obtiendra de la même manière les sections droites, c'est-à-dire, la forme des ellipsoïdes de révolution des voûtes C et D.

Nous allons maintenant examiner le cas plus général d'un ellipsoïde à axes inégaux, fig. 395. (Nous remarquerons à ce sujet qu'en pratique, on remplace presque toujours l'ellipse par un ovale ou par une anse de panier parce que ces courbes sont plus faciles à tracer que l'ellipse.)

Soit l'enceinte rectangulaire (x x y y) dont les angles se trouvent sur la périphérie de l'ellipse représentant la section contenant les 2 axes horizontaux de l'ellipsoïde. Le troisième axe de l'ellipsoïde est donné par le rabattement de la section verticale passant par l'un des axes précédents et par l'axe vertical.

Pour déterminer un point quelconque de la naissance correspondant au côté (x x), il faut se rappeler que toutes les sections horizontales de l'ellipsoïde donnent des ellipses concentriques. On prend arbitrairment surt le côté (x, x) les points d, e, f, g, h . . . et l'on détermine pour chacun d'eux la section horizontale de l'intrados à laquelle il correspond. A cet effet, on fait passer par (d), (e), (f) . . . . . des ellipses concentriques avec l'ellipse de base. Il suffit de tracer ces courbes jusqu'au grand axe (a e) et, aux points où elles le coupent, on élèves des perpendiculaires (d' d⁰), (e' e⁰) . . . . Ces perpendiculaires donnent

Fig. 395.

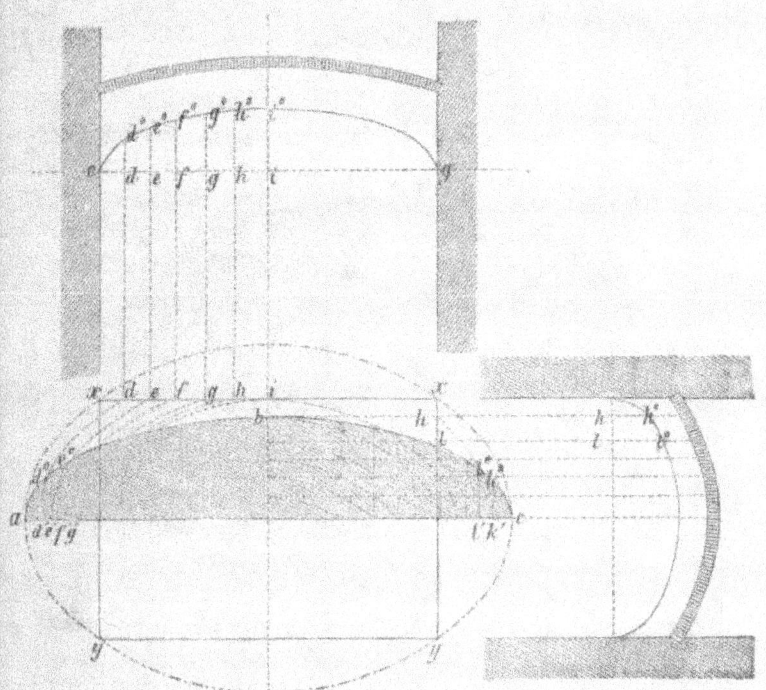

sur l'ellipse rabattue la longueur des ordonnés des points d⁰, e⁰, f⁰, ... de la courbe des naissances.

Une construction tout-à-fait analogue conduirait à la naissance correspondant au côté (x y) et d'une manière générale à la projection verticale d'un point quelconque de l'intrados.

b. — Mode de construction. La voûte en segment sphérique surbaissée peut se construire d'après deu méthodes différentes: soit par assises obliques formant queue d'hironde, soit par assises transversales convexes, sur cintre mobile.

1. L'appareil en queue d'hironde a dans le cas particulier tout-à-fait la même disposition que dans les voûtes cylindriques plates. Le cintrage se réduit à deux fermes que l'on place dans les plans diagonaux, et l'on commence la maçonnerie par

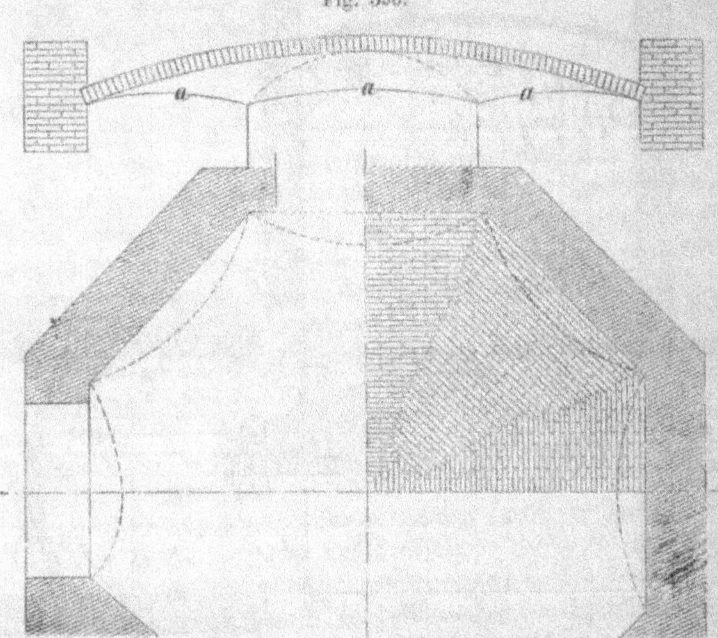

Fig. 396.

les coins, ce qui a pour effet de reporter une partie de la pression sur ces points. Dans le cas où la voûte recouvre une enceinte de forme polygonale ou irrégulière, on adopte ordinairement l'appareil en queue d'hironde. La fig. 396 nous en fournit un exemple. La voûte est un segment sphérique de très-faible flèche. Les naissances (a, a, a,) se déterminent comme nous l'avons indiqué dans la fig. 393.

En réalité ce mode d'éxécution divise l'intrados de la voûte en 8 pans cintrés, séparés par une ligne d'arête faiblement

Fig. 397.

accusée. Mais la courbure de ces pans est si faible qu'elle disparaît complétement sous l'épaisseur de l'enduit.

2°. L'appareil par assises transversales concentriques, sur cintre mobile, a aussi été décrit à l'occasion des voûtes cylindriques plates et présente par rapport au mode de construction précédent l'avantage de n'exercer presque pas de poussée sur les petits côtés de l'enceinte, propriété qui peut être utile dans beaucoup de cas. Le cintre mobile se déplace sur des arcs en charpente appliqués contre les plans de tête. Ce mode de construction est représenté en détail à la fig. 397.

Emploi. — La voûte en segment sphérique surbaissée s'applique au-dessus d'enceintes ayant de 2 à 6 mètres de largeur et de forme quelconque. On la rencontre le plus souvent au-dessus d'entrées, de vestibules, etc. son but étant alors de contribuer à la décoration.

Dans les caves, elle sert à recouvrir les enceintes de forme irrégulière ou de grande largeur lorsque, pour un motif particulier, on ne peut établir des soutiens isolés intermédiaires pour supporter les retombées de voûtes en berceau. Une disposition de ce genre est donnée à la fig. 398. Le plan du haut de la figure représente le rez-de-chaussée et celui du bas, les caves. Ces dernières sont pour la majeure partie recouvertes de voûtes en berceau. On n'a adopté la voûte en segment sphérique surbaissée qu'au dessus des caves (aa).

L'entrée du College Sophie à Berlin, fig. 399 et 400 est recouverte par une série de voûtes du même genre. Son plafond est divisé par des arceaux transversaux en compartiments à chacun desquels correspond une voûte distincte. Trois de ces compartiments ont des dimensions carrées à peu près semblables; le quatrième, plus petit, est de forme allongée. L'ensemble de ces voûtes est composé de segments sphériques ayant leurs naissances à la même hauteur.

Sur les dessins la voûte en segment sphérique s'indique en élévation comme sur la fig. 400. Le rayon de la surface sphérique résulte de la flèche donnée, comprise, comme nous savons, entre le $\frac{1}{5}$ et le $\frac{1}{12}$ de la portée.

Dans l'exemple ci-dessus, les couloirs supérieurs ont une grande largeur; aussi, pour éviter la poussée au vide que pro-

Fig. 398.

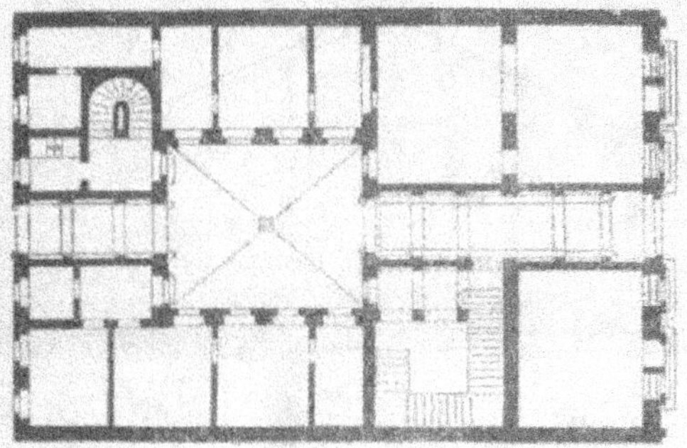

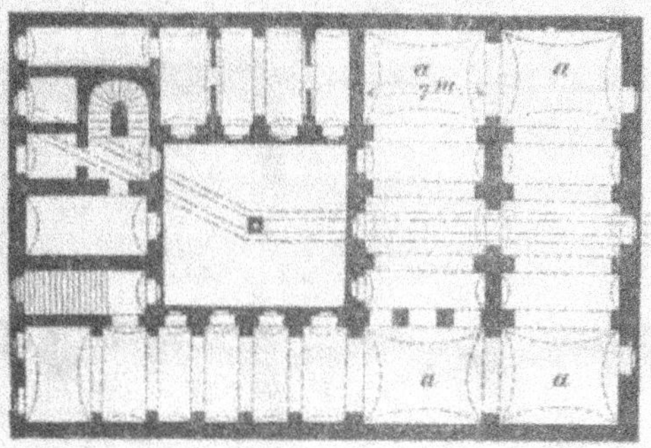

Fig. 399.

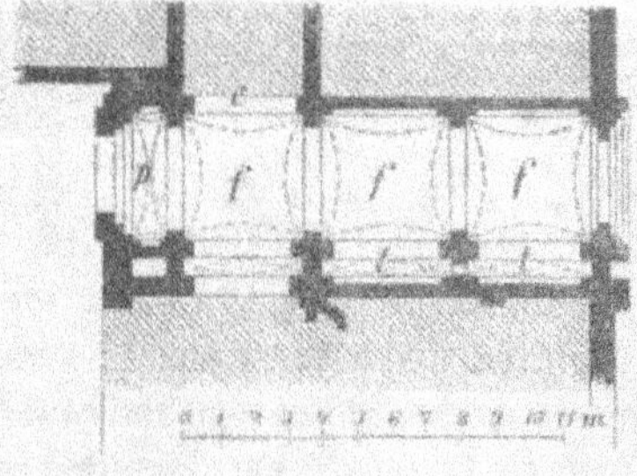

Fig. 400.

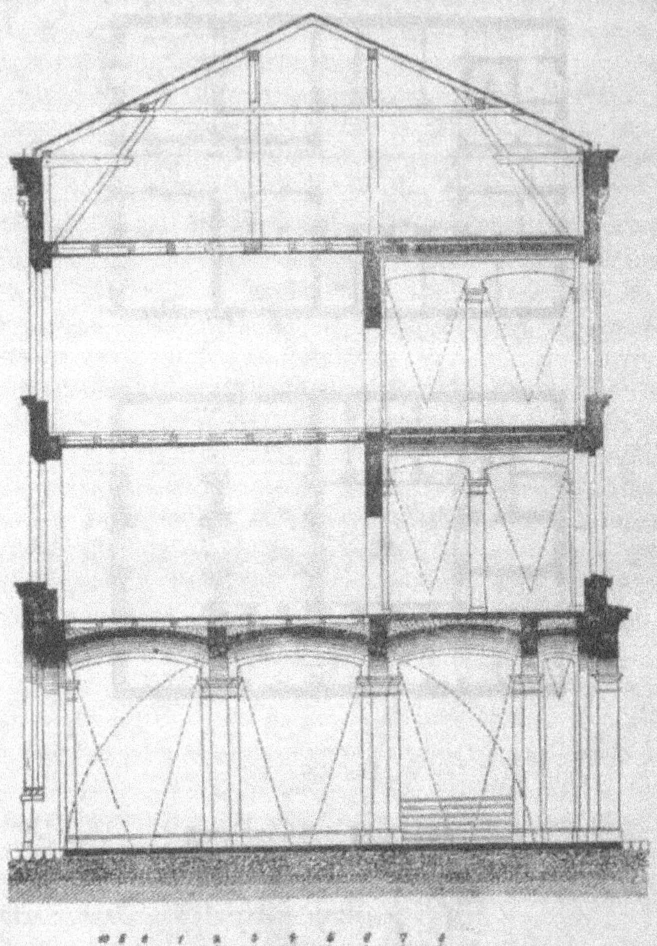

duirait une voûte cylindrique longitudinale, on a adopté des voûtes cylindriques plates disposées dans le sens transversal.

Une disposition du même genre est indiquée à la fig. 401. Ici l'entrée, de 4 m de largeur, est recouverte de voûtes en segment sphérique surbaissées.

Pour mieux contre buter la poussée, on a construit le
long des murs longitudinaux de petites voûtes cylindriques

Fig. 401.

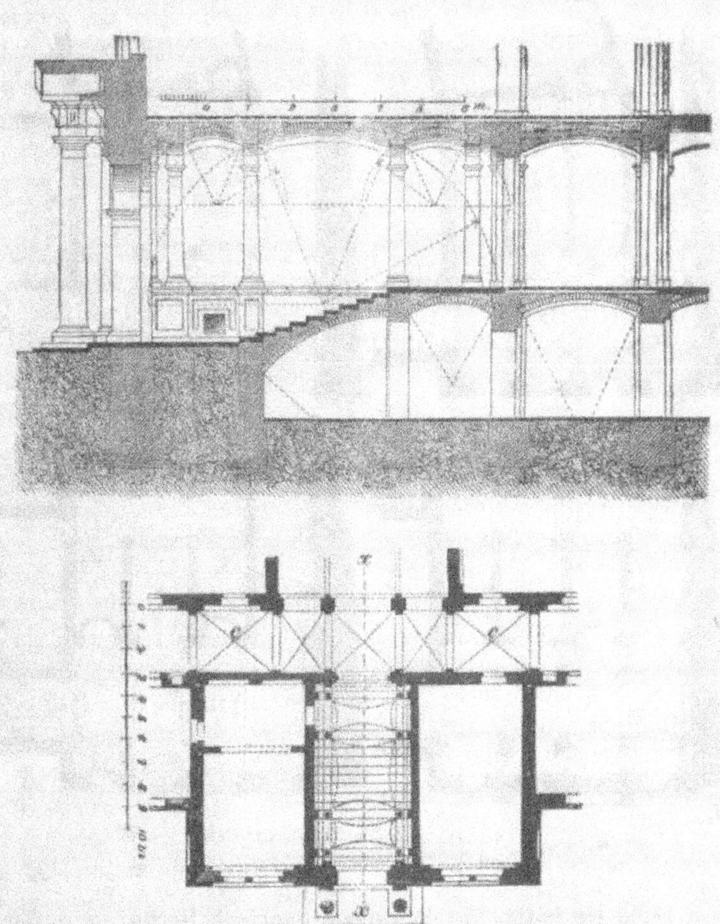

terminées par des arcs doubleaux formant les appuis des voûtes
sphériques.   La surface se trouve ainsi partagée en trois
séries de compartiments, larges au milieu et allongés sur les

côtés. Les naissances de toutes les voûtes contiguës se trouvent placées à même hauteur. Les couloirs (c c) sont recouverts de voûtes d'arête surbaissées.

Fig. 402.

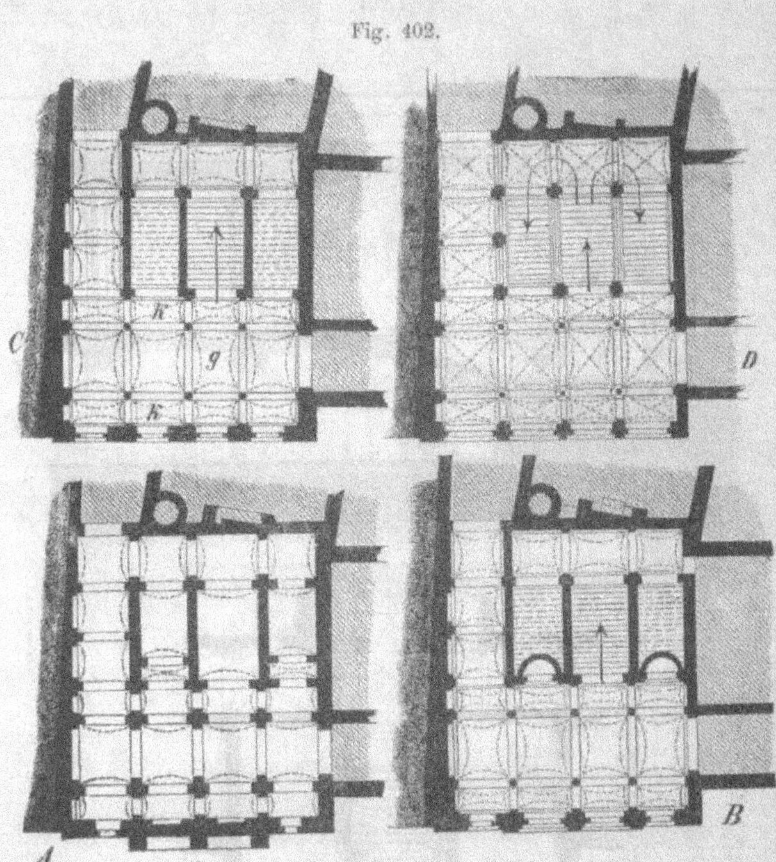

Dans les bâtiments du collége Sophie à Berlin, on a fait un très grand usage de la voûte en segment sphérique. Le plan de l'entrée et de la cage d'escalier est représenté à la fig. 402. En A, nous avons le plan des caves; en B, celui du rez-de-chaussée; en C, celui du premier étage et enfin en D, celui du second étage. Les caves sont toutes recouvertes de voûtes cylindriques, elles ne nous intéressent donc pas dans le cas particulier. Le rez-de-chaussée et les deux autres étages ont reçu des voûtes en segment sphérique du type surbaissé. L'escalier s'arrête au second étage; il est formé de trois volées par étage, une volée centrale s'élevant jusqu'à mi-hauteur de l'étage et deux volées latérales continuant jusqu'au palier supérieur. Des murs d'echiffre, soutenant les marches des différentes volées, montent depuis le bas jusqu'à l'étage supérieur. Les paliers reposent sur des voûtes en segment sphérique. Les naissances des voûtes recouvrant le vestibule au bas de l'escalier reposent sur des arceaux portés par 6 colonnes en fonte. Les voûtes sont au nombre de 9: trois grandes voûtes de forme presque carrée (g) et 6 petites voûtes de forme allongée (k), transmettant la poussée des grandes voûtes à des butées de résistance convenable. Les lignes pointillées de la fig. 403 indiquent la grandeur des sphères dans lesquelles sont prises les surfaces d'intrados. [1])

Un exemple remarquable de voûte de la même espèce, prise dans un ellipsoïde de révolution, nous est fourni par la synagogue de Berlin, construite par Knoblauch. Cette voûte recouvre le grand vestibule formant l'entrée de la synagogue. Le plan de l'édifice présente cette intéressante particularité que, par suite de la forme irrégulière du terrain dont on disposait, l'architecte dût obliquer l'axe de la nef principale par rapport à celui de l'entrée donnant sur la façade. Pour dissimuler ce défaut de régularité l'architecte donna à ce vestibule la forme d'un dodécagone régulier et décora chacun des côtés d'une manière semblable. Dans ces conditions le changement de direction de l'axe de l'édifice ne se remarque presque pas. Cette grande entrée est représentée en plan à

---

[1]) Dans cette figure ainsi que dans la fig. 401 le position des centres (k) est erronnée; ces centres devraient se trouver de niveau avec ceux des voûtes (g).

Fig. 403.

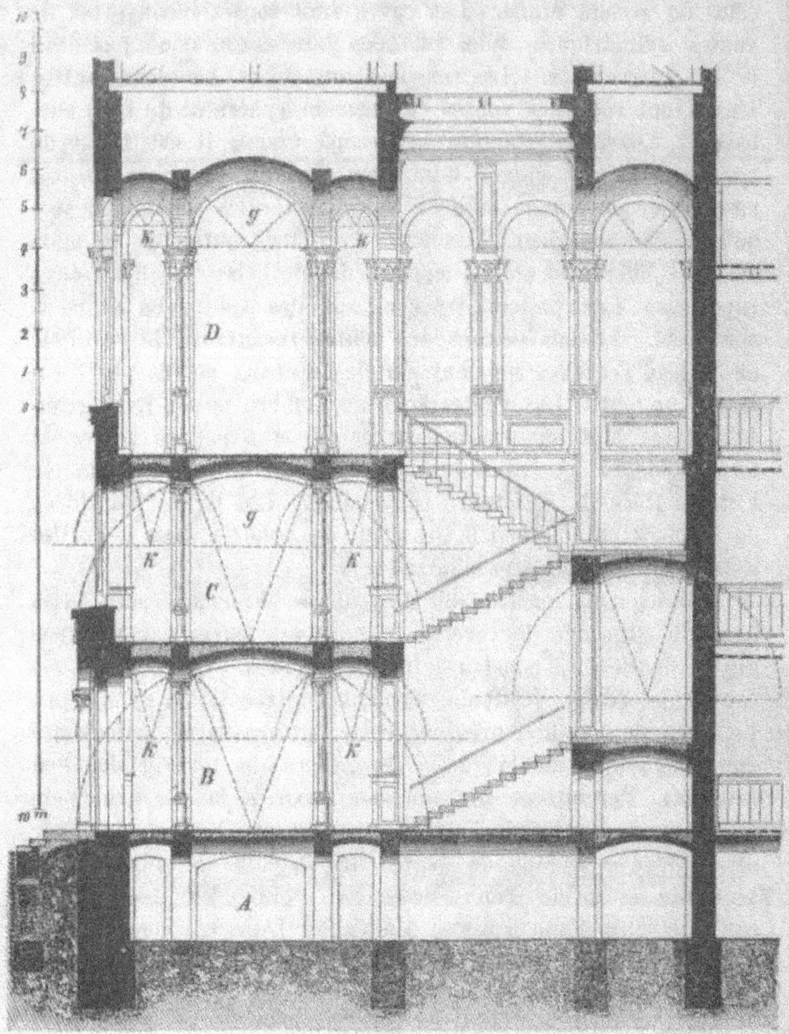

la fig. 405 et en coupe à la fig. 404. Le principe de la voûte
se comprend de suite. La section droite est elliptique; la voûte

est percée de douze lunettes rampantes, montant de l'extérieur vers l'intérieur et repose sur douze colonnes placées près des murs et pilastres de pourtour. Les chapiteaux de ces colonnes touchent aux pilastres ou au mur et reçoivent les retombées des voûtes en lunettes. Les arêtes de pénétration de ces dernières et de la voûte principale sont accusées par des nervures se prolongeant, en s'entrecroisant, jusqu'à la moulure d'encadre-

Fig. 404.

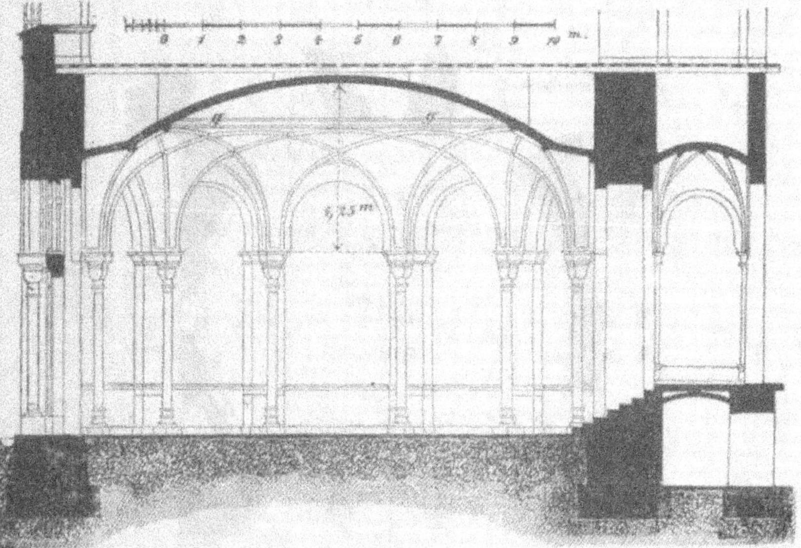

ment (g) de la calotte supérieure. Ce n'est, en effet, qu'à partir de cette moulure que commence à proprement parler la voûte en calotte.

Celle-ci est prise dans un ellipsoïde de révolution dont l'axe de rotation est vertical. Toute section par un plan horizontal donne donc des cercles et toute section par un plan vertical des arcs d'ellipse de même grandeur. Mais comme nous l'avons déjà fait remarquer, on remplace en pratique toujours l'ellipse par un ovale ou par une courbe en anse de panier, afin de faciliter le tracé des arcs.

Au-dessus de l'entrée que nous venons de décrire se trouve une grande salle de réunion, aussi de forme dodécagonale. Elle est entourée, à mi-hauteur environ, d'une galerie reposant sur d'élégantes colonnes en fonte qui montent jusqu'au plafond de la salle. Cette partie de l'édifice est reproduite dans les fig. 406 et 407. Les colonnes se trouvent à 1,10 m du mur de pourtour et supportent des poutrelles sur lesquelles s'appuient les voûtes coniques recouvrant les entrecolonnements.

Fig. 405.

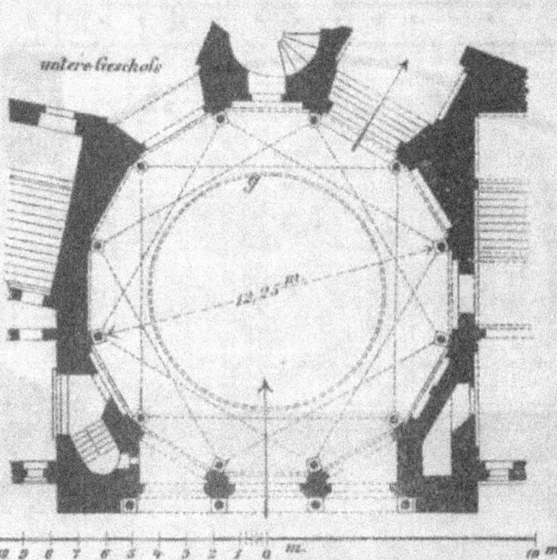

Ces poutrelles fournissent non-seulement l'appui nécessaire aux voûtes, mais rattachent aussi les colonnes au mur de pourtour. Contre ces voûtes s'appuient les naissances de la coupole composée, à la partie inférieure, d'onglets avec arêtes décorées de moulures et, à la partie supérieure, d'un tambour surmonté d'une calotte sphérique surbaissée. La poussée exercée par la calotte est transmise par les onglets aux voûtes coniques. L'ensemble de la construction est décoré de moulures et de peintures.

Fig. 406.

Fig. 407.

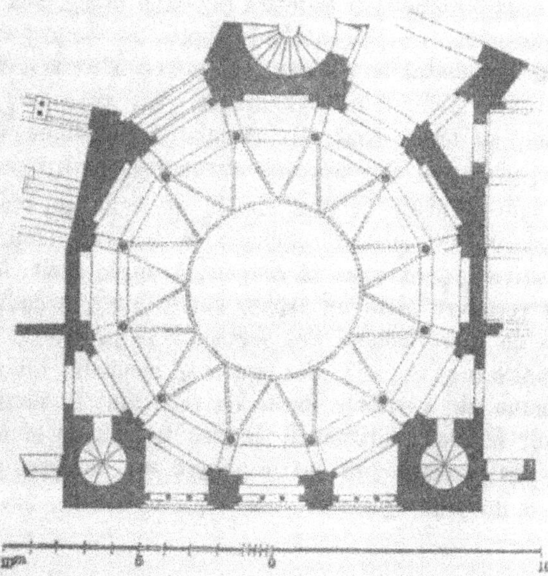

Sur les plans la voûte en segment sphérique s'indique par le rabattement de ses arcs de naissance. Le maçon peut alors toujours faire le tracé des cintres, même quand il n'a pas d'autres sections de la voûte. Le mode d'indication en usage en Autriche, signalé plus haut, doit être rejeté, car il ne fournit aucune donnée précise.

A l'égard des dimensions à donner à ces voûtes et à leurs pieds-droits, on peut faire les remarques générales suivantes:

La hauteur de leur flèche varie de $\frac{1}{6}$ à $\frac{1}{10}$ de la portée.

Jusqu'à 5 m de portée, on peut conserver à la voûte l'épaisseur d'une demi-brique.

L'épaisseur des pieds-droits est ordinairement de $\frac{1}{4}$ ou $\frac{1}{5}$ de la portée, sans descendre jamais au-dessous de deux briques et demie.

X. Voûte d'arête.

a. **Forme et tracé de la voûte.** — Si l'on combine plusieurs (au moins trois) segments de voûte cylindrique du genre de ceux désignés par la lettre (k) dans la fig. 254 autour d'un même point, en plaçant leurs lignes de sommet dans un même plan horizontal, on obtient une **voûte d'arête**, fig. 408.

La voûte génératrice cylindrique peut avoir une section quelconque; sa forme peut être circulaire, elliptique, en anse de panier, ovale, en arc de cercle surhaussé ou surbaissé, etc.

La voûte d'arête la plus simple est celle qui résulte de la combinaison de quatre segments de berceau plein-cintre, disposés suivant deux axes se coupant à angle droit, fig. 409. La voûte recouvre alors un espace carré (a g e c) dans lequel les lignes de raccordement des segments se projettent suivant les diagonales (c g) et (a i). Ces lignes se nomment les **arêtes**. On détermine leur véritable forme en rabattant la section diagonale sur le plan horizontal, comme le montre la fig. 409. Les têtes de la voûte peuvent s'appuyer sur des arcs ou bien s'adosser à des murs pleins.

Fig. 408.

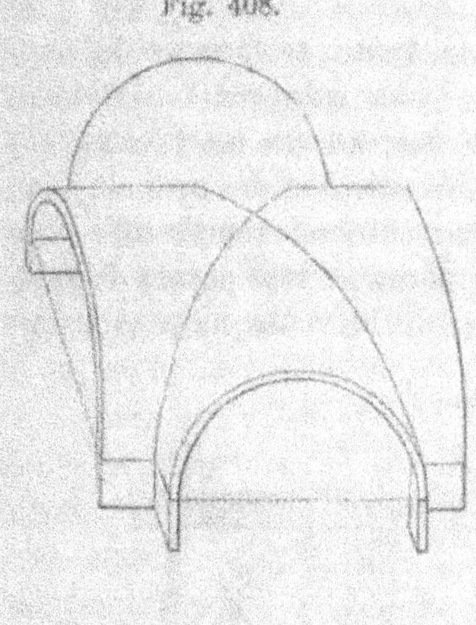

Fig. 409.

La voûte d'arête présente l'avantage sur les voûtes que nous avons étudiées jusqu'à présent, de reporter toute la charge sur les appuis des angles. Car, si l'on suppose les segments touchant une même arête décomposés en bandes étroites normales aux génératrices, les pressions agissant dans deux bandes correspondantes se composeront en une résultante dirigée suivant la diagonale, c'est-à-dire suivant l'arête de la voûte [1]). Celle-ci recevra l'ensemble des résultantes des pressions élémentaires lesquelles donneront une pression unique au point d'appui.

Les voûtes d'arête plein-cintre ne se font avec des sommets parfaitement horizontaux que lorsqu'elles sont en pierre de taille. Quand on les fait en moellons ou en briques, il est d'usage de leur donner un peu de flèche. La voûte est alors formée à vrai dire de quatre cylindres rampants et son point

---

[1]) Cela n'est vrai qu'autant que les charges sur la voûte sont uniformément réparties, ce qui est du reste presque toujours le cas.

culminant se trouve à la rencontre des quatre lignes de
sommet.

Cette flèche au milieu de la voûte se nomme le surhaussement. Elle est nécessaire pour qu'après l'enlèvement
des cintres, les tassements de la maçonnerie ne fassent pas
descendre le centre plus bas que les sommets des arcs de tête.

La forme que prend alors la voûte est représentée à la
fig. 410. On a supposé les quatre plans de tête percés d'ouvertures en plein-cintre. La naissance de la voûte ne peut partir

Fig. 410.

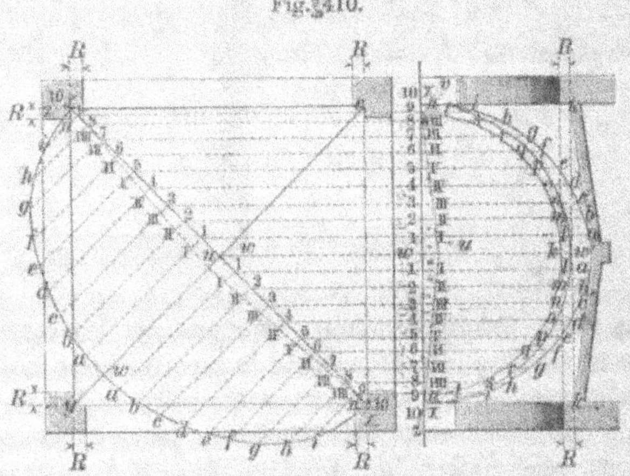

du bord même de l'arc de tête; il faut laisser entre les deux
un petit intervalle, on le fait très-simplement en donnant aux
arcs un diamètre un peu inférieur au côté du carré qui forme
la base de la voûte. C'est ce qui se voit dans la fig. 410;
la grandeur de l'intervalle est (R).

Horizontalement les arêtes se projettent encore suivant
des lignes droites. En projection verticale, elles ne se confon-
dent plus avec le demi-cercle de la section droite. Leur véritable forme s'obtient facilement par un rabattement sur le
plan horizontal. On porte la hauteur dont on veut surhausser
la voûte en (u w) sur l'axe du plan vertical et l'on joint (u z).
Cette droite représente alors l'inclinaison de la ligne de som-

met des différents secteurs de la voûte et par suite aussi la quantité dont ils se sont élevés en un point quelconque intermédiaire. On divise alors $\frac{1}{2}$ v z en un nombre arbitraire de parties égales, en 10 par exemple, et l'on mène des perpendiculaires par les points de division. Sur ces perpendiculaires on porte à partir de la circonférence du demi-cercle des longueurs égales aux ordonnées de la ligne des sommets. En joignant par une courbe continue les points ainsi obtenus, on a la projection verticale des lignes d'arête.

Pour avoir leur véritable forme, on construit comme toujours le rabattement sur le plan horizontal. A cet effet, on divise la projection horizontale de la ligne d'arête en 10 parties égales et l'on mène par les points de division des perpendiculaires sur lesquelles on prend des longueurs égales aux ordonnées correspondantes de la projection verticale. Ces ordonnées reportées sont (w w'), (1 a), (2 b), (3 c) . . . . . . ; leurs extrémités déterminent le rabattement de la ligne d'arête.

On peut encore tracer la projection verticale des arêtes surhaussées de la manière suivante.

On divise la demi-largeur de la voûte en un nombre arbitraire de parties égales (4 dans le cas particulier de la fig. 411, côté gauche) et l'on porte sur l'axe, à partir de la base, la hauteur adoptée pour le surhaussement. On divise celle-ci en un même nombre de parties égales, soit donc ici en quatre. Avec un rayon égal à celui du plein-cintre générateur de la voûte, on décrit des points 1, 2, 3, comme centres des arcs de cercle qui coupent les perpendiculaires I, II, III en des points appartenant à la projection verticale de la ligne d'arête.

Souvent les voûtes d'arête ne s'appuient que sur quatre piliers. La disposition de la voussure dépend alors de la forme des piliers. Lorsque ceux-ci présentent des saillies sur les côtés, comme en E et F, fig. 411, les naissances de la voûte et celles des arcs de tête peuvent partir du même niveau et la saillie des piliers est égale à la retraite (t u) de la voûte et correspond à une demie ou à trois quart de brique. Quand la section du pilier est carrée ou rectangulaire, l'origine de

Fig. 411.

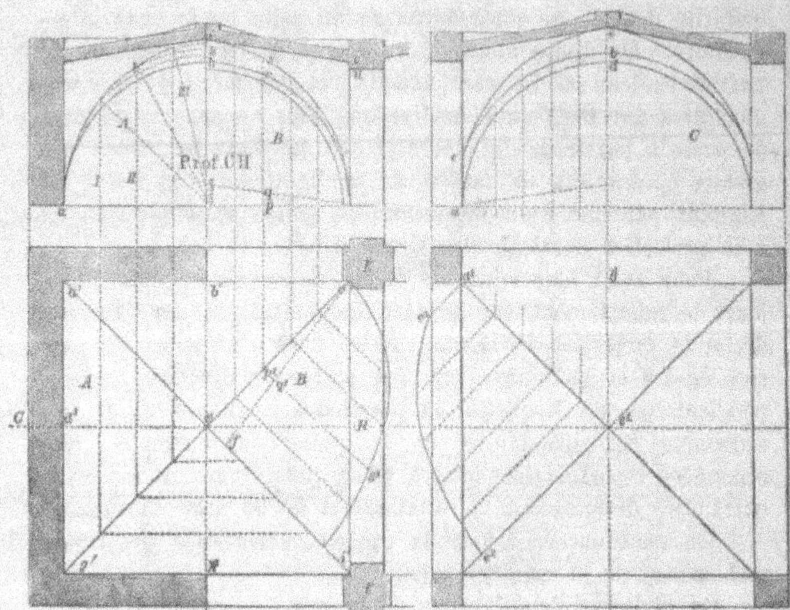

Fig. 412.

la voûte est placée plus haut que celle des arcs de tête, comme on le voit en (a c) sur la droite de la fig. 411. La différence de hauteur des origines résulte de la saillie adoptée à la clef en (b d), celle-ci étant de $^1/_2$ ou de $^3/_4$ de brique. Les naissances forment alors un cercle concentrique à celui de l'arc de tête. Sur le plan cette différence de niveau à l'origine des naissances est représentée en $a^1 e^2$; elle n'empêche naturellement pas de donner du surhaussement à la clef.

D'ordinaire le surhaussement ne dépasse pas $^1/_{40}$ de la diagonale de la base de la voûte.

Dans les voûtes d'arête que nous avons vues jusqu'ici, les arcs de tête avaient la forme du plein-cintre; mais il n'en est naturellement pas toujours ainsi. Dans le cas particulier de la fig. 412, par exemple, ils sont surbaissés et limitent des segments de voûte presque plats. Dans cette figure, on n'a

Fig. 413.

pas indiqué de surhaussement, parce que quand celui-ci est faible les tassements l'annulent presque complètement. Aussi prend-on rarement la peine de l'indiquer dans les plans; on ne s'en préoccupe qu'au moment de l'éxécution.

La voûte d'arête de forme ogivale, comme celles que nous verrons aux fig. 416—419, peut se passer de surhaussement; ses sommets conservent la direction horizontale, fig. 413.

Lorsque l'espace recouvert est de forme rectangulaire le sommet de la voûte se trouve au-dessus du point de rencontre des deux diagonales, c'est-à-dire au-dessus du centre de gravité de la base. Les arcs de tête sur les petits côtés se font semi-circulaires et l'on en déduit par projection la forme de ceux des grands côtés ainsi que celle des lignes d'arête, en tenant compte du surhaussement s'il y en a.

Lorsque l'enceinte est de forme irrégulière, on commence
par chercher la position de son centre de gravité, puis on le
joint avec les différents angles; ces lignes représentent la projection des arêtes. Les segments de voûte cylindrique sont
alors obliques l'un par rapport à l'autre; leurs axes se rencontrent au centre de gravité de la figure et passent par le
milieu de chacun des côtés.

Nous en avons un exemple dans la fig. 414. Au-dessus
de l'un des côtés (on choisit ordinairement celui de longueur
moyenne), on adopte un demi-cercle pour la forme de l'arc de

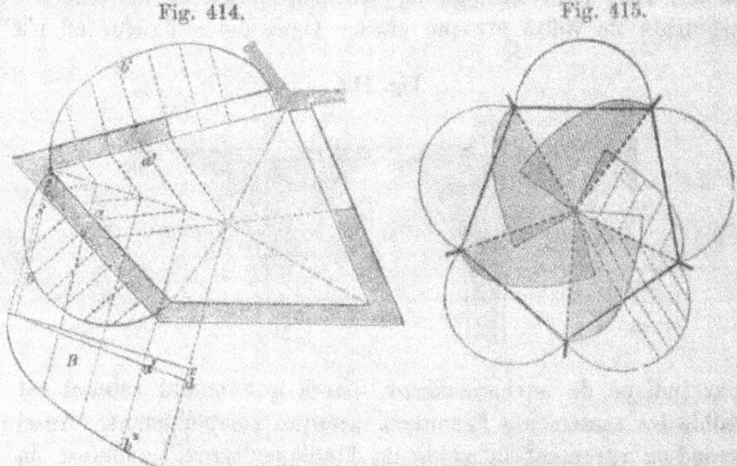

Fig. 414.   Fig. 415.

tête et l'on en déduit celle des arcs de tête des autres côtés.
L'arc B de la fig. 414 représente le rabattement de l'une des
lignes d'arête.

Dans la fig. 415 la base de la voûte est pentagonale et
irrégulière. Les arcs de tête et les lignes d'arête sont indiquées en rabattement sur le plan.

Il y a encore d'autres espèces de voûtes d'arête, telles
que, par exemple, celles dans lesquelles les arcs de tête sont
semi-circulaires et inégaux, les lignes d'arête elliptiques et
rampantes et les sommets curvilignes, en sorte que l'intrados
de la voûte n'est plus, ou n'est qu'en partie, composé de sur-

faces cylindriques. Une voûte de ce genre est indiquée à la fig. 416.

Les côtés (a b) et (b c) sont de longueurs différentes; tous deux soustendent des arcs de tête semi-circulaires dont les sommets (e) et (h) correspondent aux sommets (f) et (g). Les lignes de sommet décrivent des courbes convexes (e d), (d f),

Fig. 416.

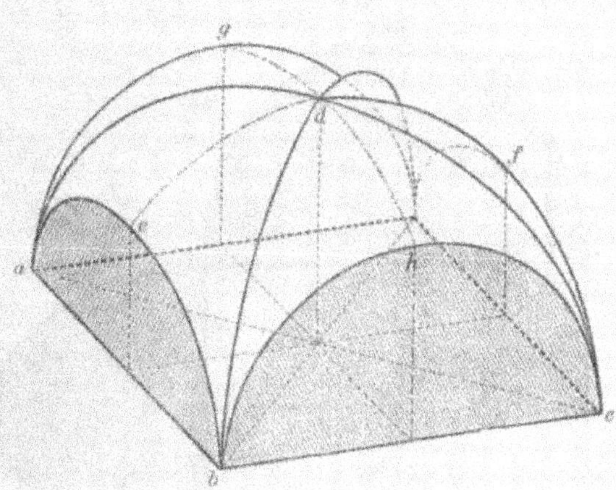

(g d), (d h). Ce bombement des secteurs de la voûte se produit aussi quand les côtés du rectangle soustendent des ogives de flèche inégale, fig. 417.

Il est assez usuel dans ce dernier cas d'adopter d'abord la forme de la ligne d'arête pour en déduire celle des arcs de tête. On donne alors ordinairement la forme semi-circulaire à la courbe d'arête et l'on porte sur l'une des diagonales, à partir de l'un des angles, en (a b) et (a g), les longueurs du petit et du grand côté du rectangle, fig. 418.

Par le milieu des ces longueurs, on élève des perpendiculaires jusqu'à la rencontre avec le demi-cercle; ces points sont les sommets des ogives cherchées dont le tracé se complète facilement.

Au lieu de procéder comme ci-dessus, on peut déduire les

ogives du demi-cercle en s'imposant comme condition qu'elles
auront toutes la même flèche, égale au rayon du demi-cercle
de la ligne d'arête, fig. 417.

Enfin, dans le but de faciliter l'éxécution de la voûte et
de lui donner un aspect plus satisfaisant, on peut rendre les
ogives semblables, c'est-à-dire les tracer avec des rayons pro-
portionnels à la longueur des côtés qu'elles recouvrent. En

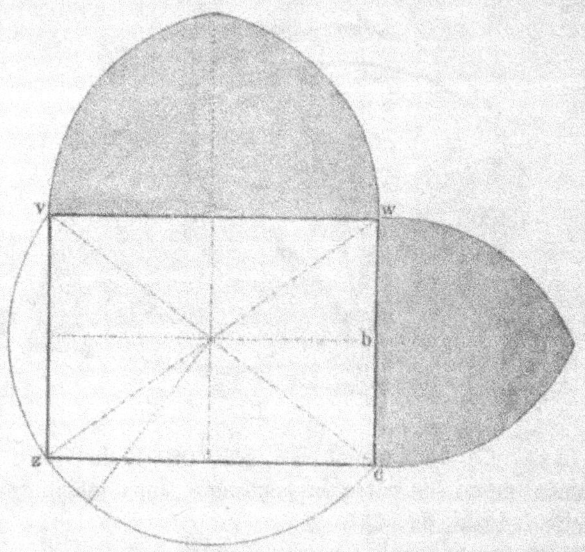

Fig. 417.

pareil cas, on ne place pas l'origine de l'ogive du petit côté
aussi bas que celle de l'ogive du grand côté et l'on complète
la différence de hauteur par une petite partie verticale.

Cette disposition est représentée à la fig. 419. Les ogives
des arcs de tête y ont chacune un rayon égal aux trois quarts
de l'ouverture (ce rapport était très-usuel au moyen âge). La
ligne d'arête a une forme analogue d'où résulte une voûte
avec surhaussement et bombement.

Jusqu'à présent nous avons toujours supposé les axes et
les naissances des différents segments cylindriques de la voûte

dans un même plan horizontal. Il pourrait y avoir intérêt à
les placer dans un plan incliné et à les diriger obliquement
au lieu de les disposer à angle droit.

La première hypothèse se réalise souvent dans la construction des voûtes d'escaliers. La fig. 420 nous en fournit
un exemple. La voûte d'arête est rampante et recouvre une
base rectangulaire. L'arc de tête au-dessus du petit côté est

Fig. 418.   Fig. 419.

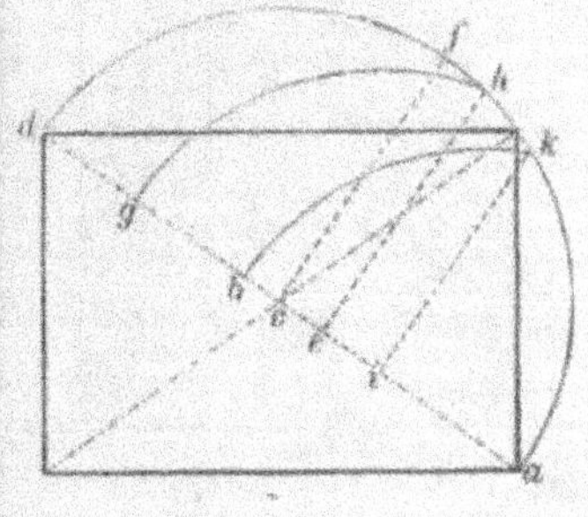

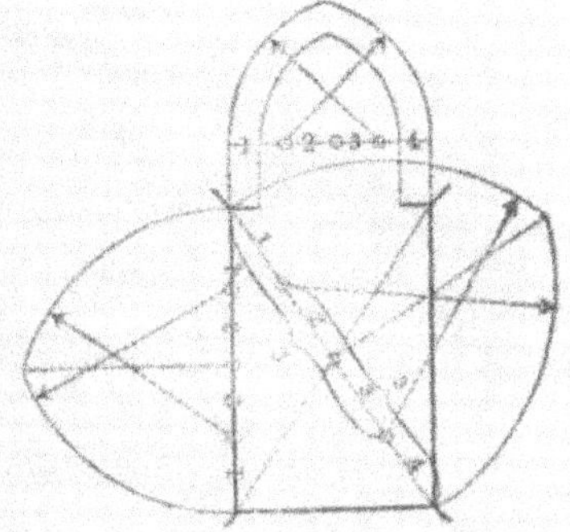

semi-circulaire. Etant donnés l'inclinaison de la ligne des
naissances de l'arc correspondant au grand côté (a' c') et le
surhaussement de la voûte (f' e'), on en déduit par la construction
ordinaire l'arc lui-même. Il a naturellement la forme d'une
courbe rampante, de même que la ligne d'arête dont le **rabattement** se construit avec les mêmes données.

Pour ces voûtes d'arête rampantes, on emploie quelquefois
des segments cylindriques surbaissés construits sur une courbe
en anse de panier.

Enfin, nous indiquerons finalement une espèce de voûte
d'arête que l'on peut désigner par le nom de **voûte d'arête
annulaire**, fig. 421. Elle est formée par la pénétration d'un
berceau annulaire et d'une voûte conoïde, ayant tous deux,
au point de rencontre de leurs axes, le même demi-cercle pour
section droite. Les arêtes d'une voûte de ce genre ne se
projettent plus suivant des droites sur le plan horizontal.

Supposons qu'on donne la voûte annulaire et sa section droite (v r p), ainsi que les ouvertures (v q) et (w p) des deux côtés correspondant à la voûte conoïde. Celle-ci est engendrée par une droite horizontale assujettie à s'appuyer constamment sur le demi-cercle directeur et sur la verticale projetée en (c). Dans ces conditions les arcs de tête suivant (v q) et (w p) sont

Fig. 420.

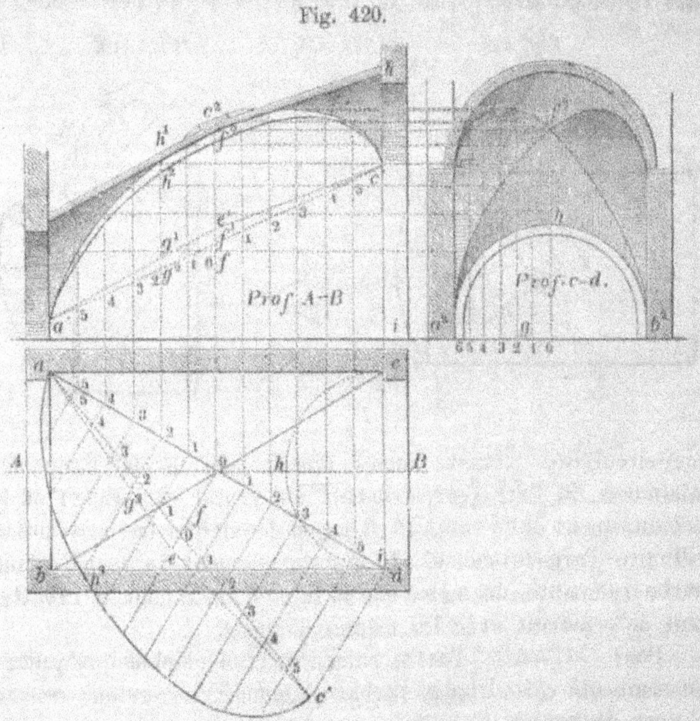

des courbes ellipsoïdales dont la première est surbaissée, tandis que l'autre est surhaussée. Pour avoir la projection horizontale des lignes d'arête, on divise les deux sections droites en un même nombre de parties égales et l'on mène par les points de division des cercles concentriques dans la voûte annulaire, et des droites convergeant sur (C) dans la voûte conoïde. Les points d'intersection des génératrices de même hauteur sur

les deux voûtes sont des points des lignes d'arête. Il suffit
en suite de relier tous ces points par une courbe continue
pour avoir la projection cherchée.

Le développement des arcs de tête (v q) et (w p) se construit comme d'ordinaire, en reportant pour les différents points
la grandeur des ordonnées prise dans le demi-cercle de section
droite.

Fig. 421.

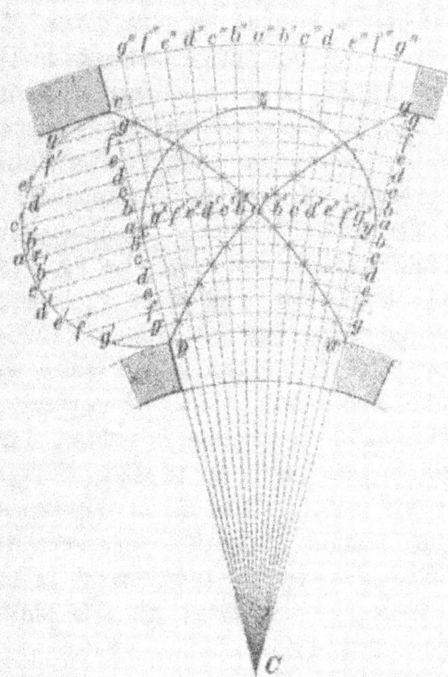

Le berceau hélicoïdal, dont on se sert aussi quelquefois
dans les escaliers, n'est qu'un berceau annulaire dans lequel
les naissances, au lieu d'être planes et circulaires, sont rampantes et hélicoïdales. On pourrait en partant de cette voûte
construire une voûte d'arête du genre de celle que nous venons
d'indiquer, mais on n'en trouverait pour ainsi dire pas l'application.

b. Construction. — On peut appareiller la voûte d'arête de différentes manières.

1°. Chacun des segments cylindriques peut être composé d'assises droites disposées suivant des plans passant par l'axe des cylindres générateurs. A l'arête, les briques ou voussoirs chevauchent alternativement d'un segment de voûte sur l'autre et sont taillées suivant des angles variables, car, normalement à l'arête, l'angle varie d'un point à un autre. Dans le cas du demi-cercle, par exemple, l'angle d'abord droit devient graduellement de plus en plus obtus. La taille des voussoirs d'arête ne se fait qu'au moment de la pose quand la voûte est en briques ou en moellons; mais quand elle est en pierre de taille, les voussoirs sont mis en place tout taillés.

La fig. 422 représente une voûte d'arête, d'une demi-brique d'épaisseur, construite avec ce mode d'appareil. On éxécute simultanément les quatre segments, commençant aux angles et avançant d'une manière uniforme. La fig. 423 donne l'appareil, en coupe et en plan, d'un point quelconque de l'arête. On voit d'après la coupe que les briques d'arête laissent de petits vides du côté de l'extrados par suite du croisement qu'on est obligé de donner aux joints. Il en résulte que dans ce mode d'appareil, quand on emploie la brique, l'arétier est en réalité la partie la plus faible de la voûte si l'épaisseur reste uniforme. Car au point de vue de la resistance, il ne servirait à rien de remplir les petits vides avec des fragments de brique. Comme l'arétier est précisément la partie la plus fatiguée de la voûte, on lui donne alors le plus souvent une surépaisseur d'une demi-brique.

Le même inconvénient n'existe pas quand la voûte est construite en moellons ou en pierre de taille, aussi le mode d'appareil que nous venons d'indiquer est-il alors le plus usité, car il facilite sensiblement l'éxécution.

Les appuis des naissances sur les piliers ou aux angles des murs de pourtour se font en pierre de taille; quelquefois la maçonnerie forme encorbellement en ces points.

L'appareil par assises parallèles aux axes des deux

cylindres exige un cintrage complet. On commence par mettre
en place les fermes diagonales que l'on soutient en leur milieu

Fig. 422.

par un poteau, puis on monte les fermes des arcs de tête;
on complète le cintre par la pose des membrures secondaires
et du couchis. On peut, si l'on veut, commencer la maçonnerie

avant d'avoir achevé le montage du cintre. Il suffit, à cet effet, de compléter la partie relative à l'un des berceaux et d'y reporter, à l'aide du cordeau et du fil à plomb, la position des arêtes; on termine le cintre pendant l'éxécution de la maçonnerie.

Pour éviter que les tassements après le décintrement ne fassent descendre le centre de la voûte plus bas que les sommets des arcs de tête, on donne, comme nous savons, du surhaussement aux fermes diagonales. Ce surhaussement est ordinairement égal à $1/40$ de la diagonale quand la base est régulière

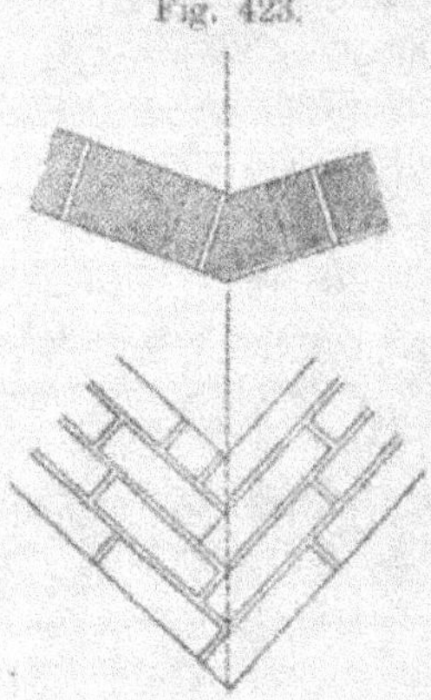

Fig. 423.

et il est égal à $1/20$, quand elle est irrégulière. Il en résulte que les segments de la voûte sont en réalité des cylindres rampants. Lorsque les naissances font corps avec les murs ou arcs de tête, il faut tenir compte du tassement qui se produit après le décintrement et laisser un joint ouvert au droit des naissances. Comme nous l'avons dit plus haut, l'appareil par assises parallèles aux axes des cylindres convient surtout aux voûtes d'arête en moellons ou en pierre de taille.

2. On peut aussi disposer les briques par assises normales aux arêtes; elles se rencontrent alors sur les lignes médianes des segments formant en ces points la queue d'hironde. Ici aussi, les différentes assises chevauchent l'une sur l'autre à l'arête et chacun des claveaux a une forme spéciale. Mais,

dans le cas particulier, la taille est fort simple, car elle ne consiste qu'à faire sauter une partie plus ou moins grande de l'un des angles du claveau ou de la brique. C'est pour cette raison qu'on adopte ordinairement ce mode d'appareil quand on construit la voûte d'arête en briques. Le long des lignes d'arête et de noue, l'intrados et l'extrados ne présentent pas de vides; la voûte est donc aussi forte au droit des arêtes qu'en un autre quelconque de ses points. Il est cependant désirable de renforcer l'arête quand la portée excède 1,50 m.

Les avantages de l'appareil en queue d'hironde sont les mêmes pour le cas particulier que pour les voûtes en berceau. Comme dans ces dernières, une partie de la poussée est transmise aux arcs ou aux murs de tête, mais sans qu'il y ait nécessité pour cela de les renforcer.

Les lits d'assise seront ou ne seront pas dirigés vers une ligne axiale, suivant la forme des lignes d'arête. Les projections horizontales et verticales des joints continus de l'intrados sont des lignes courbes.

Les arcs diagonaux des voûtes d'arête plein-cintre ne forment exactement des demi-ellipses de grand axe égal à la diagonale de l'enceinte et de petit axe égal au rayon du plein-cintre, qu'autant que la voûte n'a point de surhaussement, c'est-à-dire, que les axes des berceaux générateurs se trouvent dans un même plan horizontal, comme dans les fig. 409 et 422. Mais quand la voûte est surhaussée (fig. 410, 411, 414, 415) la ligne d'arête est en réalité composée de deux arcs d'ellipses rampantes dont les grands axes s'inclinent en sens opposé à partir du centre de la voûte. Chacune des ellipses rampantes se détermine comme indiqué à la fig. 212, avec cette différence, que dans le cas particulier, la ligne AB se trouve être parfaitement horizontale et que le centre M, au droit du centre de gravité, serait à élever d'une quantité égale au surhaussement donné.

Nous avons reproduit à la planche IV l'épure complète du tracé des lignes d'arête. Le sur haussement du centre est représenté par (βo). Le quart d'ellipse du côté droit (B' C') a pour grand axe ($\alpha' \gamma'$) pour petit axe ($\beta' \delta'$) et pour foyers (x' y'). On les détermine comme il a été montré à la fig. 205. L'arc d'ellipse du côté gauche a pour grand axe ($\alpha \gamma$), pour petit axe ($\beta \delta$) et pour foyers (x y). Les hauteurs (C' γ') et (A' α') sont égales au surhaussement (βo).

Le but principal de l'épure c'est de déterminer la forme de l'arêtier en ses différents points et d'en déduire son mode d'appareil. On peut procéder de différentes manières à cette détermination; nous donnons ici une méthode relativement simple, due à M. Gottgetreu.

Nous avons vu que le lit des assises doit rencontrer l'arête normalement; or, comme celle-ci a une forme elliptique, la section de l'arêtier variera d'un point à un autre et la disposition de l'appareil sera spéciale pour chacun des points. Lorsque la construction se fait en briques, on donne aux arêtiers une brique et demie de largeur et une brique de hauteur pour les portées ordinaires, ces dimensions n'étant que les limites qui comprennent la section variable de l'arêtier. Il s'agira donc d'abord de trouver quelle est la section à donner à l'arêtier en un point quelconque de sa longueur. Quand son profil est ogival, toutes les sections normales passent par le centre de l'arc d'ogive; mais quand sa forme est elliptique, il faut commencer par déterminer la normale à l'ellipse au point considéré. A cet effet, on trace les rayons vecteurs de ce point et l'on mène la bissectrice de l'angle formé par ces rayons. Ainsi, sur la planche IV, fig. 2, les angles (x' f' y') (x' d' y') (x' b' y'), sur la droite de la figure servent à déterminer les sections normales (f' e'), (d' c') (b' a'). Pour tracer la section de l'arêtier en ces points, il suffit de faire le rabattement sur le plan vertical.

Considérons, par exemple, la section droite d' c'. Elle donne sur l'intrados de la voûte une ligne courbe se projetant sur le plan n' n'. Cette courbe est déterminée par une série de parallèles à l'axe rampant de la voûte lesquelles représentent des génératrices de la surface d'intrados. Elles se projettent verticalement et horizontalement en (m m), (m′ m′), (m″ m″), (m‴ m‴), les projections d'une même ligne étant désignées par les mêmes lettres. L'intersection de ces droites avec le plan (d′ e′) donne les points (n), (n′), (n″), (n‴) de la projection horizontale de la trace du plan sécant sur l'intrados. Pour avoir la véritable forme de cette section, on rabat le plan sécant autour de sa trace sur le plan vertical. Alors les points (n′), (n″), (n‴) se déplacent sur des perpendiculaires à (d′ e′) jusqu'à la rencontre avec les lignes (m m), (m′ m′), (m″ m″), (m‴ m‴). Le rabattement de la courbe d'intrados est donc représenté par la ligne (n, n′, n″, n‴). Il permet de déterminer la section de l'arêtier en ce point. On prend à partir de l'angle une largeur égale à une brique et demie et l'on mène par son extrémité une perpendiculaire à l'intrados; elle représente le joint montant entre l'arêtier et la voûte. On limite la hauteur du premier par une perpendiculaire à (d′ e′) menée à une brique de distance de l'intrados. Enfin on figure l'extrados de la voûte par la courbe parallèle, menée à une demi-brique de distance de l'intrados. On déterminerait de la même manière la section de l'arêtier en (c′ f′), (b′ a′) etc.

La projection horizontale des sections droites précédentes se déduit de leur projection verticale, d'après les règles de la géométrie descriptive. Si nous considérons la section droite (d′ e′) dans son rabattement sur le plan vertical, nous voyons que l'arêtier a moins de largeur à la partie supérieure de la section qu'à la partie inférieure et qu'il ne fait saillie sur l'extrados que d'environ $\frac{1}{3}$ de brique. Plus bas, au delà de la section droite (a′ b′), la diminution de hauteur est telle que le bord extérieur de l'arêtier finit même par se confondre avec le sommet, tandis que vers le haut, dans les sections (c′ f′) (g′ h′), ce bord s'élève de plus en plus, jusqu'à faire saillie d'une demi-brique sur l'extrados. Lorsque le surhaussement est grand l'arêtier acquiert même en ces points plus de largeur du côté de l'extrados que du côté de l'intrados, comme on le voit du reste par la section (g′ h′).

Ce n'est qu'au moyen d'une série de sections droites ainsi déterminées qu'on peut arriver à donner à l'arêtier la forme exacte.

28*

Tandis que la planche IV donne sur la droite une série de sections droites de l'arêtier, elle représente sur la gauche le profil de ce dernier et son joint avec le segment contigu. Cette partie de la figure montre clairement que l'arêtier doit changer de section d'une assise à l'autre pour que ses côtés conservent une surface d'appui normale à l'intrados. On voit d'après ce qui précède que la construction de la voûte d'arête plein-cintre est assez compliquée quand on adopte l'appareil en queue d'hironde, puisque les voussoirs des arêtiers sont tous différents les uns des autres. Cet inconvénient disparait quand la voûte est ogivale, car alors les arêtiers ont eux-mêmes la forme ogivale c'est-à-dire que leur profil est une courbe décrite d'un centre; ils peuvent en conséquence se composer de voussoirs similaires.

La section des arêtiers étant déterminée dans la projecton verticale, on en déduit la projection horizontale, comme il est indiqué à la fig. 3 de la planche IV.

La construction des sections parallèles à l'un des plans de tête est donnée aux fig. 1 et 2 de la planche V. Ainsi, soit à déterminer les sections suivant les droites I—II et III—IV. Dans la première l'axe est représenté par la ligne rampante (i k) et la projection de l'arêtier elliptique par la courbe (k m). Pour tracer cette courbe on porte à partir de la ligne rampante des ordonnées (n), (o), (p), (q), (r), (s) égales aux ordonnées correspondantes du demi-cercle.

Dans la coupe III—IV le point où le plan sécant rencontre la ligne d'arête diagonale est déterminé par la projection (t t') tandis que les ordonnées des points (u) et (v) se trouvent données dans la fig. 2 de la planche IV. La coupe (t w) du secteur G donne, dans la voûte, une partie droite dont l'épaisseur se détermine à l'aide de la section auxiliaire faite suivant la surface de contact avec l'arc de tête, fig. 3, pl. V. La partie (t z) de la coupe passe par le secteur rampant F dont l'axe se projette en (i l). Cette partie a la forme d'un arc de cercle dont le centre est en (z'), à même hauteur que (z''). La partie d'arêtier comprise entre la clef et la section III IV se construit à l'aide de la coupe fig. 3, pl. V.

Le remplissage des angles s'éxécute par assises horizon-

Fig. 424 A—B.

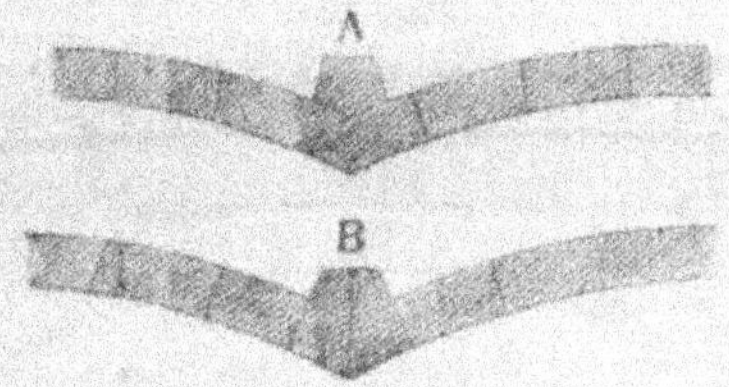

Fig. 425 A—B.

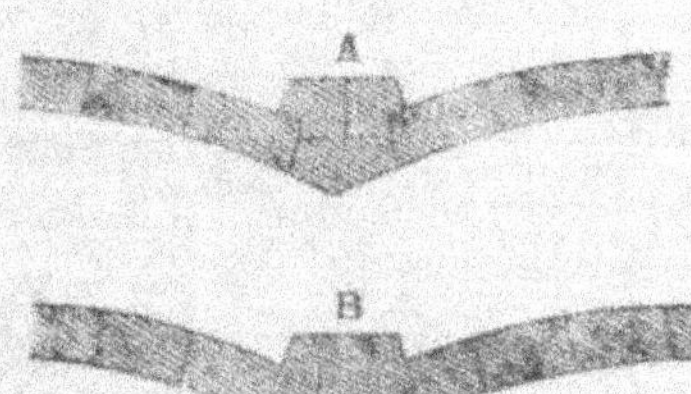

Fig. 426 A—B.

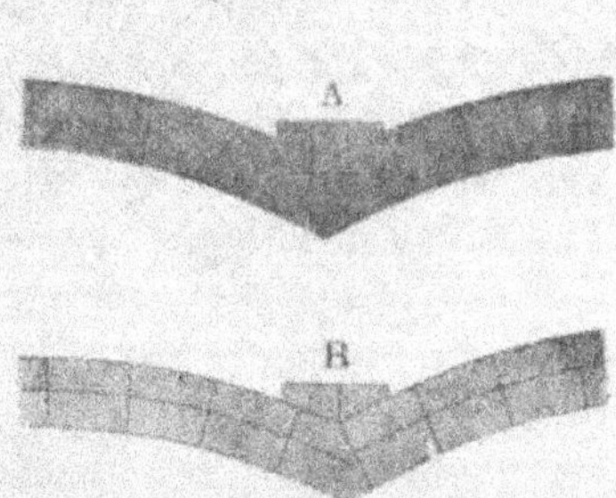

tales; on l'arrête aux courbes $(\pi \varrho)$, intersections des surfaces cylindriques rampantes par un plan horizontal, fig. 1, pl. V.

Nous voyons par ce qui précède que l'appareil de l'arêtier varie d'un point à un autre. Les fig. 424—426 représentent diverses dispositions applicables à des voûtes d'une demi-brique

ou d'une brique d'épaisseur. L'arétier a alors l'épaisseur d'une
brique ou d'une brique et demie. Dans les cas ordinaires la
plus petite de ces épaisseurs est suffisante; on n'a recours aux
épaisseurs plus fortes que lorsque la voûte supporte des charges.

Fig. 427.

Nous en donnons un exemple aux fig. 427 et 428. La
voûte est surbaissée; elle est recouverte d'un remblai d'environ
3 m de hauteur. Son mode d'appareil ressort de la figure.
Dans l'arétier les briques sont disposées comme l'indique la fig. 426.

La pose par assises en queue d'hironde se fait sans cintre complet; on n'a besoin que de quelques fermes. Du reste déjà au moyen âge, on construisait les voûtes d'arête ogivales sans cintre complet. Le mode d'éxécution était le suivant:

On disposait les assises à peu près horizontalement en leur donnant une légère convexité vers l'angle, en sorte qu'elles formaient l'arc dès que leurs extrémités étaient appuyées contre des butées fixes. Les lits avaient une inclinaison variable ne dépassant pas dans le cas de l'ogive régulière, c'est-à-dire de l'ogive circonscrite à un triangle équilatéral, l'angle de 60 degrés. Dans ces conditions les voussoirs étant petits, l'adhérence produite par le mortier était suffisante pour empécher le glissement. On pouvait donc faire la pose sans appuyer les voussoirs sur un cintre et procéder à l'assise suivante dès que la première était fermée. Il fallait en somme seulement veiller à buter convenablement les extrémités des assises.

Dans ces voûtes les butées sont formées par les murs de pourtour ou arcs de tête ou par les extrémités des assises du segment contigu. Si les arétiers de la voûte, c'est-à-dire les lignes de partage des différents secteurs, sont bien établis, les assises, une fois appuyées aux extremités, se soutiennent d'elles-mêmes et la seule précaution à prendre consiste à éxécuter simultanément, ou à peu près simultanément, toutes les assises d'un même niveau, de manière à pouvoir les fermer avant de commencer les suivantes. On voit que ce mode de construction repose sur le même principe que celui des voûtes en dôme où chacune des assises, une fois la fermeture opérée, forme un anneau fermé se tenant en équilibre. Seulement dans le cas de la voûte en dôme les voussoirs des assises voisines de la clef, ont des lits beaucoup plus inclinés et ne peuvent par suite se tenir sans quelque soutien auxiliaire. Un mode de support souvent employé consiste à attacher des cordes du côté de l'extrados, un peu en arrière de l'assise à poser et à les laisser pendre par dessus le bord de la maçonnerie, en les maintenant tendues par des poids (voir la fig. 369). Quand l'ouvrier a posé son voussoir et qu'il l'a amené dans sa position exacte par quelques legers coups de marteau, il fait passer sur lui une de ces cordes. Sous l'effet du poids suspendu la pierre se trouve pressée contre le lit de mortier et maintenue en position, jusqu'à ce que l'adhérence du joint montant suivant permette d'enlever la corde. On procède ainsi de proche en proche jusqu'à compléter et fermer l'assise.

Dans les vieilles églises les voûtes d'arête ont souvent un profil diagonal semi-circulaire. Les arcs de tête ont alors une forme surhaussée. En ce qui concerne la construction des parties supérieures, ces voûtes présentent les mêmes difficultés que la voûte en dôme; aussi est-il probable qu'on avait recours à des modes de pose analogues.

Ces vieilles voûtes d'arête diffèrent sensiblement dans leur construction de la voûte ordinaire que nous avons étudiée à la fig. 421. Cette dernière est engendrée par le mouvement de deux droites horizontales s'appuyant constamment sur quatre arcs se faisant face deux à deux; toute section horizontale donne donc des droites sur l'intrados. Il est clair que cela oblige à construire les assises avec plus de précision et à donner aux segments de voûte plus d'épaisseur que si ceux-ci avaient une forme bombée, comme dans le vieux mode de construction; en effet, les assises n'y ont pas une direction rectiligne; elles décrivent des courbes convexes, ce qui donne plus de résistance à la voûte, tout en facilitant son exécution.

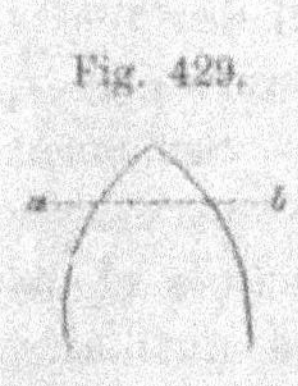

Fig. 429.

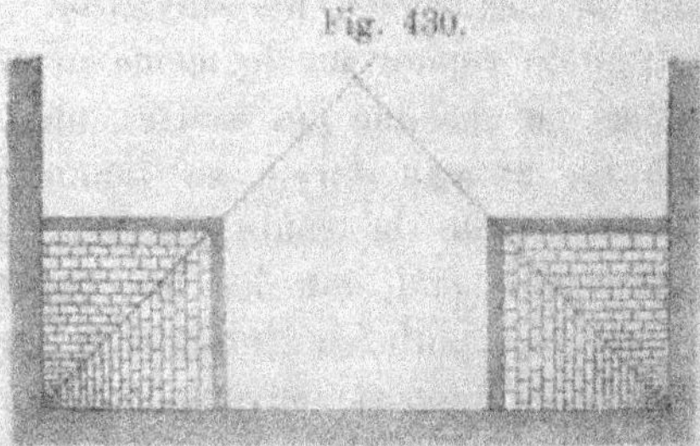

Fig. 430.

Dans le mode de construction ordinaire une coupe horizontale suivant la ligne (a b) fig. 429, donnerait en plan la disposition de la fig. 430; dans l'ancien mode de construction la même coupe conduirait à la disposition de la fig. 431. Dans cette dernière les extrémités des assises courbes s'appuient d'une part sur les murs de tête et d'autre part sur des cintres placés dans les deux plans diagonaux. Les assises de hauteur correspondante se font équilibre en réagissant sur les cintres et cela jusqu'à ce que par la fermeture de la voûte, on ait complété les arêtes diagonales et que celles-ci puissent se soutenir d'elles-même sans l'aide des cintres. La disposition des assises

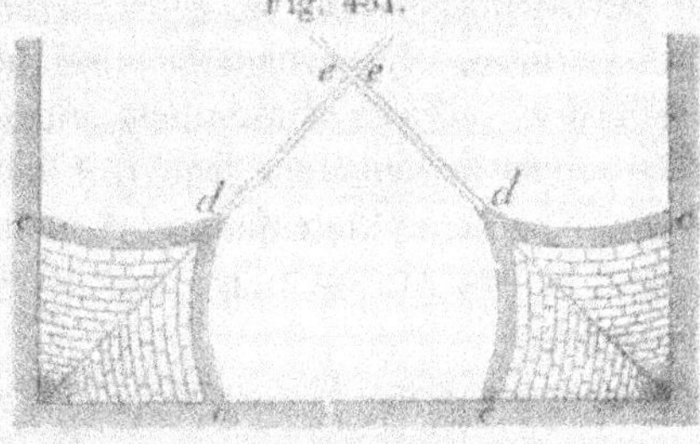

Fig. 431.

dans la partie médiane des segments est indiquée à la fig. 432. On donnait aux dernières assises une inclinaison moins forte que celle qu'elles auraient dû recevoir régulièrement, à l'effet

Fig. 432.

Fig. 433.

de diminuer la tendance au glissement des voussoirs. En coupe, ces voûtes ne donnent l'ogive que dans le plan des arêtiers; les sections verticales voisines donnent des arcs d'ellipse allongée. C'est aussi le plus souvent la forme présentée par les arcs de tête, surtout quand ceux-ci ne sont pas ornés de nervures. Quant aux lignes de sommet, elles forment des arcs surbaissés fig. 434.

Les assises ne se disposaient pas toujours horizontalement. Souvent on les faisait monter de l'arêtier vers les murs de tête, comme dans la fig. 433, et l'inclinaison atteignait alors jusqu'à 45 degrés. Ce mode de pose avait pour but de rejeter la plus grande partie de la poussée sur les arêtiers qui portaient pendant la construction, sur des fermes solidement établies. Il permettait aussi de donner plus de courbure aux assises et par conséquent plus de résistance à la voûte. Cette même disposition pourrait aussi s'employer dans les voûtes d'arête cylindriques; les assises formeraient alors des coupes biaises du cylindre et les lits décriraient des arcs elliptiques.

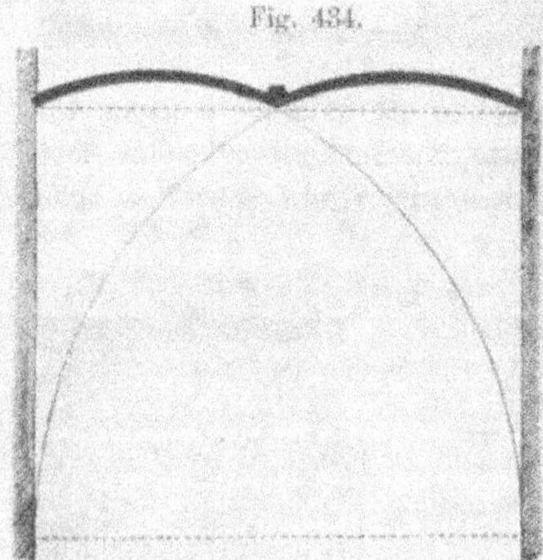

Fig. 434.

Nous n'avons parlé jusqu'ici que de voûtes isolées, couvrant à elles seules toute la surface donnée. Mais il est évident que les mêmes principes s'appliquent à un système de plusieurs voûtes, qu'il s'agisse d'une ou de plusieurs rangées, supportées par des colonnes intermédiaires. En pareil cas, on est obligé de monter des cintres tant pour les arêtiers que pour les arcs de tête longitudinaux et transversaux, et d'étayer les colonnes pendant la construction, si leur écartement est variable, afin qu'elles puissent résister aux poussées inégales que les voûtes développent dans ces conditions.

Pour remédier à ce dernier inconvénient, on établit dans les voûtes d'église, au-dessus de l'extrados, des murettes continues reliant les colonnes de la nef dans le sens longitudinal et butant à leurs extrémités contre des points convenablement renforcés. Ces murettes longitudinales supportent une partie

de la toiture et transmettent donc de fortes charges aux
colonnes, ce qui contribue à leur donner la stabilité nécessaire
pour résister aux poussées inégales des voûtes.

Le bombement des segments de la voûte peut affecter
des formes très-diverses, comme le montre la fig. 435.

3. Dans la voûte d'arête ogivale que nous verrons au
paragraphe 4, les arêtiers font saillie sur l'intrados et sont
formés de voussoirs en pierre, reliés entre eux par des crampons.
Pour construire une pareille voûte, on commence par exécuter les

Fig. 435.

arêtiers; ceux-ci servent ensuite de butées aux assises des
segments de voûte et se raccordent avec elles par un joint normal à la surface d'intrados. Alors si l'arêtier, ordinairement
semi-circulaire, est bien établi, on n'a plus à craindre de mouvement dans la maçonnerie des segments. Mais quand il s'agit
d'une voûte d'arête ordinaire, construite en briques, des mouve-
ments peuvent se produire par suite du manque de résistance
des arêtiers, car alors la stabilité de la voûte résulte principalement de l'équilibre des réactions exercées par les segments
entre eux, réactions qui ne se transmettent même pas par les
joints principaux, c'est-à-dire par les lits des assises.

Ce sont des considérations de ce genre qui ont conduit à adopter un mode d'appareil particulier dans les fortifications de Mayence et dans les bâtiments de la manutention de Cassel. La disposition a pour but de faire intervenir les lits, dans la transmission des pressions. A cet effet, on leur donna, dans le voisinage de l'arête elliptique, des directions concordant sensiblement avec les normales à l'ellipse, tout en restant parallèles aux axes des berceaux dans les autres parties de l'intrados. Le raccordement entre les deux directions se faisait par un arc de cercle dont le centre coïncidait avec l'angle de l'appui, fig. 436 et 437.

Fig. 436.

Pour l'éxécution, on traçait les courbes de raccordement à la craie sur le couchis. Dans les assises inférieures, où ces courbes ont un faible rayon, on n'employa que des briques boutisses; mais dans les autres points on fit alterner comme d'ordinaire les assises de panneresses avec celles de boutisses. Les trois assises du sommet restèrent rectilignes et l'on combla les vides angulaires, resultant de l'inflexion des lits, par des assises concentriques avec les courbes de raccordement.

4. La voûte d'arête avec nervures se compose en réalité d'une ossature en pierre, les nervures, supportant une maçonnerie de remplissage, les segments cylindriques. C'est là le côté caractéristique de cette voûte. A l'encontre de celles que nous avons étudiées jusqu'à présent, c'est la forme des nervures d'arête qui détermine celle des segments intermédiaires.

Fig. 437.

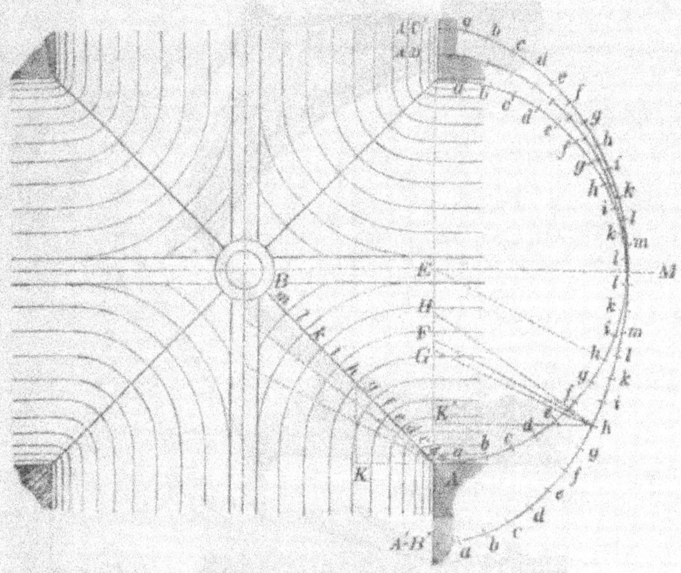

Les nervures se placent aussi à la jonction ed deux voûtes contiguës. Il y aura donc:

 des nervures diagonales ou d'arête;

 des nervures transversales;

 des nervures longitudinales,

 et enfin des nervures de tête.

Un système de voûtes de cette espèce est représenté à la fig. 438. Il recouvre un espace allongé divisé par des arcs doubleaux en compartiments rectangulaires. Ces arcs forment nervures et partent du même point que les nervures d'arête qui s'appuient au sommet contre une clef annulaire. Toutes les nervures ont un profil ogival et constituent une ossature supportant des segments de forme bombée. La figure représente sur la droite la coupe faite par une des nervures.

Un exemple se rapportant à une construction plus importante est donné à la fig. 439. Il représente le plafond voûté de l'église Ste. Catherine à Lubeck. En A, nous avons une

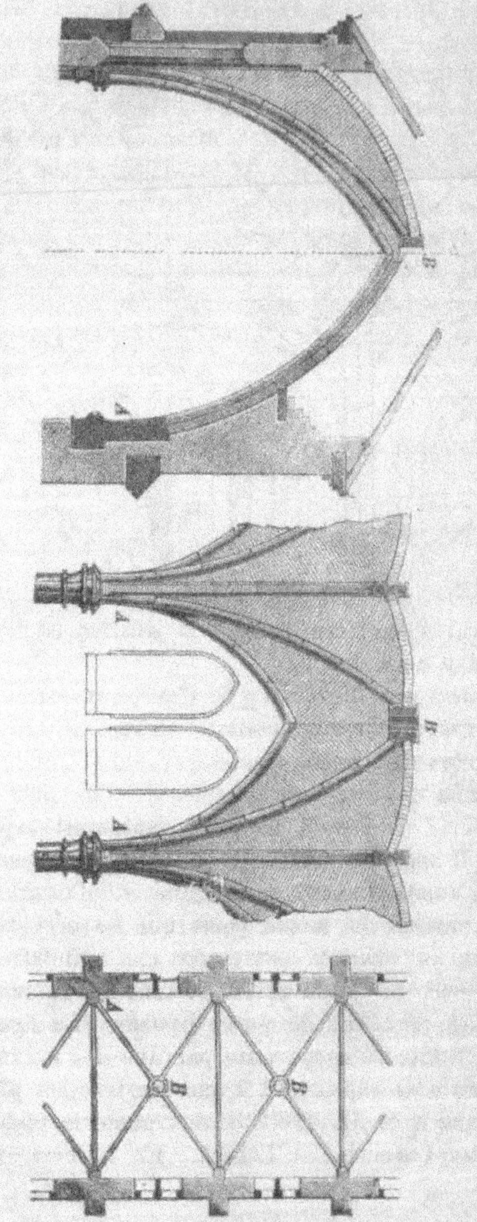

Fig. 496.

Fig. 489.

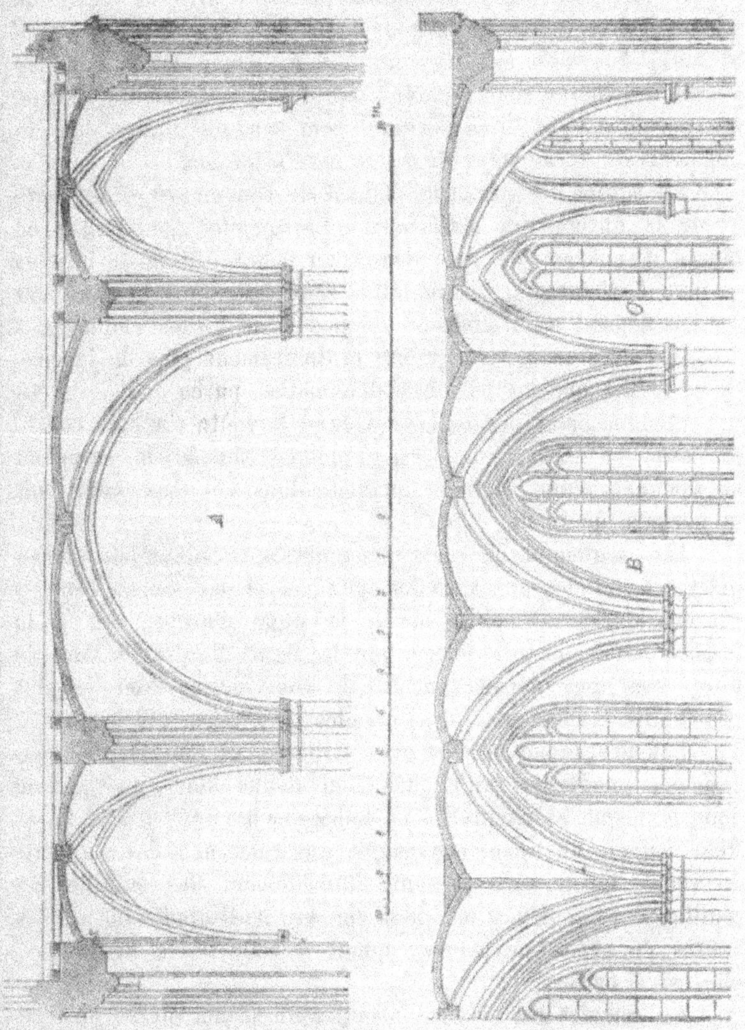

coupe en travers montrant les trois nefs principales de l'église;
en B, une coupe longitudinale, avec le chœur à l'une de ses

extrémités. Les voûtes reposent sur des faisceaux de colonnes, reliés dans le sens longitudinal par des arcs en ogive de 6,70 m d'ouverture. La largeur de la nef centrale est de 10 m et celle des nefs latérales de 4,50 m. Dans le sens transversal les voûtes sont séparées par des arcs formant nervure, écartés de 6,70 m. Ces nervures sont semi-circulaires dans la nef centrale et ogivales dans les nefs latérales.

La saillie des nervures dépend de l'ouverture de la voûte et de la nature des matériaux. Lorsqu'elles sont faites en pierre d'appareil, on leur donne au moins 0,12 m de largeur et 0,23 de hauteur. Quand elles sont faites en briques leur section dépend naturellement du modèle de brique employé.

Les arcs transversaux ont ordinairement plus de largeur et de saillie que les nervures diagonales, parce qu'ils servent à l'entretoisement des piliers. Quand la voûte s'appuie contre un mur, la nervure de tête s'applique contre son parement ou s'engage d'une certaine quantité dans son epaisseur, (voir la nervure de la fig. 439).

Les segments de voûte peuvent s'appareiller par assises droites parallèles aux axes des cylindres ou par assises courbes concentriques, normales, soit à la ligne d'arête, soit à la bissectrice de l'angle formé par la ligne d'arête et l'arc de tête. Ces deux derniers modes de construction sont les plus usuels; ils conduisent à des intrados avec segments bombés.

Les arêtiers et autres arcs saillants se font le plus souvent en pierre de taille. On leur donne alors une section dont la forme se rapproche de celles des fig. 440 et 441, A—C. Pour fournir un appui convenable aux coussinets des segments de voûte, la nervure présente latéralement des entailles ou feuillures. La disposition de la fig. 440 n'est applicable qu'aux voûtes de petite ouverture; quant à celle de la fig. 441 C. elle est à éviter.

Au sommet les arêtiers aboutissent à une pierre formant clef; sa forme est très-variable; la fig. 442 représente une disposition cylindrique creuse.

A la partie inférieure les arêtiers et autres nervures

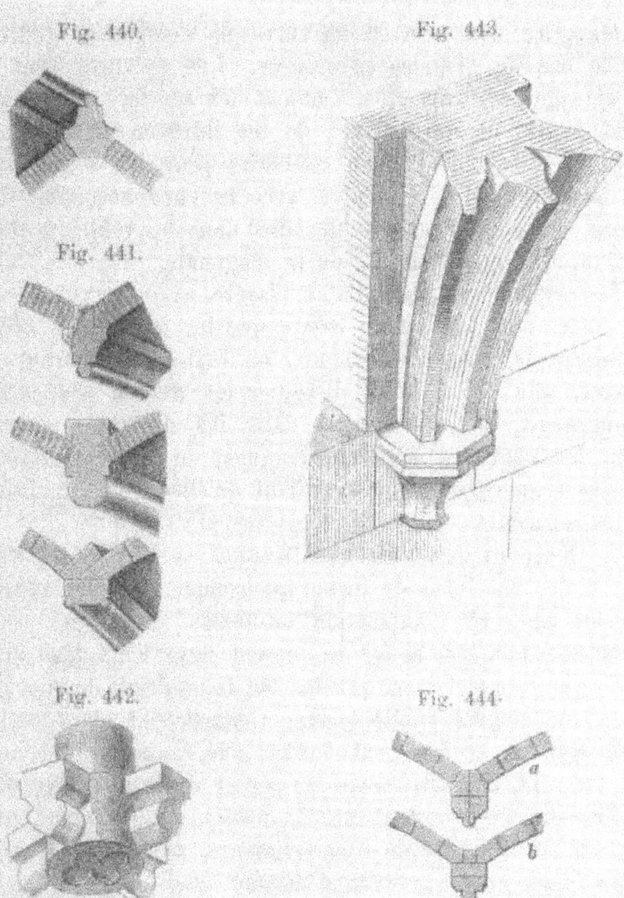

Fig. 440.

Fig. 443.

Fig. 441.

Fig. 442.

Fig. 444.

reposent sur des chapiteaux de colonne ou sur des sommiers en encorbellement. Quand plusieurs nervures concourent en un seul point, on fait leur pied d'une seule pierre, fig. 443.

Les petites voûtes d'arête avec nervures peuvent se construire entièrement en briques. Les nervures sont alors formées de briques spéciales de différents modèles, afin de croiser les joints, fig. 444, a b.

Mais les voûtes avec nervures ne s'emploient guère que dans le cas de grandes ouvertures. Les nervures sont alors très appropriées, car elles rendent les arêtiers indépendants des segments, ce qui permet de les faire en matériaux plus résistants et d'employer au contraire pour les segments des matériaux légers. Les voûtes avec nervure reçoivent d'ordinaire un surhaussement notable; ainsi dans les voûtes gothiques, il atteint quelquefois le $\frac{1}{3}$ de la diagonale.

La construction des voûtes d'arête avec nervures se fait sans cintre complet; on ne monte que les fermes des arêtiers. En faisant la pose des briques, on évite de les frapper au marteau, afin de ne point disloquer les assises sous-jacentes. L'avancement doit être égal dans les différents segments. Quand les nervures sont très-longues, on les entretoise par des arcs transversaux, en attendant qu'elles soient maintenues par les segments.

c. **Emploi des voûtes d'arête.** — Ces voûtes s'appliquent à des enceintes de forme quelconque. On les rencontre dans les maisons d'habitation au-dessus de caves, couloirs vestibules, salles, etc. Mais c'est surtout dans les églises qu'elles trouvent leur emploi parce qu'elles ont la propriété de reporter la charge sur quelques points isolés. Ceux-ci sont alors renforcés en conséquence et l'on peut donner une épaisseur réduite aux murs de tête, ou bien même les percer de larges ouvertures.

Lorsque l'espace à recouvrir présente de grandes dimensions, on le subdivise en compartiments, par une série d'arcs longitudinaux et transversaux comme dans le cas de la voûte en segment sphérique. Ces compartiments ont au plus 5 m, mais mieux de 3 à 4 m de côté, fig. 445.

Les piliers (s) ont une section carrée régulière entaillée, formant sur les côtés des pilastres des saillies d'une demi-brique ou d'une brique fig. 445 sur lesquelles les arcs-doubleaux viennent s'appuyer. Ces arcs (t) font aussi saillie d'une demi-brique et jouent le rôle d'arcs de tête par rapport à chacune des voûtes.

Quand on emploie la voûte d'arête pour les caves d'une

maison d'habitation, il faut renforcer les murs de contreforts
quand leur épaisseur ne dépasse pas une brique et demie.
Mais, en général, ces voûtes ne se construisent que dans les
caves d'édifices importants, au-dessous de salles de grande
dimension, dont on subdivise alors la surface en un certain
nombre de compartiments de grandeur uniforme.

Fig. 445.

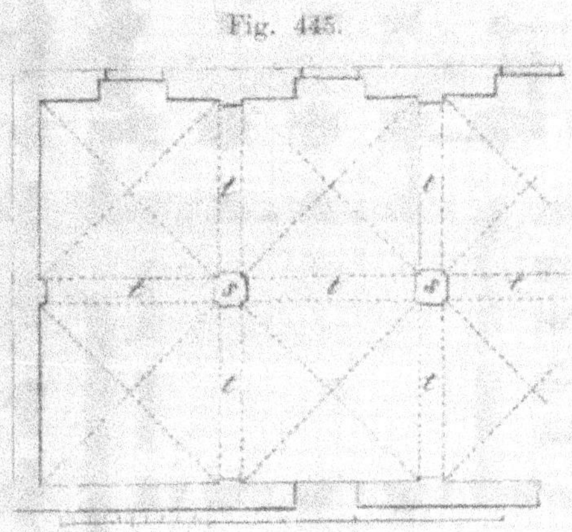

Un exemple de ce genre est donné aux fig. 446 et 447.

Les salles R du rez-de-chaussée sont recouvertes par des
voûtes en segment sphérique supportées par des piliers et par les
murs de pourtour. La position des premiers détermine celle
des piliers de la cave. Chaque voûte couvre un espace carré
ayant 3,75 m de côté au rez-de-chaussée et 3,20 m dans la
cave. La section des piliers est aussi carrée; elle mesure
0,50 m dans le premier cas et 0,90 m dans le second.

La fig. 447 représente à plus grande échelle la coupe
suivant la ligne a b; elle fait voir la nature différente des
voûtes dans les deux étages. Pour prendre aux caves le moins
de place possible, on a adopté des voûtes d'arête d'un type
surbaissé, sans surhaussement. Dans les couloirs(s) et dans
les caves (R), ces voûtes ont une base carrée; dans les autres
points leur base est rectangulaire.

Pour employer la voûte d'arête dans les étages supérieurs
d'un bâtiment, il faut pouvoir l'appuyer sur de forts piliers,

Fig. 446.

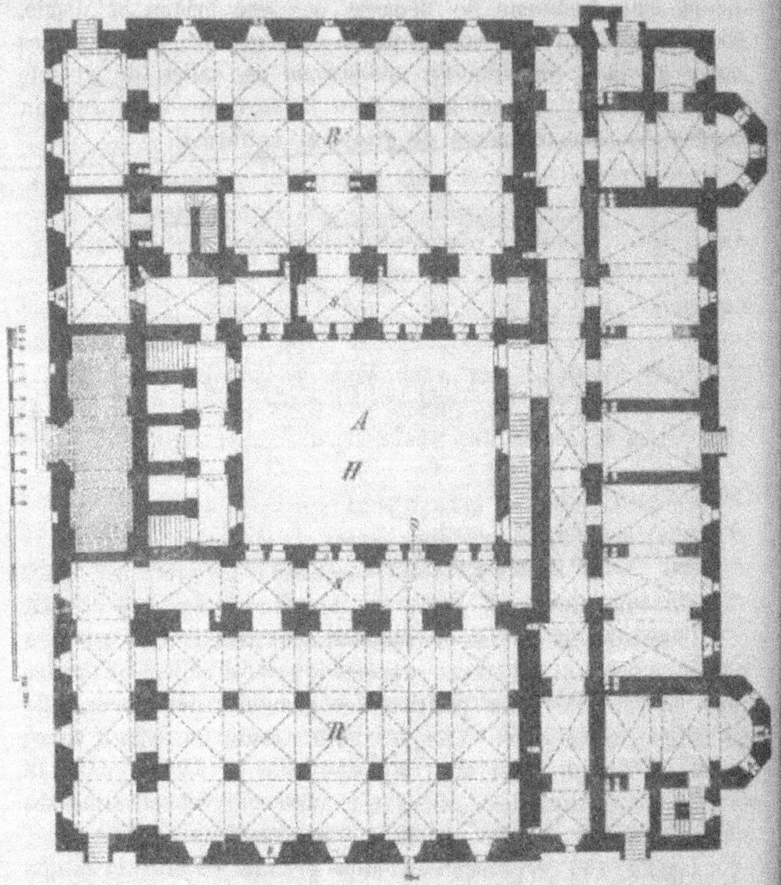

aussi ne l'emploie-t-on dans ces conditions que lorsque la charge
à supporter est grande. C'est ce que nous montre l'exemple
donné à la fig. 448, lequel représente les magasins d'une des
brasseries de Berlin.

L'espace recouvert est divisé par deux séries d'arcs transversaux en compartiments de 4,90 m de largeur. Les arcs
reposent sur des colonnes en fonte et sur les murs de pour-

Fig. 447.

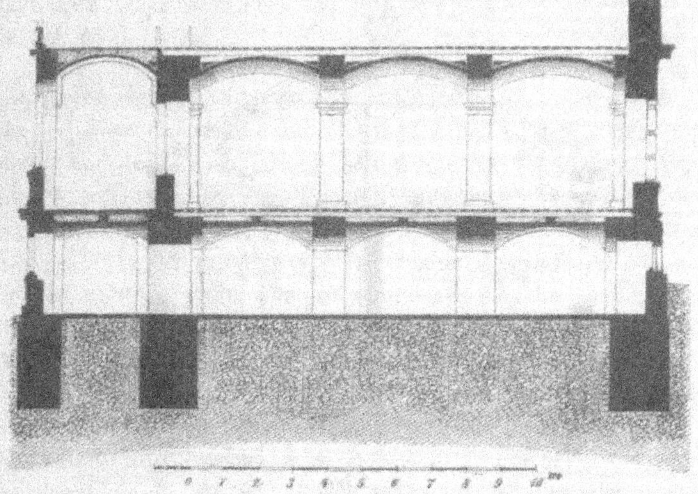

Fig. 448.

Fig. 449.

Fig. 450.

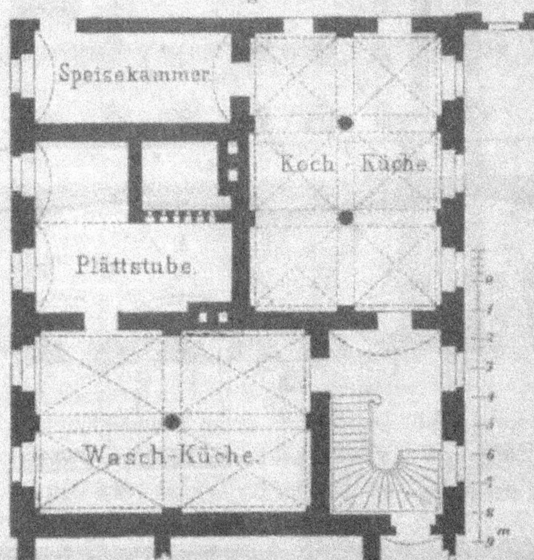

tour. Les voûtes, d'une demi-brique d'épaisseur, sont formées
de segments en plein-cintre, légèrement rampants.

Dans les constructions plus importantes, on donne généralement un peu de bombement aux segments de la voûte (voir la fig. 435).

Un autre exemple de l'application de la voûte d'arête est donné aux fig. 449 et 450. Il représente une partie des dépendances du pénitencier d'Aix-la-Chapelle. Le bâtiment n'a qu'un étage. Les caves sont recouvertes de voûtes cylindriques plates reposant sur des arceaux surbaissés; la cuisine et la buanderie, de voûtes d'arête, soutenues par les murs et par des colonnes intermédiaires. La cuisine a 9,40 m de longueur et 6,50 m de largeur; elle est subdivisée par des arcs longitudinaux et transversaux en six compartiments de forme carrée. Au droit de leurs appuis les murs sont renforcés de contre forts. Les voûtes de la buanderie sont établies d'une manière analogue, mais couvrent en plan une surface rectangulaire. L'épaisseur des butées, les contreforts compris, est égale au quart de la portée. Les dimensions de l'espace couvert par chaque voûte sont: 2,75 m sur 2,75 m dans la cuisine et 2,60 m sur 4,20 m dans la buanderie.

La fig. 451 fournit un autre exemple du même genre. La largeur du passage central est de 5,60 m et celle des parties latérales de 7,60 m. La forme des arcs latéraux est déduite de l'arc plein-cintre du passage; on les a tracés en anse de panier pour plus de simplicité. Les sommets de la voûte et des arcs de tête se trouvent de niveau mais les segments ont reçu un peu de bombement. La voûte n'a qu'une demi-brique d'épaisseur, les charges étant supportées par des solives qui ne s'appuient pas sur elle.

Dans les vestibules des édifices publics on fait assez souvent usage de la voûte d'arête; nous en faisons suivre quelques exemples.

Une première disposition nous est donnée en plan et en coupe longitudinale aux fig. 452 et 453. Les dimensions du vestibule sont: longueur 12,70 m et largeur 8,70 m. Il est recouvert par 12 voûtes d'arête presque plates, de base carrée, séparées par des arcs-doubleaux s'appuyant sur des colonnes

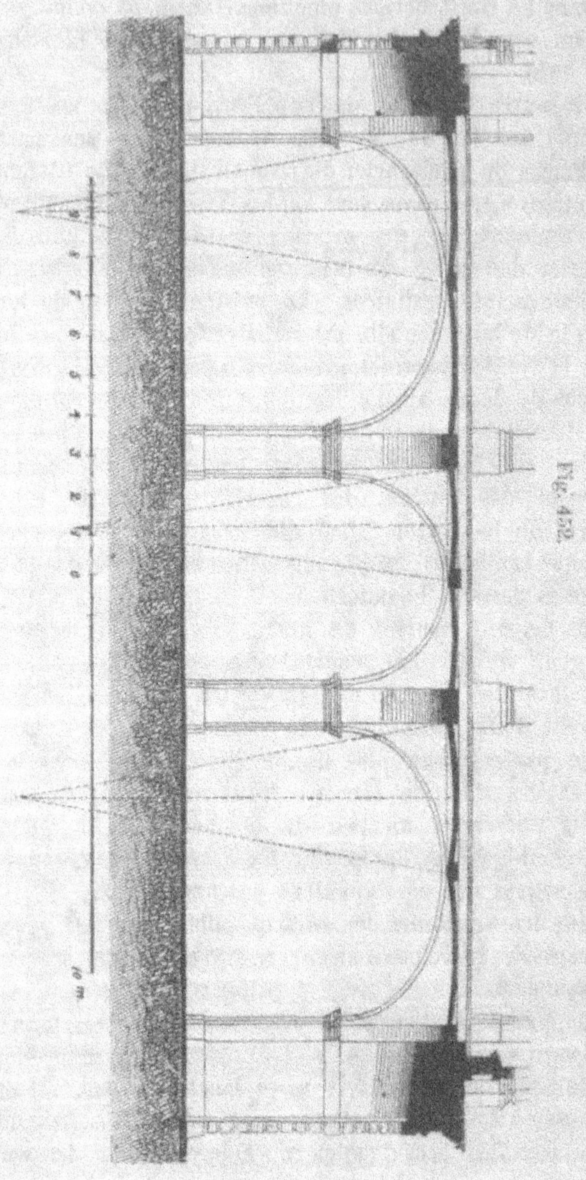

Fig. 452.

en pierre. Le vestibule est divisé en deux parties de niveau
différent. Tandis que la première, à l'entrée, se trouve à
0,30 m du niveau de la rue, la seconde est surélevée de sept
marches. Cette particularité se voit du reste clairement dans
la coupe longitudinale, fig. 453.

Une disposition analogue est donnée à la fig. 454, A—B
par ses coupes longitudinale et transversale. Ici, le plafond
comprend 9 voûtes d'arête surbaissées, de 3,60 m de largeur
et 4,20 m de longueur, supportées par 4 colonnes en granit
et par les murs de pourtour. Des arcs formerets ajoutent à

Fig. 452.

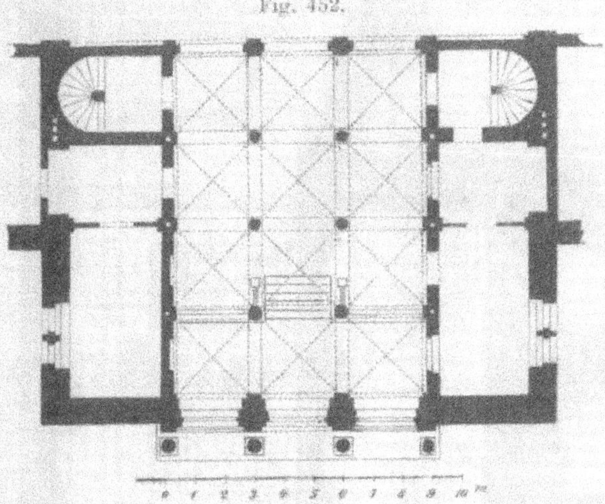

la résistance de ces derniers et servent dans une certaine
mesure à les décorer. Cette disposition est d'un excellent effet,
grace, à la grande hauteur du vestibule (6,50 m).

Le plafond voûté de l'entrée du Lycée d'Anclam présente
aussi quelque ressemblance dans son ensemble avec l'exemple
précédent, mais les voûtes y ont une forme différente. Leur
voussure repose sur l'arc gothique surbaissé, appelé arc Tudor.
Les voûtes d'arête ne couvrent pas toute la surface du vestibule; latéralement, en (a) et (b), elles sont remplacées par des

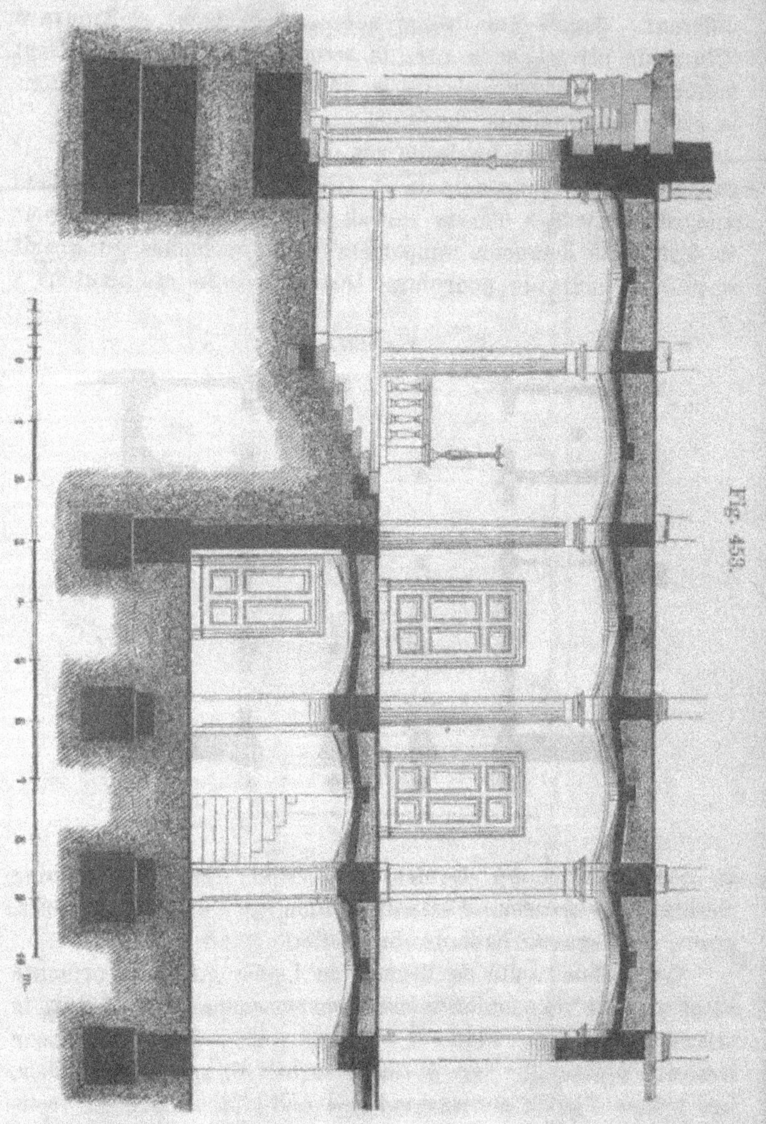

Fig. 453.

Fig. 454 A—B.

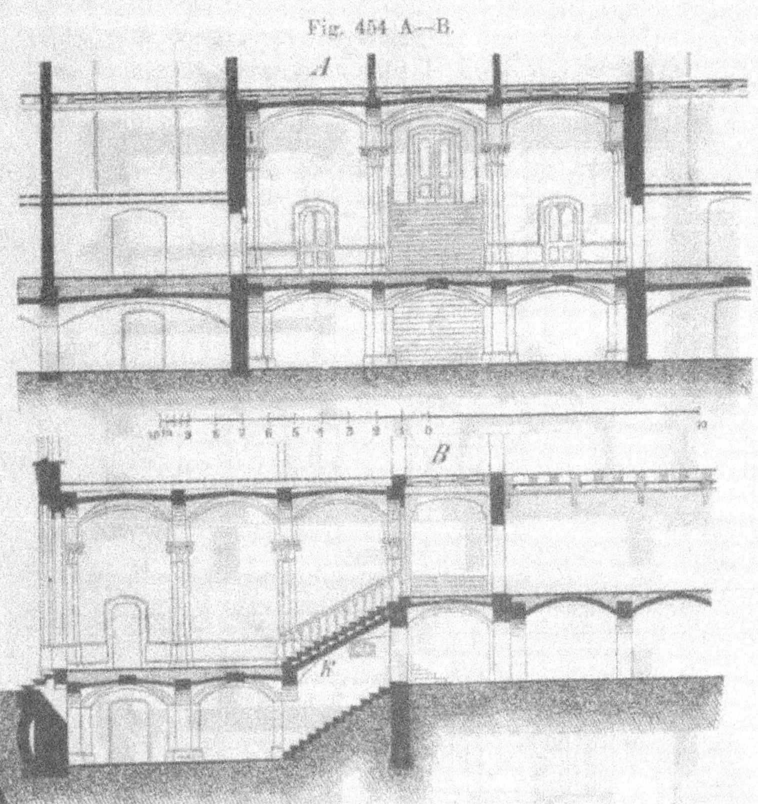

voûtes cylindriques de même section droite. Cette disposition, motivée par la position des baies dans le mur de façade, a l'inconvénient de nuire à l'effet de l'ensemble.

Enfin, la fig. 457 donne une application de la voûte d'arête avec nervures. Elle représente l'entrée de l'église de Liebfrauen à Munster. Cette entrée, de forme carrée, a 8,70 m de côté et est recouverte d'une voûte d'arête à 8 pans. Pour passer du carré à l'octogone, on a construit dans chacun des angles une ogive (b) qui reçoit les retombées des segments correspondants. Toutes les nervures sont faites en pierre de

Fig. 455.

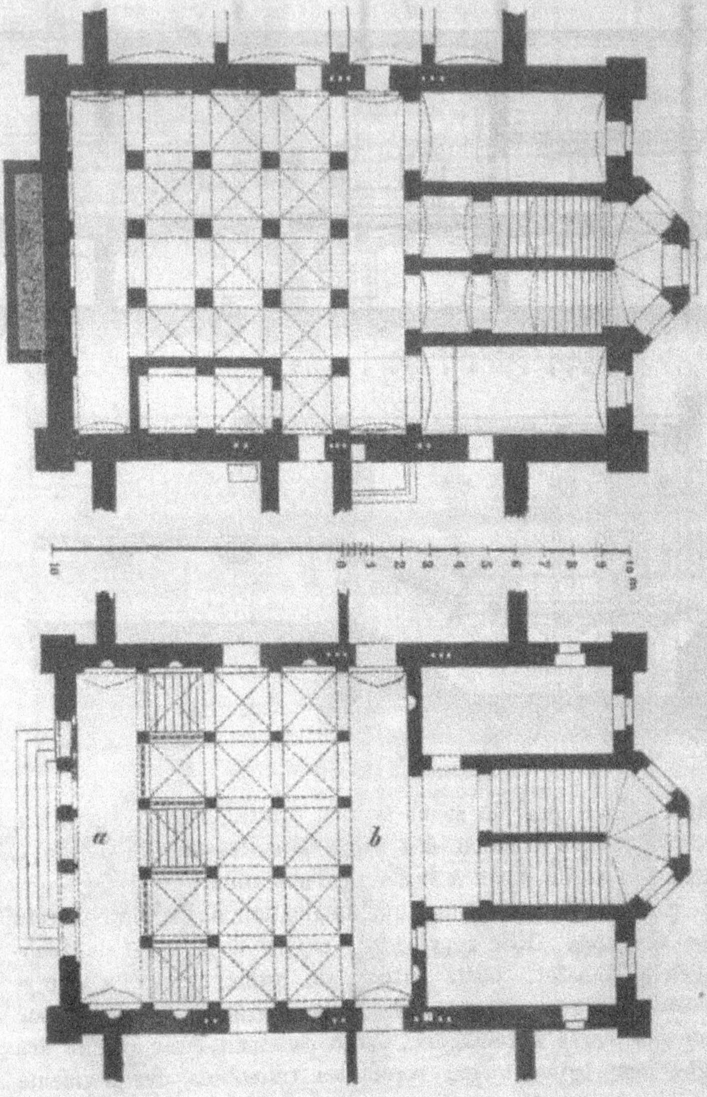

taille; elles portent aux naissances sur des colonnettes engagées dans le mur et aboutissent dans le haut à une clef cylindrique creuse.

Les voûtes d'arête s'indiquent sur les plans par la projection horizontale de leurs arêtes. Nous en avons eu divers exemples aux fig. 450, 452 et 455.

Fig. 456.

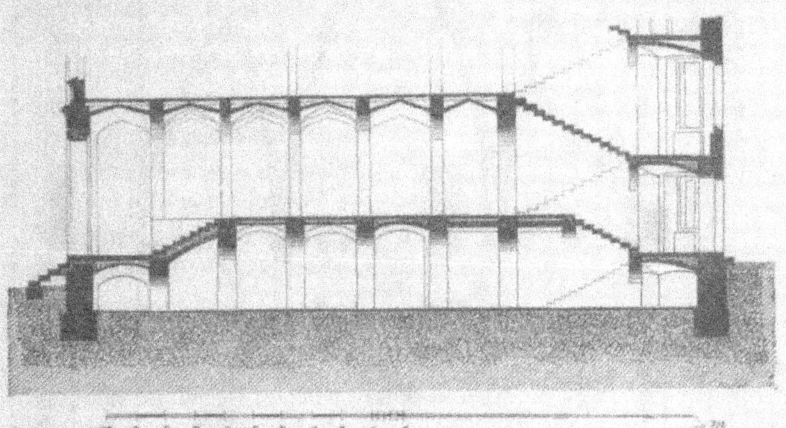

d. Pour les portées ordinaires les dimensions asuelles des voûtes d'arête sont:

Portée	Epaisseur	
	des segments de voûte	de l'arêtier.
6,00 m	¹/₂ brique	1 brique
9,50 m	{ ¹/₂ brique à la clef { 1 ,, aux naissances	{ 1 brique à la clef { 1¹/₂ briques aux naissances
18,00 m	{ ¹/₂ brique à la clef { 1 ,, aux naissances	{ 1¹/₂ briques à la clef { 2 briques aux naissances.

L'épaisseur des pieds-droits varie de $\frac{1}{4}$ à $\frac{1}{6}$ de la diagonale pour les voûtes d'arête plein-cintre et de $\frac{1}{5}$ à $\frac{1}{7}$ pour les voûtes d'arête ogivales. Lorsque les pieds-droits ont plus de 2,50 m ou 3,00 m de hauteur, on augmente leur épaisseur du huitième ou du dixième de la hauteur.

Fig. 457.

Sous les escaliers les voûtes d'arête n'ont le plus souvent qu'une demi-brique d'épaisseur. Les arêtiers ont alors une brique jusqu'à 2,50 m de portée et une brique et demie pour les portées plus grandes.

D'après Rondelet la section des piliers d'appui se détermine de la manière suivante dans le cas d'un groupe de voûtes réunies. fig. 458.

On porte la demi-hauteur du pilier, comptée depuis le pied jusqu'aux naissances de la voûte, de O en N sur la diagonale, et l'on divise O N en 12 parties égales. Les piliers intermédiaires reçoivent alors une section carrée ayant pour demi-diagonale une de ces divisions. Si la base de la voûte est rectangulaire, les piliers auront aussi une section rectangulaire.

Le piliers qui se trouvent sur les côtés de l'espace couvert reçoivent une section plus grande. On l'obtient en déterminant d'abord les points (s) et (v) comme ci-dessus, puis en faisant t q = 2 t s. Il en résulte une section rectangulaire dont les côtés sont dans le rapport de 2 : 3. Le pilier d'angle (z) peut aussi se déterminer à l'aide des données précédentes.

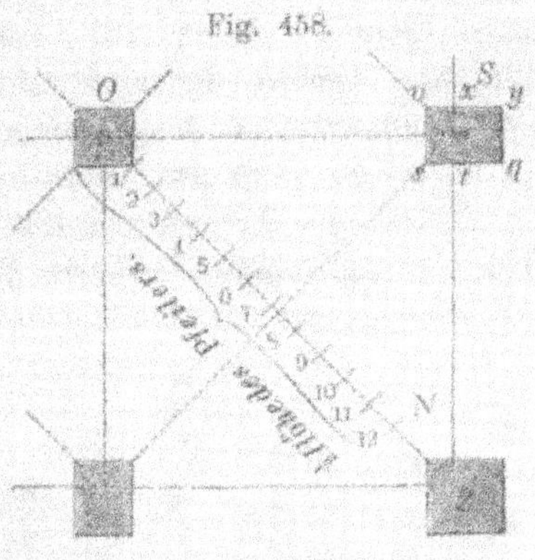
Fig. 458.

XI. Voûte gothique.

a) Forme et tracé de la voûte.

Dans sa forme la plus simple la voûte gothique peut être considérée comme formée d'une voûte d'arête ogivale, à quatre segments, dans laquelle chacun des segments serait divisé en trois parties par des nervures médianes fig. 459. Ces parties pourraient à leur tour être subdivisées en d'autres plus petites, circonscrites aussi par des nervures, donnant à l'ensemble de l'intrados une apparence réticulée. On arrive ainsi à ces voûtes richement décorées, mais de construction complexe que l'on employait au moyen âge, vers la fin de l'époque gothique.

Les nervures de ces voûtes portent des noms différents suivant la place qu'elles occupent. En général la nervure A, fig. 458 se nomme l'arêtier, la nervure B, la lierne; C, le tierceron. La nervure D s'appelle arc-formeret quand elle touche à un mur et que sa section se termine par une face verticale, et arc-doubleau quand elle sépare deux voûtes contiguës, comme en E, et que sa section est relativement grande.

La forme des nervures d'une voûte gothique dépend de celle de la base de la voûte; cette base doit être une figure régulière. On cherche autant que possible à conserver le même rayon pour les divers arcs, car cela permet de faire usage à plusieurs reprises du même cintre.

Nous commencerons par indiquer comment on détermine la forme des différentes nervures de ces voûtes.

Supposons d'abord qu'il s'agisse d'une voûte gothique simple. Elle est représentée en plan par la projection de ses lignes d'arête; dans la fig. 460. (a b c) est la section du pilier au niveau

<table>
<tr><td align="center">Fig. 459.</td><td align="center">Fig. 460.</td></tr>
</table>

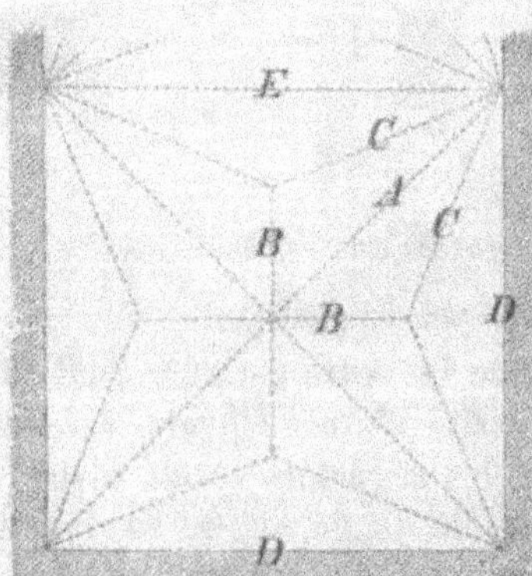
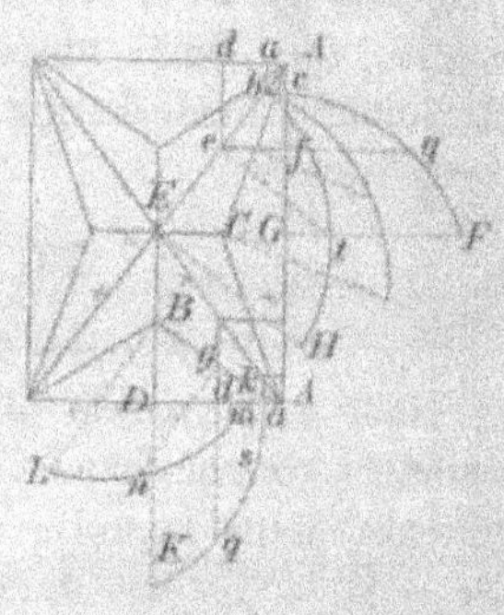

des naissances; (c F) le rabattement de l'arc de tête projeté horizontalement en (c G); enfin (d e f), une coupe horizontale faite dans la voûte à la hauteur (f q). On suppose que les lignes de sommet conservent une direction horizontale et que les nervures ne se composent que d'un seul arc de cercle.

Pour trouver la forme de l'arête diagonale A E, on mène par (e) et (E) des perpendiculaires et l'on fait (e t) = (f q) et E H = G F. Par les trois points (b), (t) et (H), on décrit un arc de cercle dont le centre s'obtient par une construction connue. On détermine de la même manière le tierceron A C et les nervures A B et A D. Si ces dernières étaient formées d'arcs surhaussés, c'est-à-dire, d'arcs dont les naissances seraient prolongées par des parties droites verticales, il faudrait modifier la construction des deux arcs A B et A D en conséquence. C'est ce qui a été fait dans la fig. 460.

On procède alors de la manière suivante: On porte en (a) sur la perpendiculaire à A D une longueur (a s) égale au surhaussement, puis sur les perpendiculaires en (d) et (D), des longueurs (d q) $=$ (f q) et D K $=$ G F; par les trois points (s), (q) et (k), on décrit un arc de cercle. La nervure au-dessus de A B s'obtient en menant en (k), (g) et B des perpendiculaires sur A B et en faisant (k m) $= \frac{1}{2}$ (a s); (g n) $=$ (f q) et B L $=$ G E, et en décrivant un arc de cercle par les trois points (L), (n) et (m).

Le mode de détermination précédent au moyen d'une section horizontale de hauteur donnée, conduit à des nervures dont les arcs n'ont pas leur centre dans le plan des naissances et qui, par conséquent, ne se raccordent pas tangentiellement avec la verticale aux appuis. Comme cela est désagréable à la vue et qu'il se produit, dans ces conditions, une poussée oblique sur les piliers, on emploie souvent une autre méthode pour déterminer le profil des nervures. Les points de rencontre des différentes lignes de sommet, c'est-à-dire les extremités supérieures des nervures étant donnés, on fait passer par ces points et les origines aux naissances des arcs de cercle dont le centre se trouve dans le plan des naissances. Chaque nervure est ainsi parfaitement définie sans l'aide d'une section horizontale. La construction est si simple que nous n'insistons pas.

On peut aussi obtenir un raccordement tangentiel aux naissances en composant le profil de la nervure de plusieurs arcs de cercle, deux ordinairement. Il se présente alors deux solutions différentes lesquelles supposent toutes deux, comme précédemment, que la hauteur et la disposition des lignes de sommet sont données. Nous admettrons aussi que ces lignes sont horizontales.

Le premier mode de construction repose sur l'hypothèse que les nervures ont toutes même rayon jusqu'à une hauteur

déterminée, puis, qu'à partir de ce point, leur profil est complété
par un arc qui se raccorde tangentiellement avec l'arc inférieur
tout en passant par le point donné du sommet.

La fig. 461 explique cette méthode plus en détail. A B C D
représente un quart de la base de la voûte. Les lignes de
sommet sont, comme nous savons, horizontales. On ramène les
nervures A E, A D et A C dans le plan de la nervure A B et
l'on élève en B, (e), (c), (d) des perpendiculaires de hauteur
égale à celle des sommets. On décrit avec un rayon arbitraire
A e, d'un point pris dans le plan des naissances comme centre,
un arc de cercle qui donne de A en G la courbure commune
à la partie inférieure des nervures. On prolonge G e vers F;
les centres de la partie supérieure des nervures sont alors
tous situés sur cette droite et se trouvent très simplement.
Pour l'arc A B, par exemple, on joindra (b') avec G et l'on
mènera par le milieu une perpendiculaire qui coupera O F en
un point H. Ce point est le centre cherché.

La seconde méthode suppose aussi les lignes de sommet
horizontales, mais ici les arcs supérieurs et les arcs inférieurs
sont tracés avec le même rayon. Les points de raccordement
de ces arcs ne se trouvent naturellement plus dans un même
plan horizontal.

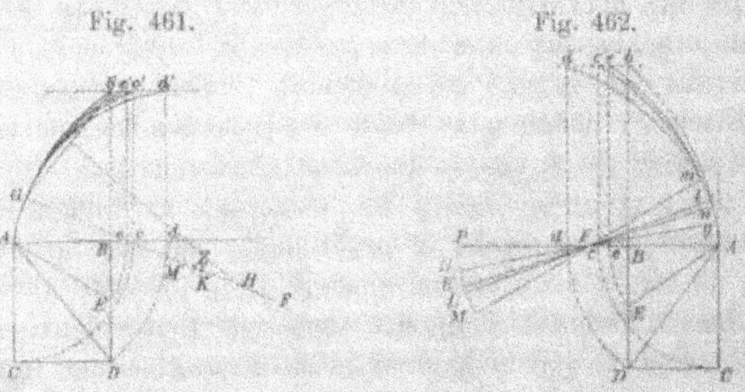

Fig. 461.   Fig. 462.

Considérons encore en A B C D, fig. 462 un quart de la
voûte et ramenons les plans A E, A D, A C dans le plan A B.
L' extrémité supérieure du rabattement des arcs cherchés est

alors donnée par les perpendiculaires en B. (e), (c) et (d). Soit
F le point adopté pour centre des arcs inférieurs; leur rayon
est alors F A; soit A P le rayon commun à tous les arcs
supérieurs. Avec la longueur E P, différence des deux rayons,
on décrit un arc P M, lieu géométrique des centres des arcs
supérieurs. Ces centres s'obtiennent en décrivant des points
(b'), (c'), (e') (d'), avec un rayon égal à P A, des arcs de cercle
coupant l'arc P M en H, K, L, M. Ces points sont alors les
centres cherchés. En menant les droites F H, F K, F L, et
F M, leur rencontre avec l'arc de rayon F A donne les points
de raccordement des deux arcs composant les différentes
nervures, dont le tracé s'achève alors facilement.

Dans les trois modes de construction que nous venons
d'indiquer, fig. 460, 461 et 462 les lignes de sommet sont
supposées horizontales; mais en réalité cela n'a lieu que rarement.
D'ordinaire les sommets des diverses nervures sont placés à
des hauteurs différentes et réunis entre eux par des lignes
droites ou courbes. Supposons d'abord le cas où les lignes de
sommet sont droites. On connaît la hauteur, c'est-à-dire la
position des différents sommets, et l'on donne, en outre, une
section horizontale faite en un point intermédiaire, comme dans
la fig. 460. Si la voûte avait une base rectangulaire, les
sommets des arcs de tête des grands et petits côtés pourraient
avoir des hauteurs différentes. Pour déterminer la forme des
arcs dans le cas que nous venons
d'indiquer, on suit la même marche
qu'à la fig. 460. On a soin seulement
de faire entrer chacun des sommets
avec la hauteur qui lui est propre,
fig. 463. On voit d'ailleurs par la figure
que dans son ensemble la construction
est analogue à celle de la fig. 460.

Nous donnons pour terminer
deux autres manières de tracer
les nervure d'une voûte gothique.

Ces deux méthodes ont cela de

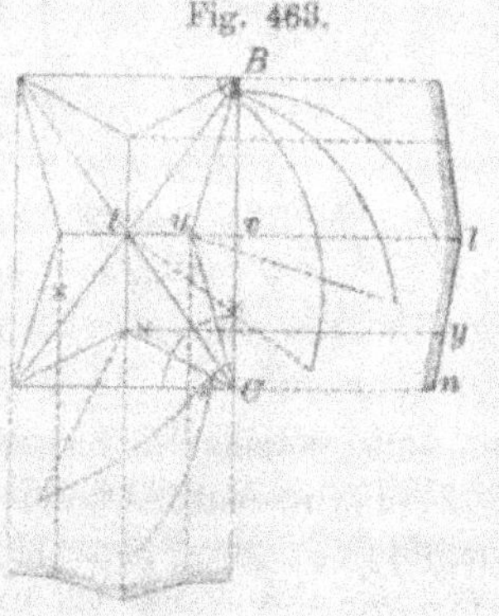

Fig. 463.

commun qu'elles supposent tous les arcs décrits avec un même rayon, mais la détermination de ce rayon varie de l'une à l'autre.

Soit dans la fig. 464 le plan d'une voûte gothique simple.

On décrit sur la diagonale a C un demi-cercle et l'on porte la distance du point (b) au centre C sur la diagonale de C en (b'); on mène une perpendiculaire jusqu'à la circonférence du cercle ce qui donne la hauteur (b'b") de (C) au-dessus du plan des naissances.

Du point (d), correspondant à (b), on mène une perpendiculaire sur (a d) et l'on porte sur elle la longueur (b' b") de (d) en (d'). Avec un rayon égal à A C, on décrit de (d') et (a) comme centres, deux arcs de cercle lesquels se coupent en un point (x). Ce point est le centre de l'arc (a d'), rabattement de l'arc (a d).

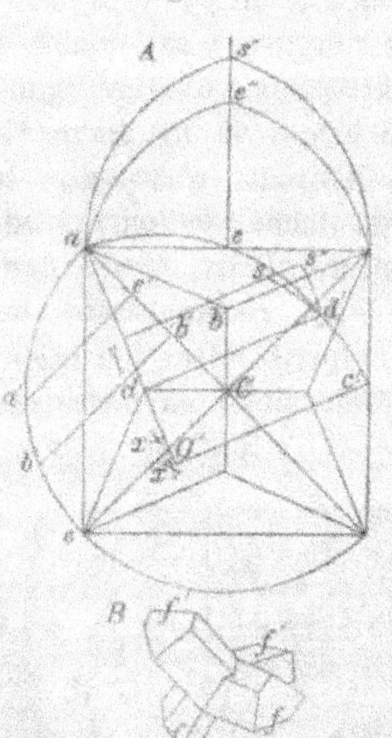

Fig. 464.

On prolonge en suite (a d) jusqu'en (C'), faisant d C' = d C, et par le point C' on mène une perpendiculaire sur a C'. On porte sur elle C'e' = C e, puis des points (d) et (c') comme centres, avec a C pour rayon, on décrit deux arcs de cercle qui se coupent au point (x'), centre du rabattement de l'arc formant la nervure d C.

Si l'on voulait construire les arcs de tête d'après le même principe, il faudrait porter la longueur C e de C en (e') sur la diagonale a C, et élever en (e') une perpendiculaire qui donnerait la hauteur e'a' du sommet de l'arc de tête que l'on construirait en suite comme les autres arcs.

Si la nervure d C doit se continuer jusqu'au sommet de l'arc de tête, on fera pour la continuation de d C la même construction que pour les autres nervures et l'on obtiendra sa véritable forme en (d's). Mais il est préférable de relever le sommet des arcs de tête; on construit alors une ogive (a's') avec la demi-diagonale a C pour rayon et un point convenablement choisi sur la ligne de base pour centre, et l'on en déduit (d's").

Dans la seconde méthode, on prend pour rayon une longueur déterminée au moyen des projections horizontales des arcs, au lieu de faire, comme tout-à-l'heure, ce rayon égal à la demi-diagonale. On porte sur une horizontale, à la suite l'une de l'autre, les projections horizontales (b e), (e a) et (a C)

Fig. 465.   Fig. 466.

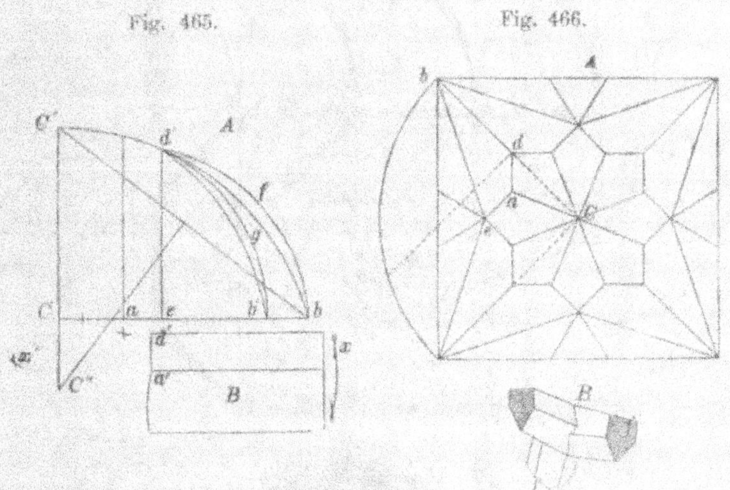

des diverses nervures, fig. 465 et 466 et l'on élève une perpendiculaire au point C. Sur cette droite on porte une longueur CC' égale à la flèche donnée. Nous la prenons ici égale à celle de la fig. 464. On joint b C' et l'on élève en son milieu une perpendiculaire coupant la ligne C C' en C". La longueur du rayon commun est alors C' C" et les arcs au-dessus de (b e), (a e) et (a C) sont donnés par l'arc C C' décrit avec ce rayon. Pour avoir l'arc (d b), on prend dans la fig. 466, A, la longueur (d b) et on la porte dans la fig. 465, de (e) en (b'), puis on détermine le centre (x′) de l'arc de rayon CC′, qui passe par les points (b′) et (d′). On obtient ainsi l'arc cherché.

La fig. 466, B représente la forme de l'entrecroisement des nervures au point (a), fig. A. La différence d'inclinaison du plan des joints, tant dans les nervures (a d) et (a e) que dans la nervure (a C), maintient cette pierre en position.

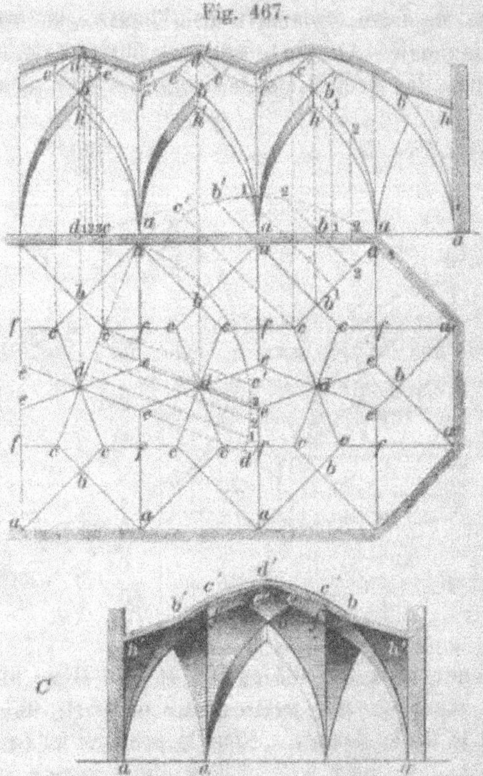

Fig. 467.

Ces deux méthodes diffèrent par le plus ou moins de courbure donné aux arcs. Dans la seconde, les arcs sont plus aplatis que dans la première, ainsi qu'on le voit par les tracés comparatifs de la fig. 465, A. Les arcs (d′ g b) et (d′ f b′) se rapportent à la première méthode et les arcs (d′ b) et (d′ b′) à la seconde. La forme des arcs de tête peut être tout-à-fait indépendante de celle des autres nervures de la voûte et se déterminer d'une manière analogue à celle que nous avons indiquée dans la fig. 464.

La fig. 467 représente un groupe de voûtes gothiques déduites de voûtes d'arête ogivales. La projection et le rabattement d'une même nervure y portent les mêmes lettres; la figure ce comprendra du reste sans plus amples explications.

Fig. 468 A—D.   Fig. 469.   Fig. 470.

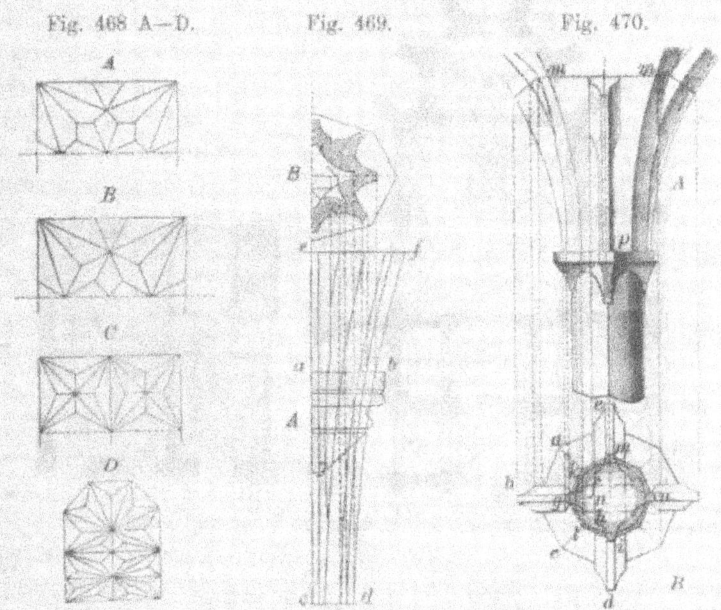

Les nervures d'une voûte gothique peuvent former en plan des figures géométriques très-variées. Nous en donnons quelques exemples à la fig. 468, A—D.

Nous terminerons ce sujet par quelques mots sur le mode de construction du pied des nervures. Quand les voûtes sont faites en briques la construction de cette partie ne présente pas de difficulté; mais il en est autrement quand les nervures sont en pierre. Les nervures au nombre de 3, 5 ou 7, suivant la position qu'elles occupent dans la voûte, concourent vers le même point aux naissances et sont, soit indépendantes, soit engagées l'une dans l'autre. Leur pied est ordinairement formé d'une ou plusieurs pierres encastrées dans l'épaisseur de la maçonnerie. La fig. 469, A et B représente une disposition dans laquelle le pied de la nervure se compose de deux claveaux (a b c d) et (a b ef).

Fig. 471.

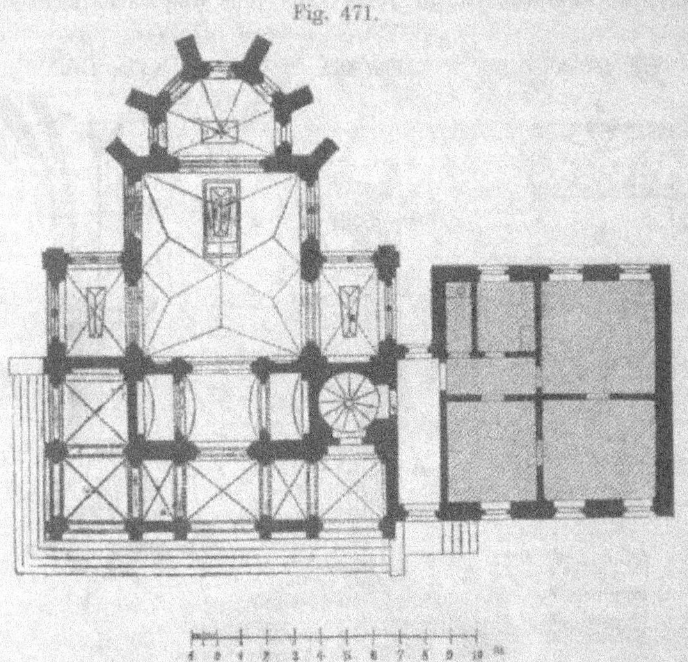

Le claveau inférieur pourrait être supprimé et remplacé par une console (a b g). Les nervures se termineraient alors comme indiqué par les hachures dans la coupe R. La voûte partirait de la ligne (a b) et sa section droite, cercle ou ogive, ne serait plus tout-à-fait complète.

Le pied des nervures peut aussi former corps avec le haut des piliers ou colonnes, fig. 470, A et B. En ce cas,

comme on voit par la coupe horizontale B, les nervures longitudinales et transversales se continuent seules jusqu'à la colonne d'appui; les nervures diagonales s'arrêtent plus haut en
se perdant sur les côtés. On ne peut alors conserver aux
nervures la même courbure jusqu'aux colonnes; il faut, pour
obtenir une section suffisante aux naissances, les couder légèrement à quelque distance de l'appui.

Ainsi, dans la coupe horizontale, (a b c d e) étant la projection du joint vu par en-dessous et (k' g l i) la coupe au niveau du plan (p), la section serait réduite à (f g h c) si la courbure des nervures se continuait d'une manière régulière; mais
en réalité, les nervures diagonales forment un coude à la hauteur du joint (m).

On pourrait aussi renverser les choses et faire jouer aux
nervures diagonales, le rôle que les nervures transversales et
longitudinales jouent dans la fig. 470.

Pour donner une idée plus complète de la voûte gothique,
nous avons figuré à la planche VI l'ensemble d'une construction
avec voûtes de ce genre. L'édifice, une chapelle funéraire, y
est représenté en coupe longitudinale; son plan est donné dans
la fig. 471 du texte.

XII. Voûte réticulaire.

Les voûtes que nous avons étudiées en dernier lieu sont dérivées de la voûte d'arête à base carrée ou rectangulaire, par
une subdivision des segments au moyen de nervures secondaires
donnant un nombre plus ou moins grand de segments plus petits.
Si l'on supprime dans l'une de ces dernières voûtes, les nervures
principales, diagonales et transversales, on arrive à la voûte
réticulaire dans laquelle les nervures forment comme les
mailles d'un filet. Nous en indiquons le principe à la fig. 472.
Ici, il n'y a plus de distinction à faire entre les différentes
nervures; elles ont toutes même importance et la voûte dans
son ensemble forme un assemblage de figures géométriques
simples, fig. 473.

XIII.   Voûte en entonnoir.

Cette voûte couvre toujours en plan une surface carrée
et se compose de quatre secteurs angulaires soutenant au
milieu une voûte plate ou surbaissée. Les côtés du carré
sont recouverts d'arcs de même forme et les secteurs sont

Fig. 472.

Fig. 473.

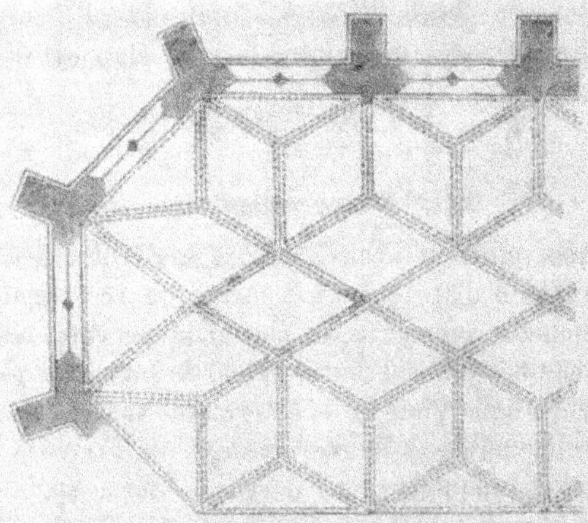

engendrés par la rotation de la moitié de ces arcs autour
d'axes verticaux passant par les angles du carré. Pour compléter
la voûte, il reste à remplir le vide central laissé par les secteurs.

La fig. 474 donne en plan et en coupe le principe de

cette voûte. La partie (a d c d c) comprise entre les quatre
onglets se remplit d'ordinaire par une voûte en plate-bande;
quelquefois aussi par une voûte en segment sphérique surbaissée. On commence alors par établir un anneau circulaire

Fig. 474.

Fig. 475.

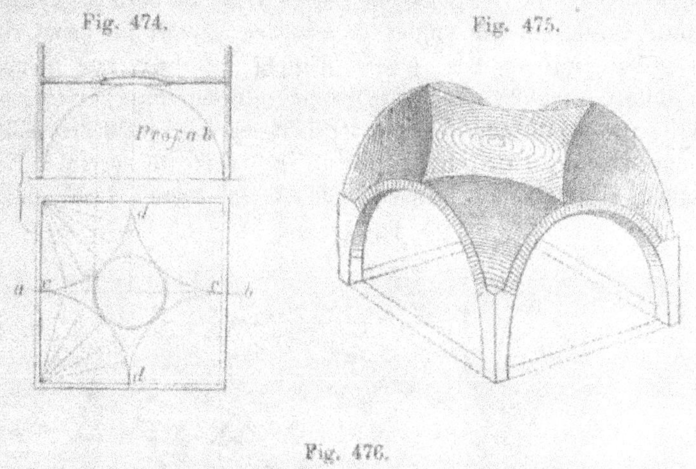

Fig. 476.

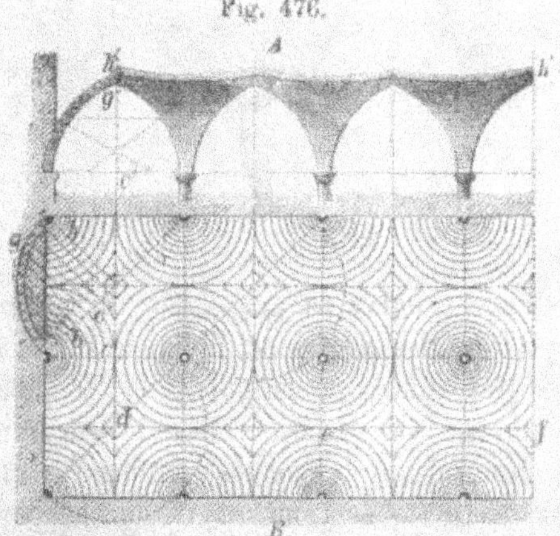

tangent aux quatre onglets dont la saillie forme nervure sur
l'intrados.

La fig. 475 montre quelle est la forme d'une pareille
voûte; elle indique aussi quelle est la disposition de l'appareil.

Un autre mode de construction de ces voûtes est représenté

à la fig. 476, A et B. On suppose la section diagonale semi-circulaire, et la voûte engendrée par la rotation du quart de cercle autour d'axes verticaux passant par les angles du carré. Les arcs de tête sont alors des arcs en ogive de même rayon que le demi-cercle diagonal, fig. 476. L'arc de cerle (b g) fait autour de chacun des angles de l'espace couvert un quart de révolution, autour des points d'appui latéraux une demi-révolution, et autour des points d'appui intérieurs une révolution, toute entière. Chacun des points supérieurs à (g) ne décrit plus qu'une portion d'arc plus petite qu'un quart de cercle et le sommet reste fixe et forme la clef de la voûte. Les points

Fig. 477.

(g) et (h) de l'arc rabattu se projettent verticalement en (g') et (h'); la disposition des assises est indiquée sur le rabattement.

L'intrados des voûtes en entonnoir est toujours richement décoré de moulures. On dispose celles-ci soit dans des plans verticaux, en les faisant rayonner uniformément autour de l'axe, soit dans des plans horizontaux, en les espaçant également sur l'intrados, fig. 477. Lorsque les moulures font défaut la surface est ornée de cannelures.

La voûte en entonnoir s'employait autrefois surtout en Angleterre, presque toujours avec nervures dans les deux directions. Quand les nervures horizontales manquent, les nervures montantes s'entrecroisent au sommet sous forme d'une figure géométrique régulière.

On rencontre aussi quelques exemples de voûtes en entonnoir dans les vieux édifices allemands. Le plus remarquable à cet égard, est le couvent Remter, à Marienbourg.

XIV. Voûte en niche.

La niche ne constitue pas à proprement parler une forme de voûte particulière. Elle n'est, qu'une partie de voûte en dôme ou en segment sphérique, de voûte d'arête ou de voûte gothique, et est formée par la division en deux parties égales

Fig. 478.

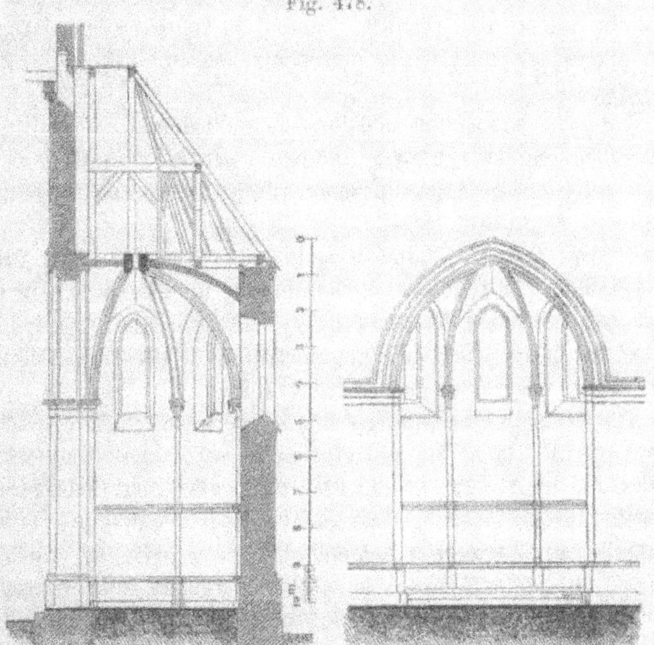

de l'une quelconque des ces voûtes. La forme de sa base est donc toujours celle d'une demi-figure régulière. Le plus souvent cette base est semi-circulaire ou pentagonale.

La voûte en niche se rencontre surtout dans les chapelles,

églises, etc. Nous en avons vu deux exemples, l'un à la fig. 379, l'autre à la planche VI. Nous nous bornerons à en ajouter un troisième, fig. 478, représentant une niche pentagonale, dérivée d'une voûte d'arète en ogive, à base octogonale régulière.

XV. Exécution des voûtes.

Les voûtes, de quelqu'espèce qu'elles soient, doivent s'exécuter avec très grand soin et avec des matériaux de bonne qualité. Lorsqu'elles sont faites en moellons, il faut que la pierre employée se prête bien à la taille et que tous les moellons soient bien gisants. Quand la voûte ne supporte pas de charges, on la fait en matériaux légers: briques creuses ou poreuses.

Dans les voûtes en moellons ou en briques, la qualité du mortier a une très grande influence sur la résistance de la voûte; elle en a beaucoup moins dans les voûtes construites en pierre de taille.

Il faut faire les joints le moins épais possible, mais éviter aussi qu'ils ne se réduisent à rien du côté de l'intrados. On doit avoir soin de bien les remplir de mortier, sans quoi celui-ci s'étendrait sous l'effet de l'augmentation de pression et donnerait lieu à des tassements considérables.

On ne peut reconnaître si une voûte est bien construite qu'après enlèvement de son cintre. Il se produit toujours un tassement, mais celui-ci doit être uniforme. Pour atteindre ce résultat, on ne laisse les tassements s'opérer que d'une manière graduelle, en dégageant seulement petit à petit les cales du cintre. On ne doit procéder au décintrement que lorsque le mortier a acquis une dureté suffisante pour ne pas être forcé hors des joints par la pression. Par contre si l'on attendait trop longtemps la voûte perdrait la flexibilité qui lui permet de céder également sous l'effet des charges sans se crevasser, ni se fendiller.

Dans les arcs de très petit rayon les voussoirs ont une

forme très amincie; il faut alors veiller à ce qu'il n'y ait pas coinçage de la pierre.

Au point de vue des tassements, l'éxécution sur cintres sans couchis est toujours la meilleure, mais il faut naturellement que la forme de la voûte et la nature de l'appareil s'y prêtent.

Comme les tassements sont principalement causés par la diminution de volume des joints, il sera bon d'employer pour la construction des voûtes des mortiers se comprimant peu. De cette nature sont surtout les mortiers hydrauliques. La maçonnerie de remplissage des entrevoûtes ne s'éxécute qu'après fermeture des voûtes.

Le décintrement doit s'opérer avec précaution, afin de régulariser les tassements autant que possible.

Lorsque les pieds-droits sont insuffisants pour résister à la poussée des naissances, le moyen le plus simple de les consolider consiste à les relier par des tirants transversaux.

XVI. Voûtes en béton.

Les Romains employaient déjà le béton pour la construction des voûtes d'arête et des voûtes en berceau. Après eux, ce mode de construction fut abandonné et n'est rentré de nouveau dans la pratique qu'à une époque récente. Dans ces derniers temps on est allé jusqu'à construire des bâtiments entiers en béton. Ainsi, sur le chemin de fer d'Aulendorf à Sigmaringen les maisons de garde sont faites en maçonnerie de béton et le comble est remplacé par une voûte en béton. La ligne traverse une contrée dans laquelle on ne trouve que peu de terre à brique et pas de pierre de construction. Le sable et les cailloux y sont en revanche très abondants; on se décida donc à faire l'ensemble des maçonneries en béton de ciment.

Les fig. 479—480 représentent une de ces constructions en plan et en coupe.

La composition du béton variait d'un point à un autre.

Voici quelles étaient les proportions élémentaires des bétons dont fit usage:[1])

a. — Béton de ciment romain

Ciment romain		Sable		Cailloux
1	:	1	:	3
1	:	1	:	4

Ces bétons servaient aux murs de fondation et de cave.

1	:	1	:	5
1	:	$1\frac{1}{2}$	:	6

b. — Béton de ciment romain et de ciment de Portland:

Ciment de Portland —		Ciment romain —		sable —		Cailloux
$\frac{1}{2}$	:	$\frac{1}{2}$	:	2	:	5
$\frac{3}{4}$	:	$\frac{1}{4}$	:	1	:	4

Ce béton servait à la confection des murs extérieurs; ils recevaient extérieurement un enduit de ciment.

c. — Béton de ciment de Portland

Ciment de Portland		Sable		Cailloux
1	:	3	:	5
1	:	$3\frac{1}{2}$	:	6
1	:	$3\frac{1}{2}$	:	7

Ce béton était employé dans les voûtes extérieures.

1	:	1

mortier servant à faire la chape de la voûte du toit.

Pour faire les murs, on répandait le béton dans des encaissements amovibles par couche de 0,20 m à 0,25 m d'épaisseur, et on le pilonnait bien avant de procéder à la couche

---

[1]) En général on détermine la proportion de mortier qu'il faut ajouter aux cailloux d'après la quantité de vide que les cailloux comprennent entre eux. Ce vide se mesure par le volume d'eau qu'il faut ajouter dans un tonneau rempli de ces cailloux, et de capacité connue. Il faut alors prendre pour le mélange un volume de mortier au moins égal à celui des vides. Mais comme la répartition du mortier ne se peut faire d'une mainère parfaite dans le mélange, on augmente le volume trouvé de 20 ou 30 pour cent. Dans les massifs qui ne sont pas exposés à l'eau comme ceux dont il s'agit ici, le béton peut, sans inconvénient, se faire plus maigre; alors le volume du mortier peut être égal ou même inférieur à celui des vides des cailloux ou des pierres cassées.

suivante; quand on était forcé d'interrompre une couche, on la
terminait par un plan incliné. La voûte du toit se recouvrait
d'une chape en ciment de Portland. Les cheminées se com-
posaient de simples conduits cylindriques ménagés dans l'épaisseur de la maçonnerie à l'aide de mandrins en bois. Les
souches se rapportaient après coup, et les encadrements des
baies de fenêtre se faisaient en ciment après achèvement de
la grosse maçonnerie.

La construction de ces maisonnettes donna des résultats
si satisfaisants qu'on construisit d'une manière analogue le
bâtiment de la gare principale.

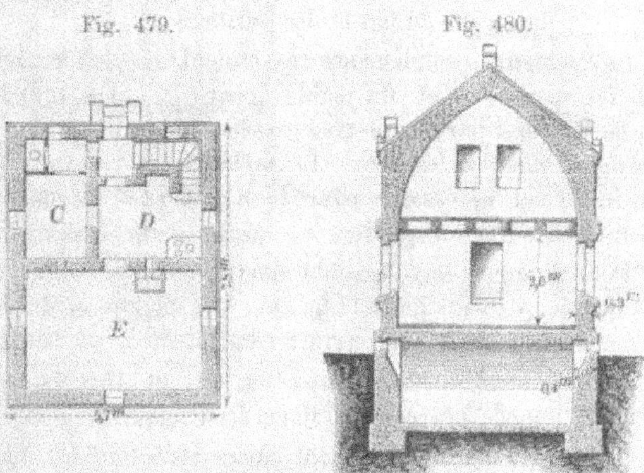

Fig. 479.   Fig. 480.

Dans toutes les contrées où la bonne pierre est rare et
où le sable et les cailloux sont abondants, les constructions
en béton pourront rendre de grands service et permettre
de réaliser une économie importante, si l'on peut en même
temps se procurer le ciment ou la chaux hydraulique à bon
compte.

En vue de créer pour les ouvriers et petits employés des
logements à bon marché, il s'est formé à Berlin, en 1872, une
société de constructions économiques en béton. Jusqu'en 1876,
cette société avait construit 58 maisons, renfermant 170 loge-

ments et pouvant recevoir 1200 habitants. Nous extrayons d'un rapport publié par elle les détails suivants sur les constructions de ce genre.

On n'a employé dans leur éxécution que du béton de ciment. Dans les 19 premières maisons, les murs seuls étaient en béton; dans la suite on remplaça d'abord les planchers en bois, puis dans les trois dernières maisons, la charpente du comble par des voûtes en béton. Le ciment était toujours de première qualité. Il entrait:

$$\text{dans la maçonnerie des murs pour} \quad \tfrac{1}{19}$$
$$\text{dans celle des voûtes} \qquad \text{»} \quad \tfrac{1}{7}$$
$$\text{dans celle du toit et des escaliers} \quad \text{»} \quad \tfrac{1}{6}$$

Le éléments complémentaires étaient le plus souvent du mâchefer pour $\tfrac{5}{6}$ et du sable pour $\tfrac{1}{6}$. Le premier se remplaçait aussi par des pierres cassées, des cailloux, des débris de briques, des scories, etc. Le mélange ne recevait que la quantité d'eau nécessaire pour bien humecter la masse dont la consistence restait solide.

Pour diminuer le volume du mortier employé, on noyait des blocs de pierre bruts dans la masse. Ces pierres se disposaient par couches et on les recouvrait complètement de béton.

Nous avons représenté aux fig. 481 et 482, en plan et en coupe, une de ces constructions économiques.

Toutes les maçonneries sont faites en béton: les murs, les voûtes, tant dans les caves qu'aux différents étages et dans les combles, l'attique, l'escalier, etc. La grosse maçonnerie d'une maison de 3 étages s'éxécutait en 3 ou 4 semaines; les parachèvements exigeaient beaucoup plus de temps. L'expérience a démontré que ces maisons sont sèches et que leurs murs sont mauvais conducteurs de la chaleur.

On donnait aux murs extérieurs une épaisseur de 0,35 m et au murs intérieurs une épaisseur de 0,20 m, même quand ceux-ci formaient les pieds-droits d'une serie de voûtes. Ces épaisseurs ont d'ailleurs été trouvées parfaitement suffisantes.

Les murs n'ont pas laissé traverser l'humidité même avec

une épaisseur réduite de 0,14 m, et en se trouvant exposés directement à l'action de la pluie.

Les voûtes s'éxécutaient sur des cintres recouverts d'un couchis et on les faisait avec du béton plus riche que celui qui servait à l'éxécution du reste de la maçonnerie. Leur forme était cylindrique; elles n'avaient que 0,10m d'épaisseur pour une portée de 2,80 m; leur flèche était égale au $\frac{1}{16}$ de la portée. Les entre-voûtes restaient sans remplissage.

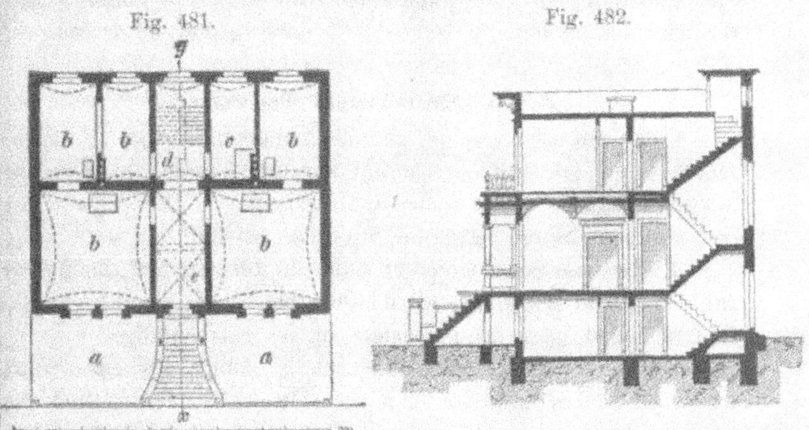

Fig. 481.

Fig. 482.

Des essais faits sur place ont montré que ces voûtes pouvaient porter avec sécurité 3750 kg par mètre carré, tandis que dans les habitations la charge totale ne dépasse jamais 750 kg. Malgré l'élévation de la surcharge temporaire (5 fois la charge probable) et la durée assez longue des essais (une période de 13 jours), les murs de butée ne laissèrent voir aucune trace de déversement et il ne se produisit aucune crevasse dans la maçonnerie de la voûte, bien que celle-ci ne fût terminée que depuis 5 semaines.

La voûte de la toiture était en plate-bande et présentait sur la face supérieure une pente de 1 : 50. Elle se recouvrait d'un enduit de ciment ou d'une couche d'asphalte et son épaisseur était de 0,10 m; on n'enlevait les cintres que 8 jours après son éxécution.

31*

Les escaliers se faisaient aussi en béton. Ils étaient droits, à deux volées et s'établissaient de la manière suivante: Sur le bord de chaque palier, on disposait une poutrelle en fer, rail ou fer à T, allant d'un mur de cage à l'autre. Contre cette poutrelle on appuyait le couchis incliné sur lequel se coulait le béton. Ce couchis formait une surface plane et le béton était retenu latéralement par un encaissement. On moulait les marches à l'aide de gabarits et l'on scellait des tasseaux dans leur face supérieure pour y fixer à l'aide de vis des marches en bois.

XVII. Etanchement des caves.

Cette question est de grande importance, car il arrive souvent que les édifices reposent sur des terrains humides ou sur des terrains sujets à des infiltrations.

On peut alors distinguer trois cas, savoir:

1° Les caves se trouvent dans un terrain peu humide et ne servent ni d'atelier, ni d'habitation, mais simplement de lieu de dépôt pour les provisions ou les marchandises.[1]

2° La nature du terrain étant la même, les caves sont destinées à être habitées ou à recevoir des écuries. (Dans les grandes villes cela se présente fréquemment; tel est le cas à Vienne, par exemple.)

3° Le terrain est très humide et est même traversé par moments par des eaux d'inondation. —

Dans le premier cas on peut se contenter des précautions suivantes: On construit les murs de cave avec de la brique dure, en mortier de ciment, puis on enduit le parement extérieur dans toute sa partie souterraine de mortier de ciment. On interpose en outre dans la maçonnerie des couches isolantes, l'une à peu de distance du sol de la cave, et l'autre à 0,50 m ou 0,75 m de la surface du terrain. Il est bon aussi de donner au parement intérieur des murs deux ou trois couches d'un

---

[1] Dans les grandes villes d'Allemagne et d'Angleterre, les caves servent couramment à l'installation de boutiques, restaurants, etc.

mélange de goudron et d'asphalte qu'on laisse bien sécher avant d'appliquer l'enduit superficiel.

Dans le second cas les précautions à prendre sont encore plus grandes. En dehors des mesures préventives ci-dessus indiquées, il faut disposer dans la maçonnerie une paroi isolante en briques creuses, comme nous l'avons vu aux fig. 83 et 84 de ce volume.

Il vaudrait encore mieux retenir les terres à l'aide d'un contre-mur tout-à-fait indépendant du mur de fondation. Ce procédé a également déjà été indiqué aux fig. 322 et 323.

Quand le sol n'est pas trop humide, il suffit quelquefois de ména-ger dans l'épaisseur du mur une fente de 0^m, 04 à 0^m, 08 de largeur pour empêcher que l'humidité ne pénètre dans la cave. Ce procédé est d'une application facile dans les murs d'appui et de fronton, mais il conduit à un surcroît d'épaisseur dans les murs de fondation. Nous donnons ici une disposition que l'on a adoptée pour les caves de la prison municipale de Cologne, fig. 483.

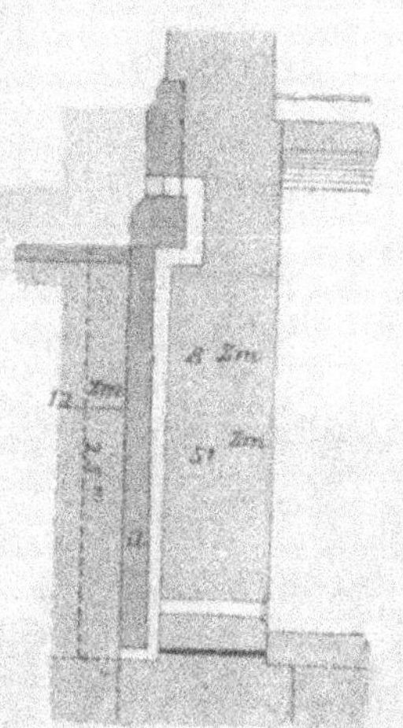

Fig. 483.

Les caves de cette construction descendent jusqu'à 2^m,50 au-dessous de la surface du sol et servent d'ate-liers et de dépendances. Il fallut donc en assurer l'étanchement. A cet effet, on isola la maçonnerie des murs intérieurs par une couche d'asphalte au niveau du sol de la cave. Quant aux murs extérieurs, on les protégea par une fente ou un vide intérieur formant paroi isolante.

D'après la figure on voit que ce vide est disposé de façon à rester en communication, d'une part, avec l'air extérieur et, d'autre part, avec l'intérieur de la cave à l'aide d'un certain nombre d'ouvertures établissant un courant d'air continu à travers la couche isolante. La paroi extérieure ou le contre-mur, séparant la couche d'air du terrain environnant a une demi-brique d'épaisseur et est faite en briques dures et en mortier de ciment. Les briques sont disposées de manière à ce que deux panneresses soient toujours suivies d'une boutisse s'engageant à son autre extrémité dans la partie principale du mur. Ces boutisses alternent de position dans les assises successives pour la régularité de l'appareil (voir la fig. 75). Près du sol le contre-mur est isolé par une couche d'asphalte située à 0,08 m en contrebas du sol de la cave. Les ouvertures de communication entre la couche d'air isolante, l'air extérieur et la cave se répètent tous les 1,60 m; elles ont 0,12 m de largeur et sont recouvertes d'un grillage assez serré pour qu'il ne puisse y entrer des rats ou souris.

Fig. 484.

Intérieurement ces ouvertures débouchent au-dessus du sol quand les caves sont recouvertes d'un carrelage, et dans les vides entre les lambourdes, quand elles sont recouvertes d'un plancher[1], afin de favoriser la circulation de l'air entre les bois. Pour activer cette dernière, on met même ces conduits en communication avec des tuyaux de cheminée.

Autour du soubassement, sur un mètre de largeur, le sol est recouvert de dalles légèrement en pente, écoulant à distance l'eau de pluie qui tombe près du pied des murs.

Lorsque les caves servent de boutique, bureau ou logement, il ne faut jaimais les engager entièrement dans le sol, mais les

---

[1] Il ne faut pas oublier qu'il s'agit ici d'enceintes habitées.

faire pénétrer seulement de la moitié ou du tiers de leur hauteur. En pareil cas l'étanchement du mur peut se faire de la manière suivante, fig. 484.

Le mur de fondation est séparé du terrain environnant par un contre-mur distant de 0,36 m à 0,75 m. Ce contre-mur, d'une brique ou d'une brique et demie d'épaisseur, repose sur un petit massif de fondation spécial et est relié au mur principal, tous les 2,00 m environ, par des murettes transversales. Le fond de la fosse ainsi formée est disposé en rigole pour l'écoulement de l'eau de pluie. La lettre (a) désigne une couche isolante en asphalte. La baie du soupirail peut s'arrêter au niveau du sol ou descendre plus bas. Pour empêcher les accidents, on entoure la fosse d'une grille en fer; il sera bon aussi de la recouvrir d'un grillage ou de plaques de verre.

Le troisième cas, celui dans lequel les fondations se trouvent dans un terrain humide ou dans un terrain sujet aux infiltrations, exige des dispositions toutes spéciales, car par suite de la force ascentionnelle des eaux d'infiltration les moyens ordinaires sont insuffisants en pareil cas pour obtenir l'étanchéité.

En parlant des voûtes plates cylindriques, nous avons déjà fait remarquer qu'elles fournissaient, sous forme renversée, le meilleur moyen pour s'opposer à l'envahissement des eaux d'infiltration dans les caves. Pour assurer alors l'étanchement des maçonneries, on enduit d'asphalte, tant extérieurement qu'intérieurement les parements de murs et l'on interpose des lits d'asphalte entre les rouleaux de la voûte. Cette disposition a déjà été étudiée en détail à la fig. 323.

Un autre exemple reposant sur le même mode d'étanchement est représenté à la fig. 485. Il s'agit d'un bâtiment dans lequel une partie des caves est asséchée par le moyen précédent. On a construit une paroi en briques dures, au mortier de ciment, tout le long des parements directement en contact avec le terrain. Derrière cette paroi protectrice, on a répandu une couche d'asphalte. Sous le sol des caves principales on a établi en outre des voûtes cylindriques renversées comme dans l'exemple précédent. Ces voûtes n'existent pas dans la cave secondaire où le sol se trouve au-dessus du niveau des plus hautes eaux, comme l'indique la ligne pointillée.

Quand les eaux ne s'élèvent que de 0,06 m à 0,20 m au-dessus de la base des murs, on peut rendre le sol des caves imperméable en faisant reposer tout le bâtiment sur un radier en béton lequel est encore recouvert d'une couche d'asphalte fig. 486. Les murs extérieurs reposent sur les bords du radier et leur partie souterraine est protégée par une couche

Fig. 485.

d'air isolante et, pour plus de sécurité, par un contre-mur en briques dures. Celui-ci se trouve à 0,04 m du mur principal; dans l'intervalle, on coule du ciment ou mieux de l'asphalte.

Des ouvertures (b) mettent la couche isolante en communication avec l'air extérieur et permettent le renouvellement de l'air intérieur qui ne tarde pas à se charger d'humidité. Ces ouvertures sont fermées en hiver.

Le bétonnage de toute l'assiette de la fondation prit naissance en Hollande. Il donne d'excellents résultats et est maintenant d'un usage assez commun dans tous les pays. En

Hollande, on continue quelquefois le radier un peu au-delà des murs du bâtiment et on fait monter le béton le long des parois extérieures jusqu'à la surface du sol, en lui donnant de 0,60 m à 1,00 m d'épaisseur. Par ce moyen les fondations se trouvent entièrement encaissées et sont rendues complètement étanches quand le béton est suffisamment gras.

Fig. 486.

Une disposition présentant quelqu'analogie avec la précédente est donnée à la fig. 486. Le parement extérieur du mur est renforcé d'une surépaisseur de $1^1/_2$ ou 2 briques, faite en briques dures et au mortier de ciment. Le radier en béton ne s'étend que sous la voûte renversée qui couvre le sol de la cave.[1] Une couche d'asphalte recouvre le béton, traverse l'épaisseur des maçonneries et remonte le long de la paroi extérieure du mur. Dans la figure les briques dures

---

[1] Ces voûtes ont ordinairement de $\frac{1}{30}$ à $\frac{1}{25}$ de flèche. Quand elles sont formées de briques posées à plat, on les compose de deux rouleaux.

Fig. 487.

sont indiquées par des hachures plus serrées et la couche
d'asphalte par une ligne noire. Le soupirail se trouve dans
le cas particulier entièrement en contrebas du sol. Pour
maintenir les terres devant la baie, on a continué la paroi en
briques dures jusqu'au niveau du sol, en laissant une ouverture pour la prise de jour.

XVIII. Flèches d'église en pierre ou en briques.

Ces flèches peuvent être considérées comme dérivées d'une
voûte en dôme polygonale surhaussée.

Au moyen âge les architectes les adoptaient de préférence
aux flèches en bois. Quand ils employaient la pierre, ils en
profitaient pour décorer la flèche de moulures ou d'ornements
évidés qui allegeaient en même temps la construction.

Vers la fin de la période gothique les flèches en matériaux
pierreux deviennent plus rares; plus tard, jusqu'à une époque assez
récente, on renonça même tout-à-fait à ce mode de construction.

Qu'il s'agisse de la pierre ou de la brique, le mode d'appareil reste à peu de choses près le même; il ne diffère que par la dimension des matériaux employés. Nous ne parlerons ici que des flèches en briques.

Les avantages que l'on peut avancer en faveur de la construction en briques sont:

1° La facilité d'éxécution occasionnée par l'uniformité des matériaux. Bien que toujours désirable cette condition a une grande importance dans le cas particulier, vu la hauteur à laquelle se fait le travail.

2° Sécurité contre l'incendie dans le cas où la foudre viendrait à frapper la flèche.

3° Une économie sensible par rapport aux flèches en bois.

4° Une durée plus grande. Quand l'éxécution est soignée et que les matériaux sont de bonne qualité, les réparations, ne sont nécessaires qu'au bout de longues années. Nous citerons à ce sujet la flèche de l'église de Greifenhagen, dont la hauteur est de 25 m et l'épaisseur de la maçonnerie de 0,25 m. Bien que datant d'environ 500 ans, elle est encore en très-bon état de conservation.

Il est de première nécessité de n'employer pour ce genre de travaux que des briques dures de premier choix, aussi peu poreuses que possible.

Les flèches en briques peuvent s'appareiller d'après trois méthodes différentes:

1° Les briques sont disposées par assises horizontales et forment à l'extérieur une surface continue. Cette disposition est bonne mais dispendieuse, parce qu'elle nécessite des briques de forme spéciale, fig. 488, C—D.

2° Les briques sont disposées d'une manière analogue, mais sont de modèle ordinaire, fig. 488, A—B. Chaque brique forme alors un petit redan qui peut avoir jusqu'à 0,012 m de saillie dans le cas d'une pente ordinaire de 1:5. Or ces redans se voient de la partie inférieure, quand la tour de l'église n'est pas très élevée, et donnent plus de prise à l'humidité. Pour éviter ces inconvénients, on emploie le troisième mode d'appareil.

3° Ici les lits sont disposés normalement au parement extérieur de la flèche, fig. 488, E—G, et concourent pour une même assise vers un même point de l'axe, fig. 489. Les briques d'angle sont alors de forme spéciale, fig. 490. Elles présentent à la partie supérieure une arête rentrante et à la partie inférieure une arête saillante, ce qui est sans inconvénient, car les petits défauts de forme ou de pose qui pourraient se produire se perdent dans l'épaisseur du joint.

Au moyen âge, on faisait toujours la maçonnerie des flèches

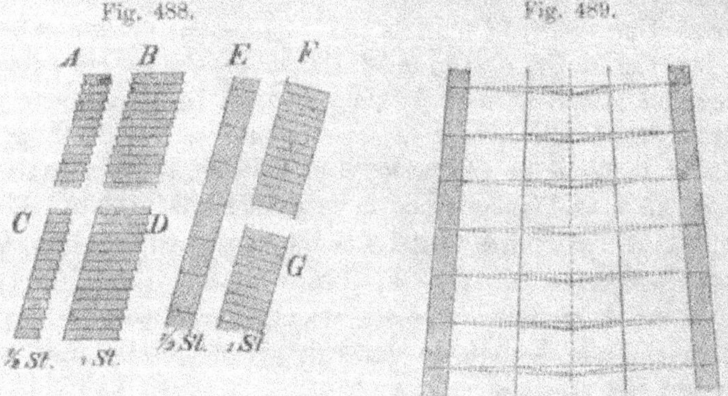

Fig. 490.

au mortier de chaux. C'est, en effet, la meilleure solution, car le mortier de ciment ne donne de bons résultats que lorsqu'on peut exécuter les joints avec beaucoup d'eau et de soin, ce qui n'est pas possible dans le cas particulier.

On doit s'attacher à faire les lits bien plans et à rendre les arêtes aussi droites que possible. Cette dernière condition surtout est importante, car les moindres défectuosités dans les lignes d'arête frappent de suite la vue. C'est pour cette raison qu'on fera bien de faire la construction à l'aide d'un échafaudage complet. Il facilite l'exécution et permet d'ajuster bien exactement la pointe en sa position.

Les moyens de consolidation que l'on emploie quelquefois pour empêcher l'écartement des côtés de la flèche, tels que châinages, ancrages, chanfrinage des arêtes, etc, sont inutiles car la maçonnerie ne présente pas de tendance à s'ouvrir, les pressions se transmettant presque verticalement jusqu'à la base. Ce n'est qu'en ce dernier point qu'il sera utile d'avoir des ancrages, pas tant pour resister à la poussée des naissances que pour s'opposer aux tassements inégaux qui pourraient se produire dans la maçonnerie et pour résister aux ébranlements causés par le vent ou par le mouvement des cloches, surtout quand celles-ci sont suspendues à un beffroi de construction légère.

Fig. 491.

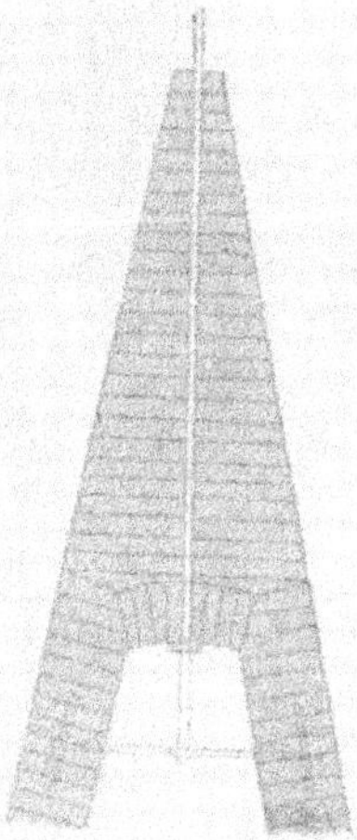

L'épaisseur d'une demi-brique doit être considérée comme insuffisante pour la construction de ces flèches; elle ne donne lieu d'ailleurs qu'à une économie relativement insignifiante par rapport à l'épaisseur d'une brique. Celle-ci, par contre, suffit toujours pour les hauteurs ordinaires.

La décoration de ces flèches dépend des matériaux dont elles sont faites. Dans une construction en briques, on accuse seulement les arêtes et cela est facile puisque le plus souvent les angles se composent de briques spéciales.

Le mât en fer supportant la croix s'attache à une petite voûte intérieure au sommet de la flèche, fig. 491, ou à un croisillon scellé dans la maçonnerie des parois. Ce dernier procédé est celui de la fig. 492 qui représente la flèche d'une église de Lauenbourg.

Fig. 492.

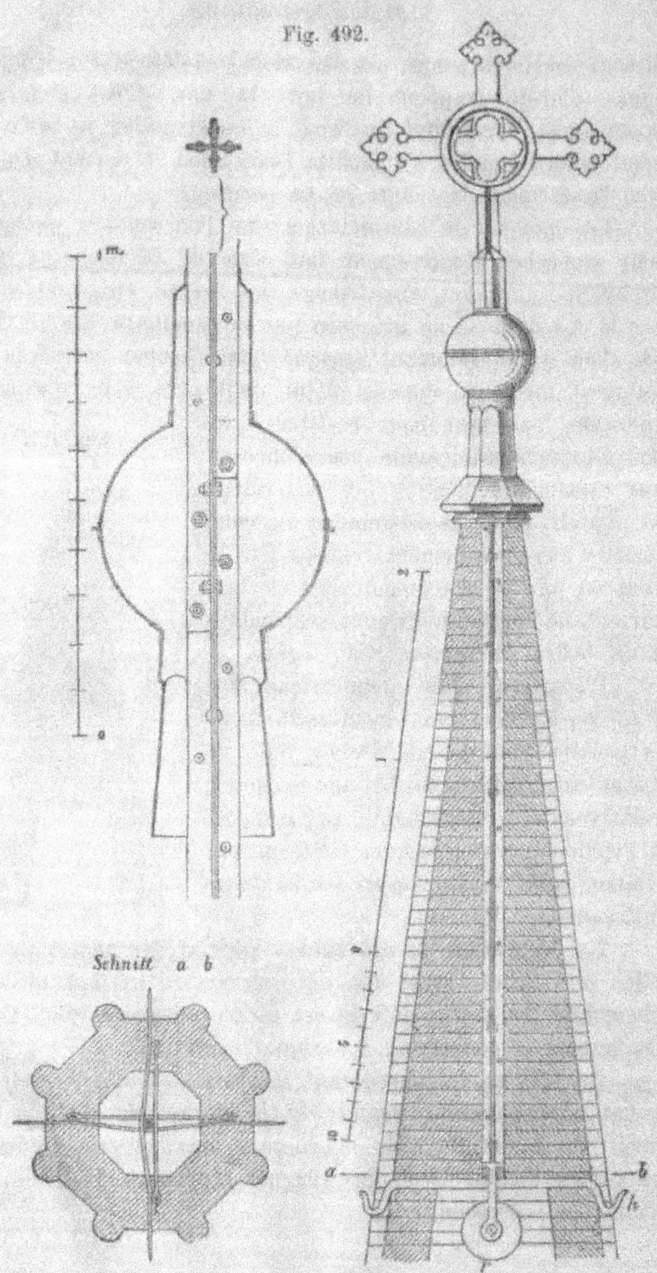

Fig. 493.

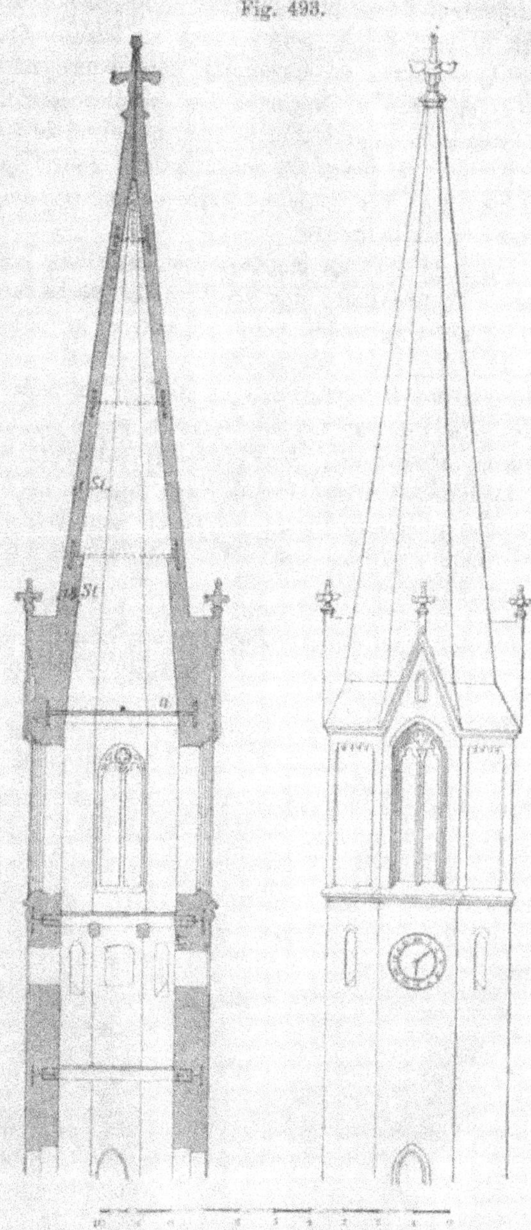

A la hauteur (a b) quatre barres de fer, disposées en croix, retiennent le mât de la pointe, tout en faisant fonction de châinage. Ces barres se terminent extérieurement par des crochets (h) destinés à supporter les échelles lors des réparations. Dans le cas particulier le mât est formé de 4 cornières rivées ensemble; ce mode de construction assure la roideur dans tous les sens. La boule est faite en cuivre; son mode de fixation ressort de la figure.

La poulie (r) sert au montage des matériaux pendant les réparations. A proximité des crochets la flèche est percée d'ouvertures assez grandes pour permettre le passage d'un homme.

Nous donnons à la fig. 493 un dernier exemple de flèche en briques. Sa hauteur est de 16 m; sa pente de 1 : 4. Elle est de forme octogonale. Son épaisseur est d'une brique et demie à la base et d'une brique dans lapartie supérieure de la flèche. En plusieurs points les parois sont reliées par des châinages; enfin la base est solidement ancrée en (a) pour résister aux ébranlements.

CHAPITRE III.

Baies de portes et de fenêtres.

Le mode de construction des baies d'un édifice dépend de leur position et de la nature des matériaux employés.

Les soupiraux se placent autant que possible au-dessus du niveau du sol. En général leur grandeur est détermin e par la hauteur du soubassement. Nous en avons déja eu divers exemples aux fig. 318, 320, 323 B, 484 et 486. Quand le soubassement est peu élevé et que l'appui du soupirail se trouve en contrebas du sol, on ménage devant la baie une petite fosse pour permettre le passage de la lumière, fig. 494. On construit alors de chaque côté de la baie, un pilier d'une brique ou d'une brique et demie de largeur et on relie ces deux piliers par une petite voûte verticale, ayant $\frac{1}{6}$ ou $\frac{1}{5}$ de flèche. On donne à la voûte une demi-brique d'épaisseur jusqu'à 0,80 m de profondeur et une brique pour les profondeurs plus grandes. Le fond de ces fosses est faiblement incliné, pour que l'eau de pluie puisse s'écouler dans un conduit de vidange. Il est bon de recouvrir la partie supérieure de la maçonnerie de soutènement d'un encadrement en pierre.

Le chambranle des soupiraux se fait en briques ou en pierre; on ménage dans l'épaisseur une feuillure pour loger la menuiserie de la baie.

Souvent le plancher du rez-de-chaussée n'est qu'à 0,30 m ou 0,40 m du sol. Les voûtes de cave descendent alors si bas qu'il faut adopter des dispositions spéciales pour les soupiraux.

On a recours alors à des ouvertures rampantes ayant jusqu'à 45 degrés d'inclinaison, surmontées de voûtes en lunette. Tel est le cas de la fig. 495.

Fig. 494.

Dans cet exemple le chambranle du soupirail est construit en pierre et la lunette est surmontée d'un arc de décharge(b) qui supporte tout le poids de la maçonnerie supérieure. La lunette s'arrête à l'arc de décharge et ne reçoit que la poussée des matériaux de remplissage recouvrant la voûte de cave. Les dispositions de ce genre sont très communes en Autriche; elles ressemblent beaucoup à celle que nous avons déjà donnée à la fig. 290.

Dans le cas où le soupirail doit présenter de grandes dimensions, on peut être conduit à le loger en partie dans l'allège de la fenêtre du rez-de-chaussée. On fait alors reposer l'appui de la fenêtre directement sur l'arc recouvrant le soupirail et l'on réduit l'épaisseur de l'allège à une demi-brique ou à une brique, afin de former sous la fenêtre un renfoncement par lequel la lumière puisse arriver à la cave. La voûte de cette dernière est percée d'une lunette rampante montant vers le soupirail. Cette disposition est représentée à la fig. 496.

Quelquefois la position d'un soupirail se trouve coïncider avec celle de l'escalier d'entrée. La disposition ordinaire doit être alors complètement modifiée. Une des solutions applicables à ce cas est donnée à la fig. 497. L'escalier se trouve repoussé presqu'entièrement dans l'épaisseur de la baie; sa marche de départ (v) fait seule saillie sur le mur de façade. Devant cette marche et sur toute sa longueur se trouve une fosse (s) de

Fig. 495.

0,50 m à 0,70 m de largeur et de 1,50 m à 2,00 m de profondeur, laquelle est entourée de murs de soutènement d'une brique à une brique et demie d'épaisseur. Ces murs sont couronnés d'un cadre en pierre (t t) portant sur le bord intérieur une feuillure dans laquelle vient se loger le grillage (r) qui re-

Fig. 496.

couvre la fosse. Les autres détails de la construction ressortent de la figure.

Les baies de portes et les croisées se font de forme très-variée; leur chambranle peut être en pierre ou en briques. La construction de la partie supérieure de cet encadrement exige toujours beaucoup de soin et se trouve compliquée par

la présence d'une feuillure destinée à loger le cadre de la
porte ou de la croisée.

Quand le couronnement de la baie est formé d'arcs con-

Fig. 497.

centriques en briques, en segments de cercle ou semi-circulaires,
l'appareil ne présente pas de difficulté. On suit les règles
données aux pages 21 et suivantes pour les abouts de mur
avec feuillure.

Fig. 498.

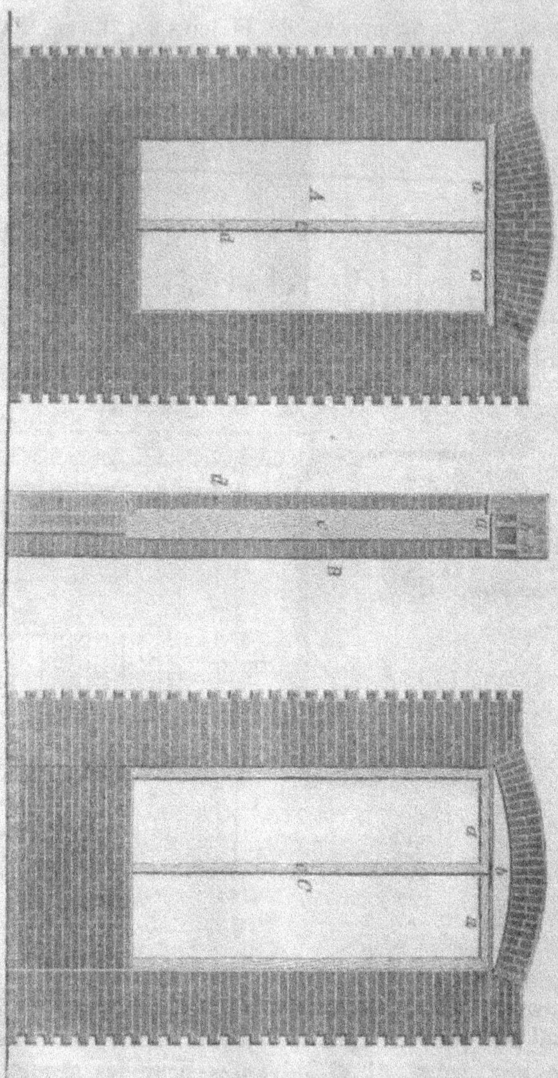

La construction est plus difficile quand la feuillure est
formée extérieurement par une partie droite et intérieurement

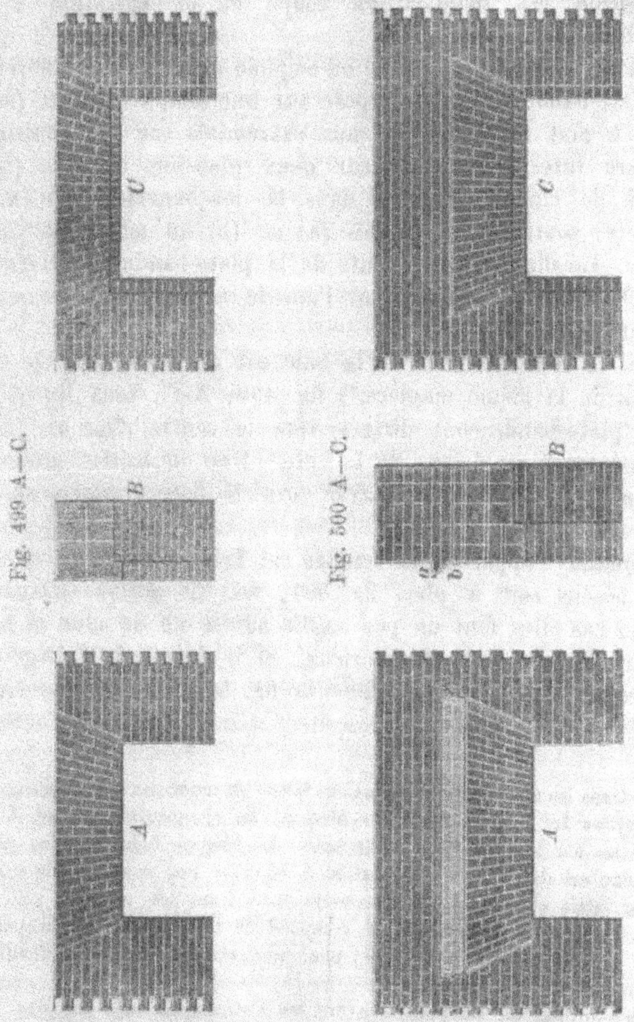

Fig. 499 A—C. — Fig. 500 A—C.

par une partie arquée. Il faut alors procéder comme s'il
s'agissait de la construction d'un seul arc couvrant toute

l'épaisseur du mur, mais on fait descendre les briques de la partie extérieure jusqu'à l'horizontale des naissances. Cette disposition est indiquée en coupe et en élévation à la fig. 498, A-C.

Pour la mise en oeuvre on emploie deux cintres différents. La plate-bande extérieure repose sur une simple planche (a a), posée à plat et s'appuyant aux extrémités sur les jambages, et l'arc intérieur repose sur deux planches arquées (b b), posées de champ, et fixées dans la maçonnerie. Un montant (e) soutient les cintres (a) et (b) au milieu de leur portée. La direction des joints de la plate-bande se détermine à l'aide d'un cordeau fixé par l'une de ses extrémités au centre de l'arc (d).

Si le couronnement de la baie est droit, on peut le construire de la même manière,[1] fig. 499, A-C; tous les joints de la plate-bande sont dirigés vers le centre d'un arc fictif supposé tracé au-dessus de la baie. Une disposition analogue à celle de la fig. 499, mais avec corniche de couronnement, est donnée à la fig. 500, A-C.

Quand l'appui de la fenêtre est fait en briques, celles-ci sont posées soit à plat, fig. 501, soit de champ. Dans ce dernier cas elles font un peu saillie sur le nu du mur et sont chanfrinées sur le bord extérieur. Si le dessus de l'allège est fortement incliné, comme dans la fig. 501, les briques supérieures sont exposées à se désceller, même quand elles ont été

---

[1] Dans les constructions ordinaires faites en moellons, le couronnement se compose le plus souvent d'un linteau en charpente reposant à ses extrémités sur les jambages de la baie. La hauteur à laquelle on place le linteau est déterminée de manière à réserver une épaisseur de 0,03m pour le lattis et l'enduit de recouvrement. Dans les murs de plus de 0,40 m d'épaisseur le linteau est composé de trois pièces de charpente, posées à des hauteurs différentes, pour permettre de former la feuillure du tableau.

Aujourd'hui on remplace souvent les linteaux en bois par des linteaux en fer.

Quand le recouvrement est formé d'un arc plat en moellons ou en briques, on dissimule le léger cintre par un renformis sous l'enduit.

posées au ciment. Il est alors préférable de faire continuer les assises de l'allège jusqu'au parement et de les terminer sur le bord extérieur par des briques spéciales à arête chanfrinée, fig. 502.

Dans les constructions mixtes, en pierre et brique, le recouvrement des baies et l'appui des croisées se font toujours en pierre. L'étude de l'appareil d'une baie cintrée en pierre a été donnée aux fig. 243—250. Nous n'y reviendrons donc pas et ne parlerons ici que des baies recouvertes par des linteaux. La solution la plus simple consiste à former le linteau d'une seule pierre, allant d'un jambage à l'autre, et ayant pour longueur la largeur de la fenêtre plus la longueur des appuis. Afin de ne pas charger cette pierre dont la longueur est considérable et qui porte aussi des moulures d'encadrement, on la surmonte d'un arc de décharge de dimension suffisante pour porter le poids de toute la maçonnerie supérieure fig. 503. Ces linteaux en pierre ont ordinairement de 0,15 m à 0,25 m de hauteur (cette dernière dimension se rapporte surtout aux baies de portes) et sont munis d'une feuillure sur la face inférieure. Il est bon de relier leurs extrémités à la maçonnerie par des ancrages.

On adopte quelquefois une autre disposition que nous avons représentée à la fig. 504. Ici la baie est en réalité recouverte d'un arc en briques de faible flèche. Il affleure au sommet de l'intrados avec la face supérieure du linteau en pierre. Les côtés de l'arc sont entaillés de la quantité nécessaire pour permettre de loger le linteau.

Dans les contrées où la pierre de taille est abondante on donne plus d'importance à l'encadrement des baies. Il est rare cependant dans une construction mixte, que son épaisseur s'étende au delà de la feuillure.

La fig. 505 nous fournit l'exemple d'un chambranle plus décoratif. Il est orné de deux pilastres et d'un entablement comprenant architrave, frise et corniche. Les pierres pénètrent de 0,25—0,30 dans l'épaisseur de la maçonnerie et la corniche est surmontée d'un petit arc de décharge en briques. La partie

Fig. 501.

Fig. 502.

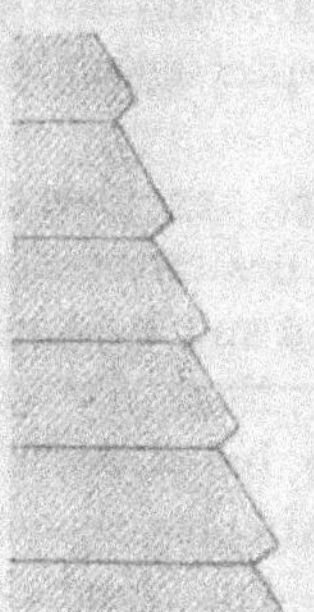

Fig. 503.

Fig. 504.

Fig. 505.

Fig. 506.

intérieure du tableau est composée d'une voûte en plate-bande d'une brique et demie d'épaisseur et de deux briques et demie de hauteur. Ces arcs sont encore recouverts d'un second arc de décharge, le poids des maçonneries supérieures étant considérable. Dans la mise en oeuvre, on peut n'éxécuter qu'après coup, les arcs inférieurs et le chambranle en pierre, c'est-a-dire après achèvement de la grosse maçonnerie; on ne risque pas ainsi d'écorner les moulures du chambranle.

Les jambages en pierre se font le plus souvent d'un seul morceau. Ils se raccordent avec le linteau par un joint hori-

Fig. 507.

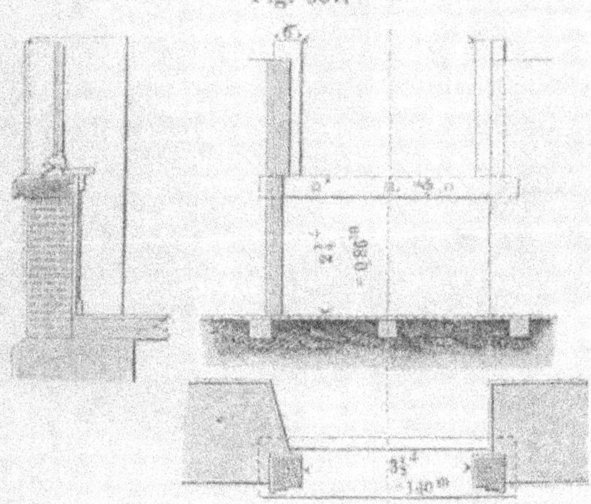

zontal renforcé de scellements à agrafes, fig. 503. Quelquefois on les compose d'une chaîne de boutisses et de carreaux, fig. 506, mais ces jambages prennent un plus grand cube de pierre, par suite du décharpement, et presentent moins de résistance, vu le plus grand nombre de joints.

Dans un encadrement en pierre, l'appui de la fenêtre est toujours formé d'un seul morceau, la tablette d'appui. Celle-ci recouvre l'allège sur une largeur de 0,20 m à 0,30 m et fait saillie sur le mur de 0,05 m environ; elle est munie à sa partie inférieure d'un petit larmier pour empêcher que l'eau de pluie ne descende le long du parement du mur.

La face supérieure de la tablette présente une faible pente vers l'extérieur pour faciliter l'écoulement de l'eau. Au droit des jambages sa surface reste horizontale. En faisant la pose de l'appui, il faut avoir soin de ménager un vide entre l'allége et la tablette, car la maçonnerie de l'allége ne recevant pas de charges, se tasse moins que celle des murs principaux dans lesquels la tablette est encastrée. Si l'on ne prenait pas cette précaution, il pourrait y avoir rupture de la pierre d'appui, car elle serait exposée à subir des efforts de flexion.

La fig. 507 représente un appui de croisée en élévation, coupe et plan.

CHAPITRE IV.

Moulures.

Les moulures servent à décorer les édifices. Elles subdivisent et encadrent par une série de lignes horizontales et verticales les espaces compris entre les baies d'une façade. Elles servent aussi à protéger, dans une certaine mesure, la surface extérieure des murs contre l'action de la pluie, en écartant de la muraille l'eau qui descend le long du parement.

Les moulures se font en pierre, en poterie, en briques spéciales, avec ou sans enduit, enfin en bois. Nous parlerons de ces dernières dans le 3me volume de cet ouvrage où nous traitons des constructions en bois.

D'après la position qu'elles occupent dans le bâtiment on peut diviser les moulures en:

Moulures de soubassement;

" des étages;

" de chambranle;

et " d'entablement, ce dernier se réduisant le plus souvent à une corniche.

Moulures de soubassement.

Nous avons déjà vu des exemples des ces moulures aux fig. 149—152, en parlant de la maçonnerie en pierre de taille. Nous n'ajouterons que peu de chose pour le cas d'une construction en briques. Les moulures se font alors en poterie, en briques spéciales ou en briques ordinaires, recouvertes

d'un enduit, selon que la brique des parements reste ou ne
reste pas apparente.

Dans le premier cas les moulures sont formées de pièces
de poterie creuses, correspondant en hauteur à 3, 4 ou 5 assises

Fig. 508.

Fig. 509.

de briques et s'engage ant dans la maçonnerie à la manière
indiquée sur la figure. On les scelle au mortier de ciment,
fig. 508.

Dans les constructions d'un ordre inférieur, on se contente

de faire les moulures au mortier de chaux ou de ciment et
l'on donne aux briques la saillie nécessaire pourque l'enduit ne
présente nulle part une épaisseur supérieure à 0,04 m, fig. 509.

Moulures des étages.

Ces moulures divisent la façade dans le sens horizontal
et marquent la hauteur des étages ou plutôt le niveau
des planchers.

L'importance à donner à ces moulures dépend des pro-

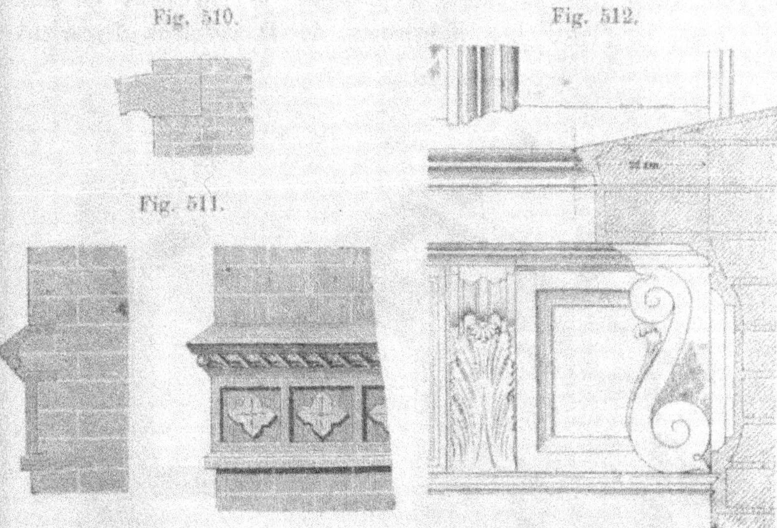

Fig. 510.

Fig. 512.

Fig. 511.

portions générales de la façade. Ordinairement elles ont de
0,13 m à 0,25 m de hauteur et de 0,18 m à 0,25 m de saillie.
Lorsqu'elles sont faites en pierre, les blocs doivent pénétrer
d'au moins 0,30 m dans l'épaisseur du mur, fig. 510. Dans les
constructions en briques apparentes, elles sont formées soit
d'assises de briques, soit de pièces de poterie plus ou moins
ornées, fig. 511.

Dans les constructions d'ordre inférieur le bandeau peut
servir en même temps de tablette d'appui. Il se compose alors

simplement d'une rangée de briques de champ que l'on pose horizontalement ou suivant un plan incliné.

Les façades des maisons d'habitation reçoivent très souvent un enduit; les moulures se font alors en mortier.[1]

Nous en donnons un exemple à la fig. 512.

Les faces supérieures de ces moulures se recouvrent de petites tables de zinc pour les protéger contre l'humidité.

Corniches d'entablement.

La corniche sert non-seulement à couronner le bâtiment, mais aussi, par sa saillie, à protéger le parement du mur contre la pluie. Les dimensions de la corniche dépendent

Fig. 513.

Fig. 514.

du caractère de l'édifice; mais, en principe, il faut éviter de leur donner une saillie supérieure à l'épaisseur du mur du dernier étage.

---

[1] En France le plâtre est plus généralement employé pour cet usage.

Dans les corniches en pierre de taille, on dispose les pierres par carreaux et boutisses, enclavant les uns d'une certaine quantité dans les autres, fig. 513—516.

Pour fixer l'ensemble, on encastre solidement les boutisses dans la maçonnerie du mur et souvent même pour mieux les maintenir, on fait reposer la charpente du comble sur elles.

Lorsque la corniche se compose de moulures s'appuyant sur des consoles, ce sont celles-ci que l'on rattache au corps du mur. Ces consoles forment alors boutisses et traversent toute l'épaisseur du mur, tandis que la partie supérieure de la corniche ne pénètre que de 0,10 m environ dans le mur fig. 517. Les vides entre les consoles se remplissent de maçonnerie de moellons ou de briques.

Fig. 515.   Fig. 516.

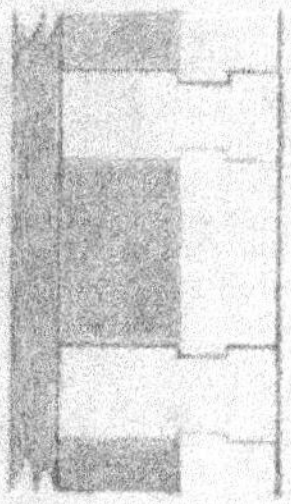

Les corniches en poterie des constructions en briques apparentes doivent pénétrer d'une certaine quantité dans l'épaisseur de la maçonnerie et toute brique ou moulure doit être fixée par un encastrement. On ne peut à l'égard de ces corniches donner de règle particulière, mais, en principe, il faut toujours adopter pour une construction en briques des saillies moins accusées que pour une construction en pierre de taille, fig. 518.

Pour bien maintenir les dalles qui forment le larmier des corniches en pierre, on les recouvre sur toute la longueur d'un fer plat que l'on rattache au mur au moyen d'ancrages, écartés de 3 mètres environ et descendant jusqu'à 5 mètres dans la maçonnerie. Sur ces dalles repose la partie supérieure de la corniche laquelle se termine, au-dessus de la cymaise, par un plan incliné que l'on recouvre d'une feuille de zinc.

Lorsque le profil des corniches en briques présente une forte saillie, il faut soutenir les briques au droit du larmier par une disposition spéciale fig. 519.

On scelle alors, à hauteur du larmier et tous les mètres environ, des fers plats dans l'épaisseur du mur. Ils avancent

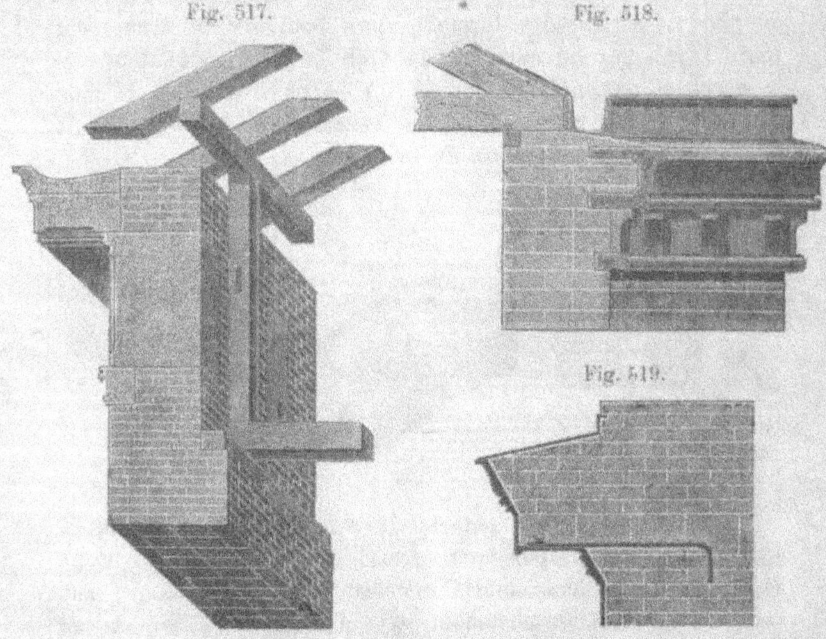

Fig. 517.

Fig. 518.

Fig. 519.

jusqu'au bord du larmier et y soutiennent un autre fer, courant dans le sens de la longueur. Ces fers constituent une espèce de grillage sur lequel on peut poser les briques de larmier que l'on fait d'un modèle plus grand. La partie supérieure de la corniche se complète par des assises de briques de modèle ordinaire que l'on recouvre sur le parement d'un enduit et dans le haut d'une feuille de zinc, fig. 519.

Imprimerie Emil Herrmann sen., Leipsic.

TABLE DES MATIÈRES.

CHAPITRE III.

CHAPITRE IV.

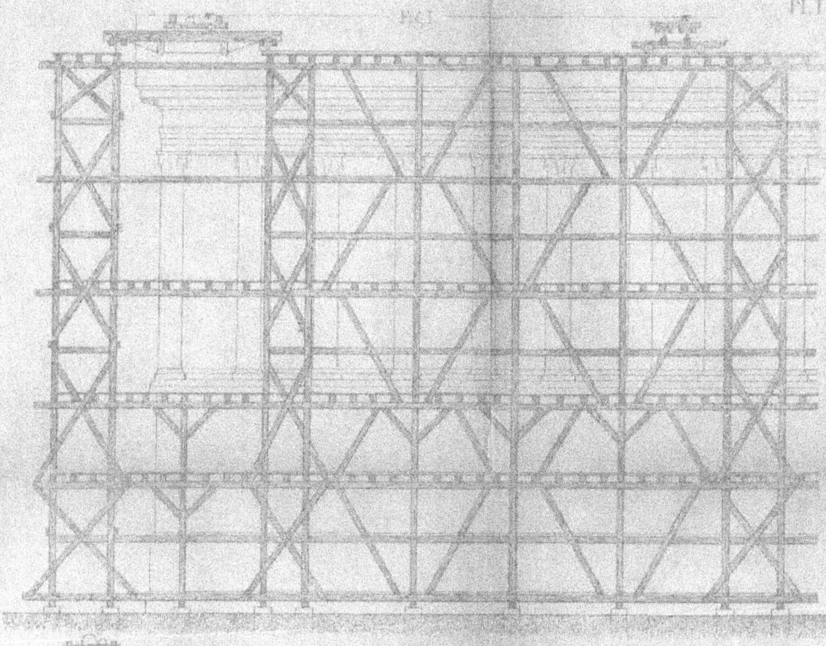

Echafaudage pour la construction de la Galerie nationale de Berlin.

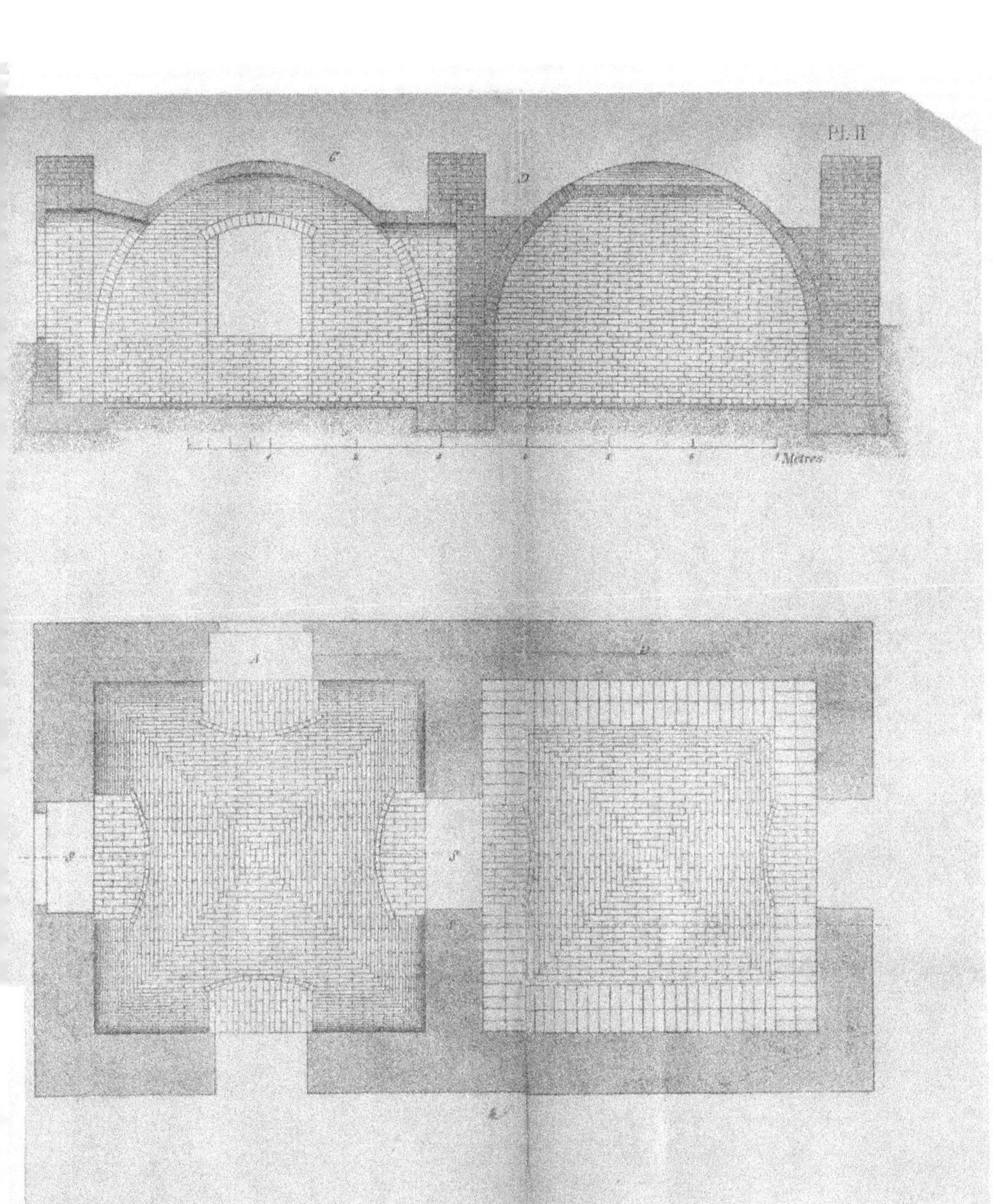
Pl. II
Mètres

Coupole de l'Eglise S. Thomas à Berlin.

Est   Ouest

Projet de
Prof. Adler

Mètres

Fig. 1

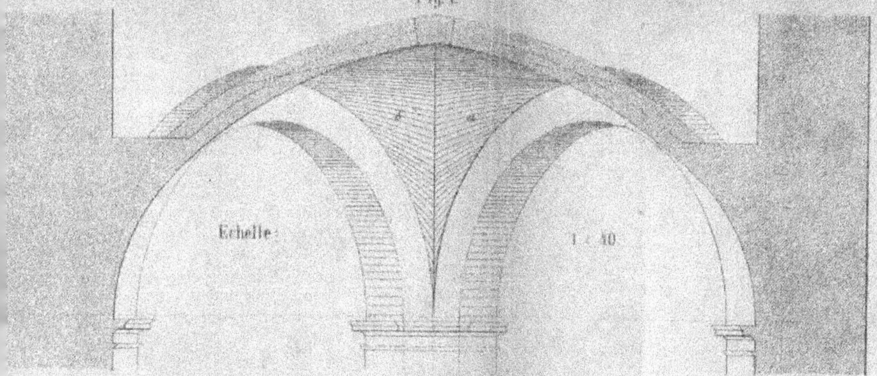

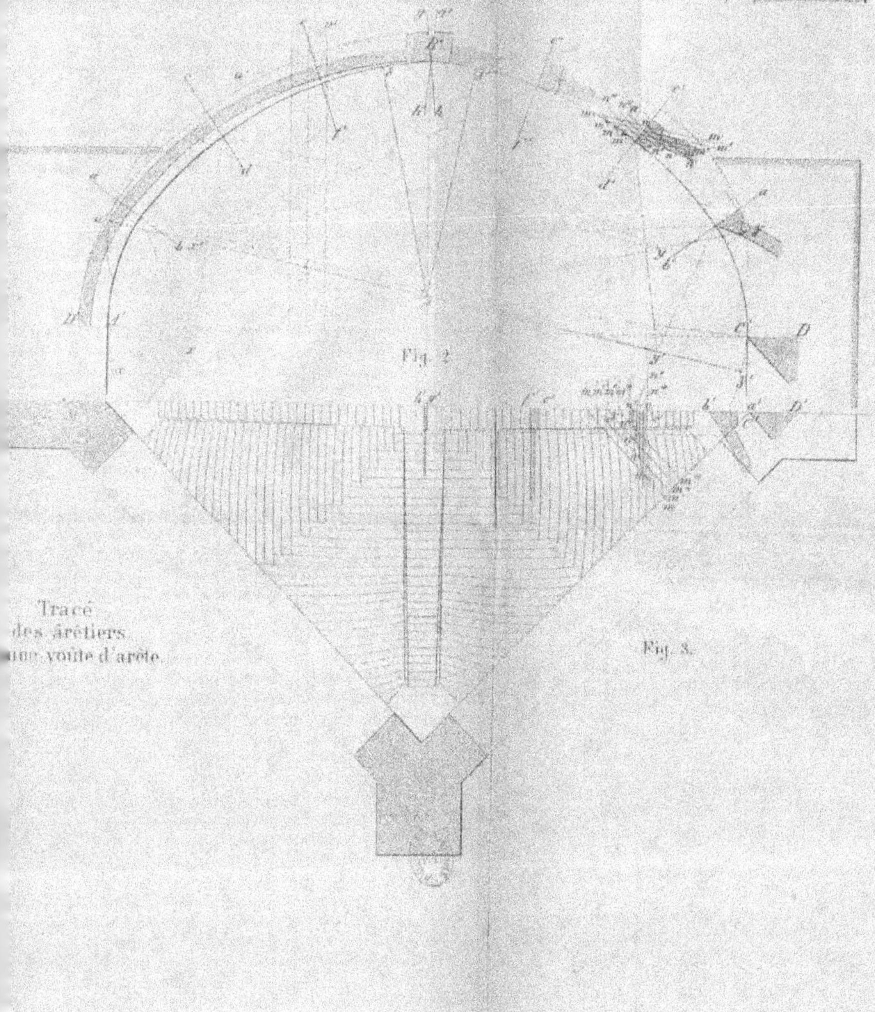

Echelle: 1 / 40

Fig. 2

Fig. 3

Tracé
des arétiers
d'une voûte d'arête.

PL.IV
Construction de la voûte d'arête.
Coupe III-IV
Fig.2.
Coupe I-II. 
Fig.1.
Plan.
Coupe III-IV
Fig.2.
Coupe I-II.

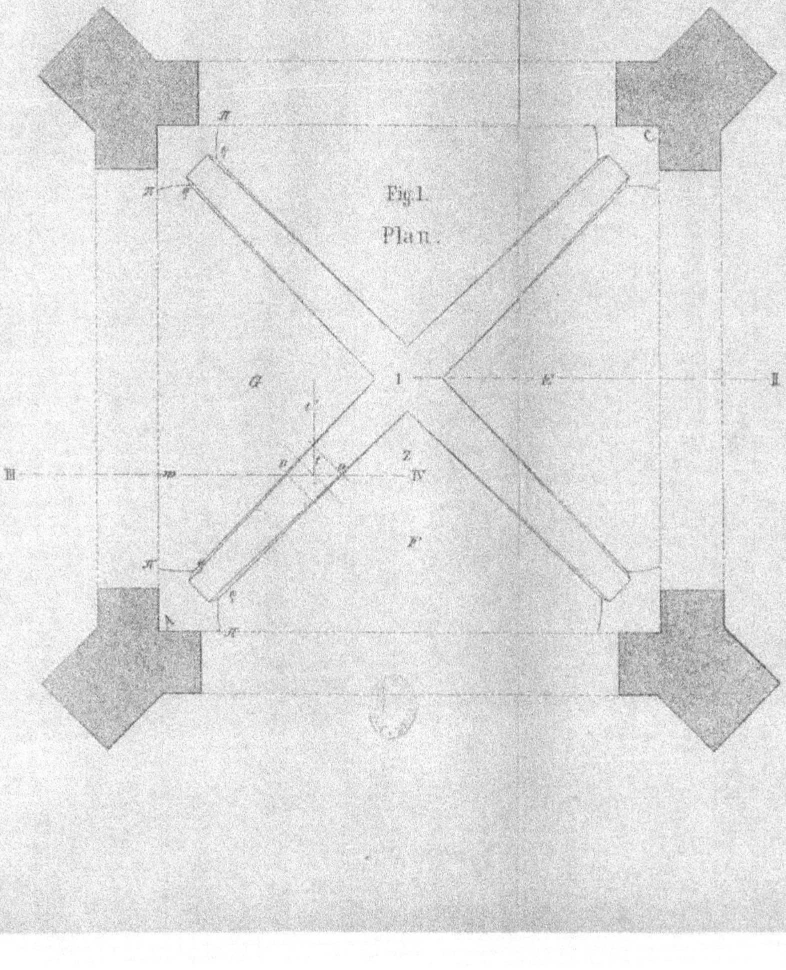

Exemple
de
Voûte gothique.
Pl. VI.